데이비드 애튼버러의

주 퀘스트
ZOO QUEST

젊은 자연사학자의 지구 반대편 원정기

데이비드 애튼버러의
주 퀘스트
ZOO QUEST

젊은 자연사학자의 지구 반대편 원정기

데이비드 애튼버러 지음 / 양병찬 옮김

지오북
GEOBOOK

지구 반대편으로의 탐험을 시작하며

데이비드 애튼버러의 주 퀘스트

1954년부터 1964년까지 10년 동안 한 해도 거르지 않고 열대 지방에 가서 자연사 방송을 제작한 것은 큰 행운이었다. 우리의 탐사여행은 처음에 BBC 텔레비전과 런던 동물원이 공동으로 준비했으며, 목표는 동물을 촬영하는 것뿐만 아니라 그 중 일부를 생포하는 것이었다. 그 결과 텔레비전 프로그램은 전체적으로 '동물원 탐사Zoo Quest'라는 이름을 갖게 되었다. 그러나 매우 슬프게도, 동물원을 대표한 파충류 큐레이터 잭 레스터Jack Lester는 건강이 좋지 않아 세번째 탐사에 참여하지 못했다.

그 후 런던 동물원의 역할은 탐험에 직접 참여하지 않고 BBC 팀이 가져온 동물을 인수하는 것으로 축소되었다. 따라서 야생동물의 생포보다는 촬영이 우리의 최우선 과제가 되었다. 시간이 경과함에 따라 우리의 관심은 폭이 넓어지고 여행에서 만난 부족민들이 방송에서 점점 더 부각되기 시작했다. 따라서, '동물원 탐사'는 더 이상 이 책의 제목으로 적절하지 않아 보였다.

내가 이 여행에 대해 처음 썼던 3권의 책은 1980년에 축약된 형태로 발간되었고, 2017년에 약간의 추가 개정을 통해 『Adventures of a Young Naturalist: The Zoo Quest Expeditions(데이비드 애튼버러의 동물 탐사기-젊은 자연사학자의 모험)』이라는 제목으로 다시 출판되었다. 이 책은 나머지 세 번의 여행에 대한 책으로 『데이비드 애튼버러의 동물 탐사기』와 유사한 방식으로 약간 개정되었다.

마다가스카르에서 보아뱀을 잡는 장면

데이비드 애튼버러의 주 퀘스트

우리가 6번째 여행에서 돌아온 지 60년이 넘었으므로, 그 동안 모든 게 바뀌었다는 사실이 전혀 놀랍지 않다. 오스트레일리아가 관리하던 뉴기니의 동쪽 절반은 파푸아뉴기니로 독립했으며, 당시 탐사가 막 시작된 지미밸리Jimi Valley는 이제 일주 도로를 보유하고 있을 뿐만 아니라 지역을 대표하는 국회의원도 있다.

우리가 방문했을 때 통가를 통치했던 살로테 여왕Queen Salote은 1965년에 사망하고 왕세자 타우파하우 투포우 4세Taufa'ahau Tupou IV가 왕위를 계승했으며, 조지 투포우 5세George Tupou V가 그 뒤를 이었다. 한때 독특한 식민지 관리 형태인 영국-프랑스 공동통치에 의해 관리되었던 뉴헤브리디스제도New Hebrides는 바누아투Vanuatu라는 이름의 독립 국가가 되었다.

오스트레일리아에 있는 다윈Darwin이라 불리던 작은 읍내는 도시가 되었고, 카카두Kakadu의 눌랑지 국립공원Nourlangie the National Park 주변에는 그러한 역할에 걸맞은 호텔과 도로가 갖춰졌다. 우리가 방문했을 당시에 여전히 많은 수가 야생에서 뛰놀던 아시아물소Asian water buffalo는 현재 멸종되어 그 '경이롭지만 취약한 생태계'가 '원래 모습과 가까운 상태'로 돌아가는데 힘을 보탰다. 우리가 최초로 촬영한 눌랑지의 암각화는 이제 세계적으로 유명해졌으며 오스트레일리아 우표에도 등장했다. 자신의 작업 방식에 대해 많은 이야기를 해준 마가니Magani가 그림을 그린 나무껍질은 현재 오스트레일리아 국립 미술관에 소장되어 있고, 유엔두무Yuendumu 근처에서 바위에 그림을 그린 사람들은 실제로 현대적 물감을 사용하는 화가들에 의해 계승되어, 그들의 그림은 이제 수백만 달러까지는 아니더라도 수십만 달러에 판매된다. 초판본에 수록된 오스트레일리아 원주민 의식에서 행해지던 풍습 중 일부 내용은 오늘날 그들의 감정을 자극하지 않기 위해 축약되었다.

물론 텔레비전 기술은 몰라볼 정도로 변했다. 녹음기는 더 이상 테이프를 사용하지 않으며 열대의 작열하는 태양 아래서도 아무런 문제없이 작동한다. 텔레비전 카메라는 우리가 사용했던 거대한 것과 달리 소형 전자제품이 되었으며, 카메라에서 나는 소음을 줄이기 위해 더 이상 임시방편으로 만든 완충재로 감쌀 필요가 없다. 뿐만 아니라 이제 영상을 즉시 재생할 수 있으므로 원하는 영상이 찍혔는지 확인하기 위해 더 이상 몇 달 동안 기다릴 필요도 없다.

그럼에도 불구하고 이러한 장소와 사건에 대한 내용은 본질적으로 내가 쓴 그대로 남겨 두었다.

2018년 5월
데이비드 애튼버러

선데이 타임스 베스트셀러
데이비드 애튼버러의 **"동물 탐사기"**에 쏟아진 찬사

경이롭고 완전 매력적인 책
- 『데일리 텔레그래프』

이 책은 1960년대 탐험가를 간접적으로 체험하고 야생동물에 대한 보호적
태도를 얼마나 발전시켜왔는지를 이해하고자 하는 사람들에게 훌륭한 책이다.
- 프란스 드 발, 『뉴욕 타임즈』

우아하고 온화하며 유쾌한 작가
- 『더 타임스』

데이비드 애튼버러의 인상적이고 즐거운 TV 프로그램만큼
더 이상의 찬사는 없다.
- 『데일리 익스프레스』

애튼버러의 트레이드 마크인 열정, 위트와 지성으로 가득 찬 책
- 『선데이 익스프레스』

무척이나 다채롭고 극적이다.
- 『데일리 메일』

차례

1부 지상 낙원 탐사

2부 마다가스카르 동물 탐사

3부 남회귀선 지역 탐사

1부

지상 낙원 탐사

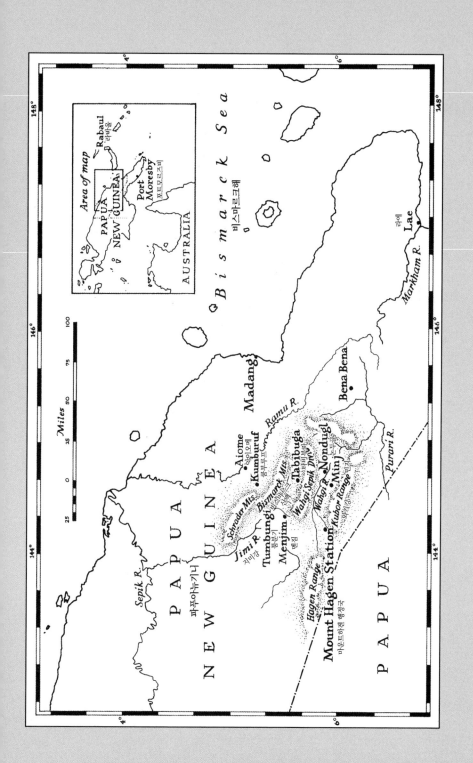

1. 와기밸리에서

1522년 9월 6일 비토리아호Vittoria가 사상 최초의 세계일주를 마친 후 스페인에 도착했을 때, 배에서 육지로 가져온 경이로운 것들 중에는 5점의 새 가죽이 있었다. 그 새들의 깃털, 특히 옆구리에 돋아난 얇은 깃털은 비길 데 없이 화려하고 웅장했으며 이전에 본 어떤 것과도 차원이 달랐다. 그중 2점은 몰루카 제도Moluccas 바치안Batchian섬의 왕이 원정대장인 마젤란을 통해 스페인 왕에게 선물한 것이었다. 원정대의 연대기 작가인 피가페티Pigafetti는 그 선물을 기록하며 다음과 같이 썼다. "이 새들은 개똥지빠귀만 하다. 작은 머리, 긴 부리, 한 뼘 정도 길이의 펜처럼 가느다란 다리를 가지고 있다. 그들은 날개가 없고 그 대신 장식용 깃털처럼 다양한 색깔의 긴 깃털이 있다. 꽁지는 개똥지빠귀와 같다. 이 새들은 바람이 불 때를 제외하고는 결코 날지 않는다. 주민들은 이 새들이 지상 낙원에서 왔다고 여겼으며, 볼론 디나타bolon dinata, 즉 신성한 새라고 불렀다."

그리하여 이 화려한 피조물들은 극락조Birds of Paradise로 알려지게 되었다. 그들은 유럽에 반입이 기록된 최초의 표본이었다. 극락조에 대한 피가페티의 설명은 그다지 흥미를 자아내지는 않았다. 의심할 여지없이, 그들은 깃털의 아름다움을 강조하기 위해 원주민 모피상에 의해 날개가 잘

데이비드 애튼버러의 주 퀘스트

렸다. 그러나 숨막히는 아름다움, 극도의 희소성, '지상 낙원'과의 연관성은 그들에게 신비와 마법의 기운을 불어넣었고, 이윽고 그들과 관련하여 아름다움만큼이나 환상적인 이야기가 생겨났다.

그로부터 70년 후, 네덜란드 상인 요하네스 하위헌 판 린스호턴Johannes Huygen van Linschoten은 몰루카 제도에서의 자신의 항해를 기술하며 이렇게 썼다. "이 섬들에서만 포르투갈인들이 파세로스 데 솔passeros de sol—태양의 새—이라고 부르는 새가 발견된다. 다른 모든 새들을 능가하는 깃털의 아름다움 때문에, 그것을 이탈리아인들은 마누 코디아타스Manu codiatas, 라틴어 학자들은 파라디세아스Paradiseas, 우리는 극락조Paradice-birdes라고 부른다. 이 새들은 살아있는 것을 결코 볼 수 없지만 죽어서 섬에 떨어진다. 그들은 항상 태양 속으로 날아가서 공중에 계속 머물며, 발도 날개도 없기 때문에 땅을 딛지 않는다. 그들은 머리와 몸만 있고, 꼬리가 대부분을 차지한다."

'다리가 없다'는 린스호턴의 말은 쉽게 설명된다. 오늘날에도 현지인들은 가죽 벗기기 작업을 용이하게 할 요량으로 새의 다리를 상습적으로 제거하기 때문이다. 피가페티가 '극락조들은 다리를 가지고 있다'고 진술했다는 사실은 편의상 잊혀졌거나, 새를 둘러싼 이야기의 낭만을 유지하고 싶어한 후대의 작가들로부터 강력한 반박을 받았다. 그러나 그들의 생활방식에 대한 린스호턴의 설명에, 사려 깊은 자연사학자들은 몇 가지 의문을 제기했다. 만약 새들이 항상 날고 있었다면 어떻게 둥지를 틀고 알을 품고 먹이를 먹었을까? 곧, 사람들이 합리화하려는 공상만큼이나 비논리적인 대답이 고안되었다.

한 작가는 다음과 같이 설명했다. "수컷의 등에는 텅 빈 공간이 있는데, 여기에 역시 뱃속이 텅 빈 암컷이 알을 낳는다. 이러한 2개의 공간 덕분에, 그들은 알을 품고 부화시킬 수 있다." 또 다른 작가는 "새들은 끊임

1599년에 알드로반두스Aldrovandus가 쓴 책에 나오는 극락조 삽화

없이 날아가는 동안 이슬과 공기만 먹고 산다"고 설명한 후, 복부의 공간 이 이처럼 특이한 먹이를 먹는 동물에게는 쓸모가 없는 위와 창자 대신 지방으로 가득 차있다고 덧붙였다. 세번째 작가는 '다리가 없다는 이야 기'에 신빙성을 더하기 위해, 그리고 일부 종種의 깃털 사이에서 한 쌍의 꼬불꼬불한 깃촉quill[1]이 발견된다는 점에 착안하여 이렇게 썼다. "그들은 땅에 내려앉지 않고, 파리나 하늘을 나는 것들처럼 자체적으로 보유한 끈 이나 깃털을 이용해 나뭇가지에 매달려 휴식을 취한다."

　최초의 표본이 유럽에 들어온 지 200년이 지난 후에도 극락조의 서식 지인 '지상 낙원'의 정확한 실체는 아직 알려지지 않았었다. 그 새들이 뉴

1　새의 깃축shaft of a feather 밑쪽의 단단한 부분. - 옮긴이주

　　　　　　　　　　　　　　　　　　　　데이비드 애튼버러의 주 퀘스트

기니New Guinea와 그 근해의 섬에 산다는 사실이 알려진 것은 18세기가 되어서였다. 유럽의 자연사학자들이 자연 상태에서 살아있는 새를 처음 보았을 때 그들을 둘러싼 신화는 대부분 사라졌다. 그럼에도 불구하고 피가페티의 시대 이후로 이 새들을 둘러싸고 있던 낭만적인 분위기는 결코 잊혀지지 않았으며, 스웨덴의 위대한 자연사학자 칼 린네는 피가페티가 묘사했을 가능성이 가장 높은 종에 학명을 붙일 때 파라디세아 아포다 Paradisea apoda—낙원의 다리 없는 새—라고 불렀다.

그러나 지난 200년 동안의 과학적 발견은 극락조에 관한 진실이 이전의 전설만큼이나 환상적이라는 것을 밝혀냈다. 왜냐하면 이 새들은 모든 새들을 통틀어 가장 훌륭하고 있을 법하지 않은 깃털장식을 소유하고 있기 때문이다. 오늘날 모양과 크기가 다른, 무려 50여 종의 극락조가 알려져 있다. 그중 일부(예컨대 *Paradisea apoda*)는 날개 아래로 풍성하게 늘어진 섬세하게 세공된 깃털을 가지고 있으며, 또 다른 새들은 가슴에 거대한 무지개 빛깔의 깃털 방패를 가지고 있다. 일부는 보라색 색조를 띠는 길고 광택 있는 검은 꽁지를 가지고 있으며, 어떤 새들의 경우에는 꽁지깃이 깃촉으로 축소된다. 윌슨극락조Wilson's Bird는 밝은 파란색 두피를 가진 대머리이고, 작센왕극락조King of Saxony's Bird는 몸 길이의 2배인 한 쌍의 머리깃을 가지고 있는데 각각의 머리깃은 옅은 진주색의 에나멜 같은 판으로 장식되어 있다. 가장 큰 종류는 까마귀만 하고, 가장 작고 빨간 왕극락조King Bird of Paradise는 울새robin보다 조금 큰 정도다. 사실 극락조들의 공통점은 '거의 믿을 수 없을 정도로 화려한 깃털을 가지고 있으며 황홀한 구애 춤에 몰두하는 동안 눈부시게 아름다운 깃털을 칙칙한 암컷에게 과시한다'는 점밖에 없다.

아무리 그렇더라도, 여전히 아름답고 낭만적인 피조물을 보기 위해 수천 킬로미터를 여행하는 것은 분명 가치 있는 일이었기에 나는 여러 해

동안 그렇게 하겠다는 생각에 사로잡혀있었다. 런던 동물원은 다년간 극락조 표본을 전시한 적이 없었고, 내가 극락조를 찾아 원정을 떠날까 말까 고민하던 당시에는 표본을 전혀 소장하지 않고 있었다. 게다가 적어도 영국에서는 야생 조류가 구애 춤을 추는 모습을 보여주는 영상이 방영된 적이 없었다. 그래서 나는 뉴기니에 가서 그들을 촬영하고 그중 일부를 생포하여 런던으로 가져오기로 결심했다.

뉴기니는 어마어마하게 넓다. 그곳은 한쪽 끝에서 다른 쪽 끝까지 1,600킬로미터가 넘는 세계적으로도 매우 큰 섬이다. 그곳에는 알프스만큼 높은 산들이 능선을 이루고 있으며, 위쪽 경사면에는 '설원과 빙하'가 아니라 '축축한 이끼로 뒤덮인 거대한 나무의 숲'이 있다. 능선 사이에는 정글로 뒤덮인 거대한 계곡이 있는데, 그중 상당수가 그 당시에는 사실상 탐험되지 않은 상태였다. 해안 방향으로는 모기가 들끓는 수백 제곱킬로미터의 광대한 늪이 펼쳐져 있다.

정치적으로, 이 섬은 거의 비슷한 두 지역으로 나뉘어있다. 우리가 여행할 당시 서쪽 절반은 네덜란드가, 동쪽은 오스트레일리아가 지배하고 있었다. 섬의 중앙에 가까운 이 '마지막 영토'의 고지대에는 오스트레일리아의 백만장자이자 자선사업가인 에드워드 홀스트롬 경Sir Edward Hallstrom 이 시험농장과 동물 사육장을 설립한 논두글Nondugl이라는 작은 정착촌이 있었다. 그는 세계의 모든 동물원을 합친 것보다 더 많은 극락조를 수용하는 거대한 새장을 만들었으며, 그곳에는 가장 위대한 동물 수집가 중한 명이며 극락조 전문가인 프레드 쇼 메이어Fred Shaw Mayer가 살고 있었다. 그러므로 허가를 받을 수만 있다면, 논두글은 우리가 방문하기에 이상적인 장소였다. 에드워드 경은 수년 동안 런던 동물원의 친구이자 후원자였는데, 내가 편지를 통해 우리의 포부에 대해 이야기하자 "논두글 기지를 4개월 동안의 탐험을 위한 베이스캠프로 사용하라"고 제안했다.

　　　　　　　　　　데이비드 애튼버러의 주 퀘스트

하를레스 라구스^{Charles Lagus}와 나는 이미 세 번이나 동물 수집과 열대 지방 촬영을 위한 여행에서 동고동락한 터였다. 네번째 여행을 위해 동쪽으로 날아가는 여객기에 앉아, 우리 둘은 새로운 여행을 시작할 때마다 어김없이 우리를 괴롭혔던 걱정에 시달렸다. 그는 중요한 장비를 두고 온 것은 아닌가 염려되어 자신의 촬영 장비를 마음속으로 확인했고, 나는 논두글에 도착하기 전에 직면해야 하는 온갖 관료적 장애물을 예상하고 우리가 그 대부분을 예측하고 준비했음을 스스로에게 확신시키려고 노력했다.

우리는 3일도 채 지나지 않아 오스트레일리아 시드니에 도착한 후 뉴기니를 향해 북쪽으로 날아갔다. 섬의 북동쪽 해안에 있는 라에^{Lae}에서, 우리는 4개의 엔진을 가진 편안한 비행기에서 내려, 매주 보급품을 싣고 중앙 고지대의 와기밸리^{Wahgi valley}로 날아가는, 조금은 불편한 비행기로 갈아탔다.

우리는 한쪽 측면을 따라 길이의 절반에 걸쳐 설치된 선반 같은 알루미늄 좌석에 앉았다. 우리 앞에는 선실 길이만큼 긴 화물 더미가 놓여있었는데, 조종실의 고리에 밧줄로 묶여있었다. 우편물 가방, 안락의자, 디젤엔진의 거대한 주철 부품, 햇병아리로 가득 찬 판지 상자, 수많은 빵 그리고 그 중 어딘가에 우리의 수하물과 장비 16개가 들어있었다.

우리와 함께 탑승한 승객은 7명의 반쯤 벗은 파푸아인으로, 경직되고 긴장한 채 꽉 다문 입술과 굳은 표정으로 불과 몇 센티미터 앞에 쌓여있는 화물 더미를 멍하니 바라보고 있었다. 적어도 그들 중 몇몇에게는 이것이 첫 비행이었으므로, 나는 이륙하기 전에 안전벨트를 매는 방법을 시범 보여야 했다. 그들의 피부에서는 작은 땀방울이 반짝였다.

빗방울이 작은 창문에 튀었고, 엔진의 굉음이 그 소리를 잠재웠다. 비행기 창밖에는 회색빛 외에 아무것도 보이지 않았다. 보이지 않는 산 위로 점점 더 높이 올라갈수록 비행기는 흔들리고 요동쳤다. 내 몸은 약간 떨렸다. 실내가 추웠고 후텁지근한 라에의 더위 탓에 쏟아진 땀으로 피부가 여전히 축축했기 때문이다.

창밖의 잿빛 구름이 안개의 망령으로 흩어져 질주하기 시작할 때까지, 비행기의 고도는 꾸준히 상승했다. 갑자기 전등이 켜진 것처럼 선실이 밝아졌다. 나는 창문 중 하나의 밖을 내다보았다. 반들거리며 흔들리는 비행기 날개 위에서 태양이 반짝이고 있었다. 몇 킬로미터 떨어진 곳에서는 움직이지 않는 자욱한 구름 사이로 어두운 봉우리들이 마치 섬처럼 돌출해 있었다. 곧 우리 아래의 하얀 장막에 틈들이 생겨났다. 각각은 특이하고도 비현실적인 구불구불한 은빛 강을, 때로는 몇 채의 작은 오두막집을 잠깐씩 드러냈지만, 대부분은 특징 없는 녹색 코르덴 같았다. 언뜻언뜻 보이던 이러한 땅의 크기와 수는 증가하여, 마침내 능선이 뾰족한 언덕들—일부는 숲이 빽빽이 우거졌고, 일부는 균일한 갈색 초원을 제외하면 헐벗었다—이 잇따라 솟아오른 후 합쳐져 연속적인 그림이 되었다. 능선이 차례로 우리 아래를 지나다가 갑자기 사라졌고, 우리는 더 이상 거친 급경사면 위가 아니라 넓은 녹색 계곡을 따라 날아가고 있었다. 이곳이 바로 와기Wahgi였다.

땅은 간격을 두고 벌목되어 간이 활주로들로 쓰이고 있었는데, 그런 착륙장 중 하나가 논두글의 시험농장이었다. 우리 비행기는 고도를 낮춰 사육장 건물에 접근했다. 작은 트럭이 창고 중 하나에서 나와 활주로와 주택을 연결하는 풍경에 흉터처럼 남은 가느다란 빨간색 선을 따라 천천히 움직였다. 비행기는 덜컹거리며 착륙했고, 하를레스와 내가 뻣뻣한 자세로 내리자 커브를 돌아 잔디 깔린 길로 질주하던 트럭은 비행기 날개 아래에서 끽 소리를 내며 멈췄다. 2명의 남자가 트럭에서 뛰어내렸다. 챙이

데이비드 애튼버러의 주 퀘스트

넓고 땀으로 얼룩진 모자와 카키색 작업복 차림의 덩치 크고 건장한 남자는 자신을 기지의 관리인인 프랭크 펨블-스미스Frank Pemble-Smith라고 소개했다. 나이가 더 많고 날씬한 다른 남자가 바로 프레드 쇼 메이어였다.

우리는 함께 비행기에서 물건을 내렸다. 프랭크는 농장 기계에 필요한 일부 예비 부품이 화물 속에 없다는 것을 발견하고는 가벼운 욕지거리를 하다 몇 분 동안 조종사와 수다를 떨었다. 그런 다음 비행기의 엔진에 다시 시동이 걸렸고, 비행기는 활주로에 굉음을 울리며 하늘로 솟구쳐 올라 비행 시간으로 불과 4분 거리에 있는 다음 농장으로 향했다. 프랭크는 그의 농장 일꾼들이 우리의 장비를 근처에서 대기하던 트랙터의 트레일러에 싣도록 한 다음, 자신의 집에서 아내를 소개하고 차를 마시기 위해 우리를 자신의 트럭에 태웠다.

그의 깔끔한 거실에 앉아 스콘을 먹는 동안, 나는 밖에서 움직이지 않고 서있는 '키 크고 수염이 텁수룩한 반쯤 벌거벗은 남자'의 특이한 모습을 볼 수 있었다. 그의 갈색 팔과 털 많은 가슴은 검댕으로 검게 칠해져 있었고, 얼굴은 빨간색, 노란색, 녹색의 점과 줄무늬로 칠해져 있었다. 그의 허리는 직조된 섬유로 만든 넓고 뻣뻣한 커머번드[2]로 둘려있었고, 그 앞쪽에는 정강이까지 내려오는 폭이 좁은 모직 천이 걸려있었다. 그리고 뒤에는, 마치 허리받이[3]처럼, 잎이 무성한 작은 가지를 두르고 있었다.

그의 몸은 다량의 진주조개 장신구로 장식되어 있었다. 조그마한 진주조개 조각들이 달린 허리띠가 허리를 두르고 있으며, 거대한 진주색 흉갑胸甲이 그의 목에 감긴 끈에 매달려있고, 넓은 초승달 모양의 장신구가 턱을 감싸고 수염을 일부 가리고 있었다. 그리고 진주조개 껍데기의 가장자리에서 잘라낸 가늘고 긴 낫 모양 조각이 코의 격막을 뚫고 삽입되어 있

---

2 허리띠, 특히 남성이 정장 상의 안에 매는 비단 띠. - 옮긴이주
3 스커트의 뒷자락을 부풀게 하기 위해 허리에 대는 물건의 총칭. - 옮긴이주

었다. 그러나 그의 개인 장식품 중에서 가장 눈부시고 휘황찬란한 것은 진주조개나 물감이 아니라 거대한 깃털 머리장식이었다. 그것은 5종류의 30마리가 넘는 극락조의 깃털을 포함하고 있었다. 루비, 에메랄드, 벨벳 블랙, 에나멜 블루의 경이로운 깃털들은 믿을 수 없을 만큼 찬란한 왕관을 이루고 있었다.

그의 장엄함은 배경 때문에 더욱 특이해 보였다. 그는 갓 깎은 잔디밭에 서있는데, 뒤로는 테니스 코트의 철망 울타리가 설치되어 있고, 그의 옆에는 새빨간 트랙터가 주차되어 있었기 때문이다. 나는 서커스 공연이나 관광 명소를 구경하듯 그를 바라보고 있는 나 자신을 발견했다. 그러나 그 뒤에 버티고 있는 험산준령과 천연림을 올려다보니, 거슬리고 신경 쓰이는 느낌을 주는 것은 테니스 코트, 트랙터, 내가 마시고 있는 도자기 찻잔이었다. 요컨대 서커스 공연을 하는 사람은 나였고, 관객은 밖에 있는 남자와 숲에 있는 수천 명의 파푸아인들이었다.

"저 사람은 룰루아이^{luluai}—촌장—예요." 나를 보며 프랭크가 말했다. "그의 이름은 가라이^{Garai}이고, 이 지역의 모든 남자들 중에서 가장 부유하고 호의적인 사람 중 한 명이에요. 나는 그에게 두 명의 동료가 극락조를 찾으러 올 거라고 말했는데, 내 생각에 그는 당신의 첫번째 거래 상대가 되려고 기다리고 있는 것 같아요."

우리는 차를 마시고 나서 그를 만나러 나갔다. 그는 우리와 열정적으로 악수를 나누었지만 그런 행동이 낯설기만 한 사람처럼 어색한 표정으로 활짝 웃으며 크고 하얀 치아를 드러냈다.

"Arpi-noon."[4] 그가 말했다.

"Arpi-noon." 내가 아는 거의 유일한 피진 영어 단어를 사용할 수 있

---

4 안녕하세요(Good afternoon). - 옮긴이주

데이비드 애튼버러의 주 퀘스트

어 기뻐하며 내가 대답했다. 안타깝게도 일반적인 영어 단어의 끝에 '엄um'이나 '이ee'를 추가하는 것만으로는 피진어pidgin를 말할 수 없기 때문에, 나는 한 마디도 더 할 수 없었다. 피진어는 고유한 구문, 문법, 어휘를 보유한 독자적인 언어다. 그것은 비교적 최근에 주로 뉴기니인들에 의해 만들어졌으며, 자신들의 나라에 온 백인 외국인들은 물론 자신들끼리 의사소통(그리고 교역)하는 것이 그 목적이었다. 왜냐하면 뉴기니에는 수백 개의 상이한 모국어가 존재하기 때문이었다.

피진어는 많은 원어에서 어휘를 가져왔다. 일부 단어는 말레이어에서 유래하는데, 수수susu는 우유를 뜻하고 비나탕binatang은 1년 전 인도네시아에서 동물을 의미하는 것으로 배웠지만 여기서는 더 좁게 곤충을 의미했다. 뉴기니의 이 지역은 한때 독일의 식민지였기 때문에 독일어 단어도 있다. 라우스raus는 제거하다를 의미하고, 마르크mark는 여전히 종종 화폐 단위를 의미하는 데 사용되고, 키압kiap은 카피탄kapitan이 변형된 것으로 보이며 지금은 공무원을 의미하는 데 사용된다. 물론 멜라네시아어 단어도 많이 있지만, 대부분의 어휘는 영어에서 파생되었다.

한 언어에서 다른 언어로 전환될 때 상당수의 단어들이 혼합되면서 모국어에 맞도록 자음이 부드러워지므로, 공식적인 철자로 쓰여진 단어들은 그 기원을 추측하는 데 약간의 상상력이 필요하다. 예컨대 키심kisim은 그에게 주다(give him), 플루와pluwa는 바닥(floor), 솔와라solwara는 바다(sea), 모타카motaka는 자동차(car)에서 기원한다. 이러한 철자는 너무 혼란스러울 수 있으므로, 나는 이곳에서 피진어로 대화하기 위해 덜 정확하지만 더 쉽게 이해할 수 있는 버전을 채택했다. 일부 단어는 새로운 의미를 취하여, 스톱stop은 '끝나다'가 아니라 '존재하다'라는 의미이며, 다수의 단어에 펠라fella가 추가되어 실체(entity)를 나타낸다. 일부 표현은 의미가 너무 많이 변형되므로 무모하게 즉흥적으로 시도하는 것은 현명하지 않다. 자칫하면 당신의 발언 중 일부가 '매우 무례하고 전혀 의도하지 않은 의미'를 갖게 되기 때문이다.

프랭크는 가라이에게 우리가 논두글에 온 이유를 다음과 같이 말했다.

"You lookim. Dis two-fella masta e stop long Nondugl. E like findim all kind pidgin, na all kind binatang. Garai, you e savvy place belong altogether pidgin, na you e showim dis place, na masta e givim Garai plenty mark."[5]

가라이는 씩 웃으며 고개를 끄덕였다. 나는 프랭크에게, 지역 사람들과 그들의 의식儀式에 관한 영상도 만들고 싶다고 말했다. "Suppose you fella like makim big-fella sing-sing," 프랭크가 말을 이어갔다. "Dis two-fella masta e givim picture long dis-fella sing-sing."[6]

그에 대한 대답으로, 가라이는 너무 빠르고 생소한 억양으로 내가 이해할 수 없는 피진어를 연발하여 쏟아냈다. 프랭크가 통역을 담당했다.

"내일 밤," 그는 말했다. "가라이의 마을에서 카나나kanana라는 구애 의식이 거행될 예정이래요. 가고 싶지 않아요?"

우리는 열정적으로 고개를 끄덕였다.

"Na two-fella masta e like talk 'thank you too much'," 프랭크가 말했다. 'Behind, long dark e come up tomorrow, e like come place belong you an lookim dis-fella kanana."[7]

다음날 밤 가라이는 프랭크의 방갈로에 도착하여, 약속한 대로 우리를

---

5 보세요. 이 두 사람은 논두글에 오래 머물 거예요. 그들은 모든 종류의 새와 곤충을 찾고 싶어해요. 가라이, 당신은 모든 새들이 있는 곳을 알고 있어요. 당신이 그곳을 그들에게 보여주면, 그들은 당신에게 많은 돈을 줄 거예요. - 옮긴이주

6 당신이 큰 노래판을 벌인다면, 이 두 사람이 오랫동안 촬영할 거예요. - 옮긴이주

7 지금 이 두 사람이 당신에게 큰 고마움을 표시하고 있어요. 이들은 내일 밤 당신 부락을 방문하여 밤새도록 카나나를 보고 싶어해요. - 옮긴이주

데이비드 애튼버러의 주 퀘스트

카나나로 안내했다. 우리는 바나나나무 숲과 바람에 삐걱거리는 대나무 숲을 지나 그를 따라갔다. 공기는 차가웠고 벌레 소리 덕분에 생기가 넘쳤다. 자정이 가까웠지만 보름달이 뜨고 하늘이 맑아 길을 찾는 데 횃불은 전혀 필요하지 않았다.

15분 후, 우리는 카수아리나casuarina[8]와 바나나나무로 둘러싸인 가라이의 작은 마을에 도착했다. 그는 우리를 안내하여 몇 채의 낮고 동그란 초가집을 지났다. 벽을 이루는 말뚝 사이의 틈을 통해, 희미한 불꽃과 나직하게 중얼거리는 대화 소리가 새어 나왔다. 우리는 다른 곳보다 크고 형태도 다른 오두막집 앞에서 멈춰 섰다. 길이는 약 12미터였으며 양쪽 끝의 지붕 이엉을 뚫고 한 쌍의 기둥 끝이 돌출되어 있었다. 그 중 하나는 여성의 상징, 다른 하나는 남성의 상징으로 형상화되어 있었다. 그 위로 바나나나무가 검은색으로 어렴풋이 나타났고, 별이 빛나는 하늘을 배경으로 윤곽만을 드러냈다.

가라이는 낮은 입구를 가리켰다.

"Na you two-fella masta go lookim, one-fella someting e stop inside."[9] 그가 말했다.

우리는 무릎을 꿇고 기어 들어갔다. 나는 즉시 숨막히는 열기와 호흡곤란, 매캐한 연기에 시달렸다. 너무 따끔거려서 눈을 뜰 수 없었으므로 아무것도 볼 수 없었다. 몇 초 후 억지로 눈을 떴지만, 흘러내린 눈물이 눈을 가리는 바람에 여전히 거의 볼 수 없었다.

나는 구부정한 자세로 따끔거리는 눈을 어루만지며 '뒤엉킨 채 쪼그려 앉은 인물들' 사이를 서툴게 헤치고 나가, 마침내 오두막집 끝에서 내

---

8 목마황속Casuarina의 관목. 오스트레일리아와 태평양 제도 원산으로, 가지는 가늘고 길며 잎은 퇴화하여 잔비늘 모양이다. - 옮긴이주

9 이제 들어가서 관람하세요. 한 사람씩 들어가세요. - 옮긴이주

카나나 의식

가 앉을 수 있는 빈 공간을 발견했다. 그렇게 하자마자, 놀랍고도 다행스럽게 눈물이 멈췄다. 연기가 서까래에만 머물러있고, 그 아래에는 공기가 맑았기 때문이다. 나는 주위를 둘러보았다.

연기는 땅바닥 한복판에서 서서히 타는 장작불에서 나왔고, 그 불꽃은 오두막집에 유일한 빛을 제공했다. 그 옆에는 수염을 기른 노인이 검게 그을린 중앙 기둥 중 하나에 등을 대고 앉아있었다. 우리를 제외하고, 그는 오두막에서 유일한 남자였다. 내가 들어올 때 헤집고 들어온 사람들은 모두 젊고 가슴이 풍만한 소녀들이었다. 그들은 안쪽을 향해 두 줄로 나란히 앉아, 자기들끼리 킥킥거리며 호기심 어린 눈으로 나를 지켜보고 있었다.

우리가 첫날에 본 가라이의 머리장식처럼 멋진 머리장식을 과시하는 소녀는 아무도 없었다. 오두막집의 지붕이 낮아, 그것을 착용하는 것이

비실용적이었을 것이다. 그 대신 그들은 나무타기캥거루tree kangaroo나 주머니쥐opossum의 털로 뜨개질한 작은 스컬캡skull cap[10]을 썼는데, 그것은 쪼갠 라탄rattan[11] 줄기로 된 틀이 둘러진 '반짝이는 녹색 딱정벌레 고리'로 머리에 고정되어 있었다. 그들의 얼굴에는 다양한 색상의 점과 줄무늬가 칠해져 있었는데, 각각의 소녀는 의례적 강요가 아니라 개인적 기호에 따른 자신만의 독특한 문양을 하고 있었다. 대부분 구슬 목걸이나 초승달 모양의 진주조개를 목에 걸거나 코에 꿰고 있었고, 모두 미혼 소녀임을 나타내는 '난초 섬유로 짠 널따란 허리띠'를 착용하고 있었다. 그들의 몸에는 돼지 기름과 숯검정이 발라져 있었고, 희미하고 깜박이는 불빛에 반짝였다.

우리가 앉을 자리를 찾자마자 웃음을 띤 가라이가 이끄는 남자들이 줄지어 기어 들어왔다. 그들은 소녀들 사이에 앉았지만 오두막집의 벽을 마주보고 있었다. 그들은 소녀들처럼 화려하게 장식되고 칠해져 있었지만 대부분은 스컬캡에 양치식물의 일부와 잎이 꽂혀있었다. 그러나 그들이 모두 젊은 것은 아니었다. 어떤 사람들은 덥수룩한 수염을 가졌고, 어떤 사람들은—이를테면 가라이처럼—우리가 알기로 이미 결혼한 몸이었다. 그러나 카나나가 구애 의식임에도 이것은 부적절하지 않았다. 왜냐하면 와기 사회는 일부다처제이기 때문이다. 이 사람들은 모두 특별히 개별적으로 의식에 초대되었으며, 상당수가 수 킬로미터 떨어진 작은 마을에서 온 사람들이었다.

사람들은 자리를 잡는 몇 분 동안 한담과 웃음을 나누었다. 그런 다음 한 사람이 더듬거리며 노래를 부르기 시작했다. 한두 사람씩 합류하여, 마침내 모두가 한 목소리로 느린 노래를 부르게 되었다. 노래가 본궤도에 오

---

10 테두리 없는 베레모. - 옮긴이주

11 야자나무과 칼라무스Calamus속에 속하는 덩굴야자류 식물의 줄기에서 채취한 매우 거칠고 가벼운 섬유로 의자, 바구니, 두꺼운 밧줄 등을 만드는 데 사용한다. - 옮긴이주

르자, 남녀들은 몸을 좌우로 흔들며 머리를 돌리기 시작했다. 노래의 억양이 최면술 주문처럼 반복되며 흔들리는 몸이 서로 더 가까워졌고, 각각의 남자는 자신의 오른쪽에 마주보고 앉아있는 소녀 쪽으로 상체를 기울였다. 그들이 더욱 가까이 다가가 눈을 감은 채 '코와 코', '이마와 이마'를 맞댈 때 웅웅거리는 노래는 절정에 달했다. 각 커플은 감각적 쾌감의 흥분 속에서 황홀경에 빠져, 머리를 한쪽 광대뼈에서 다른 쪽 광대뼈까지 돌렸다.

몇몇 짝은 아주 빨리 떨어져 나가, 자신의 상대를 무시하고 오두막집 주위를 멍하니 둘러보았다. 그러나 대부분의 남녀는 쾌락에 빠져 흔들어대며 얼굴을 마주댔다.

마침내 노래가 끝나자, 모두가 떨어져 나가 수다를 떨기 시작했다. 소녀 중 한 명이 신문지로 만든 기다란 담배에 불을 붙이고 느긋하게 폐 한 가득 연기를 들이켰다. 각각의 남자는 함께 춤을 추었던 소녀를 지나 다음 소녀의 옆에 앉아, '폴 존스 댄스Paul Jones dance'에서처럼 모두가 파트너를 바꿨다. 다시 한 번 노래가 시작되어 그들의 몸이 흔들리기 시작했고, 또다시 노래의 클라이맥스에 이르자 얼굴이 마주치며 한쪽 뺨에서 다른 쪽 뺨까지 돌아갔다.

우리는 몇 시간 동안 앉아 그 광경을 지켜봤다. 나는 너무 더워서 셔츠를 벗어 젖혔다. 장작불은 더욱 줄어들어, 마침내 내가 그들에게서 볼 수 있는 것은 기름칠한 몸의 번들거림이나 한 남자가 스컬캡에 꽂은 흰올빼미 날개의 움직이는 모양뿐이었다.

내 가까이에 있는 희미한 인물 중 하나가 너털웃음을 터뜨렸다. 가라이였다.

"Eh lookim."[12] 그는 이렇게 속삭이며, 무리에서 이탈하여 서로 껴안은

---

12 저들을 보세요. - 옮긴이주

데이비드 애튼버러의 주 퀘스트

채 그림자 속에 앉아있는 한 커플을 가리켰다. 소녀의 다리는 남자의 한쪽 허벅지 위에 놓여있었다.

"Im e carry-leg."[13] 가라이가 말했다.

카나나 의식이 진행되는 동안, 참가자들은 서로 얼굴 이외의 부분을 만지는 것이 금지되어 있다. 중앙에 앉아있던 노인은 규칙을 집행하기 위해 거기에 있었던 거였다. 그러나 소녀가 코를 얼마나 열심히 문지르는지를 보면, 그녀가 상대방을 좋아하는지 여부를 알아낼 수 있다. 한 쌍이 서로 끌리면 무리를 벗어나 '다리 포개기carry-leg'를 할 수 있으며, 카나나 동안 싹튼 이 같은 우호적인 감정은 종종 결혼으로 무르익는다. 그것은 영국에서 볼 수 있는 '토요일 밤의 춤Saturday night dance'과 정말로 비슷했다.

새벽 3시가 되자 참가자의 수는 눈에 띄게 줄어들었다. 우리는 오두막집에서 기어나와 차가운 밤 속으로 들어갔다.

―――

다음날 가라이는 매우 피곤해 보였지만 넘치는 활력을 잃지 않고 인근의 언덕을 산책하는 우리와 동행했다.

10분쯤 걸었을 때 멀리서 북소리와 노랫소리가 들렸다. 쿠나이kunai[14] 군락을 지날 때, 우리를 향해 오솔길을 걸어오는 멋진 행렬이 눈에 들어왔다. 행렬의 선두에서는 거대한 깃털 머리장식을 하고 기다란 삼지창을 든 남자 여러 명이 성큼성큼 걸었다. 그러나 그들은 훨씬 더 인상적인 광경의 전령에 불과했다. 한 남자가 장대를 들고 그들을 따라왔는데, 장대 꼭대기에서 너비 1미터의 거대한 깃발이 휘황찬란한 색상을 뽐내고 있었기 때문이다. 그 깃발은 라탄 줄기와 풀을 엮어 만든 것으로 10여 개의 빛

---

13 저들은 다리 포개기를 하고 있어요. - 옮긴이주
14 띠*Imperata cylindrica*의 지역명. - 옮긴이주

나는 진주조개 껍데기, 귀중한 개오지cowrie[15] 조개껍데기를 꿰매어 놓은 매트, 진홍색 앵무새 깃털로 만든 머리 장식이 매달려있고, 가장자리는 30~40개의 극락조 깃털로 장식되어 있었다. 기수 뒤에서는 더 많은 남자, 여자, 어린아이가 훈제 돼지고기—옆구리, 등골, 다리, 머리 또는 내장이 나뭇잎으로 싸여있었다—조각을 들고 따라왔다. 한 남자는 북을 들고 있었는데, 일행이 쿠나이 군락을 통과하는 오솔길을 따라 우리를 향해 전진할 때 고함소리와 함께 쿵쿵 소리를 냈다.

우리는 그들이 지나갈 수 있도록 한쪽으로 비켜서 있었고, 가라이는 무슨 일이 일어나고 있는지를 나에게 말해줬다. 그 사람들은 와기밸리 건너편 산에서 왔는데, 신부를 데리러 가는 길이었다. 결혼 준비는 오래 전 양가의 대표가 만나, 신랑이 신부를 위해 지불해야 하는 깃털, 조개껍데기, 돼지의 정확한 양이 합의되면서 시작되었다. 금액이 상당히 많았으므로, 그것을 모두 모으려면 몇 년이 걸려야 했다. 그래서 신부의 부모는 '전액이 지불될 때까지 정기적으로 분할 납부하되, 금액의 상당 부분이 지불되면 결혼이 성사될 수 있다'는 데 동의했다. 그런 다음, 신랑은 깃털을 얻기 위해 극락조를 사냥하려고 숲속으로 들어가 길고 힘든 여행을 했다. 진주조개 껍데기 중 일부는 친척들에게서 빌렸고, 일부는 마을에서 나이가 많고 부유한 남자 중 한 명을 위해 일하면서 벌었다. 마침내 그는 착수금으로 사용할 만큼의 돈을 모았고, 이틀 전 다른 가족 구성원들과 함께 신부가 사는 작은 마을을 향해 긴 행진을 시작했다. 그들은 신붓값인 진주조개 껍데기, 돼지고기, 극락조 깃털을 휴대했는데, 극락조 깃털은 여행 도중에 섬세한 아름다움이 손상되지 않도록 마른 잎에 라탄 줄기를 쪼개서 덧댄 보호용 폴더 속에 조심스럽게 포장되어 있었다. 어젯밤 그들은

---

15 개오지과에 속하는 복족류 연체동물로, 과거에 아프리카와 아시아 일부 지역에서 화폐로 사용되었다. - 옮긴이주

데이비드 애튼버러의 주 퀘스트

숲에서 잤다. 새벽에 일어났을 때, 그들은 신붓값이 얼마나 화려하고 고급스러운지 모두에게 보여주기 위해 거대한 깃발을 만들고 조개와 깃털로 장식했다. 이제 그들은 걸어서 1시간밖에 걸리지 않는 신부의 집에 다다르고 있었다. 가라이는 깃발을 뒤따르는 전사 중 한 명에게 말을 걸어 그들을 따라가는 것을 허락해 달라고 요청했다.

우리는 결혼 준비 행렬을 따라 몇 킬로미터를 걸었다. 그리고 마침내 덤불에서 나와 신부 집으로 이어지는 긴 풀숲을 힘들게 오르기 시작했다. 약 100미터 떨어진 곳에서 우리는 불과 몇 년 전에야 끝난 호전적 시대의 유물인 방어벽을 형성하는 사납고 뾰족한 철책 울타리를 넘어야 했다. 기수는 건너편에서, 뒤처진 사람들이 자신을 따라잡을 수 있도록 기다리고 있었다. 이윽고 모든 사람들이 모여서 정신을 가다듬었을 때, 행렬은 천

결혼 행렬

천히 그리고 위엄 있게 마을을 향해 전진했다.

신부와 그녀의 가족은 오두막집 앞 작은 공터에 앉아 깃발이 도착하기를 기다리고 있었다. 가라이가 가리킬 때까지 나는 어느 쪽이 신부인지 확신할 수 없었다. 그녀는 가족 중에서 신부 역할에 가장 걸맞지 않아 보이는 구성원이었다. 그도 그럴 것이, 비교적 나이가 많을 뿐만 아니라 어린 아기까지 안고 있었기 때문이었다. 가라이는 그녀가 과부라고 설명했다.

깃발은 공터 한복판의 땅에 단단히 박혔고, 신부와 가족들은 방문객들을 공식적으로 환영하기 위해 자리에서 일어났다. 유럽의 결혼식 피로연에서 법에 의해 새로 친척이 된 비교적 낯선 사람들 사이의 악수와 다르지 않게, 그들은 '약간은 강요된 다정한 분위기'로 서로의 어깨와 허리에 팔을 두르고 포옹했다.

모두가 자리에 앉자, 신랑측 일행의 원로 중 한 명인 덩치 크고 힘센 남자—수염을 화려하게 길렀고, 한 다발의 갈색 화식조cassowary 깃털로 장식된 머리쓰개를 착용하고 있었다—가 청중 앞에서 이리저리 거닐며 연설을 했다. 그는 양식화되고 고도로 극적인 방식으로 열변을 토했고, 신부는 입을 벌린 채 그의 말을 들었다. 돼지고기는 카수아리나나무 아래의 한쪽에 깔끔한 직사각형 모양으로 놓였고, 4개의 갈색 훈제 돼지머리는 일렬로 배치되었다. 연설이 끝났을 때, 또 다른 일행이 고기의 옆구리살 한 점을 집어 들었다. 신부측 남자들은 돼지고기를 배급받기 위해 줄지어 앉았다. 신랑의 친척이 그들에게 고기를 제공하자, 각 남자는 기름기 많고 번드르르한 살덩어리를 여러 점 물어뜯었다. 그러는 동안 입에서 손으로 떨어진 살덩어리들은 1장의 바나나잎 위에 가지런히 놓였다. 몇몇 가련한 개들은 애처롭고 불안한 표정으로 음식의 분배 과정을 지켜봤지만, 작은 조각 하나라도 얻어먹은 개는 1마리도 없었다. 남자들이 자신의 몫을 물어뜯어 잘 챙긴 다음 자기 여자들에게 갖다줬기 때문이다.

데이비드 애튼버러의 주 퀘스트

깃발은 이제 해체되었고, 깃털과 조개껍데기는 매트 위에 일렬로 늘어서있었다. 신부측 남자 친척들은 모두 쪼그리고 앉아, 각 품목이 깃발에서 분리될 때마다 때 '궁극적으로 누구의 소유물이 되어야 하는지'에 대해 길고 때로는 열띤 토론을 벌였다.

모든 일이 끝나자 방문객들은 돼지고기를 먹고 바나나잎 포장을 뜯어 익힌 채소를 먹으며 잔치를 시작했다. 신부가 가족을 떠나 남편 옆에 앉으면서 처음으로 여유로운 축제 분위기가 형성되었다. 한 남자가 친절하게도 생강과 향신료를 씹은 다음 고깃조각에 차례로 뱉음으로써, 모든 사람의 음식에 양념을 하고 있었다. 때는 저녁이었고 모두가 그렇게 맛있게 먹는 것을 보니, 내가 이른 아침부터 음식을 하나도 먹지 않았다는 사실이 떠올랐다. 남자 중 한 명이 물끄러미 쳐다보는 나를 발견하고, 씹은 생강을 듬뿍 뱉은 기름기 많은 돼지고기 한 덩어리를 나에게 건넸다. 그것은 친절하고 호의적인 행위였다. 무례하게 보이지 않기를 바라며, 나는 고개를 가로젓고는 바나나 더미를 가리켰다. 그 남자는 웃으면서 나에게 바나나 하나를 건네줬고, 우리는 결혼 피로연에 합류했다.

━━━━

논두글 기지의 소유자인 에드워드 홀스트롬 경은 평생 동안 열대 조류와 농업에 관심을 가지고 있었다. 그는 전 세계 곳곳의 동물원에 제공할 극락조 컬렉션을 수집하기 위해 이곳에 거대한 새장을 만들었다. 그러나 그의 계획은 완전히 실행될 수 없었다. 우발적인 질병의 도입을 두려워한 나머지, 오스트레일리아 이민법은 어떤 종류의 가축이라도 오스트레일리아로 들어오는 것을 금지했기 때문이다. 매년 수천 마리의 다양한 새들이 요식적 규제에도 아랑곳하지 않고 철따라 뉴기니와 오스트레일리아를 넘나든다는 사실에도 불구하고, 이 법은 다른 모든 새들과 마찬가지로 극락조에도 적용되었다. 뉴기니 동부로 가는 주요 상업용 항공기는 모두 오스트레일리아를 경유했기 때문에, 특별한 허가를 받지 않는 한—그리고 그러한 예외는 거의 없었다—논두글의 모든 새는 오스트레일리아의 항구를 경유하지 않고 장거리 항해를 통해 외부 세계로 데려가야 했다. 이 경로를 우회하기는 매우 어려웠는데, 우리가 극락조 컬렉션을 런던 동물원으로 보내려면 이 문제에 직면할 게 불을 보듯 뻔했다.

그럼에도 불구하고 논두글은 세계 어느 곳도 넘볼 수 없는 극락조 컬렉션을 보유하고 있었으므로 많은 나라의 조류학자들이 극락조를 연구하기 위해 그곳으로 갔다.

이 새들을 관리하는 사람은 프레드 쇼 메이어였다. 그는 약간 구부정하고 마른 데다 머리가 희끗희끗하고 점잖은 사람이었다. 만약 도시의 거리에서 그를 만난다면, '너무 소심한 성격이라, 감히 사무실 책상을 떠나거나 자기 마을의 교외를 벗어나 해외로 여행을 떠나본 적이 없을 거야'라고 생각할지도 모른다. 그러나 프레드는 모든 동물 수집가 중에서 가장 위대한 사람 중 한 명이었다. 오스트레일리아에서 태어난 그는 조류, 포유류, 곤충, 파충류를 찾아 세계에서 가장 거칠고 위험한 지역을 여행했다. 그는 뉴기니의 네덜란드와 오스트레일리아 영토를 모두 돌아다녔으며, '특정한 한 종'의 새를 찾기 위해 외딴 섬으로 특별한 여행을 하기도 했다. 그는 몰루카 제도, 자바섬, 수마트라섬, 보르네오섬에서 동물을 수집했으며, 그의 표본 컬렉션은 현재 런던 자연사박물관을 비롯한 많은 과학기관의 귀중한 소장품이다. 그가 탐험에서 발견한 생물 중 상당수는 종전에 과학계에 알려지지 않았던 것으로 밝혀졌다. 3종의 극락조가 그에 의해 처음 발견되었으며, 몇몇 동물의 학명에는 그에게 경의를 표하기 위해 'Shaw-mayeri'라는 단어가 포함되었다.

그러나 그를 처음 만난다면, 당신은 그가 이렇게 대단한 사람임을 전혀 눈치채지 못할 것이다. 오히려 그가 너무 과묵해서 때로는 그를 보기조차 힘들었다. 왜냐하면 그의 나날들은 오로지 새장 속의 새들에게 할애되었기 때문이다. 새들이 야생 상태에서와 마찬가지로 해가 뜨자마자 먹이를 먹을 수 있도록 준비하기 위해, 그는 동이 트기 훨씬 전에 일어났다. 현지인 일꾼들이 알아서 새 사료를 배합할 수 있을 거라고 인정하면서도, 그는 "스스로 일하는 것을 선호한다"고 온화하게 말했다. 그렇게 이른 아침 시간에는 날씨가 매우 추웠으므로, 프레드는 습관적으로 긴 양털 카디건을 겹쳐 입고 두꺼운 군용 장화, 귀까지 덮는 덮개가 달린 이상한 사슴 사냥꾼 모자를 착용했다. 그는 이러한 옷차림으로 등유 램프 옆에서 깍둑썰기한 파파야, 판다누스pandanus[16] 열매, 바나나, 삶은 달걀이 들어간 특식을 큰 그릇 속에 넣고 섞었다. 각각의 새 무리들마다 고유한 요구 사항이 있었다. 어떤 새는 고기를 좋아했기 때문에 올챙이와 거미를 찾아야 했고, 어떤 새는 벌의 애벌레나 완숙 달걀의 노른자를 좋아했다. 때때로 다른 고기를 구할 수 없는 경우, 프레드는 냉장고로 가서 자신의 저녁 식사용으로 준비해 놓은 신선한 양고기를 잘라냈다. 하루의 나머지 시간은 새장을 돌아다니며 새들을 돌보고 청소하는 데 보냈다. 그가 모든 현지인들에게 '새의 달인Masta Pidgin'으로 알려진 것은 전혀 놀라운 일이 아니었다.

프레드는 다양한 종류의 새들을 보살폈다. 크기와 색깔이 제각각인 앵무새, 은빛 얼룩이 있는 얇은 깃털 부채로 된 머리깃을 가진 커다란 청회색 비둘기 떼, 그리고 관상용 연못에는 세계에서 가장 희귀한 오리 종류 중 하나인 살바도리쇠오리Salvadori's Duck 몇 마리가 있었다. 이 오리는 논두글 뒷산의 고지대 호수에서 날아왔다.

그러나 우리의 관심을 끈 것은 극락조였다. 여기서 하를레스와 나는 종

---

16 판다누스과Pandanaceae 판다누스속*Pandanus*에 속하는 열대성 상록 교목과 관목을 통틀어 이르는 말. - 옮긴이주

머리깃을 가진 비둘기

전에 책의 삽화로만 알고 있었던 몇 가지 종을 보았다. 우리는 날마다 새들을 관찰하고 새장을 돌아다니며 새들의 거친 울음소리에 익숙해지려고 노력했다. 그래야만 나중에 숲에 들어갔을 때 멀리서 들리는 새소리를 식별하고 근처에 어떤 종이 있는지를 알 수 있기 때문이었다.

새장에 있는 새들 중 일부는 칙칙한 개똥지빠귀와 비슷하게 생겼는데, 종명種名은 모르겠지만 암컷이나 어린 수컷임이 분명해 보였다. 왜냐하면 수컷 새는 4~5살이 될 때까지 멋진 과시용 깃털이 발달하지 않기 때문이다. 깃털이 발달한 수컷은 생김새가 판이하게 달라지므로, '암컷과 미성숙한 수컷'을 '깃털이 완전히 자라 변신한 수컷 성체'와 관련짓기가 매우 어려울 수 있다. 프레드가 돌보는 수컷 새들 대부분은 어렸을 때 그에게 왔다. 왜냐하면 와기의 사냥꾼이 성체를 잡더라도 '깃털을 노리고 죽이

데이비드 애튼버러의 주 퀘스트

려는 유혹'이 프레드가 제공할 수 있는 보상보다는 아무래도 더 높기 때문이다. 어려서 입양된 새들 중 상당수는 깃털이 자랄 만큼 오랫동안 새장에 있었고, 우리는 그들의 아름다움에 매료되었다. 화려한 푸른극락조 Prince Rudolph's Bird는 붉은색 테두리가 있는 사파이어 블루색 깃털이 안개처럼 자욱했고, 고상하고 오만해 보이는 스테파니극락조Princess Stephanie's Bird는 광택 있는 까만색으로, 목 부분에서 잔물결 치는 초록 무지갯빛이 아롱거렸으며, 괴상한 어깨걸이풍조Superb Bird는 뭉툭한 꽁지에서 2개의 꼬불꼬불한 철사 같은 것이 튀어나왔고 녹색 가슴, 주홍색 등, 어깨 둘레에서 반짝이는 노란색 망토를 가지고 있었다. 어깨걸이풍조는 다른 극락조 종류와 비할 바가 못 되었는데, 마치 가장 화려하게 장식된 새를 디자인하려는 아마추어의 첫번째 서투른 시도의 결과물인 것 같았다.

나는 특히 2종에 매료되었다. 첫번째는 찌르레기만 한 크기의 작센왕극락조King of Saxony's Bird of Paradise였다. 이 새는 모든 깃털장식 중에서 가장 눈에 띄는 것 중 하나를 갖고 있는데, 그것은 몸 길이의 2배인 '한 쌍의 긴 띠'로, 머리 뒤쪽에서 튀어나와 한 줄의 에나멜 블루색 판으로 장식되어 있으며 자개처럼 반짝인다. 두번째는 라기아나극락조Count Raggi's Bird of Paradise였다. 논두글 주변의 숲에 사는 이 새는 피가페티가 기술하고 린네가 *Paradisea apoda*라고 명명한, 가장 전형적이고 잘 알려진 이 지역 대표종이다. 피가페티의 새처럼, 이 새는 녹색 고지트gorget[17], 노란 머리, 날개 아래에서 돋아난 길고 섬세한 깃털을 가지고 있다. 처음 유럽에 들여온 표본의 깃털에는 황금색 깃털이 있는 반면, 라기아나극락조의 깃털에는 짙은 붉은색 깃털이 있다는 점이 다르다. 나는 논두글에 있는 녀석들을 아주 조심스럽게 관찰했다. 유감스럽게도 그들은 완전히 자란 깃털을

---

17 턱과 목을 가리는 중세 여성의 장신구 또는 목 부분을 보호하기 위한 갑옷을 말한다. - 옮긴이주

가지고 있지는 않았지만, 하를레스와 내가 구애 춤을 촬영하기 위해 야생에서 찾으려고 했던 종류였다. 우리를 뉴기니로 이끈 생명체가 바로 그들이었다.

현지인들은 깃털 때문에 극락조를 귀중히 여겼는데, 깃털은 개인 장식품용뿐만 아니라 많은 거래에서 주요한 화폐로 사용되었다. 우리는 불과 며칠 후 극락조가 사냥된 규모에 대한 방대한 증거를 입수했다. 프랭크는 와기강Wahgi River 너머 몇 킬로미터 떨어진 계곡 건너편에 있는 민지Minj에서 큰 노래판이 벌어진다는 소식을 들었다. 장소는 행사를 위해 특별히 개간된 곳으로, 짧게 깎은 쿠나이가 마치 축구장처럼 넓게 펼쳐져 있었다. 바로 너머에는 수풀이 우거진 깊은 골짜기가 있었고, 그 뒤에는 구름 한 점 없는 하늘을 배경으로 계곡의 남쪽 벽을 이루는 가파른 황록색 쿠보르산맥Kubor Mountains이 솟아있었다. 춤꾼들은 계곡에 정착한 자신들의 일족을 방문하기 위해 산에서 내려올 예정이었다. 그들은 내려오는 길에 각 정착촌에 들러 현지인들과 함께 춤을 추곤 했는데, 그 때문에 보통 몇 시간의 행군에 해당하는 여정이 전체적으로 며칠이 걸리기 일쑤였다. 그들이 방문하는 이유를 정확히 말할 수 있는 사람은 아무도 없었다. 약간의 거래를 하거나, 식량과 선물을 교환하는 의식을 통해 부족의 유대를 재확인하거나, 큰 잔치를 베풂으로써 부족민들에게 진 빚을 갚으려고 했을 수도 있다.

아침나절이 되자 짙게 칠하고 의식용 복장을 한 민지의 여자 몇 명이 행사장에 나타났다. 그들은 공연을 보러 왔다.

1시간이 더 지난 후 우리는 희미한 노랫소리를 들었고, 나는 쌍안경을 통해 높은 산꼭대기 중 하나에 자리잡은 오두막촌에서 작은 형체들이 줄지어 나오는 장면을 보았다. 내가 지켜보는 동안, 하를레스는 능선 중 하나를 오른쪽으로 내려오는 또 하나의 유사한 무리를 발견했다. 행렬은 몇 분마다 앞으로 나아가다 멈추고 모여들어 한 무더기가 되기를 반복했다. 그렇게 하는 동안 노랫소리가 점점 더 커지고 희미한 북소리가 가세했다.

그런 다음 무더기는 다시 늘어나 행렬이 되더니 아래쪽으로 계속 천천히 내려왔다. 마침내 그들은 골짜기에 이르러 덤불 속으로 사라졌다. 그들이 보이지 않는 채 우리를 향해 다가올수록 노랫소리가 점점 더 커져 가다가, 한 명의 춤꾼이 갑작스럽고도 극적으로 골짜기의 가까운 쪽 마루에 나타났다. 그는 북을 움켜쥐고 거대한 머리장식을 흔들며 천천히 우리 쪽으로 접근했고, 그러는 동안 계속 노래를 불렀다. 전사들이 그를 따라 끝이 없어 보이는 줄을 형성했고, 정오가 되어 머리 위의 태양이 거의 참을 수 없는 직사광선을 뿜어낼 때 노래판은 격렬하게 노래하는 수백 명의 춤꾼으로 가득 찼다.

그들은 가로 5명, 세로 10명씩 대형을 갖추고는 북을 두드리고 목이 쉬도록 고함을 지르며 땅을 세차게 밟았다. 춤은 단순했지만 그들을 완전히 몰두시켰고, 맨발이 일으킨 먼지가 그들의 주위를 맴돌며 올라와 가슴과 등을 타고 흘러내리는 땀 줄기를 뒤덮었을 때, 그들은 거의 황홀경에 빠진 것 같았다. 때때로 멈추기도 했지만 그럴 때에도 그들은 북의 리듬에 맞춰 계속해서 흔들어 대면서 발끝으로 서고 무릎을 굽혔고, 일렁이는 머리장식의 덮개가 큰 너울이 이는 바다처럼 물결쳤다. 남자들 여럿은 근육질 몸에 붉은 점토를 발랐고, 거의 모두 완장에 붉은 관목의 잎사귀를 달고 주머니쥐의 털가죽으로 만든 팔찌를 차고 있었다. 몇몇은 창이나 활과 화살로 무장했고, 한두 명은 거대한 돌도끼를 들고 있었다. 돌도끼의 날은 길고 구부러진 나뭇조각에 고정되어 있었는데, 나뭇조각은 무거운 날의 균형을 잡아 주는 역할을 하는 것으로 보이는 바구니 세공품으로 싸여있었다.

나는 그들의 머리장식의 찬란함에 압도되었다. 거기에 깃털을 제공하기 위해 많은 종류의 극락조들이 죽임을 당했을 터였다. 거의 모든 남자들은 2개의 작센왕극락조 깃털을 코에 꿴 후 이마 한복판에 고정하여, 얼굴 윗부분 주위에 멋진 구슬 장식을 한 고리를 형성하도록 했다. 작센왕극락조 깃털이 남아돌았는지, 어떤 남자들은 그것을 머리장식에도 포함시켰다. 한 전사는 작은극락조Lesser Bird of Paradise, 라기아나극락조, 멋쟁이극락조Magnificent Bird of Paradise, 스테파니극락조, 푸른극락조의 깃털 20~30개 외에 16개의 작센왕극락조 깃털을 달고 있었다.

그것은 내가 본 가장 화려한 광경 중 하나였다. 대략적으로 계산해 본결과, 깃털로 장식한 춤꾼들의 수는 500명이 넘는 것 같았다. 그들은 이의식을 치르기 위해 자신을 단장하느라 적어도 1만 마리의 극락조를 죽였음에 틀림없었다.

축제 준비 과정을 촬영하는 하를레스

데이비드 애튼버러의 주 퀘스트

2. 지미밸리로

비록 많은 시간과 인내가 필요하겠지만, 나는 논두글 근처의 숲에서 극락조들의 구애 춤을 촬영할 수 있기를 바랐다. 그러나 우리가 겪어 본 바에 따르면, 와기를 완전히 떠나 보다 자연 그대로이고 사람이 살지 않는 지역으로 간다면 훨씬 더 좋은 기회를 얻을 수 있을 것이 분명했다.

나는 또 다른 목표를 갖게 되었는데, 그 이유는 몇몇 민지의 춤꾼들이 들고 다니던 멋진 돌도끼가 내 마음을 사로잡았기 때문이었다. 프레드에게 들은 바에 의하면, 25년 전 와기가 처음으로 탐사되었을 때는 돌도끼가 계곡 전체에서 사용되었지만, 오늘날에는 새로 도입된 금속도끼가 돌도끼를 거의 완전히 대체했다. 남아있는 돌도끼는 한 구석에 처박혀있다가 의식이 있을 때만 등장했다. 이제 와기에 사는 사람들 중에서 돌도끼를 만드는 사람은 한 명도 없었지만, 그들은 북쪽 산 너머의 지미밸리에 사는 부족이 만든 것을 물물교환을 통해 입수했다.

"그러면 지미밸리에서 극락조를 발견할 가능성은 얼마나 될까요?" 내가 물었다.

"매우 높아요." 프레드가 대답했다. "왜냐하면 그곳에는 소규모 원주민 부족만이 살고 있기 때문이에요. 게다가 극락조와 돌도끼 제작소를 찾을 수 있을 뿐만 아니라, 그곳 인근에 사는 것으로 여겨지는 피그미족 주민 중 일부를 만날 수도 있어요."

그러나 지미밸리로의 여행을 준비하는 것은 쉽지 않았다. 애당초 그곳은 행정력이 미치지 않는 지역이므로 특별 허가를 받은 사람만 들어갈 수 있었다. 허가를 담당한 사람은 와기밸리의 발원지 인근에 있는 마운트하겐 행정국Mount Hagen Station의 지역 감독관이었다.

우리는 논두글의 무선 송신기로 '만나러 가도 되는지' 묻는 메시지를 그에게 보냈고, 다음 보급기가 논두글에 착륙했을 때 그것을 타고 하겐까지 날아갔다.

보좌관 중 한 명이 우리를 감독관의 사무실로 안내했다. 흠잡을 데 없는 깔끔한 카키색 옷 차림의 무뚝뚝해 보이는 오스트레일리아인 감독관은 책상 뒤에 앉아 짙은 눈썹 밑에서 우리를 뚫어지게 바라보았다.

다소 긴장한 상태에서 나는 최선을 다해 계획—하를레스와 함께 지미밸리에 한 달 동안 머물며 극락조와 돌도끼 제작에 관한 방송을 제작하려고 한다—을 설명했다. 그리고 그 지역을 최대한 많이 관찰할 수 있도록, 가능하다면 들어갈 때와는 다른 경로를 따라 계곡을 벗어나고 싶다고 덧붙였다. 내가 말을 마칠 때까지 잠자코 들은 다음, 감독관은 서랍에서 지도를 꺼내 책상 위에 펼쳐 놓았다. "여길 좀 봐요." 그가 퉁명스럽게 말했다. "지미는 꽤 거친 지역이에요. 지금까지 우리는 이곳을 통해 탐사대를 몇 번 보냈을 뿐이에요"라고 말하며 지도에서 커다란 흰색 여백을 가로지르는 점선을 손가락으로 짚어 나갔다.

"2년 전 와기에서 북부 해안의 마당Madang으로 비행하던 조종사들은 '마을이 화염에 휩싸인 것을 보았다'고 보고했고, 어떤 사람들은 언덕을 넘어와 '여자와 아이들이 대규모로 학살당했다'는 이야기를 전했어요. 나는 조사를 위해 순찰대를 보냈고, 그들은 부족 전쟁의 한복판으로 걸어

데이비드 애튼버러의 주 퀘스트

들어갔어요. 그리고 매복 공격을 당해 여러 명의 경찰이 부상을 입는 바람에 서둘러 빠져나와야 했어요. 그래서 나는 또 한 명의 순찰관 배리 그리핀Barry Griffin과 10여 명의 무장한 원주민 경찰관을 대동하고 그곳에 들어갔어요. 우리는 타비부가Tabibuga라는 곳에서 기지의 부지를 찾아내, 그리핀을 그곳에 남겨 기지를 건설하고 어느 정도의 질서를 회복하려고 노력했어요. 그는 그 이후로 한두 번 밖에 그곳을 떠나지 않았고, 그때도 이곳 하겐에서 겨우 하루 정도 휴식을 취했을 뿐이에요. 모든 일이 순조롭게 진행되는 것처럼 보이지만 그는 엄청 바쁜 게 틀림없어요. 그가 당신을 크게 반기지 않는 한, 나는 당신들을 그곳에 들여보내지 않을 예정이에요. 우선, 극락조와 돌도끼를 찾기 위해 지미 인근을 돌아다니려면 호위대가 필요하거든요. 그는 호위병을 제공할 수 있는 유일한 녀석이며, 아마도 '경찰들이 작은 새를 찾는 데 시간을 보내도록 하느니, 차라리 다른 일을 시키는 게 낫다'고 생각할 거예요. 그건 차치하더라도, 그는 어쨌든 당신들을 원하지 않을 수 있어요. 그는 고독을 정말 좋아하고 '일을 계속할 수 있도록 혼자 있게 내버려 달라'고 요청하는 친구예요. 그가 기지를 처음 건설한 이후로 그를 방문한 사람이 아무도 없었는데, 갑자기 나타나서는 자기 집 문앞으로 떠넘겨진 '경험 없고 이상한 두 녀석들'의 아이디어를 그가 좋아할 리 만무해요. 그리고 그가 그렇게 느낀다면, 나는 장담하건대 그에게 당신들을 받아들이라고 명령하지 않을 거예요."

감독관은 말을 잠시 멈추고 우리를 빤히 쳐다보았다. "만약 그가 동의한다면, 나는 당신들에게 평소에 그의 보급품이 운반되는 산 너머의 오솔길을 따라 타비부가에 들어갈 것을 제안할 거예요. 그곳은 걸어서 이틀 걸리는 길이에요. 지금은 길도 매우 좋고 도중에 거치는 마을 사람들은 대체로 짐꾼 역할을 하려고 할 거예요. 일단 타비부가에 도착하면, 그리핀과 당신들의 일정을 논의할 수 있어요. 내가 알기로 그는 자신의 기지에서 서쪽으로 순찰을 할 계획인데, 어쩌면 당신들의 동행을 허용할지도 몰라요. 다른 경로를 따라 지미밸리를 벗어나고 싶다면, 지미강Jimi River을 건넌 다음 비스마르크산맥Bismarck Mountains으로 올라가 라무밸리Ramu valley 의 아이오메Aiome라는 곳으로 진출하는 것이 좋아요. 거기에 활주로가 있고, 당신들을 데리러 올 비행기를 빌릴 수 있다는 것은 의심의 여지가 없어요. 그 정도면 괜찮겠어요?"

"네, 감독관님." 내가 말했다.

"좋아요." 그는 자리에서 일어나며 대답했다. "다음에 그리핀과 무선 교신이 되면 그렇게 제안할게요. 그러나 그가 거절한다면 여행 전체가 취소된다는 점을 이해하세요."

그는 갑자기 씩 웃었다.

"당신들이 걷는 걸 좋아하는 사람이라면 좋겠어요." 그는 덧붙였다. "만약 그곳에 들어가게 된다면 죽도록 걸어야 할 거예요."

———

그로부터 4일 후, 우리는 논두글에서 감독관의 무선 메시지를 받았다. 그 내용인즉, 그리핀이 우리의 방문에 동의하고 우리를 호위하기 위해 일주일 후 원주민 경찰관 2명을 타비부가 트레일[1]의 와기 나들목으로 보내 기다리게 한다는 것이었다.

우리는 즉시 여행에 필요한 준비에 몰두했다. 그리고 우리가 먹을 식량, 짐꾼을 위한 쌀자루, 등유 램프, 냄비, 텐트로 사용할 방수포를 구입하기 위해 라에Lae로 다시 날아갔다. 또한 항공사 사무실을 방문하여 '탐사 후 우리를 태우고 논두글로 돌아오기 위해 4주 남짓 후 소형 단발기 1

---

[1] 트레일trail의 원뜻은 '흔적', '지나간 자국', '배가 지나간 항적이나 산길 또는 오솔길'이지만, 트래킹 분야에서는 '걷는 길'이라는 의미로 쓰인다. - 옮긴이주

　데이비드 애튼버러의 주 퀘스트

대를 아이오메로 날려 보낸다'는 약속을 받아냈다. 우리는 짐꾼들에게 지불하고 우리에게 동물을 데려온 사람에게 보상하기 위해 소금과 구슬, 칼, 빗, 하모니카, 거울, 진주조개 껍데기를 구입했다. 또한 성냥과 오래된 신문 더미를 잔뜩 구입했는데, 우리가 알기로 이 두 가지 모두 고지대의 외딴 지역에서 큰 가치를 지니고 있었다.

우리는 논두글로 돌아와 모든 장비를 20킬로그램 단위로 나누려고 노력했다. 하지만 논두글에 있는 하나뿐인 저울이 마침 고장나는 바람에 어림짐작으로 처리해야 했기 때문에, 이것은 쉬운 일이 아니었다. 나는 몇 번이고 되풀이하여 운반함을 가득 채운 후 들어올렸지만, 번번이 '너무 무거워서 약정된 무게를 초과할 게 뻔하므로 아무도 몇 분 이상 운반할 수 없을 것'이라는 결론을 내렸다. 그래서 약간의 내용물을 꺼내어 옷과 같이 가벼운 물건으로 대체해야 했다.

우리는 한 달 동안 걸어야 했는데 그동안 먹을 것도, 거처도 구할 수 있으리라고는 기대하기 어려웠다. 필요한 장비 더미가 엄청나 보였고, 계산을 아무리 꼼꼼히 확인하고 개인 소지품을 줄이더라도 엄청난 수의 짐꾼이 필요하다는 결론을 피할 수 없었다.

어느 날 저녁 나는 프레드에게 고백했다.

"어쩌면 우리가 편안한 여행을 꾀하고 식량과 의복을 너무 사치스럽게 준비하는지도 몰라요. 하지만 아마도 짐꾼이 40명은 필요할 것 같아요."

"오! 좋아요." 프레드가 조심스럽게 대답했다. "내가 보기에 70명 미만으로는 어림도 없는 것 같아요. 당신도 알다시피, 현지인들이 비협조적이라고 느껴질 때 그렇게 많은 짐꾼을 모집하는 것은 정말 지긋지긋한 일이예요."

생각했던 대로, 만나기로 한 전날에는 짐이 너무 많아서 지프 1대에 다실을 수 없었기 때문에 나는 여전히 걱정이 태산이었다. 그래서 대부분의 짐을 농장의 트레일러에 싣고 트랙터에 연결한 다음, 농장의 고참 일꾼 중 하나에게 운전대를 맡겨 만나기로 한 장소로 보내야 했다. 우리는 나머지 장비를 지프에 싣고 프랭크와 함께 오후 내내 트랙터를 따라갔다.

타비부가 트레일의 기슭에 있는 작은 정착지인 크위아나Kwiana는 3채의 작은 오두막집과 1채의 하우스-키압house-kiap으로 이뤄져 있었는데, 정부에서 운영하는 휴게 시설인 하우스-키압은 목재 골조 주위에 꼰 라탄 줄기를 빙 둘러 엮은 초가집이었다. 2명의 거대한 근육질 원주민 경찰관이 우리를 만나기 위해 거기서 기다리고 있었다. 그들은 맨발과 맨가슴이었으며, 허리를 감싼 단정한 카키색 가리개와 칼집에 든 총검이 매달린 광택 나는 가죽 벨트만 걸치고 있었다. 대부분의 뉴기니 경찰관과 마찬가지로 해안지역에서 충원되었기 때문에, 그들의 외모는 수염을 기르고 매부리코를 가진 와기족과 상당히 달랐다.

선임자가 나에게 재빠르게 경례를 했다. 그는 "Arpi-noon, masta"[2]라고 말하며 나에게 편지 1통을 건넸다. 그것은 배리 그리핀의 편지였다. 그는 편지를 전한 와와위Wawawi에 대해, 자신의 휘하에 있는 경찰관으로 지리에 밝고 우리를 타비부가까지 호송해 줄 믿을 만한 사람이라고 썼다. 그리고 가는 길에 있는 마을의 이름을 죽 나열하고, 카랍Karap이라는 이름의 마을에서 하룻밤 묵으라고 제안한 후, 우리를 만나기를 고대한다고 말하면서 끝을 맺었다.

와와위는 하우스-키압 앞 광장에 수많은 마을 사람들을 모았다. 그들은 전형적인 하겐 남자들로, 수염을 기르고 직조된 허리띠와 잎이 무성한 허리받이 외에는 실오라기 하나 걸치지 않고 있었다. 대부분은 허리띠에 칼이나 도끼를 매달고 있었는데, 맨허벅지에 드리운 날이 맨살에 닿는 것

---

2 안녕하세요, 나리. - 옮긴이주

이 내게는 매우 위험해 보였다. 상당수는 눈이 게슴츠레하고 허리받이가 구겨지고 더러운 것으로 보건대, 방금 잠에서 깨어난 것 같았다. 몇 명은 얼굴에 칠한 문양의 흔적이 얼룩져 있었다. 아직 해가 뜨지 않아 날씨가 추웠기 때문에 몸을 따뜻하게 하려고 맨가슴을 팔로 감싸고 있었다.

와와위의 지시에 따라 우리의 짐이 트레일러에서 내려져 한 줄로 길게 놓였다. 짐꾼 지망자들은 낙담한 표정으로 짐을 바라보다가, 이따금씩 그것들의 무게에 대한 최악의 불안감을 확인하기 위해 짐을 들어올려 보고 더 가벼워 보이는 다른 짐 쪽으로 은밀히 자리를 옮겼다. 그러나 와와위는 짐을 따라 활발하게 움직이며 각 품목마다 한 쌍의 남자들을 할당했다.

이 작업이 완료되자, 중요한 일을 하고 있다는 생각에 가득 차 그의 소총을 대신 들고 있던 작은 소년에게서 소총을 회수했다. 그러고는 내가 준비되었는지 확인하기 위해 나를 쳐다본 후 짐꾼들에게 명령을 내렸다. 그들은 자신들에게 할당된 짐을 들어 올리고는, 산으로 이어지는 널따란 황톳길을 성큼성큼 걷는 와와위의 뒤를 따랐다.

처음 1.6킬로미터 정도의 길은 좁은 계곡의 가파른 사면을 따라 이어졌다. 우리의 발 아래에 있는 작은 강은 와기강에 합류하기 위해 흐르다가, 물길을 막고 있는 바위에 걸려 떨어져 내릴 때 거품이 일며 반짝거렸다. 마침내 태양이 떠올라 우리의 몸을 따뜻하게 하고 우리 주위에 드리워진 안개의 자취를 사라지게 했다. 짐꾼 중 한 명이 '호오오아아아Hooo-aaah'라고 목청껏 요들링을 하며, 마지막 저음을 폐가 허용하는 한도까지 길게 끌었다. 그가 시작하자 다른 모든 사람들이 합류하여, 그 소리는 고음 스타카토 '호오hoo'의 오블리가토[3]와 어우러져 끊임없이 길게 이어지는 '아아아aaaah'처럼 들렸다. 그것은 그날 내내 계속되었고, 앞으로 몇 주 동

---

3 피아노 또는 관현악 따위의 반주가 있는 독창곡에 독주적 성질을 가진 다른 악기를 곁들이는 연주법. - 옮긴이주

안 우리의 끊임없는 행군의 동반자가 될 음악이었다.

이윽고 길은 가팔라졌고, 긴 풀이 무성한 능선의 등줄기를 지그재그로 오르기 시작했다. 나의 징 박은 장화는 걸핏하면 미끄러졌건만, 맨발의 짐꾼들은 자신들의 발가락을 가파른 진흙탕에 찔러 넣으며 굽히지 않고 터벅터벅 걸어 올라갔다. 와와위는 약 1시간 간격으로 '정지'를 선언했고, 휴식 시간 동안 짐을 다시 할당함으로써 짐꾼들이 교대로 무거운 상자를 나르도록 했다.

정오가 다가올 때, 우리는 지금까지 경사면을 덮고 있던 쾌적한 카수아리나나무와 초록빛 덤불을 뒤로하고, 마른 이끼와 꼬불꼬불한 덩굴식물로 뒤덮인 음산한 나무가 드문드문 자라는 숲으로 들어갔다. 한 지점에서, 길은 짐꾼들에게 많은 문제를 야기하는 일련의 흠뻑 젖은 바위들의 표면을 구불구불 지나갔다. 모든 짐이 끌어올려질 때까지 최대한 도움을 주기 위해 나는 이곳에 오랫동안 머물렀다. 바로 위에서 경사가 완만해지며 고갯길의 정상에 가까워지는 것 같았다. 엷은 안개가 음산한 숲을 휘감고 있었다. 나는 땅을 내려다보며 천천히 걸었는데, 바위 사이를 헤치고 나갈 때 약간 헐떡였다. 그도 그럴 것이 해발고도가 어느덧 2,400미터를 넘었기 때문이다. 나는 앞서가는 짐꾼들이 다시 한 번 멈췄음을 알아차렸다. 그리고 이곳이 휴식을 취할 최선의 장소가 아니라고 생각하고 그들을 지나 고갯마루를 넘어 좀 더 안전한 곳을 찾기로 결정했다. 그러나 그들에게 가까이 갔을 때 남자들이 자리에 앉는 대신 와와위 주위에 모여 격렬하게 논쟁하는 것을 보았다.

"Dis-fella men, im'e talk'e no like go more."[4] 내가 그에게 다가가자 와와위가 말했다.

---

4 이 남자들이 말하기를, 더 이상 가고 싶지 않대요. - 옮긴이주

데이비드 애튼버러의 주 퀘스트

확실히 그들은 춥고 피곤해 보였지만, 오르막의 가장 힘든 부분이 끝난 것처럼 보인 바로 그때 갑자기 파업을 해야 할 진짜 이유를 알 수 없었다. 나는 '그들이 이렇게 외딴 곳에 짐을 버리면, 우리가 어떻게 처리해야 하는지'를 생각조차 하고 싶지 않았다. 나는 가장 설득력 있는 어조로 '이제 정상에 올랐으니 앞으로 일이 더 쉬워질 것'이라고 설명했으며, '여기서부터는 길이 내리막으로 접어들 것'이라고 낙관적으로 말했다. "일단은 푹 쉬세요." 내가 말했다. "다음 마을에 도착하면 후한 보상을 지급할게요. 그러나 우리는 계속 가야 해요." 그들이 내 말뜻을 이해했는지 의심하고 있는데, 나에게 대답한 사람은 와와위였다. 그들이 더 이상 가지 않는 이유는 고갯마루가 부족의 경계를 표시하기 때문이라고 그는 말했다. 그 너머에는 '너무 나쁜 놈bad-fella too much'인 또 다른 부족의 영토가 있었는데, 그들은 바로 '식인종kai-kai man'이었던 것이다.

"오," 하를레스가 대수롭지 않게 말했다. "세상에 식인종이 있다니!" 우리는 둘 다 웃었다. 황당무계한 모험 이야기처럼 들려 상황이 너무 터무니없었기 때문이다. 그 순간 나는 안개 속에서, 200미터 떨어진 바위 더미 뒤에서 튀어나온 깃털 머리장식의 끄트머리를 발견했다. 나는 깜짝 놀라 눈을 깜박거리다가 바로 그 옆에서 또 다른 깃털을 발견했다. 내 미소는 빠르게 사라졌다.

"글쎄요. 식인종이든 아니든," 나는 약간은 억지로 유쾌한 체하며 대답했다. "저쪽에서 누군가가 우리를 기다리고 있는 것 같아요."

갑자기 한 무리의 남자들이 고막을 찢을 듯한 고함소리를 내며 바위 뒤에서 뛰어내리더니 칼과 도끼를 휘두르며 우리를 향해 돌진했다. 내 유일한 의식적인 생각은 우리가 우호적이라는 점을 그들에게 긴급히 납득시켜야 한다는 것이었다. 심장이 갈비뼈를 두드리는 가운데, 나는 그들을 향해 걸어가 오른손을 뻗었다. 빈약한 피진어 어휘가 나를 버렸지만, 오히려 놀랍게도 나는 터무니없이 세련된 듯한 어조로 "안녕하세요."라고 크게 말했다. 하지만 그들의 사나운 외침소리에 묻혔으므로 아무런 효과가 없었다. 그들은 몇 초 안에 나를 덮쳤다. 그런데 놀랍게도, 그들 중 여러 명이 내 오른손을 잡고 위아래로 흔들었다. 다른 사람들은 내 왼손을 잡았고, 어느 손도 잡을 수 없는 사람들은 내 어깨를 세게 두드리는 것에 만족해야 했다. "Arpi-noon, masta, arpi-noon." 그들은 이구동성으로 외쳤다.

사실은 우호적인 의도를 갖고 있으면서 그들은 왜 자신을 숨기고 그토록 무서운 방식으로 우리에게 돌격해야 했을까? 나는 몇 분 동안 어리둥절했다. 그러다 문득 '변경邊境에서의 이처럼 공격적인 과시는 와기 부족과의 냉전에서 일상적인 책략에 불과하다'는 생각이 들었다. 즉, 이웃 부족들에게 '약하고, 따라서 쉬운 약탈 표적'이라는 인상을 주지 않을 요량으로, 자신들의 힘과 호전적인 성격을 강조하기 위해 고안된 것일 수 있었다. 그러나 와기의 남자들은 떨어지는 이슬비에 몸을 떨며 초라하게 주저앉아 있었으므로 아무도 공격하지 않을 것 같았다. 와와위는 그들을 정렬하고 인원수를 헤아렸다.

"Four fella ten tree, masta."[5] 그가 말했다. 나는 상자를 열고 동전 한 자루를 꺼내, 와와위에게 43실링을 건넸다. 이것은 당국에서 규정한 하루치 운임이었고, 우리가 논두글로 돌아가기 전에 돈을 사용한 것은 그게 마지막이었다. 짐꾼들은 각자 운임을 받자마자 몸을 돌려 안개 속으로 총총 사라졌다.

우리의 새로운 짐꾼들은 더욱 쾌활한 무리였다. 그들은 열정적으로 짐을 움켜쥐고 의기양양하게 함성을 지르며 전속력으로 질주했다. 내리막

---

5 43명이에요, 나리. - 옮긴이주

이 시작되었고, 나는 구름 아래로 내려가 처음 보는 지미밸리를 바라보고 싶은 마음에 서둘러 앞으로 나아갔다. 나는 그곳이 바닥을 따라 굽이굽이 흐르는 은빛 강이 있는 넓고 풀이 우거진 와기밸리와 비슷할 거라고 상상했지만, 마침내 선명한 시야를 확보했을 때는 전혀 다른 상황이 전개되었다. 저 아래에는 완전히 숲으로 뒤덮인 능선과 산들이 맞물려있는 복잡한 미로 같은 자연 그대로의 광활한 지역이 펼쳐져 있었다. 강도, 쿠나이가 자라는 들판도, 마을도 볼 수 없었고, 보이는 것이라곤 끝없이 펼쳐진 빽빽한 나무들밖에 없었다.

우리가 내려오던 능선은 우리 왼편에 가까이 있는 작은 계곡을 향해 달리는 것 같았다. 한 부족민이 다가와 내 옆에 섰다. 나는 계곡을 가리키며 물었다. "지미?" 그 남자는 폭소를 터뜨리고 고개를 절레절레 흔들며 눈을 찡그린 채 까마득히 먼 곳을 가리켰다. 그런 다음, 특별히 명청한 아이에게 어떤 기본적인 사실을 설명하는 선생님의 참을성 있는 분위기로, 자신의 왼손을 내 얼굴 앞에 내밀고 뻗은 손가락 4개를 하나씩 만졌다.

"맙소사," 나는 하를레스에게 말했다. "지미에 도착하기 전에 네 개의 계곡을 더 건너야 한대요."

"그건 '앞으로 4일 남았다'는 뜻일 가능성이 높아요." 하를레스가 덤덤하게 대답했다.

나는 내 동반자가 손가락으로 무엇을 이야기하려고 했는지 정확히 알아내려고 노력했지만, 결국 성공하지 못했다. 사실, 나는 결코 알 수 없었다. 그것은 '공통 언어의 부족'이 극복할 수 없는 장벽처럼 보이는 경우 중 하나에 불과했다. 나는 노래하는 짐꾼들이 우리를 따라와도 해소되지 않는 '밀려드는 외로움'에 압도되었다. 우리는 비현실적 장소로 가득한 생소한 태고의 땅에 들어서고 있었다. 우리보다 앞서 한 오스트레일리아인이 '여러 산 중 하나의 움푹한 곳'과 '울창한 나무들' 사이에서 숲에 개간을 하고 스스로 집을 지은 건 사실이지만, 그는 그 풍경에 미세한 곰보 자국 하나를 남겼을 뿐이었다. 내가 걷고 있는 이 길도 그가 만든 것이었지만, 우리를 그와 연결하는 가느다란 실일 뿐이었다. 만약 그곳을 벗어나 5분 동안 다른 방향으로 걷는다면, 나는 유럽인들이 한 번도 본 적 없는 땅에 서있었을 것이다.

우리는 능선 마루를 따라 꼬불꼬불 구부러지고 가파른 진흙 비탈을 지그재그로 내려가는 길을 믿어 의심치 않고 따라가 숲속으로 들어갔다. 대략 1.6킬로미터마다 한 번씩 원주민 부족을 만났는데, 그들은 갑작스러운 소란의 정체를 확인하기 위해 길 위에 서서 기다리는 중임에 틀림없었다. 우리가 지나가는 동안, 그들은 우리의 행렬에 바짝 달라붙어 소란에 목소리를 더했다.

3시쯤 되어, 우리는 와기를 떠난 이후 처음 보는 거주지의 흔적에 도달했다. 그것은 날카로운 말뚝이 촘촘히 박힌 낮은 울타리로, 가장자리에는 부족의 표시가 그려진 기둥이 세워져 있었다. 그로부터 30분 후 우리는 숲에서 마을로 들어섰는데, 능선 마루를 따라 2줄로 늘어선 초가집들이 광활한 황토 벌판을 에워싸고 있었고, 초가집의 가장자리는 카수아리나나무로 빙 둘러싸여있었다. 모든 주민들이 우리를 만나기 위해 모여있었는데, 남녀 구분하여 2그룹으로 나눠서 앉아있었다. 촌장luluai과 그를 보좌하는 사람들은 가장 큰 오두막집 앞 맨 끝에 서있었는데, 추측하건대 그 집은 순찰대원들을 위해 지은 하우스-키압이었다. 쪼그려 앉아있는 마을 사람들 사이를 지나 그에게 다가가자, 그들은 귀청이 터질 듯한 환영의 함성을 질렀다. 촌장은 우리를 하우스-키압으로 안내했고, 이것으로 우리의 첫날 행군은 막을 내렸다.

와와위는 다시 한 번 짐 부리기를 감독했고, 이번에는 짐꾼들에게 소금을 큰 숟가락으로 몇 개씩 지불했다. 남자들은 그것을 잎사귀 조각에 받

데이비드 애튼버러의 주 퀘스트

집꾼들에게 소금을 지불하는 장면

아 조심스럽게 싸서 허리띠에 매고 마을을 나와 숲으로 돌아갔다. 침대가 마련되는 동안, 나는 능선 가장자리 바깥쪽에 앉아 카수아리나에 등을 기대고 아래 계곡의 나무들을 유심히 살폈다. 다행스럽게도 작은극락조Lesser Bird of Paradise의 울음소리가 들렸지만, 쌍안경으로 한참을 찾아봐도 새를 볼 수는 없었다. 저녁이 되자, 아래 계곡에서 피어오른 구름이 마을만 남기고 모든 것을 집어삼켰다. 하를레스와 나는 저녁을 먹고 죽은 듯 잠들었다.

동이 트자마자 우리는 시끄러운 요들링 소리에 놀라 잠에서 깼다. 촌장은 카수아리나 사이에 서서 손으로 입을 감싸고 있었고, 그의 목소리는 구름 가득한 계곡에 메아리쳤다. 그의 부름에 응하여 40~50명의 집꾼들이 하우스-키압 앞에 모였다. 그들 중 상당수는 우리가 전날 오후 길에서 만난 사람들이었다. 출발하기 직전에 비가 내리기 시작했다. 춥고 불편했지만 상자들은 방수 처리되어 있었고, 짐꾼들은 머리가 젖지 않도록 하기 위해 스컬캡에 넓은 잎사귀 몇 개를 핀으로 고정했을 뿐이었다. 정오가 되자 우리는 구름층을 통과했고 비는 그쳤다.

우리의 전진은 이제 위풍당당한 행렬이 되었다. 한걸음 내디딜 때마다 점점 더 많은 부족민들이 마치 눈덩이처럼 불어나며 우리와 함께 걸어갔기 때문이다. 전날의 경련적인 '호오오-아아아'는 이제 계속 이어졌다. 조금이라도 평온해지기를 갈망하며 짐꾼들을 멀찌감치 앞지르려고 속도를 높였지만, 노래를 읊조리며 나를 따라오는 그들을 따돌릴 수는 없었다.

1시에는 숲의 작은 틈새를 통해 갑작스레 원경遠景이 보였는데, 저 아래 짙은 녹색 숲에서 작고 붉은 점이 보였다. 쌍안경을 통해 몇 개의 직사각

타비부가에 도착한 우리의 짐

데이비드 애튼버러의 주 퀘스트

형 건물을 구별할 수 있었고, 한복판의 깃대 꼭대기에서 깃발이 펄럭이고 있었다. 그곳이 바로 타비부가였다.

1시간 후 그곳에 도착했는데, 우리의 진입은 극단적으로 드라마틱했다. 우리의 호위대는 이제 수백 명에 이르렀고, 얼굴에 색칠을 하고 깃털 머리장식을 한 30~40명의 전사로 구성된 선봉대는 짧은 달음질을 규칙적으로 반복하며 전진했다. 달음질이 끝날 때마다 그들은 소리를 2배로 지르고 오른발을 맹렬히 구르며 칼과 창을 흔들었다. 와와위는 하루 종일 현지인 남자가 들고 다녔던 소총을 되찾아 군대 제식에 맞춰 어깨에 메고 우리 바로 뒤에서 행진했다.

짐꾼들은 무거운 짐에도 불구하고 들뜬 마음으로 소리를 지르며, 앞서 가는 '맨몸의 전사들'처럼 기를 쓰고 달음박질했다. 타비부가의 커다란 연병장에 들어섰을 때, 최소한 1,000명의 사람들이 우리를 기다리고 있었다. 그들은 소리치고 난리 법석을 떨면서 우리의 선봉대가 기지를 다스리는 큰 건물을 향해 달려갈 때 길을 터주었다. 나는 그 건물의 베란다에서, 주위에서 벌어지는 소동에도 전혀 동요하지 않고 앉아 책을 읽는 흰옷 입은 남자를 볼 수 있었다. 그는 쳐다보지도 않다가, 우리가 20미터쯤 떨어진 곳에 이르자 고개를 들고 일어서더니 천천히 내게로 걸어왔다.

"그리핀이에요." 그가 내게 악수를 건네며 말했다. "소동을 피워 미안해요. 내가 여기에 온 이후 처음으로 유럽인이 왔기 때문에 내 친구들이 약간 흥분했어요. 내가 현존하는 유일한 유럽인이라고 생각했는데, 두 사람이 더 있다는 것을 알고 아마 뒤집어졌을 거예요."

───

타비부가는 배리 그리핀의 작품이었다. 지미밸리에 도착한 그의 첫번째 과제는 전쟁 중인 부족들을 진정시키는 것이었으므로, 그는 가장 혼란스러운 지역의 한복판에 순찰소를 설치하기로 결정했다. 그 지역은 지미 저지대의 평평한 땅이 아니라, 강에서 수 킬로미터 떨어진 계곡 발원지 근처의 산과 협곡 사이의 고지대에 위치하고 있었다. 이 험준한 지역에서 적당히 평평한 부지를 만들기 위해, 그는 능선의 측면을 절단하여 너비 100미터의 넓은 평지를 만들었다. 연병장은 이렇게 탄생했다. 연병장 한쪽에는 배리의 사무실, 그가 재판을 하는 법정, 칼과 도끼, 천, 구슬, 물감, 조개껍데기로 가득 찬 교역소가 있었다. 그 아래에는 원주민 참모들의 숙소, 채소밭, 돼지와 염소를 기르는 우리, 하우스-식$^{house\text{-}sick}$—2명의 원주민 위생병이 관리하는 작은 병원—이 있었다.

능선의 꼭대기에 우뚝 솟은 키 큰 남양삼나무$^{Norfolk\ Island\ pine6}$ 아래에 있는 그의 집에서는 기지가 내려다보였다. 집이 산등성이의 가장자리에 너무 가깝게 지어지는 바람에, 세면장이 그 너머로 돌출한 채 기둥으로 지탱되고 있었다. 이것이 편리한 배치인 이유는, 샤워기 역할을 하는 캔버스 양동이에서 떨어진 물이 느슨하게 짜인 라탄 줄기로 된 바닥을 곧바로 통과하여 언덕 아래로 배수될 수 있었기 때문이다.

그의 집은 욕실 외에 유리창 없는 창문이 셔터로 닫힌 큰 방 하나와 지붕이 있는 짧은 통로로 본관과 연결된 조리실로만 구성되어 있었다. 안에는 모든 것이 깔끔하게 정리되어 있었다. 잡지는 날짜, 종류, 읽거나 읽지 않은 상태에 따라 가지런히 쌓여있었고, 장화는 문 옆에 질서정연하게 세워져 있었다. 모퉁이에 있는 간이침대 위의 담요는 세심하게 접혀 수놓은 침대보로 덮여있었다. 테이블 위에는 야생화가 담긴 그릇을 제외하면 아무것도 없었다. 대부분의 사람들이 쌓아놓는 자잘한 살림살이는 어디에도 없었다. 한마디로 정리정돈을 무척 좋아하는 남자의 집이었다.

---

6 오스트레일리아 노포크섬이 원산지인 소나무목 남양삼나무과의 상록수. - 옮긴이주

데이비드 애튼버러의 주 퀘스트

배리는 키가 크고 호리호리했으며, 바싹 깎은 검은 머리를 가지고 있었다. 우리가 그의 집에서 점잖게 이야기하고 있을 때, 나는 그의 얼굴에서 우리의 방문을 반기는지 싫어하는지를 알아차리는 데 도움이 될 만한 표정을 전혀 찾아볼 수 없었다. 그는 최소한의 입술 움직임으로 조심스럽게 말했다. 그는 퉁명스럽게 하인을 불렀고, 하인은 맥주 3병을 쟁반에 받쳐 들고 들어왔다. 그 맥주는 오스트레일리아에서 양조된 것으로, 지미에서는 런던 최고의 샴페인만큼 가치가 있었다. 술이 들어가자 그는 긴장을 푸는 것 같았다.

"음," 그는 말했다. "만나서 놀랍기도 하고 마음이 놓이기도 하네요. 하겐과의 무선 교신을 통해 알 수 있었던 것은 당신이 방송 제작자 겸 조류학자라는 것뿐이었어요. 나는 그것을 이상한 조합으로 여겼어요. 그리고 '요란한 옷과 뿔테 안경을 쓴 할리우드 타입'과 '포충망을 든 수염 기른 노인네' 중 어느 쪽을 기대해야 할지 난감했어요. 당신이 둘 다 아니라는 것을 알게 되어 기뻐요. 어쨌든 이리 와서 이것 좀 드세요."

빵과 감자를 제외하고 식사는 모두 통조림—양의 혀, 아스파라거스, 과일 샐러드—으로 만들었는데, 배리는 이를 미안해했지만 우리를 대접하기 위해 조심스럽게 보관해 둔 사치품을 꺼낸 것이 분명했다. 나는 그의 환대가 부담스러워, 산등성이를 따라 더 먼 곳으로 이동하여 텐트를 치겠다고 제안했다. 배리는 "원할 경우 집에서 잘 수 있도록 침구 일체를 준비해 놓았어요"라고 조용히 대답했고, 밤이 되자 하인이 다시 들어와 담요가 완비된 간이침대 2개를 더 설치했다.

다음날 아침 식사를 하면서 우리는 배리에게 극락조에 대해 물었다. 그는 낙관적이지 않았다.

"현지인들이 당신들에게 극락조를 데려오거나 춤추는 나무dancing tree에 대해 이야기를 많이 해 줄 것인지 의심스러워요. 그들은 새에 대한 소유욕이 꽤 강하고 비밀스러워요. 만약 자기 땅에 춤추는 나무가 있으면, 그 땅에 오는 모든 새는 남의 땅으로 날아가더라도 자기 소유로 여기거든요. 그들은 어린 새가 깃털이 자랄 때까지 몇 년 동안 기다리곤 해요. 그러니 깃털이 최고의 상태일 때 다른 사람이 자기보다 먼저 그 새를 쏘면 화를 낼 수 밖에요. 내가 원주민 법정에서 다루는 사건 중에서 가장 많은 말썽과 유혈사태를 초래하는 것이, 순서는 모르겠지만 땅, 여자, 극락조를 둘러싼 다툼이에요. 따라서 그들이 '나무의 위치를 아는 낯선 사람'을 좋아하지 않는다는 건 당연해요. 하지만 오늘 아침에 기지의 촌장을 불렀으니, 그가 당신에게 뭘 말해 줄 수 있는지 알아볼게요."

촌장이 도착했을 때 배리가 빠른 피진어로 그에게 말하자, 그는 문 앞에 서서 정중하게 고개를 끄덕였다. "자기와 함께 가면," 배리가 나에게 말했다. "춤추는 나무를 보여주겠대요." 나는 촌장을 따라 연병장을 가로질러 그 너머에 있는 작은 마을을 지나 가파른 진흙길을 따라 내려갔다. 우리는 이윽고 주둔지 건물을 멀리 뒤로 한 채, 우아한 나무고사리tree fern 사이사이에 나무와 덩굴식물이 축축하게 뒤엉킨 울창한 숲속을 걷고 있었다.

마침내 우리는 덤불 위로 높이 치솟은 거대한 고무나무에 이르렀다. 골이 진 거대한 나무줄기에 홈들이 줄줄이 파여있었다. 홈의 모서리가 웃자란 나무껍질에 의해 매끈해지고 메워진 것으로 보아 오래 전에 파였음에 틀림없었다. 나뭇가지를 올려다보니, 지상 12미터 높이에 은신처—새를 관찰하기 위해 현지에서 조달한 나무로 만든, 조잡한 오두막집 같은 구조물—가 있었다. 촌장은 몸짓과 피진어를 뒤섞어, "새들이 춤을 추기 위해 은신처에서 몇 미터 떨어진 큰 가지 위로 찾아온다"고 설명했다. 그의 설명을 요약하면 다음과 같다. 그는 호시탐탐 기회를 엿보다가 한밤중에 은신처에 들어가 활과 화살을 준비하고 새벽까지 기다린다. 해가 떠오르면 수컷 극락조 1마리가 나뭇가지에 다가와 구애 춤을 시작한다. 그럴 때 활시위를 당기면, '펄쩍펄쩍 뛰는 생기발랄한 깃털 덩어리'가 '축 늘어진 핏 덩어리 시체'로 변할 것이다.

나는 나무에 매달린 질긴 덩굴식물을 손잡이 삼아, 새들이 춤춘다는 큰 가지가 보일 때까지 나무줄기 위로 힘겹게 올라갔다. 은신처는 최근에 사용된 듯, 주변의 나무껍질에 새로운 홈집이 나고 잔가지가 잘려져 있었다. 아래의 홈들이 파인 시기를 감안하면, 은신처는 수년 동안 사용된 것이 분명했다. 그것은 수많은 새들이 대대손손 이곳에서 도살되었음을 의미했다.

고무나무의 잎이 너무 무성해서, 땅바닥이나 방금 올라간 은신처에서는 새가 춤추는 장소를 잘 볼 수 없었다. 그 정도라면 총을 겨누는 데는 문제가 없었지만, 카메라를 들이대기에는 불충분했다. 용케 살아남은 새가 있어 춤을 추더라도, 시야가 확보되지 않을 테니 촬영하는 것은 불가능해 보였다.

나는 나무에서 내려와 촌장에게 '깃털 달린 새가 여전히 나무에 나타나는지' 여부를 물었다. 그는 고개를 가로저었다. 우리는 주둔지로 돌아가는 길에 그의 오두막집을 지나쳤다. 그는 잠시 나를 기다리게 하고 오두막집으로 들어가더니 말린 극락조 가죽을 들고 나타났다. 쪼갠 대나무가 극락조의 부리를 관통하고 있었는데, 그것은 새의 머리를 아래로 하고 화려한 깃털이 맨 위로 향하게 한 채 머리장식에 고정하는 것이었다. 극락조는 그가 일주일 전 고무나무에서 활로 잡은 것이었다.

다음날, 1,000명의 밀마족Milma 무리가 연병장에 몰려들었다. 그들은 타비부가에서 가까운 지역이 아니라, 지미강의 더 큰 지류 중 하나의 반대편에 있는 거의 하루는 걸어야 하는 거리에 있는 지역에서 왔다. 그들은 2년 전 타비부가에 사는 부족인 마라카족Marakas과 싸웠는데, 이 싸움이 순찰소 설치를 서두르게 한 바로 그 전쟁이었다. 배리는 타비부가에 도착했을 때 밀마족이 마라카족에 의해 농장과 마을에서 쫓겨났음을 알게 되었고, 그의 첫번째 조치 중 하나는 마라카족에게 '새로 획득한 영토를 포기하고 밀마족을 원래의 영토에 복귀시키라'는 명령을 내린 것이었다. 이제 밀마족은 배리가 기지의 직원들을 먹여 살리는 데 필요한 카사바, 파파야, 참마^{yam}, 사탕수수를 가지고 일주일에 한 번씩 순찰소를 방문했고, 배리는 그것을 칼, 조개껍데기, 천과 교환해줬다. 배리는 이러한 방문을 위해 특정한 요일을 할당해야 했고, 두 적의 만남으로 인해 오래된 싸움이 다시 불붙을 수 있는 경우에 대비하여, 그 날은 마라카족이 무리를 지어 기지에 방문하는 것을 금지했다.

밀마족은 언뜻 보면 와기족과 닮았다. 수염을 기르고, 얼굴에 색칠을 하고, 코를 뚫어 초승달 모양의 진주조개를 꿰고, 앞에는 코바늘로 뜨개질한 무릎 가리개가 달리고 뒤에는 나뭇잎으로 된 허리받이가 달린 널따란 허리띠를 착용했다. 그러나 그들은 더욱 거칠고 야만적인 분위기를 풍겼다. 거의 모두가 나무캥거루의 갈색 털북숭이 꼬리가죽을 목에 걸고 가슴에 늘어뜨리고 있었다. 머리장식은 극락조의 깃털외에도 올빼미, 독수리, 앵무새의 깃털을 포함했는데, 이것들은 비록 빛바래고 누추했지만 와기족 남자들의 화려하지만 왠지 무력해 보이는 부유함과 현저하게 대조되는 야만적인 활력의 분위기를 부여했다. 그리고 거의 모든 밀마족은 칼, 활과 화살, 거대한 삼지창, 길이 3미터의 전쟁용 장창으로 무장하고 있었다.

우리가 도착하기 여러 날 전, 배리는 밀마족에게 '동물과 새를 가져오라'는 메시지를 보냈다. 그가 짧은 연설로 우리를 소개하고 그의 말이 기지의 통역사를 통해 밀마족에게 전달된 후, 그들은 한 명씩 우리에게 다가와 정체 모를 꾸러미를 내놓았다.

우리는 각 꾸러미의 포장을 풀어 내용물을 살펴보며 희소성과 상태로

데이비드 애튼버러의 주 퀘스트

그 가치를 평가했고, 배리는 교역품의 관점에서 그에 상응하는 가격을 매겼다. 첫번째는 잎으로 싸인 타원형 꾸러미였는데, 덩굴식물로 가지런히 묶여있었다. 열어 보니 화식조cassowary의 거대한 녹색 알이 들어 있었다. 우리는 그것을 원하지 않았지만 그 대가로 한 줌의 파란색 구슬을 지불했다. 두번째 남자는 자부심을 드러내며 대나무 조각을 내밀었는데, 수십 마리의 똑같은 딱정벌레 시체가 꿰여있었다. 배리의 요청을 약간 오해했음에도 불구하고 많은 시간을 들여 생물을 수집한 게 분명했으므로, 우리는 그에게 2줌의 구슬을 지불했다. 세번째와 네번째 선물은 흰색 흙무더기새bush-turkey 알이었는데, 화식조 알보다 작지만 여전히 매우 컸다. 다섯번째 남자는 나에게 '열린 끝이 새끼줄로 막힌 기다란 대나무' 한 토막을 건네주었다. 나는 마개를 열고 뱀 1마리를 조심스럽게 땅에 떨어뜨렸다. 통역사는 '알아들을 수 없지만 격한 말'을 내뱉으며 황급히 뒤로 물러났다. 나는 막대기를 이용하여 그 파충류의 머리를 땅에 고정하고, 엄지와 집게 손가락으로 목 뒤쪽을 잡고 들어올렸다. 그것은 아름답고 선명한 초록나무비단뱀green python이었는데, 흰색 비늘이 척추를 따라 점선처럼 죽늘어서 있었다. 나는 런던 동물원이 그처럼 잘생기고 흥미로운 뱀을 갖고 싶어한다는 것을 알고 있었지만, 슬프게도 그 뱀은 입에 심한 상처를 입어 곧 죽을 운명이었다.

다음으로, 전혀 다른 세 가지 물건들이 나타났다. 그것들은 모두 돌로 만들어진 것으로, 첫번째는 매끄러운 촉감을 자랑하는 옥으로 된 얇고 광택이 나는 도끼머리, 두번째는 '구멍 뚫린 파인애플 모양'을 한 '테니스공 크기'의 거친 속돌[7]로 만든 철퇴, 세번째는 무거운 돌그릇이었다. 세번째 물체는 잘 알려져 있음에도 여전히 수수께끼인 유형에 속했다. 중부

---

7 화산의 용암이 갑자기 식어서 생긴, 다공질多孔質의 가벼운 돌. - 옮긴이주

고원의 부족민들은 밭을 파다가 이런 사발을 자주 발견한다. 그러나 그들 자신은 그것을 한 번도 만든 적이 없으며, 그 용도가 무엇인지도 확실하지 않다. 아마도 현재의 주민들이 도착하기 전 뉴기니산맥에 살았던 초기 거주민들의 유물인 것 같다.

맨 마지막 물건은 훨씬 더 흥미로웠다. 한 전사가 그의 갈색 손을 내밀었는데, 나는 움켜쥔 그의 손바닥 안에 웅크리고 있는 2마리의 어린새를 보았다. 그들의 몸은 깃촉으로 덮여있었는데, 그것은 이제 막 소름 돋은 피부를 뚫고 나와 까칠까칠한 턱에 푸르스름한 색조를 드리우고 있었다. 그들은 앵무새와 마찬가지로 불균형하게 큰 부리를 가지고 있는 게 틀림없었지만, 완전히 자랄 때까지는 정확히 무엇인지 확신할 수 없었다. 나는 그들이 앵무과 중 뉴기니에서만 발견되는 특별히 희귀하고 흥미로운

난쟁이무화과앵무 새끼들

데이비드 애튼버러의 주 퀘스트

종류인 난쟁이무화과앵무Dwarf Fig Parrot가 되기를 간절히 바랐다.

　그들에게 즉시 먹이를 주는 것이 급선무였으므로, 나는 그들을 집으로 데려가 향후 며칠 동안 배리의 깨끗한 집을 동물원 별관과 비슷한 것으로 바꾸기 시작했다. 배리는 금욕주의적인 침착함으로 앵무새들의 도착을 바라보았다. 다행히도 이 작은 생물체는 스스로 먹을 수 있을 만큼 성장해 있었고 바나나를 쉽게 쪼아먹었다. 하지만 내가 알기로, 바나나만으로는 오래 버틸 수 없으며 씨앗도 좀 먹도록 하는 것이 필수적이었다. 나는 소량의 해바라기 씨를 가지고 왔지만, 그런 것을 본 적이 없는 앵무새는 이 '반들거리며 맛없는 물건'을 먹이로 여기지 않았다. 그래서 나는 씨앗을 하나하나 쪼개어 알맹이를 꺼낸 후 바나나에 붙이는 데 오랜 시간을 보냈고, 그 후로도 많은 날을 보냈다. 바나나를 먹고 싶어 안달인 병아리들은 자기도 모르게 알맹이를 먹었고 이내 거기에 맛을 들였다. 마침내 우리가 뉴기니를 떠나기 전에, 작은 새들은 스스로 씨앗의 껍질을 벗겨 알맹이를 열심히 쪼아먹게 되었다. 또한 이즈음 그들은 완전히 성장하여 눈부신 녹색 몸, 주홍색 이마와 뺨, 눈 위의 작은 파란색 반점을 발달시킴으로써, 자신들이 실제로 난쟁이무화과앵무임을 보여주었다. 참새만 한 크기의 앵무새는 마침내 가장 매력적으로 길들여져 우리가 런던 동물원으로 데려간 동물 중에서 최초로 전시된 난쟁이무화과앵무로 기록되었다.

3. 도끼 제작자

배리가 집을 지은 산등성이는 새를 관찰하기에 좋은 위치인 것은 분명했다. 그러나 그 이상도 이하도 아니었다. 매일 여러 마리의 극락조를 보았지만, 항상 너무 멀리 떨어져 있어서 가장 배율이 높은 망원렌즈로도 제대로 촬영할 수 없었다. 또한 숲속을 걸을 때 간혹 그들을 힐끗 보았지만 너무나 순식간에 일어난 일이어서 촬영이 어려웠다. 극락조를 제대로 촬영하려면 그들이 정기적으로 방문하는 장소를 찾아낸 다음 그 근처에 은신처를 만들어 카메라를 설치하고 새가 나타날 때까지 기다려야 했다. 춤추는 나무나 둥지가 그런 상황을 제공하겠지만 아무리 샅샅이 뒤져 봐도 둘 다 발견할 수 없었고, 현지인들 역시 우리가 예상했던 대로 아무것도 모르는 체했다.

우리는 탐사하는 동안 여러 마리의 뱀, 길이가 거의 30센티미터나 되는 대벌레, 화려한 색깔의 청개구리 몇 마리, 거대한 애벌레 떼, 그리고 우리의 카메라에 피사체가 되어준 온갖 작은 동물들을 발견했다. 그러나 이들은 우리의 주요 목표인 극락조를 대체하기에는 역부족이었다.

쌀쌀한 저녁, 우리는 배리와 함께 거실 한쪽 벽 옆에 놓여있는 타오르는 장작을 얹은 난로 주위에 앉아 아이오메^{Aiome}로 가는 경로를 계획했다.

배리는 한 번의 여행에서 완전한 여정을 한 적이 없었지만 순찰을 하면서 대부분의 경로를 한 번쯤 거쳤기 때문에, 우리는 그가 만든 약도를 이용하여 일정표를 작성할 수 있었다. 그의 말에 의하면, 멘짐Menjim이라는 마을에서 여전히 돌도끼가 만들어지고 있었다. 이 마을에 가려면 지미밸리을 따라 이틀 동안 걸어야 했는데, 강의 이편에 있기 때문에 강을 건널 필요는 없었고, 강에서 마을까지의 거리는 타비부가의 경우와 비슷했다.

멘짐으로 가는 여정은 쉽지 않을 듯했다. 왜냐하면 기존의 유일한 길은 지미강에 합류하는 수많은 지류의 계곡을 가로질렀고, 한 계곡에서 다음 계곡으로 가려면 매번 '정글로 뒤덮인 가파른 비탈길'을 힘들게 올라 높은 산길로 이동한 후 다음 강까지 수천 미터를 내려가야 했기 때문이다. 멘짐은 이러한 지류 중 하나인 간츠Ganz강 강가에 있었다. 그곳에서 우리는 간츠 계곡을 따라 하루 만에 지미강 본류까지 걸어가, 툼분기Tumbungi라고 불리는 곳에서 원주민들이 덩굴 줄기로 만든 출렁다리를 건널 계획이었다. 건너편에는 피그미족의 영토인 비스마르크산맥이 펼쳐져 있었다. 산맥을 넘으려면 해발 1,800미터 이상 올라가야 했고, 라무Ramu강—뉴기니 중앙 산악지대의 북쪽 사면을 흘러 비스마르크해Bismarck Sea로 흘러들어가는 거대한 강—유역에 있는 아이오메로 내려가 여정을 마치려면 5일간의 강행군이 필요했다.

이러한 계산 결과, 우리는 아이오메에 도착하려면 꼬박 8일 이상의 여행이 필요하다는 것을 알게 되었다. 그곳에서 전세 비행기와 만나는 날짜는 변경이 불가능했고, 만약 타비부가에 너무 오래 머문다면 향후 여정에서 촬영에 시간을 할애하지 못할 수도 있었다. 나는 출발을 서두르고 싶은 마음에 안절부절못했다. 그러나 기지에서 뜻밖의 현지 문제가 발생하는 바람에, 배리는 그 문제가 해결될 때까지 타비부가를 떠날 수가 없었다. 그래서 하를레스와 나는 멘짐을 향해 먼저 출발하고, 배리는 조속한 시일 내에 그곳에서 합류하기로 했다.

우리는 타비부가에 도착한 지 6일 후인 어느 날 아침 일찍 출발했다. 와와위가 다시 한 번 우리와 동행했다. 그가 앞장서고 하를레스와 내가 뒤따랐고, 길고 구불구불한 짐꾼들의 행렬이 우리의 뒤를 따랐는데, 그중 3명은 책임감 있고 신중한 사람으로서 작은 앵무새 2마리와 뱀 몇 마리가 들어있는 케이지를 담당했다. 처음 1시간 정도의 여행은 믿을 수 없을 정도로 쉬워, 우리는 쿠나이가 우거진 산등성이를 따라 완만한 내리막길을 내려갔고 때때로 작은 숲을 통과했다. 와와위는 교대할 짐꾼들을 모집하기 위해 전령을 미리 보냈고, 우리는 새로운 부족의 영토에 도착할 때마다 짐을 인계받기 위해 경계에서 기다리고 있는 남자들을 발견했다.

오전 10시쯤 우리는 경로상의 첫번째 마을인 퀴분Kwibun에 도착하여 휴식을 위해 발걸음을 멈췄다. 우리 주변에 모여든 현지인들은 신나게 수다를 떨었고, 짐꾼들이 차가운 카사바 스낵으로 재충전하는 동안 나는 우리의 교역품이 들어있는 운반함을 열어 커다란 진주조개 껍데기를 꺼냈다. 나는 조가비를 공중에 흔들며, "돌도끼와 상처 없는 새를 구하고 있는데, 좋은 게 있으면 이 진주조개 껍데기와 바꿉시다"라고 이야기했다. 마을 사람들은 신기하다는 듯 내 말을 들었다. 그런 다음, 그들 중 한 명이 무리를 떠나 자신의 오두막집으로 들어가더니 도끼를 들고 돌아왔다.

그것은 민지의 노래판에서 봤던 것과 마찬가지로 T자 모양으로 길고 구부러진 나무 균형추가 돌날에 달려있었다. 그러나 크기가 더 작고, 까맣고 끈적끈적한 타르로 완전히 덮여있었다. 장담하건대, 그는 여러 해 동안 사용하지 않고 오두막집 서까래의 모깃불 위에 내팽개친 것을 그냥 들고 온 것이 분명했다. 그건 그가 가진 도구 중에서 가장 하찮게 여겨졌을 것이다. 그러나 그것이야말로 내가 원하던 것이었다. 왜냐하면 뚜렷한 세월의 흔적을 감안할 때, 지미에 금속제 도구가 도입되기 전에 만들어져

데이비드 애튼버러의 주 퀘스트

아마도 전쟁에 사용된 것으로 추정되었기 때문이다. 나는 그것을 기꺼이 진주조개 껍데기와 교환했다.

관심을 가질 만한 것을 가져오는 사람이 더 이상 없었으므로, 우리는 서둘러 그 마을을 떠나 서쪽으로 계속 여행했다. 두어 시간 더 지나자 내 걸음걸이에서 활력이 사라지기 시작했다. 나는 '이 지역에는 비가 많이 오므로 개울이 많을 것'이라고 생각했고, 결과적으로 물병을 휴대하지 않았다. 그러나 태양은 맑은 하늘에서 맹렬하게 내리쬐며 내 피부를 태웠고, 쿠나이에서 일어난 먼지가 내 입술을 뒤덮었으며, 내 목구멍은 고통스럽게 바싹 말랐다. 우리는 한 모금 마실 물을 얻을 수 있는 작은 개울조차 찾지 못한 채 몇 킬로미터를 계속해서 걸었다. 하를레스는 나보다 물 부족을 더 심하게 느끼는 것 같았다. 그는 땀을 너무 많이 흘려 셔츠가 흠뻑 젖었을 뿐만 아니라, 바지의 앞뒤가 흥건히 젖는 바람에 바지 밑단에서 수시로 1컵의 물을 짜낼 수 있었다.

비록 날씨가 더웠지만 타비부가로 여행할 때보다 여정이 힘들지 않았음에도 하를레스가 이렇게 비정상적으로 땀을 흘리는 것을 보고, 나는 '그가 일종의 열병을 앓고 있을지도 모른다'고 걱정했다. 몸에서 계속 빠져나가는 수분을 보충할 마실 물이 없어서 곧 진짜로 아프기 시작했지만, 그는 이에 굴하지 않고 터덜터덜 걸었다.

이른 오후에 우리는 깊은 계곡으로 내려갔고, 하를레스는 그 바닥에서 마침내 갈증을 해소할 수 있는 널따란 강을 발견했다. 우리는 오랫동안 휴식을 취한 다음 건너편에 있는 '숲으로 덮인 길고 가파른 비탈길'을 오르기 시작했다. 배리는 그날 밤을 움Wum이라는 마을에서 지내자고 제안한 적이 있었는데, 나는 '저 언덕의 꼭대기에 올라가면 마을이 먼 발치에서 보이겠구나'라고 생각했다. 그러나 마을은 까마득히 멀어 보였고, 그곳에 도착하는 데 걸린 2시간은 영겁의 세월처럼 느껴졌다.

와와위는 옆에서 나의 피곤함을 비웃듯 성큼성큼 걸었고, 드디어 우리는 마을에 도착했다. 나는 배리가 지난번에 방문했을 때 지으라고 지시한 작은 하우스-키압 밖에 주저앉아 물을 달라고 요청했다. 그 마을의 촌장은 길고 속이 빈 대나무 줄기에 물을 담아 가져왔다. 나는 물을 받아 들자마자 단숨에 벌컥벌컥 마셨다. 그리고 시원한 물을 가슴에 흘렸고 얼굴과 목에 아낌없이 부어 가며 먼지를 씻어냈다.

"This place Wum, im number one place true." 내가 와와위에게 말했다. "Walkabout finis. Me like die now."[1]

"Name belong dis place, Tsenga." 와와위가 웃으며 말했다. "Wum long-way more."[2]

"Wawawi," 나는 결연하게 말했다. "me sleep'long dis place. Makim bed, quick time."[3]

그로부터 1시간 후 하를레스가 마을에 발을 디뎠을 때, 차가 담긴 커다란 머그잔과 침대가 그를 기다리고 있었다. 그는 기진맥진하여 침대 위에 쓰러지며, 오는 도중에 쓰러지기 일보 직전이었노라고 실토했다.

다음날 그의 상태는 상당히 좋아졌지만, 여행은 오히려 전날보다 더 힘들었다. 우리는 움을 지나친 후, 300미터 정도의 진흙투성이 숲길을 미끄러져 내려가 강을 건넌 다음, 숨을 헐떡이고 땀을 흘리며 계곡 건너편에 있는 산을 터벅터벅 걸어올라 원래의 높이를 되찾는 과정을 여러 차례 반복해야 했다. 매번 나는 와와위에게서 "다음 고개 너머의 계곡을 흐르는 강이 간츠예요"라는 말을 듣기를 바랐지만, 늦은 오후 우리가 고갯마루에 앉아 쉬고 있을 때가 되어서야 그는 비로소 "멘짐이 우리 바로 아래에 있

---

1 이곳 움Wum은 진짜로 최고의 장소예요. 더 이상 못 걷겠어요. 나는 지금 죽을 것 같아요. - 옮긴이주

2 이 마을의 이름은 쳉가예요. 움은 더 먼 곳에 있어요. - 옮긴이주

3 와와위, 나는 이곳에서 잘 거예요. 침구를 빨리 준비해 줘요. - 옮긴이주

어요"라고 말했다. 이 말을 들은 나는 심기일전하여 가파르고 구불구불한 길을 단숨에 달려 내려갔다. 멘짐 사람들은 짐꾼들의 노랫소리를 듣고 우리를 맞이하기 위해 언덕의 중간까지 올라와 있었는데, 내가 그들 사이를 지나갈 때 내 발걸음의 리듬을 깨지 않으려는 듯 환호하고 이를 드러내며 싱긋 웃고 잠깐씩 내 손을 잡았다. 나는 마치 마라톤의 마지막 한 바퀴를 위해 경기장에 입장하는 올림픽 선수 같은 느낌이 들었다.

간츠 계곡은 아름다웠는데, 우리 여행에서 이번 여정의 종착점이었으므로 나에게는 특히 그랬던 것 같다. 강은 거대한 남양삼나무 숲을 지나는 동안 거품을 일으키며 굽이쳤고 우리는 강둑 위에 있는 넓은 공터에서 마침내 멘짐 마을을 발견했다. 하우스-키압은 크고 넓었으며, 짐꾼들이 우리의 짐을 가지고 들어오는 동안 마을 사람들은 파인애플, 파파야, 빵나무 열매breadfruit⁴를 선물로 가져왔다. 그들 중 단 한 사람, 머리에 큰 잎사귀 하나와 앵무새 깃털 2뭉치를 꽂은 청년만이 나의 피진어를 이해했다. 그는 자신의 독특한 능력을 자랑스러워하며 베란다에 앉아 우리가 그를 필요로 할 때마다 통역사 역할을 하기 위해 참을성 있게 기다렸다.

다음 날 아침 우리를 도끼 제작소로 데려가기로 한 사람은 바로 그 사람이었다. 그곳은 마을에서 불과 몇 분 거리에 있는 계곡 아래 비탈에 자리잡고 있었다. 한 무리의 남자들이 작은 개울가의 모닥불 주위에 앉아 돌을 깎고 수다를 떨고 노래를 부르며 일하고 있었다. 우리가 도착하자 그들은 자리에서 일어나 우리 주위에 모여 들었고, 통역사는 우리가 누구이며 무엇을 보러 왔는지 친절하게 설명했다. 내가 돌의 출처를 묻자, 나이 든 도끼 제작자 중 한 명이 설명을 위해 개울 속으로 걸어 들어갔다. 그는 몇 분 동안 살펴본 후, 몸을 구부린 채 물이 뚝뚝 떨어지는 큰 바위

---

4 익히면 빵맛이 나는 열대 과일. - 옮긴이주

를 들어올리더니 비틀거리며 돌아와 우리 발 앞에 놓았다. 그것은 대략 직사각형 모양이었는데, 여러 명의 도끼 제작자들이 그 옆에 쪼그리고 앉아 큰 소리로 말하기 시작했다. 그중 한 명이 조약돌로 길이를 따라 선을 그은 다음 한 지점을 가리키며, 거기를 때리면 길게 쪼개질 거라고 설명했다.

"Lookim," 통역사는 감탄하며 말했다. "dis good-fella stone too much. Im workim big-fella axe."[5]

그의 말은 사실이었다. 도끼의 날은 바위의 길이만큼 거대할 테니, 그 결과물은 우리가 봤던 어떤 것보다 훨씬 클 게 분명했다.

그러나 그가 제안한 쪼개기 방법을 모든 사람이 받아들인 건 아니었고, 몇 명의 남자가 대안을 제시했다. 노인은 참을성 있게 그들의 말을 모두 경청했다. 그런 다음 그는 마음을 정하고, 무거운 돌을 집어 자신이 마음먹은 지점을 조심스레 겨냥하며 머리 위로 들어 올렸다. 그는 침착하게 서있다가 온 힘을 다해 돌을 던졌다.

잠시 침묵이 흐른 후, 모든 도끼 제작자들이 웃음을 터뜨렸다. 그 바위는 갈라졌지만 세로 방향이 아니라 가로 방향이어서, 그토록 신중하게 계획된 방향과 정확히 직각을 이루었기 때문이다. 모두가 이 불행을 대단한 농담거리로 여기는 것 같았다.

통역사는 눈물이 나도록 웃었다.

"Two-fella lik-lik akis, t'a's-all."[6] 그가 말했다.

웃고 즐기는 상황이 수습된 후, 노인은 다시 자신의 돌망치를 들고 2개의 반쪽 중 약간 큰 쪽을 공략했다. 이번에는 보다 성공적이어서 길고 매끄러운 조각으로 깔끔하게 쪼개졌다. 그는 그 돌 조각을 계속 부수어, 한

---

5 저 사람을 봐요. 이 좋은 돌은 아주 커요. 그는 큰 도끼를 만들고 있어요. - 옮긴이주
6 두 개의 비슷한 도끼예요. 그게 다예요. - 옮긴이주

격지를 조약돌로 쪼아 도끼날을 만드는 장면

무더기의 돌부스러기와 12개가 넘는 격지flake[7]로 만들었다. 그리고는 그들 중에서 가장 큰 격지를 고르더니 나머지는 다른 사람들에게 맡겼다. 그런 다음 그는 자리에 앉아 조약돌 하나를 들고, 자신이 선택한 격지를 도끼머리와 비슷한 형태로 쪼기 시작했다. 그는 몇 분마다 '예비 도끼날'을 집어, 좁은 끝을 엄지와 검지로 가볍게 잡고 아래쪽 끝을 조약돌로 두드려 소리가 나게 했다. 그는 두드리는 소리가 날 때마다 활짝 웃었는데, 내 생각에는 그가 소리를 이용하여 돌이 완벽하고 금이 가지 않았는지 여부를 판단하는 것 같았다.

"Finis im akis long dis place?"[8] 나는 통역사에게 물었다.

---

7 석기를 만드는 과정에서 몸돌에서 떼어 낸 돌 조각. - 옮긴이주
8 도끼가 완성되는 곳은 여기에서 먼가요? - 옮긴이주

"No got," 그는 대답했다. "Come."[9]

우리는 그를 앞세워 개울을 따라 강 본류로 갔다. 그곳에서 훨씬 더 큰 무리의 사람들이 강가의 돌무더기 사이에 앉아 도끼날을 갈고 닦고 있는 것을 발견했다. 그들은 거친 사암 숫돌을 사용하고 있었는데, 통역사에 의하면 그 돌들도 강에서 발견되는 것이라고 했다. 일률적으로 인정되는 작업 방식은 없었다. 한 남자는 바나나야자의 부드러운 줄기에 숫돌을 박은 후, 이것을 앞에 놓고 도끼날을 리드미컬하게 앞뒤로 문지르다 몇 분마다 멈춰, 날을 소용돌이치는 강물에 담가 진행상황을 검토했다. 다른 사람은 반대 방식으로 일했는데, 날을 땅바닥에 놓고 다소 작은 숫돌을 이용하여 꼼꼼하게 연마하는 것이었다. 도끼머리를 만드는 본작업을 마친 몇몇 사람들은 둥근 절단연切斷緣에 날을 세우고 있었다. 다른 사람들은 나무 균형추를 만들고 장식용 라탄 줄기 덮개를 짜서 도끼머리를 나무 자루에 묶고 있었다.

나는 통역사에게 도끼 하나를 완성하는 데 시간이 얼마나 걸리는지 물었다.

"Some-fella time, tree fella moon," 그는 대답했다. "Some-fella time, six-fella moon."[10]

그렇게 오래 걸리는 건, 그들이 서두르지 않고 작업에 임했기 때문이다. 우리가 본 바로는, 매일 열심히 일할 준비가 되어있다면, 하나의 도끼를 2~3주 안에 완성할 수 있을 거라는 확신이 들었다. 그러나 하나의 일에만 집중한다는 서양의 습관을 적용하는 것은 바보 같은 짓이다. 이 사람들은 일하고 싶을 때만 일했다.

그것은 놀라운 광경이었다. 이 반쯤 벌거벗은 장인들이 일할 때 머리

---

9 아니에요, 따라와요. - 옮긴이주

10 어떤 때는 3개월, 어떤 때는 6개월 걸려요. - 옮긴이주

데이비드 애튼버러의 주 퀘스트

도끼날을 연마하는 장면

도끼머리를 자루에 묶는 장면

의 깃털은 깐닥깐닥했고 그들의 노동요는 급류에 휩쓸려 거의 들리지 않았으나 우리가 지켜보는 눈앞에 석기시대의 생활상이 펼쳐지고 있었기 때문이다. 그러나 한 가지 중요하고도 이질적인 장면이 내 눈을 사로잡았다. 한 남자는 다른 모든 면에서 동료들과 마찬가지로 도끼자루를 마무리하고 있었지만, 돌날이 아니라 빛나는 금속 칼을 사용하고 있었다. 만약 우리가 석기시대를 지켜보고 있었다면, 우리는 마지막 시기 중 하나를 목격하고 있는 셈이었다. 게다가 이 장인들이 만들고 있던 도끼는 실질적인 기능이 없었다. 날은 두께가 너무 얇고 끝부분이 너무 넓게 벌어졌으며 절단연이 너무 가늘어 실용성이 떨어졌다. 만약 나무를 베는 데 사용한다면 부서지고 쪼개졌을 것이며, 전투에 사용한다면 커다랗고 성가신 균형추는 다루기 힘들어 참사를 초래했을 것이다.

이 도끼들은 내가 퀴분에서 얻은 강철처럼 날카로운 날을 가진, 뭉툭하고 칙칙하고 솜씨 있게 만든 도끼(내가 보기에는 그것들도 제법 아름다웠으며, 의심할 여지없이 실용적인 가치는 없었다)보다 더 크고 더 화려하고 더 장식적이었다. 그러나 비록 화려해 보였지만, 기능성이 떨어지고 겉모습만 그럴듯했다. 이 사람들은 이제 의례적인 목적—노래를 부를 때 과시하거나, 때로는 관습에 따른 신붓값 지불—을 위해서만 돌도끼를 만들고 있었다.

나는 다음과 같은 생각이 들었다. 돌도끼는 장차 두 가지 운명을 맞을 수 있다. 첫째, 장인들은 자신의 제품이 더 이상 실용적일 필요가 없다는 것을 깨닫고, 더 부드럽고 쉽게 가공할 수 있는 돌을 사용하여 더욱 장식적인 날을 만드는 경향을 띠게 될 지도 모른다. 둘째, 선교사들의 가르침으로 이미 약화될 대로 약화된 부족 전통이 의례적 행사에서 도끼의 존재를 더 이상 주장하지 않게 될 것이다. 어느 쪽이 됐든 뉴기니의 이 지역에서 석기시대는 종언을 고할 것이다.

데이비드 애튼버러의 주 퀘스트

그날 밤 우리가 하우스-키압에 앉아있을 때, 한 부족민이 헐떡이며 편지를 가지고 베란다에 나타났다. 흥미롭게도 그는 편지를 쪼개진 막대기에 담아 가져왔다. 구식 모험 이야기를 연상케 하는 그런 관습이 아직도 존재할 수 있다는 것을 감히 믿기 어려웠지만, 뉴기니 부족민의 빈약한 옷에는 주머니가 없어 편지를 구겨지지 않고 더럽혀지지 않은 상태로 보관할 곳이 없으므로 쪼개진 막대기가 여전히 최상의 해법을 제공한다.

나는 상단의 매듭을 풀고 편지를 꺼냈다. 그것은 배리에게서 온 것으로, '타비부가에서 용무를 마쳤고 다음날 우리와 합류하겠다'는 내용이었다.

나는 베란다에서 통역사를 불러, 배리가 도착하면 멘짐에 하루 더 머물

완성된 산악지역 도끼

러야 한다고 설명했다. 이제 돌도끼도 봤겠다. 나는 '나무에서 오랫동안 노래하는 극락조kumul e go sing-sing long diwai'가 보고 싶어졌다. (우리는 유럽인 없이 여행했기 때문에 필요한 피진어 실력이 늘었고, 나무를 의미하는 '디와이diwai'는 최근에 익힌 단어 중 하나였다.) 나는 어떤 식으로든 새를 해치지 않을 것이며, 그들을 쏘거나 잡으려고 하지도 않을 거라고 강조했다. 우리가 원하는 것이라고는 새들을 구경하고 카메라를 들이대는 것밖에 없었다. 누구든 우리에게 춤추는 새를 보여줄 수 있다면, 나는 그에게 최고의 진주조개 껍데기를 줄 예정이었다.

통역사의 눈이 반짝거렸다.

"Me savvy," 그가 말했다. "Diwai belong kumul, im e close-to."[11]

우리의 행운을 믿을 수 없었으므로, 나는 다음날 아침 일찍 그를 앞세워 나무가 있는 곳으로 찾아가기로 했다.

"We no lookim kumul," 나는 경고했다. "We no givim keena."[12]

통역사는 위험 회피자였거나 적어도 내게는 그렇게 보였다. 내가 잠이 덜 깬 채 횃불에 의지하여 옷을 입으며 생각해 보니, 그는 새벽을 기다리지 못하고 한밤중에 우리를 찾아왔던 것이다. 우리는 카메라를 들고 마을 밖으로 나가는 길을 따라 비틀거리며 걸었다. 우리의 장화가 돌에 부자연스럽게 부딪쳐 큰소리가 났다. 우리는 쓰러진 나무줄기를 밟고 강을 건너 카사바 농장까지 걸어갔다. 나는 동트기 전의 회색 빛 속에서 희미하게 농장 너머에 있는 한 무리의 카수아리나나무들을 볼 수 있었다.

"Sun i come up." 통역사가 속삭였다. "Kumul i come sing-sing long diwai."[13]

우리는 고개를 끄덕이고 숲 한가운데로 천천히 들어가 카메라를 설치했다. 그런 다음 자리를 잡고 앉아서 기다렸다. 주변의 나뭇잎은 이슬로 무거웠고, 나는 두꺼운 저지^{jersey14} 옷을 입었음에도 추웠다. 천천히, 거의 눈에 띄지 않게 회색 하늘이 밝아졌다. 나는 새가 도착하기를 애타게 기다렸지만, 하를레스는 내가 그 가능성을 언급할 때마다 노출계를 들고 "촬영할 빛이 불충분한 상태에서 새가 너무 빨리 오면 실제로는 재앙이 될 거예요"라고 지적하며 반박했다. 이윽고 그는 마지못해, 렌즈의 조리개를 최대한으로 열면("그렇게 하여 초점 심도를 최대한 줄인다"고 언급하는 것을 잊지 않았다) 필름에 겨우 희미한 상(像)이나마 찍힐 빛을 얻을 수 있음을 인정했다.

그가 이렇게 말하는 동안, 나는 '작은극락조의 지저귐'으로 알고 있던 새소리를 들었다. 그 소리는 우리 뒤에서 들렸고, 나는 새를 찾기 위해 천천히 몸을 돌렸다. 또 다른 새소리가 들렸고, 뒤이어 어떤 파닥거림에 이끌려 먼 나무를 바라보니 새의 어렴풋한 형체를 구별할 수 있었다. 그것은 세번째 울음소리를 낸 후 우리 머리 위에서 급강하하며 활 모양을 그리더니, 화려한 깃털을 자랑하며 우리 앞에 있는 카수아리나나무에 내려앉았다. 약오르게도, 그 새는 나뭇잎이 가장 빽빽한 곳에 자리잡고 앉아 우리의 시야에서 사라졌다.

내가 쌍안경을 이용해 필사적으로 찾는 동안, 그 새는 처음 들어보는 급박한 울음소리를 내기 시작했다. 한참으로 느껴지는 시간 동안 날카로운 울음이 계속되었고, 우리가 볼 수 있는 것은 나뭇잎 사이에서 일어나는 알 수 없는 동요뿐이었다. 그런 다음 정적이 흘렀고, 그것은 나무에서 갑자기 튀어나와 계곡 아래로 날아가 버렸다.

---

14 손으로 짠 옷처럼 면이나 양모 실로 기계로 짠 직물이며 가볍고 신축성이 좋아 스웨터나 양복감으로 이용한다. - 옮긴이주

작은극락조

"T'a's all." 통역사는 큰 소리로 말했다. "Masta givim one friend number one keena."[15]

"E no come back?"[16] 내가 물었다.

"E no come back, altogether."[17] 그는 단호하게 대답했다.

"Orright, Me givim." 내가 말했다. "Turnim-talk go back long house-kiap. We stop lik-lik."[18]

통역사는 의기양양하게 우리를 떠났다. 비참하게도, 우리는 새가 돌아

---

15 저게 다예요. 나리, 최고의 진주조개 껍데기 주세요. - 옮긴이주

16 안 돌아오나요? - 옮긴이주

17 결코 안 돌아올 거예요. - 옮긴이주

18 좋아요, 줄게요. 당신은 하우스-키압으로 돌아가요. 우리도 거기로 갈 거예요. - 옮긴이주

데이비드 애튼버러의 주 퀘스트

올지도 모른다는 희미한 희망을 품고 30분 동안 더 기다렸다. 나는 쌍안경으로 카수아리나나무를 유심히 살펴보다가, 무심코 우리 옆에서 자라는 파파야나무로 방향을 돌렸다. 뜻밖에도 나뭇잎 사이에서 2개의 큰 눈이 나를 바라보고 있었다. 나는 하를레스에게 쌍안경을 건넸다. 그도 2개의 눈을 볼 수 있었지만, 우리 둘 중 누구도 그 주인이 어떤 동물인지 상상할 수 없었다. 해가 이미 중천에 떠올랐으니 극락조는 이제 돌아오지 않을 게 뻔했다. 그래서 우리는 은신처에서 일어나 그것을 자세히 조사하기 위해 파파야나무를 향해 걸어갔다.

나는 나무를 올려다보았다. 고양이만 한 크기의 흰색 털북숭이 동물이 나뭇잎 무성한 수관樹冠 꼭대기에 앉아있었다. 그것은 뉴기니에서 가장 매력적인 포유류 중 하나인 쿠스쿠스cuscus였는데, 내가 런던으로 꼭 데려가고 싶었던 동물이었다. 내가 지켜보고 있는 동안, 그는 웅크렸던 몸을 풀고 아무 생각없이 눈을 깜박이며 나를 향해 기어 내려오기 시작했다. 긴 말린꼬리로 나무줄기를 움켜잡으며 내려오던 중 줄기를 휘감은 덩굴을 마주치자 멈춰 서서는 명상에 잠긴 듯이 몇 개의 잎사귀를 씹어 먹었다. 그런 다음 계속해서 나를 향해 내려왔고, 나는 잠시 동안 그가 내 품으로 곧장 걸어올 거라고 생각했다. 그래서 나는 그를 받아들일 수 있는 자세를 취하기 위해 몸을 약간 움직였다. 그러자 그는 빙글 돌더니 나무줄기를 타고 잽싸게 나뭇잎 속의 은신처로 돌아갔다.

우리는 교착 상태에 빠졌다. 우리가 거기에 서있는 동안 쿠스쿠스는 내려오려 하지 않았고, 나는 파파야나무가 너무 가늘어서 내 체중을 지탱할 수 없기 때문에 올라갈 수 없었다. 유일한 해결책은 파파야나무를 베는 것이었다. 나는 덤불칼을 꺼내 그렇게 하기 시작했다. 나뭇잎 사이에서 쿠스쿠스가 다시 나타나 내가 무슨 일을 하고 있는지 진지하게 살펴보았다. 이윽고 나무는 칼을 맞을 때마다 흔들리기 시작했다. 그게 못마땅

쿠스쿠스

한 듯 쿠스쿠스는 조금 내려와 꼬리를 줄기에 감고 뒷다리로 몸을 지탱한 채 몸을 바깥쪽으로 기울이더니 가까운 나뭇가지를 움켜쥐고 파파야나무를 완전히 떠났다. 이것은 언뜻 보기에 영리한 행동 같았지만, 그가 옮겨간 나무는 낮고 내가 기어오를 수 있었기 때문에 현명하지 못한 행동이었다. 나는 칼을 내려놓고 저지 옷을 벗었다. 소심한 방법이지만, 나는 물릴 가능성을 최소화할 요량으로 헝겊 종류를 이용해 그런 동물을 붙잡는 쪽을 훨씬 선호한다. 내가 손을 뻗자, 쿠스쿠스는 위협적으로 나를 향해 그르렁거리고 조금 뒤로 물러섰다. 그러나 그를 지탱하는 가지가 가늘었기 때문에 무게로 인해 구부러지기 시작했다. 그는 이제 더 이상 물러설 수 없었다. 나는 저지 옷으로 덮쳐 쿠스쿠스의 목덜미를 잡고 말린꼬리를 푼 다음, 맹렬히 으르렁거리는 그를 땅으로 끌어내렸다.

데이비드 애튼버러의 주 퀘스트

쿠스쿠스는 뉴기니 고유의 모든 포유류와 마찬가지로 유대류이며, 캥거루처럼 육아낭을 가지고 있다. 뉴기니뿐만 아니라 오스트레일리아 북부와 인도네시아 동부의 여러 섬에서도 발견되기 때문에 그 분포는 광범위하다. 색상도 다양하며 대개는 갈색 또는 흰색 바탕에 오렌지색 점이 찍혀있는데, 우리가 포획한 것은 순백색이라는 점에서 이례적이었다. 그는 촉촉한 핑크빛 코와 털이 없는 발을 가지고 있었고 시계태엽처럼 꼬리를 감고 있었다. 당장은 쿠스쿠스를 발견한 기쁨이 극락조의 춤을 보지 못한 실망감보다 컸으므로, 우리는 편안한 케이지를 준비하기 위해 서둘러 하우스-키압으로 돌아왔다.

4. 피그미족과 춤추는 새

그날 저녁 배리는 폭우가 쏟아지는 가운데 멘짐에 도착했다. 단조로운 빗소리 때문에 그의 도착 소리를 듣지 못하다가, 갑자기 베란다에 나타나 선 채 물방울을 뚝뚝 떨어뜨리는 그를 보고 우리는 소스라치게 놀랐다. 그는 우리의 계획을 더욱 복잡하게 만드는 소식을 가져왔다. 타비부가를 떠나기 전날 밤 배리는 자신의 출발을 하겐에 있는 행정국에 무선으로 보고했는데, 지역 감독관으로부터 "짐 매키넌Jim MacKinnon이라는 금광 탐사자가 비스마르크산맥 북쪽 측면의 쿰부루프Kumburuf라는 장소에 방금 완성한 간이 활주로를 점검해 달라고 요청했다"는 연락을 받았다. 전세기 1대가 4일 후 그 활주로 위를 비행할 예정인데, 누군가가 '새로운 활주로를 사용할 수 있다'는 지상 신호를 보내야만 조종사가 한가득 화물을 싣고 착륙할 수 있었다. 그런 신호를 보낼 수 있는 자격을 갖춘 사람은 배리밖에 없었고, 그가 제 시간에 쿰부루프에 도착하려면 우리 모두는 다음날 아침 멘짐을 떠나야 했다.

배리가 자초지종을 말하는 동안 비는 계속해서 하우스-키압의 지붕에 퍼부었고, 처마에서 쏟아져 내린 물이 창문에 커튼을 친 것처럼 보였다. 나는 '이런 악조건에서 며칠 동안 행군할 것 같다'는 전망에 우울하다가,

열대우림을 통과하는 행렬

이성적으로 생각해보면 '촬영할 때 비 오는 것보다 여행할 때 비 오는 게 더 낫다'고 자위했다. 그러나 다음날 아침 비가 그 어느 때보다도 세차게 내리고 있다는 것을 알았을 때, 이러한 논리는 나에게 별로 위안을 주지 못했다.

　우리는 우비를 가지고 있었지만, 그것을 착용하는 것은 거의 의미가 없어 보였다. 우비를 착용하면 다리 주위에서 불편하게 펄럭일 뿐만 아니라 온몸이 땀으로 뒤범벅되어 우비 없이 빗속을 걸을 때와 차이가 없을 것이기 때문이었다. 그래서 고심 끝에 우비를 상자 위에 씌워, 설사 뚜껑이 새더라도 내용물이 젖지 않도록 했다. 그런 다음 우리는 저지 옷을 입고 용감하게 출발했다. 그러나 벌거벗다시피 한 짐꾼들이 쏟아지는 폭우 속에서 아무런 불평 없이 짐을 짊어지고 있는 것을 보았을 때, 나는 '짐꾼들의 피부가 너무 번들거려, 빗방울이 새의 깃털에서 튕겨나가는 것처럼 그들의 피부에서 튕겨나간다'고 야박하게 생각할 망정 우리 자신을 불쌍히 여길 엄두를 내지 못했다.

간츠 계곡을 따라 내려가는 행군은 내리막길이기 때문에 수월했고, 우리는 무거운 진흙투성이 장화를 마치 시계추처럼 흔들며 일정한 보폭을 유지할 수 있었다. 늦은 아침이 되어 비가 그치자 숲은 깨끗하고 신선한 냄새를 상쾌하게 풍겼다. 땅바닥은 썩은 잎으로 두껍게 덮여있었고, 발 아래의 땅은 탄력이 있어서 기분을 돋우었다. 우리는 지금까지 이런 종류의 숲을 여행한 적이 없었다. 가장 흔한 나무는 거대한 남양삼나무araucaria pine로, 거대한 나무줄기는 공장 굴뚝만큼 두껍고 키가 컸으며, 지상 약 60미터 높이에서 칠레삼나무monkey puzzle 같은 수관을 형성할 때까지 가지도 없고 덩굴식물 피해도 받지 않고 수직으로 솟아올랐다. 이 '살아있는 기둥' 중 일부에는 경로를 표시하기 위한 도끼 자국이 나있었고, 상처에서는 달콤한 향이 나는 수지가 풍부하게 흘러나왔다. 남양삼나무 사이에서는 다른 나무들이 자라났는데, 그중 일부는 기근aerial root[1]에 힘입어 떠받쳐지고 있었다. 또 다른 일부는 리아나liana[2]로 덮여있었는데, 리아나에는 착생 양치류가 마치 화려한 샹들리에처럼 매달려있었다. 때때로 '나뭇가지에 형성된 정원'에서 생생한 난초꽃이 풍성하게 매달려 피어났다. 임관林冠의 높은 곳에는 새들도 있었는데, 보통은 그들의 소리—날카롭고 귀청을 찢는 듯한 울음소리거나 또는 매우 흔하게 코뿔새hornbill의 특징인 묵직하고 시끄러운 날갯짓 소리—를 들을 뿐이었지만 때때로 모습을 보기도 했다. 작은극락조는 특히 많아 보였고 우리보다 앞서 날아갈 때 유황색

---

1 땅속에 있지 않고 공기 중으로 삐져나와 기능을 수행하는 뿌리로, 공기뿌리라고도 한다. - 옮긴이주

2 칡처럼 덩굴을 뻗는 목본식물. - 옮긴이주

데이비드 애튼버러의 주 퀘스트

깃털이 눈부시게 번쩍였다.

우리 등에서 옷이 마르자 나는 기분이 들떠 매우 유쾌해졌으며 짐꾼들은 노래를 부르기 시작했다.

짐꾼들의 줄은 뒤로 멀리 뻗어있었는데, 그 이유는 배리가 합류하는 바람에 모든 짐을 나르려면 적어도 100명의 남자가 필요했기 때문이다. 툼분기로 가는 길은 계곡의 오른쪽을 따라 내려갔고, 간츠강은 우리의 끊임없는 동반자로서 거의 하루 종일 우리의 옆과 아래에서 협곡을 질주하고 폭포 위로 굴러 떨어졌다. 그러나 지미강에 가까워질수록 유속이 느려지고 많은 수로로 나뉘었다가, 합류 지점에서 여기저기에 바위가 흩어진 넓은 삼각주를 형성했다. 우리는 이 지점에서 삼각주를 가로질러 건너편의 낮은 분수계分水界로 올라간 다음 급경사로를 따라 지미강 가에 있는 툼분

간츠강을 걸어서 건너는 장면

기까지 내려갔다.

우리가 발견한 것은 마을이나 촌락이 아니라 작은 공터에 적막하게 버려진 채로 서있는 하우스-키압과 짐꾼들의 오두막뿐이었다. 강변에는 거대한 나무가 자라고 있었고, 이 나무에서 시작된 덩굴식물로 된 낡은 출렁다리가 강을 가로질러 50미터 떨어진 건너편 강둑의 바위절벽에 있는 다른 나무에 연결되어 있었다. 벌레들의 울음소리, 강의 잔물결, 바람에 부드럽게 흔들리는 다리의 희미한 삐걱거림 외에 아무런 소리도 들리지 않았다.

이곳은 배리가 새로운 짐꾼들을 모집할 계획이었던 정착지였는데, 만약 우리가 새로운 짐꾼들을 구할 수 없다면 영락없이 낭패였다. 멘짐 남자들은 더 이상 짐 나르는 것을 거부할 게 거의 확실하기 때문이었다. 강 건너편 지역은 전혀 다른 부족인 피그미족의 영토였으므로, 배리와 무장경찰의 보호하에 그곳에 가도록 멘짐의 짐꾼들을 설득할 수도 있었지만, 만약 낯설고 아마도 적대적인 지역에 버려진 채 무방비 상태에서 집으로 돌아가야 한다면 다리를 건널 사람은 아무도 없었을 것이다.

더군다나 우리가 그들을 구워삶아 경계를 넘어가게 하더라도, 그들은 자신들의 영토에 있을 때처럼 숲속에서 빵나무 열매, 파파야, 카사바를 채집할 수 없었을 것이다. 그렇다면 그들은 식량을 전적으로 우리에게 의존해야 할 텐데, 우리는 그들에게 제공할 쌀이 충분하지 않았다. 그들에게 급료를 주고 돌려보내는 것 외에 다른 대안은 없었다.

배리는 하우스-키압 밖의 의자에 앉아 짐이 도착하고 경찰이 확인하는 것을 무감각하게 바라보았다. 옆에 서있던 와와위가 갑자기 강 건너편을 가리켰다. 작은 무리의 사람들이 숲에서 나와 물가에 서서 우리를 바라보고 있었다. 그들은 피그미족이었다. 와와위는 다리로 올라가, 그들을 이쪽으로 초대하기 위해 다리를 건넜다.

잠시 후 그는 피그미족 무리를 이끌고 다시 다리를 건너왔다. 키가

데이비드 애튼버러의 주 퀘스트

출렁다리를 건너는 장면

180센티미터인 와와위와 비교할 때, 그들은 너무 작아 보여서 다 자란 것이 믿기지 않을 정도였다. 그들의 우두머리는 떡 벌어진 가슴을 가진 작은 남자로, 양쪽 콧구멍에 대나무 조각이 3개씩 꽂혀있고 귀에는 새의 새하얀 두개골이 걸려있으며 목 뒤에는 코뿔새 부리가 매달려있었다. 수염이 없는 그의 갈색 얼굴은 헤링본 무늬의 짙은 남색 흉터로 덮여있었고, 머리에는 그로 하여금 움직이는 버섯처럼 보이게 하는 특이한 둥글납작한 모자를 쓰고 있었다. 나중에 서로를 더 잘 알게 되었을 때, 나는 이 모자에 대해 더 자세히 살펴볼 수 있었다. 맨 위층은 다진 나무껍질 섬유로 만든 천이었고, 내 요청에 따라 모자를 벗었을 때 모자의 재질은 황토와 섞인 그 자신의 머리칼인 것으로 밝혀졌다. 황토는 자라나는 머리칼과 뒤엉켜 뻣뻣한 고체 덩어리를 형성했으므로, 사실 그것은 모자라기보다는 붙박이 가발이었고 맨 아래층은 여전히 그의 두피에 유기적으로 부착되어 있었다.

멘짐 남자 중 하나가 배리의 말을 통역하기 위해 최선을 다했는데, 그는 다소 긴장한 상태로 배리 앞에 서서 발을 동동 구르며 말뜻을 이해하려고 애쓰며 얼굴을 찡그렸다.

배리의 요구사항은 두 가지였다. 첫째는 식량을 구입하는 것이었고, 둘째는 짐꾼들을 모아 우리 짐을 계속 나르는 것이었다. 두 가지 모두에 대해, 그는 구슬, 물감 또는 소금을 넉넉히 지불하겠다고 약속했다. 그는 우리를 대신하여, 피그미족 구성원이 길들인 동물을 가져온다면 값을 후히 쳐 주겠다고 덧붙였다. 피그미족 우두머리는 귀를 기울이면서 끙끙거렸고, 고개를 끄덕일 때마다 가발이 머리 위에서 흔들리고 눈 위로 미끄러졌으므로 제자리로 밀어 넣어야 했다. 그의 중얼거리는 대답에서, 우리는 그가 강 건너편으로 돌아가 나머지 부족원들에게 우리의 요청을 전달할 것이라고 생각했다. 그가 할 수 있는 일은 거기까지였다. 배리는 그에게 감사를 표했고, 그와 그의 동료들은 씩씩하고 당당하게 다리를 건너 돌아갔다.

다음날 아침 피그미족이 식량을 갖고서 강을 건너오기 시작했고 오후 늦게까지 우리 진영으로 계속 들어왔다. 그들은 바나나 송이, 긴 막대기에 수십 개씩 꽂은 후 덩굴식물 멜빵을 걸어 운반하는 빵나무 열매, 사탕수수 다발, 토란, 참마, 카사바를 가져왔다. 키가 150센티미터 이상인 사람은 아무도 없었고, 대부분은 그보다 15센티미터 정도 작았다. 남자와 여자 모두 가발을 썼는데, 그 중 일부는 깃털, 나뭇잎, 대나무 조각에 꿰인 녹색 딱정벌레 껍데기, 또는 단순한 기하학적 무늬가 새겨진 나무껍질 조각으로 장식되었다. 어떤 사람들은 구슬을 꿴 끈이나 무거운 개오지 조개껍데기 목걸이를 목에 걸었는데, 이는 바다에서 멀리 떨어진 이 외딴 골짜기에도 해안에서 조개류가 들어올 수 있는 교역로가 있음을 보여주

피그미족의 우두머리

딱정벌레와 조개껍데기로 된 머리장식을 착용한 피그미족 부족원

는 증거였다. 한 남자는 미라가 된 사람 손가락으로 된 혐오스러운 목걸이를 걸고 있었다.

식량이 도착하자 멘짐 남자들은 커다랗게 불을 피우고 채소를 요리하기 시작했다. 우리는 약간의 빵나무 열매를 가져왔는데, 커다란 타원형의 녹색 물체로 크기는 축구공만 하고 꺼끌꺼끌한 녹색 껍질로 덮여있었다. 우리는 그것을 몇 분 동안 불에 구운 다음 쪼개어 밤 같은 맛이 나는 수많은 흰색 알맹이를 뜯어냈다. 그것은 맛이 일품이었다.

오후가 되자 처음 보는 사람이 다시 나타나, 어깨에 멘 막대기에 앉아 균형을 유지하려고 애쓰는 흰색 유황앵무yellow-crested cockatoo를 데리고 나에게 다가왔다. 나는 그 새에게 매혹되었는데, 눈이 갈색인 것으로 보아 암컷임이 분명했다(수컷 유황앵무의 눈은 까만색이다). 또한 눈은 깃털이 없는 연청색 피부로 된 가느다란 원으로 둘러싸였는데, 이는 뉴기니산 앵무새 종만이 갖고 있는 특징으로, 오스트레일리아에 서식하는 거의 동일한 종류에서는 볼 수 없다. 그 부족민이 새를 땅에 내려놓자, 유황앵무는 모닥불 주위에 앉아있는 짐꾼들 중 한 무리에게 뒤뚱뒤뚱 걸어가 완벽한 자신감으로 빵나무 열매를 구걸하여 큰 성공을 거두었다. 우리는 그 새를 진주조개 껍데기 하나와 교환한 후 코키Cocky라고 불렀고, 코키는 우리가 런던으로 데려간 동물들 중에서 희귀하진 않았지만 가장 일관된 즐거움을 선사하는 동물이 되었다.

동물원에 앵무새가 너무 많아서 그녀가 환영을 받지 못할 거라고 생각하고, 나는 처음부터 코키를 '내 런던 집에서 기를 애완동물'로 여겼다. 그러나 그녀가 영국에 도착했을 때, 동물원에서는 뉴기니산 푸른눈유황앵무Blue-eyed Cockatoo를 보유한 적이 없기 때문에 그녀를 인수하고 싶어했다. 그러나 그 즈음 나는 그녀에게 너무 깊숙이 빠져들었으므로 그녀를 넘겨줄 수 없었다.

피그미족 주인과 함께 있는 코키

코키가 추가됨에 따라 우리는 이제 꽤 많은 채집동물들—쿠스쿠스, 비단뱀, 무화과앵무, 일부 부족민이 이전에 우리에게 가져온 어린 코뿔새—을 보유하게 되었고, 케이지를 청소할 때는 동물들을 구경하기 위해 피그미족이 모여들었다. 내가 깨끗한 신문지를 케이지 속에 넣고 똥 때문에 더러워지고 흠뻑 젖은 낡은 신문지를 버릴 때마다 피그미족이 달려들어 그것들을 강변으로 가져갔다. 더러운 신문지는 강물 속에서 신중하고 조심스럽게 씻긴 후 장작불 위에서 건조되었다. 그날 저녁 그들은 토종 담배를 이 귀중한 종이에 말아, 얼굴에 만족스러운 미소를 머금은 채 편안히 앉아 담배를 피웠다.

다음날 아침 거의 100명의 피그미족이 강 건너편에 모였고, 우리는 마침내 다리를 건널 수 있었다. 짐은 흔들리는 다리 위로 하나씩 운반되었는데, 다리가 너무 낡아 한 번에 2명과 짐 하나를 넘겨서 건너는 위험을 감수할 수 없었다. 다리를 가까스로 건넌 다음, 우리는 비스마르크산맥까지 지금껏 경험했던 가장 힘든 행군을 시작했다.

저녁이 가까워졌을 때, 우리는 사람 사는 흔적이 전혀 보이지 않는 끝없는 풀밭 능선을 여전히 힘겹게 터벅터벅 걸어가고 있었다. "저기에 무엇이 있나요?" 나는 구름이 가득한 서쪽 계곡을 가리키며 배리에게 물었다. "아무도 몰라요." 그가 대답했다. "지금껏 가 본 사람이 아무도 없거든요." 짙은 잿빛 구름이 드리워진 서산 너머로 해가 뉘엿뉘엿 저물자 하늘이 금방이라도 비를 뿌릴 듯이 보였으므로, 우리는 더 이상 전진하지 않고 능선에 텐트를 치기로 결정했다. 배리가 데려온 경찰들은 30분도 지나지 않아 덤불 속에서 막대기를 잘라 뼈대를 만든 다음 그 위에 방수포를 덮어 긴 A형 텐트를 설치했다. 그런 다음 그들은 높은 대나무 장대를 세웠고, 와와위는 그 위에 오스트레일리아 국기를 게양했다. 해가 지자 경찰은 멋진 정복을 착용하고 착검된 총을 들고 행진한 후, 이상하다는 듯이 쳐다보는 피그미족 앞에서 격식에 따라 국기 하강식을 거행했다.

다음날 행군은 훨씬 더 힘들어 보였다. 비행기가 도착하기 전에 배리가 활주로를 조사하려면 해질녘까지 금광 탐사자 캠프인 쿰부루프에 도착해야 했으므로, 우리는 휴식을 최소화하며 최대한 빨리 움직였다. 산맥의 꼭대기를 넘어선 우리는 이끼로 덮인 숲으로 들어섰다. 여러 번 극락조들의 울음소리가 들렸지만 그들을 찾는 데 신경 쓸 겨를이 없었다. 솔직히 말하자면, 나 역시 계속 전진하는 편이 더 기뻤다. 그도 그럴 것이 항상 흠뻑 젖어있는 숲바닥에는 거머리가 우글거리고 있었다. 만약 우리가 발걸음을 멈춘다면 그놈들이 우리를 향해 꿈틀꿈틀 기어오를 수 있기 때문이다. 심지어 행군하는 동안에도 우리는 거머리에게서 결코 자유롭지 못했다. 낮은 덤불을 스치고 지나가면 언제나 몇 마리가 다리에 떨어져서

데이비드 애튼버러의 주 퀘스트

칼끝을 이용해 떼어내야 했기 때문이다.

짐꾼들도 우리처럼 괴롭힘을 당했지만 맨발이었기 때문에 혐오스러운 기생 동물을 쉽게 알아차릴 수 있었던 반면, 우리의 경우에는 사정이 달랐다. 다리에 달라붙은 지 몇 분 이내에 거머리를 발견하지 못한다면, 장화 속으로 숨어 들어와서 스타킹을 파고들어 피부에 턱을 박고 통증 없이 피를 빨았기 때문이었다.

사정이 이러하다 보니, 처음에는 매혹적이라고 생각했던 숲이 조금씩 매력을 잃기 시작했다. 우리는 촌각을 다투어 행진하고 있었으므로, 그 어떤 것도 조사하기 위해 멈출 수는 없었다. 우리는 지친 상태에서 한 발을 다른 발 앞에 계속 디뎠으며, 뿌리에 걸려 넘어지거나 바위에 미끄러져 더 많은 기력을 소모하지 않기 위해 시선을 땅바닥에 고정해야 했다.

정오에 잠시 휴식을 취할 때, 와와위는 큰 상자를 직접 들고 도착했다. 자신의 영토에서 멀리 떠나는 것이 영 내키지 않았는지, 피그미족 부족민 중 일부가 짐을 내려놓고 수풀 속으로 사라졌기 때문이었다. 결과적으로 우리의 짐꾼 행렬이 너무 짧아져, 남아있는 많은 남자들이 처음 시작했을 때보다 훨씬 더 무거운 짐을 지고 있었다. 탈락자가 더 발생한다면 장비를 일부 포기해야 하는 상황이 벌어질 수도 있었다. 마침내 우리는 축축한 이끼 낀 숲을 지나 쿠나이로 뒤덮인 비탈길로 내려가기 시작했다. 쿰부루프는 비탈길의 기슭에 자리잡고 있었다.

짐 매키넌이 우리를 맞이하러 나왔다. 그는 풍성한 회색 곱슬머리를 가진 건장하고 쾌활한 사람으로, 거의 50대로 보였지만 실제로는 30대 중반에 지나지 않는다고 우리에게 털어놓았다. 그는 우리를 열렬히 환영하고 악수를 하고 우리의 등을 두드리며 신나게 웃었다. 우리가 여러 달 만에 처음 본 유럽인이었고 다시 영어로 말하는 것이 너무 기뻐, 그는 말을 멈출 수 없었다. 그는 흥분한 나머지 말을 심하게 더듬었고 입술에서 쏟아져 나온 말들이 서로 뒤엉키기 일쑤였다. 그는 한 문장을 끝내는 법이 없었고 한 단어 걸러 피진 영어나 오스트레일리아 욕설이 튀어나왔다.

"들어오세요, 어서 오세요, 어르신들 … 저런, 당신을 만나서 끝내주게 기쁘고요 … 이곳은 끔찍하고 지랄 같은 난장판이지만, 나는 단지 … 에 이 빌어먹을, 지랄 같은 위스키를 마셔요."

그가 우리를 데려간 헛간 같은 판잣집은 그야말로 난장판이었다. 한복판의 테이블은 지난 식사로 인한 얼룩으로 끈적거리고, 반쯤 쓴 버터, 잼, 연유 깡통이 어지럽게 흩어져 있고, 부스러기로 뒤덮여있었다. 운반용 상자 더미 위에는 붉은 작업복, 오래된 신문, 칼이 뒤죽박죽 쌓여있었다. 그 위의 나무 벽에는 비현실적인 몸매의 쇼걸 그림이 그려진 누렇게 변한 달력이 걸려있었다. 한쪽 모퉁이에는 정돈되지 않은 간이침대가 놓여있었다. 찢어진 캔버스 체어[3] 하나와 뒤집힌 나무상자 몇 개 외에는 앉을 수 있는 것이 전혀 없었다. 그리고 나중에 알게 된 사실이지만, 그곳 전체가 시궁쥐로 가득 차있었다.

그러나 짐의 환대는 그의 집에 부족한 모든 것을 대신했다. 그는 분명히 가장 관대하고 친절한 사람이었고, 그가 가진 모든 것 중 우리가 원한다고 생각되는 것—음식, 담요, 잡지, 음료수—을 우리에게 권했다. 우리가 묻기만 하면 모두 우리의 것이 되었다. 그는 자신의 판잣집에 사치품이 부족한 것에 대해 거듭 사과하며, 지난 3개월 동안 플레이스-발루스place-balus(활주로)에서 살다시피 하고 판잣집에서는 잠만 잤다고 설명했다.

"안타깝지만 활주로는…." 그가 말을 더듬었다. "해안에서 날아온 빌어먹을 발루스[4]가 롤러를 떨어뜨릴 예정이었어요…. 어쨌든 망할 놈의 롤러는 별로 무겁지 않아요, 그렇죠 배리? 난 이해할 수 없어요. 조종사는 정

---

3 삼베나 무명실 따위로 두껍게 짠 천을 씌운, 가위 모양의 다리가 달린 접이의자. - 옮긴이주
4 비행기. - 옮긴이주

말 멋진 녀석이예요. 이 지랄 같은 지역에서 찾을 수 있는 가장 멋진 빌어먹을 녀석이죠. 그는 아무 잘못이 없어요. 그러나 나는 망할 놈의 롤러를 구하지 못했어요. 그러므로 배리, 보다시피 활주로는 상태가 썩 좋지 않아요. 별로예요. 빌어먹게도 긴 분필 같은 롤러로는 어림도 없었는데." 그는 슬프게 고개를 가로저었다.

몇 달 간의 작업—벌목, 튀어나온 곳 깎아 내기, 움푹 꺼진 곳 채우기—끝에 활주로가 거의 완성된 것 같았다. 그러나 그것을 안전하고 쓸만하게 만들기 위해서는 무거운 롤러로 다져야 했다. 짐은 비행기가 활주로 위에서 그런 롤러를 떨어뜨리도록 예약했지만, 비행기가 예정된 날짜에 도착하지 않았을 뿐만 아니라 무선통신을 통해 '롤러가 항공 안전 규정에 명시된 무게나 크기를 일부 초과한다'는 사실을 알게 되었다.

그러나 "순찰관을 보내 활주로를 조사해 달라"는 그의 요청은 이미 하겐의 지역 감독관과 배리에게 전달된 상태였다. 비행기가 활주로에 안전하게 착륙할 수 없다는 사실을 짐 자신이 깨닫고 있었으므로 우리의 방문은 불필요한 것 같았다. 그럼에도 불구하고 배리는 "전세기 조종사가 지상신호를 찾는 데 혈안이 되어 있을 것이므로 신호를 보내기 위해 활주로로 가야 한다"고 명확히 했다.

툼분기에서 온 짐꾼 대부분은 만류하는 손을 뿌리치고 다음날 아침 우리를 떠났다. 쿰부루프 주변에는 인적이 드물어 대체인력을 모집할 수 없을 것 같았지만, 짐은 하루 정도면 충분할 거라고 장담했다.

"이 마을 사람들은 모두 빌어먹을 노래판에 정신이 팔려있어요"라고 그가 말했다. "그들은 지금 활주로에서 박쥐의 이빨로 어린아이들의 코를 꿰뚫는 빌어먹을 야단법석을 떨고 있어요."

이 소식을 들은 하를레스와 나는 '쿰부루프 사람들이 노래하는 장면을 촬영할 수 있을지도 모른다'는 희망을 품고 배리, 짐과 함께 활주로에 가기로 결정했다. 짐은 도중에 자신의 경험담을 자세히 이야기했다. 그는 처음에는 오스트레일리아 북부에서, 그 다음에는 뉴기니에서 거의 20년 동안 금을 탐사해 왔다. 2년 전까지만 해도 많은 양의 금을 생산하는 횡재를 한 적이 단 한 번도 없었지만, 에디 크릭Edie Creek—1920년대에 소수의 운 좋은 금광 탐사자들을 백만장자로 만들었던 엄청난 금광지대—의 신화에 사로잡혀 탐사 열병에 붙잡혀있었다. 그는 번번이 실패했지만 그럴 때마다 직업을 바꿔 탐사의 발판이 될 만한 돈을 벌었고, 다시 미개척지로 돌아가 일생일대의 금광을 찾아내는 데 몰두했다. 그는 마침내 쿰부루프에서 인생을 역전시켜 줄 금광을 찾았다고 믿었다.

그는 판잣집의 양쪽에 흐르는 2개의 평행한 개울에서 소량의 사금을 건져냈고, 그 사이의 산등성이에 금이 매장되어 있다고 믿었다. 그리고 몇 달 전 오스트레일리아로 돌아간 동료와 함께 산비탈을 따라 긴 수로를 건설한 후 소형 사금 채취기인 검사기에 연결했다. 그리하여 하루에 약 30그램의 금을 채취할 수 있게 되었지만, 이제는 수익성을 높이기 위해 더욱 큰 검사기가 몇 대 더 필요하다고 결정했다.

"그것들을 들여올 때쯤," 그는 막대기에 기대어 휴식을 취하고 이마를 닦으며 나에게 말했다. "나는 활주로가 멋지게 완성되어 있을 줄 알았어요."

대형 검사기를 들여오기 위해, 그는 지난 3개월 동안 금광 자체에 대한 작업을 중단하고 새로운 기계를 실은 비행기가 착륙할 수 있는 활주로를 건설하는 데 매진했다. 그런 그에게, 롤러를 떨어뜨리지 않기로 한 결정은 씁쓸하고 거의 치명적인 실망을 안겨줬다.

억수 같은 비를 맞으며, 우리는 늦은 저녁 활주로에 도착했다. 짐이 활주로 옆에 지은 쉼터 중 하나에 몇 명의 피그미족이 쓸쓸하게 서있었다. 3일 밤낮으로 춤을 추었기 때문에, 그들은 눈이 퀭한 채 녹초가 되어 있었고 앵무새 머리장식은 후줄근하고 엉망진창이었다. 그들 중에는 코에 처

데이비드 애튼버러의 주 퀘스트

비스마르크산맥에서 촬영하는 하를레스 라구스

음 구멍을 뚫고 뺨과 윗입술이 말라붙은 핏방울로 뒤덮인 소년 몇 명이 포함되어 있었다. 노래 부르기와 의식은 이미 끝났으므로, 하를레스와 나에게 활주로 방문은 무의미했다. 배리도 사정은 마찬가지였다. 활주로는 지반이 너무 부드러워서 사용할 수 없었을 뿐만 아니라, 아마도 악천후로 인해 비행기 자체가 나타나지 않았으므로 표지판—다음날, 배리는 하얀 천에 아주 조심스레 펼쳐 놓았다—은 읽히지 않은 채 남아있었다.

우울하게도, 우리는 계속 내리는 가랑비를 맞으며 쿰부루프로 되돌아 갔고, 쿰부루프에 도착했을 때 지미에서부터 우리와 동행한 피그미족이 모두 사라진 것을 발견했다. 우리는 그날 밤 짐꾼을 모집하려고 노력했는데, 노래판이 끝났음에도 불구하고 집으로 돌아온 사람은 아직 별로 없었다. 다음날 아침 우리는 겨우 30명 정도를 모으는 데 그쳤으므로 짐의 일

활주로에서 춤을 추고 난 후의 피그미족

부를 포기할 수밖에 없었다. 배리는 새로운 순찰 임무를 수행하기 위해 몇 주 안에 쿰부루프 지역에 들를 예정이었으므로 당장 필요하지 않은 장비를 분류하여 금광 탐사자의 오두막집 안에 쌓아 두었다.

짐은 우리와 이별하는 것을 못내 아쉬워했다. 그는 교제와 여흥을 사랑하는 사람이었으므로, 자신이 선택한 삶에 유난히 적합하지 않아 보였다. 우리는 떠날 때 알고 있었다. 그가 우리와 함께 가기를 간절히 바라고 있다는 것을.

우리가 능선을 내려갈 때, 그는 "라에Lae에서 나를 위해 빌어먹을 맥주 한 다스를 비워요"라고 소리쳤다. 그로부터 1시간 후 하늘과 땅이 만나는 곳에 있는 장난감 같은 그의 오두막집을 돌아보았을 때, 여전히 그 옆에 서서 우리의 가는 모습을 지켜보는 조그만 흰색 형체를 구별할 수 있었다.

데이비드 애튼버러의 주 퀘스트

그날 밤, 우리는 개울가에 옹기종기 모여있는 3채의 작은 오두막집 근처 숲에서 야영하기로 했다. 짐꾼들의 우두머리는 그곳을 쿠킴솔Kukim Sol[5]이라고 불렀다. 오두막집 안에서, 우리는 조잡하게 만든 가마솥 아래에서 타오르는 불 주위에 앉아있는 몇 명의 피그미족을 발견했다. 그들은 소금을 만들고 있었다. 가마솥은 부드러운 찰흙으로 만들어진 후 바나나 잎으로 안을 댄 것으로, 불을 둘러싸고 있는 조잡한 돌화로 위에 놓여있었다. 그릇에 담긴 채 김을 내뿜는 물은 인근의 샘에서 흘러나온 것으로 미량의 용해된 미네랄을 함유하고 있는데, 피그미족은 이 물을 천천히 증발시켜 소금을 추출했다. 한 남자가 나에게 작은 꾸러미를 보여줬는데, 그 내용물은 '잎에 싸인 축축한 회색 소금'이었다. 그것을 생산하는 데 일주일 이상이 걸렸으므로, 나는 많은 짐꾼들이 우리의 교역용 소금 한 숟가락을 벌기 위해 여러 시간 동안 기꺼이 무거운 짐을 나르는 것을 더 이상 이상하게 여기지 않았다.

잠시 후 짐꾼들이 뒤쳐져 도착했는데, 그들 중 상당수는 갑절의 짐을 운반하고 있었다. 그도 그럴 것이, 후방을 감시하던 와와위가 길에 버려진 짐을 많이 발견하여 그들에게 떠넘겼기 때문이다. 그날 저녁 텐트에 앉아있을 때 우리는 더 많은 짐꾼들이 밤중에 사라질 수 있음을 알게 되었고, 그럴 경우 거의 모든 짐—카메라, 녹음 장비, 필름, 새—을 포기하거나 또 다른 짐꾼을 모으다 여러 날을 허비하여 비행기를 놓치는 것 중 하나를 선택해야 한다는 사실을 깨달았다.

만약 그렇게 된다면, 다른 비행기가 우리를 태우러 올 때까지 몇 주가

---

5 소금을 만듦(cooking salt). - 옮긴이주

걸릴 수 있었다. 지원군은 아이오메에 있었는데, 그 이유는 그곳의 순찰관이 타비부가보다 훨씬 큰 기지를 보유하고 있어서 우리가 요청한다면 의심할 여지없이 수백 명의 짐꾼들을 동원할 수 있기 때문이었다. 그러므로 우리는 다음날 아침, 하를레스와 내가 남은 짐꾼들과 함께 최대한 빨리 아이오메로 가서 가능한 한 많은 짐꾼들을 보내, 배리와 함께 나머지 짐을 운반하게 하기로 결정했다. 그것은 우리가 마지못해 내놓은 해결책이었다. 왜냐하면 배리는 짐꾼들이 도착할 때까지 며칠 동안 고립될 위험이 있기 때문이었다. 만약 그런 일이 일어난다면, 그는 와기로 돌아가 며칠간 휴가를 보내기 위해 우리와 함께 탑승하기를 바랐던 비행기를 놓칠 것이 분명했다. 하지만 우리의 계산에 의하면, 운이 좋아 하루 만에 아이오메에 도착할 수 있고 짐꾼들을 즉시 보낼 수만 있다면 배리는 비행기보다 몇 시간 전에 활주로에 도착할 수도 있었다. 이런 결정을 내린 후, 우리는 장비를 최소한도로 줄이는 데 나머지 저녁 시간을 할애했다.

행군은 이제 경주가 되었다. 우리는 최대한 빨리 움직이기로 약속하고 동이 트자마자 배리와 헤어졌다. 그리고 2시간도 지나지 않아 쿠킴솔 위에 있는 고개의 정상을 넘었다. 짐꾼들에 의하면, 우리와 아이오메 사이에 있는 것은 하나의 강—아사이Asai—과 하나의 높은 산등성이뿐이었다. 그렇다면 해가 지기 훨씬 전에 기지에 도착할 수 있을 것 같았다. 우리는 의기양양하게 쿠나이로 덮인 비탈길을 따라 수천 발자국을 내려가 단숨에 아사이강에 도달했다. 그리고 정오에 강둑에 도착했다. 그러나 실망스럽게도 강둑을 가로지르는 나뭇가지와 리아나로 만든 임시 다리는 방치되고 부분적으로 유실되어 있었다. 와와위가 조심스럽게 그것을 따라 기어가던 중 갑자기 균열이 생겼다. 가운데 부분이 천천히 기울어져 강에 추락하자, 와와위는 급히 뒤돌아 강둑으로 뛰어올라 왔다.

그 동안 나는 가장 얕은 부분을 선택하여 조심스럽게 강을 건너기 시

데이비드 애튼버러의 주 퀘스트

작했다. 유속이 너무 빨라, 고작 무릎 깊이일 때부터 매우 불안해지기 시작했다. 물이 허리 높이만큼 차올랐을 때, 불어난 강물은 한 발을 다른 발 앞으로 내밀기가 어려울 정도로 나를 낚아채 잡아당겼다. 한 발짝 내디딜 때마다 물에 잠긴 바위에 발이 미끄러졌으므로, 지팡이가 없었다면 나는 강물에 휩쓸려 떠내려갔을 것이다. 마침내 맞은편 강둑에 도착했지만, '우리의 카메라와 필름을 운반하는 피그미족은 강 한복판에서 버틸 가망이 없다'는 것을 확신한 것 외에 나의 횡단은 아무런 의미가 없었다. 다리를 수리하는 것 외에는 다른 대안이 없었다.

와와위의 지시에 따라, 짐꾼들은 카수아리나나무를 베어내고 나무줄기들을 고정하기 위해 리아나를 모으기 시작했다. 그들은 열심히 일했지만, 나는 시간이 지남에 따라 우리가 그날 안으로 아이오메에 도달하기는 글렀음을 깨달았다.

짐꾼들을 지탱할 수 있을 만큼 다리를 튼튼하게 만드는 데 거의 3시간이 걸렸고, 우리 모두는 오후가 되어서야 반대편으로 건너갔다. 오후 6시에, 우리는 우리와 라무밸리 사이에 있는 분수계의 중간 지점에 텐트를 쳤다. 우리의 텐트는 빵나무 아래에 자리잡았고, 멀지 않은 곳에 파파야와 바나나가 자라고 있었다. 우리는 감사한 마음으로 과일을 모았는데, 그 이유는 우리가 대폭 줄인 짐에 포함된 음식이 콘비프corned beef[6]와 구운 콩 통조림 각각 하나뿐이었기 때문이다. 어둠은 빠르고 갑작스럽게 내렸다. 우리는 등불을 가져오지 않았기 때문에 식사를 하기 위해 타오르는 장작불 옆에 앉아 접시도 머그잔도 수저도 없이 깡통에서 꺼낸 고기와 콩을 칼로 베어 먹었다.

우리는 다음날 정오에 아이오메로 들어섰다. 그곳은 문명화된 곳으로,

---

6 소금물에 절인 소고기. - 옮긴이주

볼링장처럼 매끄럽고 초록빛이 도는 거대한 활주로 양쪽에 넓은 빌라들이 나란히 늘어서있었다. 미개척지에서 온 고산족 짐꾼들이 잘린 관목의 낮은 생울타리 사이의 깔끔한 자갈길을 성큼성큼 걷는 동안, 빨간 로인클로스loincloth[7]의 밝은 교복을 입은 어린 파푸아 남학생들은 겁에 질려 어머니를 찾아 활주로를 가로질렀다. 기지에 있던 2명의 유럽인—순찰관 후보생과 의료 보조원—은 뜨거운 샤워와 깨끗한 옷, 엄청난 양의 스테이크로 우리를 맞이했고, 우리가 휴식을 취하는 동안 50명의 짐꾼들을 모집하여 기지의 경찰관 중 한 명과 함께 쿠킴솔로 보냈다.

다시 한 번 편안한 의자에 앉는 것, 차갑게 식힌 맥주를 마시는 것, 촌각을 다투어 행진하지 않고 목적 없이 걷는 것, 이 모든 것이 믿을 수 없을 만큼 사치스러워 보였다. 그러나 두 가지 생각이 계속해서 마음 속을 파고들어 내 즐거움을 망쳤다. 첫째, 배리는 우리와 헤어져 어쩌면 와기에서 휴가를 보낼 기회를 빼앗길지도 모른다. 둘째, 우리는 끝내 극락조들의 춤을 보지 못할 것 같다.

다음날 하루 종일과 늦은 저녁까지, 하를레스와 나는 '비행기가 도착하기로 되어 있는 그 다음 날 11시 이전에 배리가 우리와 다시 합류할 수 있다'고 확신하기 위해 행군 시간의 추정치를 억지로 짜맞추려고 거듭 노력했다. 그것은 누가 봐도 불가능하다는 결론에 다시 한 번 도달했을 때, 하를레스가 손을 번쩍 들었다.

"가만히 귀 기울여 봐요." 그가 말했다. "어디선가 노랫소리가 들리는 것 같아요."

우리는 어둠 속으로 달려갔다. 저만치 먼 산의 검은 실루엣에서 우리는 2개의 반짝이는 불빛을 보았다. 배리나 그의 부하들일지도 모른다는 게

---

7 스커트를 착용하거나 기저귀를 차는 방식으로 1장의 천을 허리에 감아 고정시키는 원시적인 옷.
 - 옮긴이주

거의 믿기지 않아, 그것들이 깜박거리다가 천천히 내려오는 것을 2시간 동안 지켜보았다. 그런 다음 그것들은 완전히 사라졌는데, 이는 그 임자가 누가 됐든 산기슭에 있는 숲속으로 들어간 것을 의미했다. 마침내 우리는 계속되는 노랫소리를 또렷이 들을 수 있었는데, 갑자기 활주로의 저쪽 끝에서 크고 밝은 불빛들이 나타났다. 우리는 그것들을 향해 달려갔다.

대열의 선두에서 배리가 성큼성큼 걷고 있었다. 그의 옆에서 짐을 지고 있는 사람들은 피그미족이나 아이오메 사람들이 아니라 키가 훤칠하고 싱긋 이를 드러내고 웃고 있는 마라카인들이었다.

"이 사람들이," 배리가 말했다. "당신들을 위해 뱀을 몇 마리 잡았어요. 그들은 뱀을 들고 타비부가로 갔는데, 우리가 며칠 전에 그 장소를 떠난 것을 알고 오기가 생겨 우리를 쫓아왔어요. 그들은 자존심이 워낙 강해서 '싸움에 관한 한 뉴기니의 어느 누구와도 맞설 수 있다'고 생각하고, 자신들이 적대적인 지역에 있다는 사실을 개의치 않았어요. 당신들이 떠난 다음 날 쿠킴솔에서 그들이 나를 따라잡았을 때, 나는 그저 '짐을 지고 계속 행군하라'고 말했을 뿐이에요."

그는 어이가 없다는 듯 웃었다.

"그렇잖아도 그들에게 살인 혐의 두 건에 대한 심증을 굳히고 있을 때, 소문난 싸움꾼들이 이렇게 불쑥 나타났지 뭐예요."

━━━

다음날 아침 비스마르크산맥 위에서 희미한 엔진 소리가 들리더니 작은 반점이 나타났다. 비행기는 활주로 위를 한 바퀴 돌고 착륙했는데, 그것을 보고 나의 안도감은 걱정으로 바뀌었다. 그도 그럴 것이 매우 작은 단발 비행기였고, 배리, 하를레스와 나, 우리의 모든 짐과 장비, 동물 수집품을 운반하기에는 너무 작아 보였기 때문이다. 그러나 조종사는 그런

거리낌이 전혀 없었다. 그는 활주로 가장자리에 늘어선 짐들을 대충 훑어보더니, 한 번에 하나씩 달라고 하여 비행기의 화물칸에 차곡차곡 싣기 시작했다. 그가 가장 먼저 선택한 것은 뱀 케이지였는데, 내용물이 뭔지 말해줬더니 나에게 "뚜껑을 한 번 더 잠가줘요"라고 요청하면서, "비행 도중에 비단뱀이 내 등을 타고 올라오면 조종에 방해가 될 수 있어요"라고 점잖게 말했다.

그러나 비행기의 수용능력에 대한 그의 확신에도 불구하고, 마지막 화물이 적재되었을 때 우리는 콩나물 시루를 떠올렸다. 코뿔새는 큰 새장에서 꺼내 내 자리 바로 뒤에 남아있는 유일한 공간에 맞추기 위해 훨씬 더 작은 새장으로 옮겨야 했고, 코키를 위한 공간은 아예 없었다. 그래서 나는 그녀를 상자에서 꺼내어 내 무릎 위에 앉혔다.

그 여행은 두고두고 기억에 남았다. 비행기의 엔진이 전속력으로 으르렁거릴 때 코키는 노란 볏을 세우고 천둥 같은 엔진 소리를 가를 듯한 비명을 질러 댔으므로, 그녀가 자신의 엄청난 가창력을 최대한 발휘한 것은 그게 처음이었다. 그녀가 너무 동요한 나머지 비행기 안에서 설치고 다닐까 봐 걱정됐지만, 그녀는 이륙의 가장 무서운 순간이 끝날 때까지 굽은 부리로 내 엄지 두덩을 붙잡고 있는데 만족했다. 그녀가 긴장을 푼 직후, 내 뒤에 있던 코뿔새는 임시 새장의 대나무 망網이 쉽게 벌어지는 것을 발견하고, 거대한 부리로 내 뒷목을 날카롭고 강력하게 쪼아 그 사실을 깨닫게 했다. 나는 하를레스 옆에 바짝 달라붙어 있어서 새의 사정거리를 벗어나는 것이 불가능했다. 나는 필사적으로 새장을 손수건으로 덮어 나 자신을 보호하려고 했지만 아무 효과가 없었고, 그는 여행 내내 자신의 존재를 매우 강력하게 계속 상기시켰다.

1시간 남짓 지나자 우리는 비스마르크산맥과 지미밸리를 넘어 눈앞에 펼쳐진 와기강을 볼 수 있었다. 비행기는 부드럽게 하강하여 하겐 활주로에 착륙했다. 배리는 타비부가로 돌아가 외롭고 고단한 삶을 재개하기에 앞서 기지에서 며칠간 휴가를 즐기기 위해 그곳에서 내렸다.

하겐에서 논두글까지는 비행기로 불과 몇 분밖에 걸리지 않았다. 프랭크 펨블-스미스와 프레드 쇼 메이어는 우리가 몇 주 전에 처음 도착했을 때와 마찬가지로 우리를 환영했고, 그들의 따뜻한 환대 덕분에 우리는 마치 집에 돌아온 것처럼 느꼈다. 그날 저녁 우리는 지미에서 본 것과 한 일에 대해 프레드에게 말했는데, 그것은 여러 면에서 성공담이었다. 우리는 도끼 제작자를 발견하여 촬영했고, 피그미족을 보았고, 많은 동물들을 수집했다. 비록 우리가 찾고 싶어했던 새들 중 일부가 누락되었지만, 수집된 동물의 규모는 우리가 의도한 것만큼 컸다. 사실 이보다 더 컸더라면 아이오메발 비행기에 다 실을 수 없었을 것이다. 그러나 모든 노력에도 불구하고 우리는 극락조의 춤을 보지 못했다.

우리의 말을 듣고 프레드는 부드럽게 미소지었다.

"그렇다면," 그는 말했다. "가라이가 당신들에게 해주는 말을 들으면 기뻐하겠네요. 그가 오늘 밤에 올 거예요."

저녁 식사 후 나타난 가라이는 환한 미소를 지으며 흥분한 듯 수염을 잡아당겼다.

"Aaah, na you i come."[8] 그가 내 손을 힘차게 흔들며 말했다. 그는 엄청난 비밀을 공개하려는 게 분명했다. 그는 나에게 몸을 기대고 눈을 찡긋하며 쉰 목소리로 속삭였다.

"Me findim, me findim."[9]

"Wonem Garai find?"[10] 내가 물었다.

---

8 아, 이제 당신들이 왔군요. - 옮긴이주
9 난 찾았어요. 내가 찾았다고요. - 옮긴이주
10 가라이, 뭘 찾았나요? - 옮긴이주

"Na me findim one fella diwai, kumul i come play long hand belong diwai."[11] 가라이가 의기양양하게 대답했다.

그의 피진어에 잠시 당황하여, 나는 단어들을 이리저리 짜맞춰 해석했지만 의미가 정확한지 확신할 수 없었다. 깃털 달린 새가 나타나자마자 활을 맞는 이곳 논두글에서, 극락조가 춤을 추러 오는 나무의 '가지'를 알고 있다는 게 말이 될까?

프레드가 자초지종을 설명했다.

"당신이 지미로 떠날 때," 그가 말했다. "가라이는 당신이 논두글에서 원하는 것을 찾지 못해 약간 속상했어요. 얼마 지나지 않아, 그는 라기아나극락조Count Raggi's Bird가 자신의 아내 중 하나의 집 바로 옆에 있는 카수아리나에 춤추러 오는 것을 발견했어요. 그래서 그는 그 아내에게 엄한 목소리로, '카메라맨'이 돌아올 때까지 어느 누구도 새를 해치는 것을 금지한다고 말했어요. 그 이후로 그는 당신이 사진을 찍기 전에 밀렵꾼이 불쌍한 새를 해칠까 봐 노심초사했어요."

한 마디도 이해하지 못하면서, 가라이는 프레드와 나를 번갈아 쳐다보며 열정적으로 고개를 끄덕였다.

"잘 들어 둬요." 프레드가 가라이를 책망하듯 바라보며 내게 말했다. "나이 든 악당의 자제력이 얼마나 오래갈 지 모르겠어요. 그는 지금 경제적으로 조금 쪼들리고 있어요. 왜냐하면 최근 새 아내를 맞아들이는 바람에 상당량의 돼지와 진주조개 껍데기는 물론 당신이 처음 도착했을 때 그가 착용했던 깃털을 모두 신붓값으로 지불했기 때문이에요. 곧 노래판이나 다른 행사가 벌어질 예정인데, 머리장식용으로 사용할 게 전혀 없기 때문에 당신이 촬영을 하자마자 그가 직접 새를 쏠 것 같아요."

---

11 · 내가 나무 하나를 발견했는데, 극락조가 와서 그 나무의 가지에서 오랫동안 놀아요. - 옮긴이주

우리는 다음날 아침 5시 30분 프레드의 집 밖에서 가라이를 만나, 동이 트고 있을 때 이슬 속의 활주로를 따라 함께 걸었다. 회색 빛 속에서, 나는 한 손에 활과 화살을 들고 우리보다 먼저 활주로를 건너는 부족민을 보았다. 다른 손에는 새의 몸통을 쥐고 있었기 때문에 나는 피가 거꾸로 솟는 것 같았다. 가라이는 소리를 지르며 달려들었다. 부족민은 몸을 돌려 우리에게 다가왔다. 내가 손을 내밀자, 그는 들고 있던 시체를 건넸다. 죽은 라기아나극락조였다. 내가 그것을 받아들었을 때, 빛나는 노란 머리는 비극적으로 옆으로 젖혀져 있었고 장엄한 에메랄드빛 가슴깃은 피로 얼룩지고 응고되어 있었다. 몸이 여전히 따뜻한 것으로 보아, 우리는 불과 몇 분 차이로 새가 춤추는 것을 놓친 게 분명했다. 내가 슬픈 눈으로 그것을 살펴보는 동안 내 마음은 실망으로 무감각해졌고, 가라이는 큰 소리로 그 남자에게 물었다. 열띤 논쟁 끝에 가라이는 우리를 바라보았고, 다시 활짝 웃었다.

"오라잇Orright." 그가 말했다.

나는 가라이의 말(오라잇)이 '그것은 가라이가 말한 새가 아니라 다른 나무에서 춤추고 있었던 새'라는 뜻이기를 바랄 수밖에 없었다. 내가 더 자세히 묻기도 전에 가라이는 길을 따라 걷고 있었다.

길은 활주로 끝에서 정돈된 사각형 땅에서 자라는 카사바 들판을 거쳐 가라이의 오두막집까지 계속되었고, 그 너머에는 와기강을 향해 울창한 숲으로 뒤덮인 경사면이 자리잡고 있었다. 우리가 그의 집에 다가갔을 때, 가라이는 집에서 몇 미터 떨어진 곳에서 자라는 카수아리나나무를 가리켰다.

방금 활로 잡은 라기아나극락조를 들고 있는 사냥꾼

"Diwai belong kumul."[12] 그가 말했다.

우리는 유심히 살펴봤지만 아무것도 볼 수 없었다.

"장담하건대, 아까 그 불쌍한 새가 여기서 화살에 맞아 죽었을 거예요." 나는 작은 목소리로 하를레스에게 중얼거렸다. 내가 말을 하고 있을 때 나무에서 새 울음소리가 크게 났고 꼭대기 근처의 무성한 잎에서 완전한 깃털을 갖춘 새가 날아올랐다.

"Im! Im!"[13] 가라이가 들뜬 목소리로 외쳤다.

우리는 그 새가 계곡으로 빠르게 날아가는 것을 보았다.

---

12 극락조의 나무. - 옮긴이주

13 저거예요! 저거예요! - 옮긴이주

데이비드 애튼버러의 주 퀘스트

"T'a's all," 가라이가 만족스럽게 말했다. "Sing-sing im finis."[14]

이번에는 너무 늦었지만, 우리는 적어도 어느 나무에서 새가 춤을 추고 그 과시행동display behaviour이 얼마나 일찍 끝나는지를 정확히 알았다. 나는 가라이에게로 몸을 돌렸다.

"Orright. Tomorrow-time you-me i come plenty plenty early-time long this-fella diwai. Na we lookim dis fella pidgin makim play, me givim Garai one falla number-one keena."[15]

그날은 끝나지 않을 것만 같아 보였다. 내 마음은 활주로 너머에 있는 나무로 자꾸 자꾸 쏠렸다. 우리가 뉴기니에 온 이후 그 어느 때보다도 수년 동안 꿈꿔 왔던 과시행동을 관찰하는 데 더 가까워졌음을 직감했기 때문이다. 우리는 녹음기와 카메라를 점검하고 다음날 아침에 대비하여 차에 실은 후 일찌감치 잠자리에 들었다. 나는 알람을 오전 3시 45분으로 설정했지만 알람이 울리기 훨씬 전에 잠에서 깨어났다. 칠흑 같은 어둠 속에서 우리는 더듬더듬 집을 나와 가라이가 밤을 보낸 근처의 작은 오두막으로 갔다. 세번째 부름에 가라이가 추위에 떨며 어깨를 움켜쥐고 나타났다. 밤하늘에는 구름 한 점 없었다. 초승달은 하늘에 낮게 떠있었고, 뿔피리 소리는 지평선을 향해 울려 퍼졌으며, 계곡 너머에 있는 쿠보르산맥의 들쭉날쭉한 실루엣 위에 남십자성이 매달려 벨벳 위의 보석처럼 반짝이고 있었다.

새벽의 첫 징후가 왼쪽 하늘에 길게 드리우기 전에 우리는 활주로의 끝자락에 가까이 다가갔고, 어둠이 걷히자 길 옆의 풀밭에서 '황제왕매미six o'clock beetle[16]'가 요란한 소리를 내기 시작했다. 내 손목시계의 반짝이는 눈

---

14 그게 다예요, 노래가 끝났어요. - 옮긴이주

15 좋아요, 당신과 나는 내일 아침 아주 아주 일찍 이 나무에 올 거예요. 그리고 이 새가 춤추고 노래하는 것을 보면, 나는 가라이에게 최고의 진주조개 껍데기 한 개를 지불할 거예요. - 옮긴이주

16 six o'clock cicada로 추정된다. 인도네시아, 말레이시아에 서식하며 6시에 울기 시작한다고 해서 이름 붙여졌다. - 옮긴이주

금판을 들여다보니, 그 작은 벌레는 알려진 것보다 거의 45분이나 일찍 행동을 개시했다. 우리 뒤의 산비탈에서 하루 일과를 시작하는 남자의 요들링 소리가 희미하게 들렸고, 더 가까운 곳에서 젊은 수탉의 울음소리가 들렸다. 앞에 펼쳐진 와기밸리는 부드럽고 평평한 구름 담요로 덮여있었다. 이슬이 주렁주렁 매달린 쿠나이 풀밭을 지나 가라이 아내의 집으로 걸어가는 동안 별들은 천천히 사라졌다. 초가지붕에서 김이 솟아올랐고, 낮은 입구는 겹쳐진 바나나잎들로 막혀있었다. 거주자들을 깨우기 위해, 가라이는 나무 벽을 통해 쉰 목소리로 불렀다. 잎사귀가 출입구의 한 옆으로 밀려나며 나이 들고 주름이 쪼글쪼글한 여자가 기어 나왔고, 가라이의 딸인 듯한 두 어린 소녀가 벨트와 앞치마를 제외하면 벌거벗은 채로 뒤따랐다. 그들이 눈을 비비며 기지개를 켜자 가라이가 그들에게 물었고 그들의 대답은 그를 만족시키는 것 같았다.

"Orright," 그가 말했다. "Kumul i come lik-lik time."[17]

카수아리나나무는 불과 몇 미터 떨어진 곳에 서있었고 작은 바나나야자밭 한가운데서 자라고 있었다. 장비를 제자리에 놓은 후 우리는 초조하게 기다렸고 감히 움직이거나 서로에게 속삭이지 않았다. 갑자기 날개가 펄럭이는 소리가 들리더니 완전한 깃털을 갖춘 라기아나극락조가 계곡 너머에서 날아올랐다. 그리고 카수아리나로 직행하여 줄기에서 대각선 위쪽으로 자라난 가느다란 가지에 올라탔는데 잔가지와 잎사귀가 벗겨져 있었다. 그러고는 즉시 부리를 이용하여 날개 아래에서 돋아나 꼬리를 지나 눈부시게 아름다운 붉은 깃털들 속으로 뻗은 길고 엷은 깃털을 빗질하면서 몸을 다듬기 시작했다. 하를레스의 카메라는 놀라우리만큼 큰 소리로 윙윙거렸지만, 새는 눈치채지 못하고 조심스레 몸단장을 계속하다 마

---

17 맞아요, 극락조는 똑같은 시간에 와요. - 옮긴이주

침내 티 하나 없이 깨끗해지자 몸을 곧추세우고 흔들었다.

그런 다음 라기아나극락조는 고개를 높이 치켜들고 노래를 불렀는데, 노래라기보다는 계곡을 쩌렁쩌렁 울리는 단음정의 요란하고 시끄러운 소리였다. 노래가 거의 15분 동안 계속되는 것으로 보아, 그 새는 서둘러 춤을 시작하지 않으려는 것 같았다. 이제 막 태양이 떠오르고 있었고, 나뭇잎 사이로 스며든 햇살이 그의 화려한 깃털에 반사되어 반짝거렸다. 다른 2마리의 새가 계곡에서 날아올라 나무의 다른 부분에 자리잡았다. 그들은 수컷의 노래에 이끌려 춤을 보러 온 칙칙한 갈색 동물로, 짐작하건대 암컷이었다. 라기아나극락조는 암컷들을 무시하고 이따금씩 몸단장을 하면서 거친 노래를 계속 불렀다. 암컷들은 침묵을 지키며 나뭇가지 사이에서 이리저리 날아다녔다. 한번은 그들 중 1마리가 춤터에 너무 가까이 접근하자, 수컷이 갑자기 날개를 퍼덕이며 그녀를 쫓아냈다.

얼마 후 짜릿하도록 갑작스럽게, 수컷은 고개를 숙이고 화려한 날개깃을 등 위로 치켜올렸다. 그러더니 나뭇가지에서 종종걸음을 치며 떨리는 색분수 같은 율동을 곁들여 열정적으로 비명을 질렀다. 그리고 나뭇가지를 오르내리며 미친 듯이 춤을 추었다. 30초 후, 광란의 춤으로 숨이 찼던지 수컷은 비명을 멈추고 조용히 춤추기 시작했다.

우리가 넋을 놓고 지켜보는 동안, 나는 "현지인들에 따르면, 새들이 때때로 너무 흥분한 나머지 탈진하여 가지에서 떨어지므로 회복되기 전에 땅에서 거저 주울 수 있다"는 프레드의 말을 기억해냈다. 이제 춤추는 장면을 지켜보며, 나는 이게 실제로 일어날 수 있는 일임을 믿게 되었다. 갑자기 긴장이 풀리며 라기아나극락조가 춤을 멈추고 태연하게 몸단장을 다시 시작했다. 그러나 몇 분 후에 그는 다시 춤을 추기 시작했다. 그는 이 황홀한 쇼를 무려 세 번이나 공연했으므로, 우리는 바나나밭에서 두 번이나 위치를 바꿔가며 그 새를 속속들이 지켜볼 수 있었다. 그런데 떠오르는 태양 광선이 나무에 쏟아지면서 그의 열정은 가라앉는 듯했고 그의 비명은 으르렁거리는 끓는 소리로 바뀌었다. 불과 몇 초 동안 이런 상황이 지속된 다음, 그는 날개를 펴고 자신이 왔던 계곡으로 미끄러지듯 내려갔다. 암컷들이 그를 따라 날아갔다. 이것으로 춤은 끝났다.

우리는 들뜬 마음으로 장비를 꾸렸다. 이제 숙소로 돌아갈 시간이었다.

우리가 논두글을 떠나기 직전 에드워드 홀스트롬 경으로부터 전보가 도착했다. 그는 농장의 새장에 있는 극락조 중 20마리를 런던 동물원에 선물하기로 결정했고, 우리는 그 새들을 우리가 직접 잡은 동물에 추가하기로 했다. 적어도 1마리는 머리깃이 갓 돋아난 조그만 수컷 작센왕극락조로, 지금까지 오스트랄라시아Australasia에서 산 채로 반출된 적이 없는 종에 속했다. 전체적으로 이 수집품들은 수년 동안 런던 동물원에 도착한 뉴기니 종들 중에서 가장 중요하고 완전한 그룹이 될 터였다. 물론 그들을 오스트레일리아를 경유하여 데려갈 수는 없었다. 그 대신 소형 비행기를 타고 동쪽으로 비행하여 뉴브리튼New Britain섬의 라바울Rabaul까지 가야 했다. 그곳에서 나는 작은 화물선을 타고 홍콩으로 간 다음 런던으로 갈 수 있었다.

데이비드 애튼버러의 주 퀘스트

5. 다시 태평양으로

런던으로 돌아와 뉴기니에서 3개월 동안 촬영한 모든 자료를 검토할 때, 우리가 동물보다 사람을 촬영하는 데 더 많은 시간을 할애했음을 깨달았다. 나는 아무런 후회가 없었다. 서유럽 방식의 영향을 거의 받지 않은 삶을 고수하고 있는 모든 지구촌 사람들 중에서 뉴기니인들의 삶이 가장 극적이었기 때문이다. 게다가 우리가 계속 동쪽으로 가서 태평양의 섬에 도착했다면 더 많은 사람들을 만났을 거라는 생각이 내 머릿속에 맴돌았다.

이듬해에 하를레스와 나는 아르마딜로를 촬영하기 위해 다시 파라과이로 떠났는데, 이 여행의 자세한 내용은 『데이비드 애튼버러의 동물 탐사기』에 수록되었다. 그러나 태평양으로 돌아가야 한다는 생각이 나를 괴롭히던 중, 전혀 뜻밖에도 기회가 찾아왔다. 통가Tonga 우표가 붙은 편지 1통이 도착했는데, 그것은 내 친구인 인류학자 짐 스필리어스Jim Spillius가 보낸 것이었다.

그는 그 편지에, "현재 폴리네시아 통가섬에서 일하면서, 섬의 통치자인 살로테 여왕Queen Salote을 도와 왕국의 복잡한 의식을 기록하고 있습니다"라고 썼다. 여왕은 특히 가장 중요하고 신성한 왕실 카바 의식Royal Kava Ceremony을 영상으로 만드는 것을 바란다는 것이었다. 그때까지 어떤 유럽인에게도 그 의식을 지켜보도록 허용한 적이 없었지만, 우리와 그가 촬영에 동의한다면 참관할 수 있다고 했다.

살로테 여왕은 이미 영국의 텔레비전 시청자들에게 사랑받고 있었다. 그녀는 1951년에 런던을 여행했고 영연방 전역의 다른 고위 인사들과 함께 1952년 엘리자베스 2세 여왕의 대관식에 참석했다. 날이 밝아 웨스트민스터 사원으로 가는 행렬이 시작되자 비가 내리기 시작했다. 덮개가 없는 마차를 타고 이동하는 사람들 대부분은 후드를 썼기 때문에 보이지 않았다. 그러나 살로테 여왕은 그러지 않았다. 그녀는 이슬비 속에서 미소를 지으며 앉아 환호하는 군중들에게 유쾌하게 손을 흔들고 있었다.

그러므로 나는 이미 유망한 시리즈의 주연을 확보한 셈이었다. 나는 BBC에 '더 많은 프로그램을 제작하기 위해 태평양으로 돌아가야 한다'고 제안하며, 이번에는 사람들에게 직접적으로 초점을 맞추었다. 즉, 뉴기니 동쪽의 서태평양 어딘가에서 시작하여, 6개의 프로그램을 제작하는 동안 점점 더 동쪽으로 여행하여 피지Fiji에 도착한 다음, 마지막 프로그램이 제작되는 통가에서는 왕실 카바 의식을 관람하는 특권을 누릴 생각이었다. BBC는 나의 생각을 받아들였고 나는 약간의 조사를 시작했다.

서태평양에 있는 많은 섬 중 어떤 섬을 출발지로 선택해야 할까? 거기에는 여러 개의 군도가 있었고, 내가 수집한 자료에 의하면 온갖 종류의 화려한 의식이 있었다. 결국 나는 바누아투Vanuatu로 결정했다. 그 당시 이곳은 뉴헤브리디스 제도New Hebrides로 알려져 있었고, 영국과 프랑스가 공동 주권이라는 독특한 방식으로 공동 통치했다. 군도에 속한 섬 중 하나인 펜테코스트Pentecost에서, 사람들은 태평양 전체에서 가장 극적인 의식 중 하나임에 틀림없는 것—번지점프[1]—을 여전히 행하고 있었다. 발목이

---

[1] 번지점프는 남태평양에 있는 섬나라 바누아투의 펜테코스트섬 주민들이 매년 봄 행하는 성인축제에서 유래했다. 목탑 위에 올라간 뒤 칡의 일종인 번지bungee라는 열대덩굴로 엮어 만든 긴 줄을 다리에 묶고 뛰어내려, 남성의 담력을 과시하는 의식으로 알려져 있다. - 옮긴이주

데이비드 애튼버러의 주 퀘스트

덩굴에 묶인 남자들은 높이 30미터의 탑에서 거꾸로 뛰어내렸는데, 나는 이보다 더 화려한 '시리즈의 시작'을 상상할 수 없었다.

불행히도 하를레스는 이번 탐사에 동참할 수 없었다. 그 대신 나와 동 갑내기 카메라맨이자 '과격한 신체활동에 대한 욕구를 잠재울 수 없는 남 자'로 유명한 제프리 멀리건Geoffrey Mulligan이 합류했다. 내가 계획을 개략적으로 설명할 때, 그는 나만큼이나 기대에 부풀어 흥분했다.

"이 점프 의식은," 그는 말했다. "공정하게 시행되는지 여부를 우리가 직접 확인해야 해요. 내가 직접 점프해 보려고 하는데 촬영할래요?"

그 당시 나는 그의 말을 농담으로 받아들였다. 하지만 얼마 동안 그와 함께 일한 후, 나는 그가 최고의 영상을 찍을 수만 있다는 무슨 짓이든 할 사람이라는 것을 알게 되었다.

뉴헤브리디스 제도의 수도 빌라Vila는 군도 한복판에 있는 에파테Efate섬 의 서해안 무더운 지역에 자리잡고 있다. 거기에 가는 가장 쉬운 방법은 먼저 오스트레일리아나 피지에서 뉴칼레도니아로 날아간 다음, 일주일에 두 번씩 운항하는 프랑스인 소유 소형 쌍발기를 타는 것이었다. 우리는 빌라에 3일 동안만 머물렀는데, 그 이유는 여러모로 도움을 준 영국 정부 공무원이 우리를 위해 배편—빌라의 북쪽에 있는 말레쿨라Malekula섬으로 항해하는 코프라² 운반선—을 예약했기 때문이다. 그 배는 오스카 뉴먼 Oscar Newman이라는 상인의 농장에 들를 예정이었는데, 뉴먼은 점프 의식을 거행하는 펜테코스트 사람들을 알고 있었고 그들에게 우리를 소개하기로 약속한 사람이었다.

우리를 말레쿨라로 데려갈 배인 리에로Liero는 빌라 항구의 부두 옆에 서 햇볕을 쬐며 졸고 있었다. 멜라네시아 노동자들이 그 배에 목재 화물

---

2 야자 열매의 핵을 햇볕에 건조하거나 가열 건조하여 얻어지는 야자유의 원료. - 옮긴이주

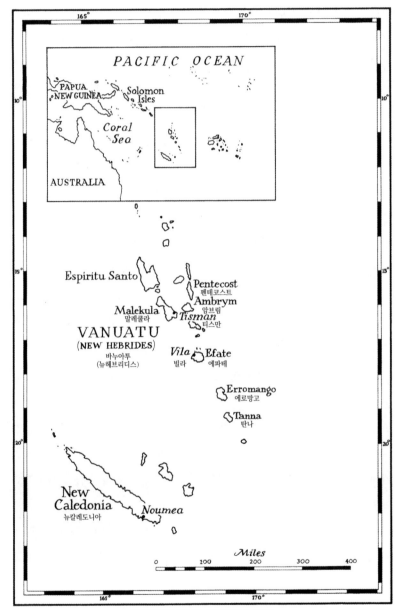

태평양 바누아투(뉴헤브리디스 제도)

데이비드 애튼버러의 주 퀘스트

을 싣고 있었는데, 그들은 땀으로 번들거리는 피부를 가진 덩치 큰 근육질 남자들로, 반바지와 러닝셔츠 차림이었으며 곱슬머리 위에 미국 스타일의 챙 없는 모자를 쓰고 있었다. 항구의 수면에는 쓰레기와 기름이 떠 있었지만, 수정 같은 물을 흐리게 하거나 산호를 모두 해치거나 6미터 아래 바닷속에 가라앉은 녹슨 통조림 깡통 사이에서 어슬렁거리는 소시지 같은 검은 해삼을 몰아낼 정도는 아니었다. 제프와 나는 선적이 끝날 때까지 배꼬리에 앉아있었다. 공식 출항 시간을 이미 1시간이나 넘겼지만, 우리를 제외하면 그 배가 예정대로 출발할 거라고 생각할 만큼 무모하게 낙관적인 사람은 아무도 없었다. 수천 마리의 작은 은빛 물고기 떼가 완벽한 동조를 이뤄 배 옆을 빙빙 돌고 있었는데, 마치 변화무쌍한 하나의 몸체가 비틀고 회전하고 분할하고 합체하는 것처럼 보였다. 그들은 때때로 일제히 수직 상승하여 수면에 구멍을 내어 수천 개의 '움직이는 보조개'를 형성했고, 때때로 깊이 잠수하여 산호 사이에서 일시적으로 길을 잃었다.

마침내 목재가 모두 선적되고 고정되었다. 땀을 뻘뻘 흘리는 부두 노동자들이 하나둘씩 배에서 나왔다. 프랑스인 선장이 함교[3]에 나타나 몇 가지 명령을 내리자, 리에로는 그렁거리고 통통거리더니 선저船底에서 물을 뿜어내며 부두에서 멀어졌다.

쉴 곳을 찾기가 여간 어렵지 않았다. 객실은 2개뿐인데, 하나는 프랑스인 농부와 그의 창백하고 소박한 아내와 어린 아기가 차지하고 있었다. 다른 하나는 작은 성냥개비 같은 다리를 가진 쪼글쪼글한 오스트레일리아인이 차지하고 있었는데, 그는 언저리가 벌겋게 된 눈과 불그스름한 안색을 하고 있었고 그의 아내는 금이빨을 가진 튼튼한 멜라네시아 혼혈이었다. 배는 잔인한 태양 아래서 표면이 부풀어 터질 것 같았고, 구름 한

---

3 선장이 항해 중에 배를 조종·지휘할 수 있도록 갑판 맨 앞 한가운데에 높게 만든 갑판. - 옮긴이주

점 없는 하늘에서 작열하는 태양이 상갑판의 모든 부분을 달궈 나무조차 만지면 고통스러울 정도였다. 앉을 수 있는 유일한 장소는 배꼬리의 차양 아래였는데, 의자나 벤치가 없었기 때문에 제프와 나는 갑판에 길게 누워 잠을 청했다.

정오 무렵 우리는 수평선에서 울퉁불퉁하고 흐릿한 띠 모양의 육지를 발견했는데, 그것은 에피Epi섬의 해안이었다. 마치 달팽이 1마리가 파란 유리판 위를 기어가는 것처럼, 리에로는 그쪽으로 조금씩 다가갔다. 해안에 가까워질수록 수심이 얕아져, 마침내 산호로 뒤덮인 해저가 보였다. 엔진이 멈추고, 우리는 익숙하지 않은 고요 속에서 움직이지 않고 누워있었다. 눈앞의 해안에서 나는 깃털로 만든 먼지떨이처럼 생긴 코코넛야자가 둘러싸고 있어서 반쯤 가려진 작은 집을 볼 수 있었다. 프랑스인 농부가 그의 아내, 아이와 함께 갑판에 처음으로 나타났다. 그의 아내는 딴 사람이 되어 있었다. 립스틱과 볼연지로 창백한 얼굴에 생기를 불어넣었고, 새로 다림질한 실크 드레스와 뒤에 주홍 리본이 매달린 세련된 밀짚 모자를 착용하고 있었다. 선장은 나에게 그들의 농장에서 80킬로미터 이내에 다른 유럽인이 없다고 말했다. 배에 탄 우리들 외에 그녀의 새 드레스, 모자, 화장에 감탄할 사람은 아무도 없었다.

원주민 선원들은 큰 소리로 외치며 구명정 중 하나를 내리고, 프랑스인 가족과 그들의 소지품을 외딴 해변으로 실어 날랐다. 뒤이어 갑판원들은 2시간 동안 목재를 내려 해안으로 운반했다. 그 다음으로 배는 엔진의 꿰음과 함께 다시 흔들리기 시작했고, 바닷물이 배꼬리에 부딪쳐 크림 같은 거품을 내는 동안 우리는 다시 한 번 북쪽으로 향했다.

갑판에 있던 제프와 나는 프랑스인 가족이 비워준 객실로 내려가 딱딱한 침대에서 땀을 흘리며 밤을 보냈다. 우리는 다음날 아침에 일어나, 우리가 말레쿨라섬 남단의 앞바다에 정박하고 있음을 깨달았다. 뉴먼의 농

데이비드 애튼버러의 주 퀘스트

장인 티스만Tisman은 동쪽 해안을 따라 약 65킬로미터 떨어져 있었지만, 그의 대형 모터보트 하나가 우리를 맞이하기 위해 이곳으로 내려와있었다. 리에로도 나중에 티스만에 들를 예정이었지만, 앞으로 36시간 동안은 그럴 수 없었다. 왜냐하면 화물을 하역하기 위해 말레쿨라 서해안의 여러 곳을 방문해야 했기 때문이다. 그런 다음 선창船倉을 비운 채로 뉴먼의 농장에 도착해야 기다리고 있는 수백 자루의 코프라를 실을 수 있었다. 우리는 모터보트에 소지품을 옮긴 후 굉음을 내며 달렸다.

리에로는 몇 분 안에 시야에서 사라졌고, 우리가 말레쿨라의 동쪽 해안을 따라 올라가는 동안 오른쪽 수평선에는 암브림Ambrym섬의 흐릿한 피라미드형 화산이 아른거렸다. 엔진의 진동으로 부르르 떨리는 선창에 앉아 있는 동안 우리의 콧구멍은 보트가 평소에 실어 나르던 코프라의 산패된 악취로 가득 찼다. 엔진 소음은 귀청이 터질 듯이 요란했고 우리의 귀를 사정없이 두들겨 매우 실제적인 신체적 고통을 초래했다. 내가 볼 수 있는 한, 으르렁거리고 떨리는 기계에 소음장치나 머플러 따위는 없었다.

5시간 후 우리는 티스만 베이Tisman Bay에 진입했다. 여러 척의 배가 해안 가까이에 정박해 있었고, 다른 배들은 눈부시게 하얀 해변에 끌어 올려져 있었다. 코코넛야자는 빽빽이 줄지어 선 채 뒷산을 뒤덮고 있었다. 뉴먼은 작업복과 낡은 트릴비 모자trilby hat[4] 차림의 매우 강인해 보이는 중년 남성으로, 한 줄로 늘어선 골함석 오두막집 옆 해두보beach heade[5]에서 우리를 기다리고 있었다. 일꾼들에게 짐을 내리게 한 후, 그는 우리를 트럭에 태워 언덕 꼭대기에 있는 자기 집으로 데려갔다. 그의 집은 단층 목조 건물로, 유리가 없는 긴 창문 위에 셔터가 설치되어 있고 집의 기다란 양쪽 측면을 따라 널따란 베란다가 뻗어있었다.

---

4 챙이 좁은 중절모. - 옮긴이주
5 해안에 마련된 상륙의 근거지. - 옮긴이주

우리는 음료수를 마시기 위해 라탄 의자에 앉았다.

"즐거운 여행이었나요?" 오스카가 차가운 맥주 1잔을 마시며 물었다.

"네, 물론이죠." 나는 의례적인 답변을 했다. "아주 훌륭한 모터보트예요. 하지만 약간 시끄러운 편인 것 같아요, 그렇죠? 혹시 머플러가 고장났나요?"

"오, 아니에요." 오스카가 대답했다. "사실, 머플러는 작업장의 어딘가에서 새것이나 다름없는 상태로 뒹굴고 있어요. 그 망할 놈이 너무 잘 작동하는 바람에, 엔진은 낮은 윙윙거리는 소음 외에 아무 소리도 내지 않았어요. 머플러가 있었다면 당신은 엔진의 소음이 거의 안 들렸을 거예요. 음, 하지만 이곳에서는 그것이 되레 애물단지예요. 우리는 코프라를 수집하기 위해 상륙 지점에 도착한 후, 우리가 도착했다는 사실을 현지인들에게 알리기 위해 두 시간 동안 목이 터져라 소리치곤 했어요. 그래서 생각다 못해 머플러를 뗐어요. 이제 그들은 8킬로미터 떨어진 곳에서도 우리가 오는 소리를 들을 수 있고, 항상 해변에 나와 우리를 기다리고 있어요."

오스카는 뉴헤브리디스 제도에서 한 영국인의 아들로 태어났는데, 그의 아버지는 말레쿨라섬 해안의 여러 지역에 코코넛을 심었지만 사업에서 재정적 성공을 거두지 못한 채 빚을 지고 사망했다. 오스카의 말에 의하면, 그는 아버지의 모든 빚을 자신이 갚겠다고 스스로에게 맹세했다. 그는 정말로 그렇게 했고, 이제 뉴헤브리디스 제도 전체에서 가장 부유한 사람 중 한 명이라는 평판을 듣고 있었다. 약 1년 전까지만 해도, 그의 아내와 두 아들은 티스만의 큰 집에서 그와 함께 살았다. 이제 그들은 오스트레일리아로 내려갔는데, 아내는 아들들을 결혼시킨 후 혼자 살고 있었다.

그는 하루에 적어도 두세 번씩 빌라를 비롯해 군도 전체의 다른 사람들과 무선전화로 통화했는데, 뉴스와 세상 돌아가는 이야기를 나누었고 항

데이비드 애튼버러의 주 퀘스트

공사를 위해 기상 정보를 제공했다. 그와 가장 규칙적으로 통화하고 그를 가장 즐겁게 한 사람은 이웃 암브림섬에 사는 미첼Mitchell이라는 이름의 농장주였다. 그들은 적어도 30년 동안 알고 지냈지만, 성 이외의 호칭을 사용한 적이 단 한 번도 없었다. 오스카는 그날 저녁 미첼과 통화했다.

"리에로가 내일 도착해요, 미첼." 그가 말했다. "그 배는 당신 화물을 조금 싣고 있어요. 나는 점프 의식을 촬영하기 위해 런던에서 온 두 명의 젊은 영국인들과 함께 펜테코스트에 가야 해요. 그들이 정확히 언제 점프하는지 알아보기 위해 잠시 다녀올 예정이지만, 원한다면 가는 길에 당신의 화물을 배달해 줄게요."

"고마워요." 전화기 너머에서 희미한 목소리가 들렸다. "아이들의 크리스마스 파티를 위해 주문한 화려한 장식물들일 거예요. 제시간에 도착한다니 반가운 소식이네요. 그럼 그때 만나요. 이만 끝."

오스카는 전화기를 내려놓았다. "늙은 미첼, 그는 멋진 친구예요." 그가 말했다. "하지만 이상한 친구예요. 농장에서 일하는 원주민들의 아이들을 위해 그의 집 전체에 종이띠를 두르는 수고를 멈추지 않고 매년 크리스마스 파티를 여니 말이에요. 또 대단한 학자예요. 그의 집은 책으로 가득 차있는데, 그가 책으로 무엇을 하려고 하는지 모르겠어요. 게다가 어떤 것도 절대 버리지 않아요. 그의 집 뒤쪽에는 빈 성냥갑으로 가득 찬 방이 있어요."

다음날 리에로가 도착하여 코프라를 싣고 다시 빌라로 떠났다. 그 다음날, 우리는 암브림과 펜테코스트로 향하는 모터보트를 타고 티스만을 떠났다. 그리고 거친 바다를 가로질러 동쪽으로 항해한 다음 암브림 북서쪽 해안의 무풍지대에 도착했다. 암브림은 다이아몬드 모양의 섬으로, 한복판에 거대한 화산이 서있었다. 그 화산은 1912년에 무지막지한 위력으로 분출했는데, 재와 부석을 바다 곳곳에 흩뿌리며 엄청난 폭발을 일으켰다. 그 와중에서 오스카의 장인이 운영하던 학교와 교역소가 바다에 가라앉아 사라졌다. 이제 해안선은 우중충한 회색의 화산재 절벽으로 이루어져 있고, 열대성 강우에 의해 도랑이 형성되어 있으며, 빈약한 초목이 마치 면도하지 않은 턱의 까칠한 수염처럼 듬성듬성 덮여있다.

미첼의 집까지 수 킬로미터가 남았건만 벌써 어둠이 내렸다. 해안과 앞의 언덕에 작은 노란색 불빛들이 하나둘씩 나타나기 시작했다. 오스카는 손전등을 들고 불빛으로 신호를 보냈다. 그러자 거의 즉시 몇 개의 불빛이 깜박거리며 우리에게 화답했다.

"지독한 바보들." 오스카가 엔진 소리 너머로 나에게 소리쳤다. "내가 방향을 잡기 위해 미첼에게 신호를 보내려고 할 때마다, 무선통신으로 연락을 주고받던 섬사람들이 너도나도 앞다퉈 아는 체하고 신호를 보내는 통에 방향감각을 상실할 지경이에요."

배꼬리에 서서 키의 손잡이 위에 팔을 얹고, 앞을 내다보기 위해 바깥쪽으로 몸을 기울인 채 선원들에게 욕설 섞인 지시를 외치며, 오스카는 어둠 속에서 꿩음을 울리는 암초를 헤치고 나아갔다. 마침내 우리는 비교적 잔잔한 연안에 도달하여 닻을 내렸다.

우리는 구명정을 타고 해변으로 갔다. 어둠 속에서도 우리가 걷는 해변이 검은 화산모래로 이루어져 있음을 알 수 있었다. 미첼은 등유 램프를 들고 마중 나와 우리를 자기 집으로 데려갔다. 그는 70대 중반의 작고 점잖은 백발 남자였다. 그가 우리를 안내한 천장 높은 큰 방은 때때로 먼지 털기와 빗질을 했다는 점에서 의심할 여지없이 깨끗했지만, 곰팡이와 부패의 기운이 만연했다. 나무로 된 벽 높이 걸려있는 몇 장의 그림은 곰팡이로 인해 검게 변해, 예전에 무엇을 표현했는지 알아볼 수 없었다. 벽 옆에 서있는 전면이 유리로 된 2개의 큰 책장의 선반에는 내부의 퇴색한 책을 공격할 수 있는 해충을 막기 위해 뿌린 나프탈렌 분말이 노랗게 변색

데이비드 애튼버러의 주 퀘스트

되어 두껍게 쌓여있었다. 방 한복판에는 2개의 큰 널빤지 테이블이 나란히 놓여있고, 그 위에는 온갖 잡동사니—잡지 더미, 둥글게 말린 종이들, 닭 깃털 다발들, 연필 뭉치, 빈 잼병들, 다양한 길이의 전선들, 잡다한 엔진 주물 조각들—가 잔뜩 쌓여있었다. 미첼은 부끄러운 시선으로 그것들을 바라보았다. "지옥과 불길" 그가 온화하게 말했다. "저기 어딘가에 담배가 있어요. 두 젊은이 중에 담배 피우는 사람 있나요?"

"아, 미첼," 오스카가 말했다. "썩은 담배로 이 영국인들을 독살하지 말아요. 악취가 너무 심해서 오지에 사는 원주민들도 그것을 피우지 않을 거예요."

"어이쿠," 미첼은 하얀 눈썹 밑으로 오스카를 바라보며 대답했다. "당신은 그런 말할 자격이 없어요. 당신의 가게에서 구입한 쓰레기를 퍼뜨리는 사람들을 금지하는 법이 있어야 해요." 그는 책상 위의 잡동사니를 계속 뒤적거리다가 마침내 낯설게 생긴 담배 한 갑을 찾아냈다.

"자, 젊은이들." 그가 나에게 담배를 건네며 말했다. "당신들이 경험한 최고의 연기를 내뿜는지 확인해 봐요."

내가 하나를 건네받아 불을 붙였는데, 너무 축축해서 단지 불 붙이는 것인데도 애로사항이 많았다. 마침내 연기를 폐 한가득 들이마셨을 때, 그 고약한 곰팡이 냄새가 나를 질식시켰다.

미첼은 나를 유심히 쳐다보았다. "그럴까 봐 걱정했어요." 그가 말했다. "그 담배는 당신에게 아주 이로워요. 요즘 젊은이들 입맛이 아주 이상해요. 이것들은 당신이 얻을 수 있는 최고의 영국식 담배예요. 1939년 실수로 몇 상자가 나에게 배송되었는데, 전쟁과 이런저런 이유 때문에 반품할 수 없었어요. 솔직히 말해서 그 담배는 원주민들에게 인기를 끈 적이 없었는데, 물론 이곳의 오스트레일리아인들은 좋은 담배와 나쁜 담배를 구별하지 못해요. 내 생각에," 그는 슬픈 표정으로 덧붙였다. "본고장 출신의 사람들 중 한두 명은 이런 고품질 담배의 진가를 알아볼 텐데, 당신이 도매 주문을 한다면 가격을 조금 깎아줄 준비가 되어 있어요."

오스카는 웃음을 터뜨렸다. "당신은 그런 썩은 물건을 팔지 말아야 해요, 미첼. 바다에 던져버리는 게 좋아요. 그리고 어쨌든, 우리가 차 한 잔을 위해 얼마나 더 기다려야 하죠?" 미첼은 원주민 하인들이 저녁에 모두 외출했다고 말하면서 부엌으로 물러났다. 그리고 곧 고기와 복숭아 통조림을 들고 다시 나타났다. 우리가 식사를 하는 동안 두 농장주는 소식을 주고받았고, 당시 가격이 과거 어느 때보다도 높았음에도 불구하고 코프라 가격에 대해 우울한 이야기를 나누었으며, 서로를 놀리는 것에 열중했다.

오스카는 빵 한 조각으로 조심스럽게 접시를 닦고 입맛을 다셨다. "음, 미첼." 그가 감사하며 말했다. "이게 식사로 대접할 수 있는 최선의 음식이라면, 우린 지금 당장 떠나야 해요. 당신과 함께 아침을 먹는 것은 생각하기도 싫어요. 티스만으로 돌아가면 연락할게요." 그는 모자를 쓰고 우리와 함께 배에 올랐다.

그날 밤 우리는 암브림의 북쪽 지점과 펜테코스트의 최남단을 가로막고 있는 13킬로미터의 거친 바다를 가로질러 항해했다. 그리하여 만(灣)에 정박하고 보트의 선창에 자루를 편 후, 코프라의 악취를 무시하기 위해 최선을 다하며 잠들었다.

해뜨기 직전, 우리는 새벽의 어스레한 빛 속에서 물을 가로질러 일렁거리며 우리를 향해 다가오는 소형 모터보트의 털털거리는 소리에 잠을 깼다. 배의 키 손잡이 옆에는 작고 뚱뚱한 남자가 서있었는데, 밀짚모자가 머리 뒤에 얹혀있고 하얀 양털 같은 턱수염이 양쪽 귀 사이에 걸쳐있었다. 그는 능숙하게 우리 옆에 배를 대고, 놀랍도록 민첩하게 우리 배에 올라탔다. 아주 뚱뚱한 사람임에는 틀림없었지만, 물렁물렁하지 않고 터질 듯 부풀어오른 풍선처럼 팽팽했다. 오스카는 그에게 피진어로 떠들썩하

데이비드 애튼버러의 주 퀘스트

게 인사한 다음 그를 우리에게 소개했다.

"이 사람이 월Wall이에요." 그가 말했다. "그는 해안가에 있는 마을들 중 한 마을의 추장으로, 점프할 친구들에게 우리를 소개해 줄 거예요. 진행상황은 어때요, 월?"

"Plenty good, Masta Oscar." 월이 말했다. "Six day time, im makim jump."[6]

이것은 우리가 예상했던 것보다 빨랐고, 하루이틀 동안 점프 준비 과정을 촬영하고 싶었기 때문에 제프나 내가 의식이 거행되기 전에 티스만으로 돌아가는 것은 거의 무의미해 보였다. 반면에 우리는 숙박할 준비가 되어 있지 않았다.

"나는 당신들과 함께 있을 수 없어요." 오스카가 말했다. "나는 티스만에 돌아가 할 일이 있지만, 당신들은 괜찮을 거라고 생각해요. 선창 어딘가에 먹을 만한 통조림이 몇 개 있을 테고, 이곳 주민들에게서 참마와 코코넛을 얻을 수 있으므로 굶지는 않을 거예요. 잠잘 곳 좀 마련해 줄 수 있나요, 월?"

월은 씩 웃으며 고개를 끄덕였다.

그로부터 15분 후, 월과 제프 그리고 나는 펜테코스트의 해변에 서있었다. 우리 옆에는 통조림과 촬영 장비 더미가 놓여있었다. 오스카는 의식 시간에 맞춰 돌아올 거라고 약속하고, 만을 떠나 배를 타고 티스만으로 돌아갔다.

---

6 아주 좋아요, 오스카 씨. 6일 후 점프할 거예요. - 옮긴이주

6. 펜테코스트의 번지점프

우리가 상륙한 해변은 끊이지 않는 우아한 곡선을 그리며 1.6킬로미터가 넘도록 뻗어있었다. 그 뒤에는 만을 따라 띄엄띄엄 줄지어 늘어선 오두막집 몇 채가 서있었는데, 울창한 숲속에 거의 숨겨져 있었다. 월은 우리를 완만한 개울의 둑에 있는 큰 판다누스나무 아래에 홀로 서있는 특히나 작은 오두막집으로 안내했다. 그것은 버려진 집이었고, 초가지붕은 흠뻑 젖은 채 구멍이 뻥 뚫려있었다.

"Im," 월이 말했다. "House belong you."[1]

그 즈음 다른 오두막집 주민 몇 명이 진지한 태도로 웅크리고 모여 앉아, 태연하게 우리를 살피고 있었다. 대부분은 누덕누덕 기운 반바지를 입고 있었고, 일부는 남바namba—서양인들의 관점에서 격식이라고는 없는 수준으로 간소화된, 전통적인 로인클로스—를 제외하고 벌거벗은 상태였다. 월은 우리의 오두막집을 수리하기 위해 그들을 조직하기 시작했다. 일부는 새로운 지붕을 만드는 데 필요한 잎사귀를 수집해 오라고 보냈고, 일부는 전면에 포르티코portico[2]를 추가하는 데 필요한 묘목을 베어 오라고

1　저게 당신들의 집이에요. - 옮긴이주
2　건물 입구에 기둥을 받쳐 만든 현관 지붕. - 옮긴이주

보냈다. 포르티코를 추가하기로 결정한 것에 대해, 그는 빗물이 열린 문에 들이치는 것을 방지하기 위해 불가피한 조치라고 설명했다.

1시간도 채 지나지 않아 오두막집이 꽤 살 만한 곳처럼 보이기 시작했다. 우리는 포르티코 안에 들어갈 조잡한 탁자를 하나 만들었는데, 그 용도는 식품 통조림과 법랑 접시를 쌓아놓는 것이었다. 다음으로, 우리는 길이 3미터, 너비 2.4미터에 불과한 오두막집 내부에 침대 대용품인 '쪼갠 대나무로 엮은 대ᄬ'를 만들었다. 공간이 턱없이 부족해 2개를 만드는 사치를 부릴 수 없었으므로, 두 사람이 나란히 잘 수 있도록 가능한 한 넓게 만들었다. 마지막으로, 우리는 개미 떼로부터 설탕 봉지를 보호하기 위해 구석에 매달린 끈에 설탕 봉지를 걸어 두었지만 결과적으로 성공하지는 못했다.

모든 작업이 끝나자, 윌은 한 소년을 밖에서 자라는 야자나무 위로 보내 코코넛을 따오게 했다. 우리 셋은 딱딱한 침대에 앉아 녹색 코코넛에서 나온 거품나는 즙을 마시며, 상당한 만족감 속에 새 집을 둘러보았다.

윌은 손등으로 입을 닦고 환하게 웃고는 몸을 일으켜 세워 우리 둘과 엄숙한 악수를 나눴다.

"Me go now," 그가 말했다. "Good arpi-noon."[3] 그는 해변을 성큼성큼 걸어 그의 배로 돌아가더니 배를 파도 사이로 밀어냈다.

그날 오후, 우리는 오두막 옆의 개울을 건너 번지점프장으로 이어지는 좁은 진흙길을 따라 내륙으로 들어갔다. 그 길은 '버팀뿌리로 둘러싸인 판다누스 줄기'와 '매끄러운 야자나무 줄기' 사이를 휘돈 후, 빽빽하고 축축한 덤불을 통과하며 경사가 가팔라지기 시작했다. 가파른 비탈길을 따라 400미터쯤 올라가, 우리는 축구장 절반만 한 크기의 공터에 도착했다.

---

3 · 나 이제 갈게요, 안녕. - 옮긴이주

가장 높은 지점에는 나무 한 그루가 홀로 서있었는데, 가지가 모두 잘려 나갔고 그 주변에는 장대로 된 비계scaffold[4]가 세워져 있었다.

이 취한 듯한 구조물은 이미 공중으로 약 15미터쯤 솟아올라 맨 꼭대 기의 대들보 위로 돌출해 있었고, 약 20명의 남자들이 목청껏 노래하며 층層을 높이느라 바빴다. 다른 사람들은 땅에 가까운 목재 위에 앉아 밧줄 로 사용할 리아나를 쪼개고 있었고, 또 다른 사람들은 탑 아래 땅에서 나 무 그루터기들을 바쁘게 파내고 있었다.

우리는 그날의 나머지 시간을 목탑 건설자들과 함께 보냈다. 그들은 우 리에게 점프 의식이 정확히 6일 후에 열릴 것이라고 말해, 윌이 말한 것을 확인해줬다. 나는 이 일관성—문자를 보유하지 않은 사람들은 시간 엄수 를 그다지 중시하지 않는 경향이 있다—에 놀랐지만, 의식의 정확한 시기 가 그들에게 상당히 중요하다는 것은 분명했다. 이틀 후 만의 서쪽 끝 바 위 곶 주변에 윌의 소형 보트가 다시 나타났다. 그는 신문지에 싸인 큰 꾸 러미를 들고 해변을 걸어왔다.

"More better kai-kai."[5] 그는 우리에게 꾸러미를 건네며 이렇게 말했다. 포장을 푸니, 네모난 빵 6개와 이름 없는 탄산 레모네이드 6병이 나왔다. 그는 해안에서 약 30킬로미터 떨어진 교역소에서 빵과 음료수를 모두 구입했는데, 그곳은 방금 그가 코프라 한 짐을 배달한 곳이었다. 우리는 매우 감동했고 레모네이드에 특히 감사했다. 코코넛 즙을 제외하고 우리 가 마셔야 했던 유일한 음료는 우리를 비롯해 점프장에 갔던 모든 사람 들이 하루에 여러 번 지나다니던 진흙투성이 개울에서 떠온 것이었기 때 문이다.

---

4 높은 곳에서 공사를 할 수 있도록 임시로 설치한 가설물. - 옮긴이주
5 좋은 먹거리 더 많이 가져왔어요. - 옮긴이주

우리를 번지점프하는 사람들에게 소개한 월

목탑을 세우는 장면

4일 후, 목탑은 거의 완성 단계에 이르렀다. 그것은 높이가 25미터쯤 됐는데, 매우 불안정해 보였다. 왜냐하면 아래층의 중추가 되는 '잘 휘지 않는 등뼈 같은 나무줄기 지지대'가 위층에는 없기 때문이었다. 탑의 꼭대기에 덩굴로 된 버팀줄을 달아 공터 가장자리에 있는 나무의 줄기에 묶는 방식으로 구조물을 안정시키려는 시도가 있었음에도, 작업자들이 무심코 그 위로 기어올라 갔을 때 구조물 전체가 놀라울 정도로 흔들렸다.

25명의 남자가 점프를 할 예정이었는데 각자 자신만의 점프대를 이용할 것이었다. 점프대들은 탑의 앞면에 층을 이루며 배열되었는데, 가장 낮은 것은 지면에서 불과 9미터, 가장 높은 것은 맨 꼭대기에서 몇 발 이내였다. 각 점프대는 2개의 좁은 널빤지로 구성되고, 널빤지는 거칠거칠한 리아나를 이용해 간단한 뼈대에 묶였는데, 리아나의 추가적인 기능은 다이버의 발이 미끄러지지 않도록 표면을 거칠게 하는 것이었다. 점프대는 수평으로 허공에 2~3미터 튀어나왔고, 그 바깥쪽 끝은 여러 개의 가는 버팀대로 지지되고 있었다. 그렇다면 버팀대와 버팀대의 하단을 주*점프대에 고정하는 끈은 매우 큰 압력을 견뎌야 하는 것이 분명했다. 왜냐하면 한 사람이 뛰어내릴 때, 그의 발목을 감아 목탑에 묶은 덩굴이 점프대의 끝을 팽팽하게 휙 잡아당기기 때문이었다. 나는 작업자들에게 '왜 더 튼튼한 버팀대와 더 강한 끈을 사용하지 않는지' 물었다. 그랬더니, 버팀대가 의도적으로 약하게 설계되었다는 답변이 돌아왔다. 즉, 점프대는 낙하한 다이버가 지면에 가까워질 때 아래로 무너지도록 설계되어, 충격을 흡수하고 다이버의 발목에 가해지는 엄청난 충격을 줄여 준다는 것이었다.

구명줄 역할을 할 덩굴은 의식이 시작되기 정확히 이틀 전에 숲에서 채집되었다. 월에 의하면 이 시기가 가장 중요했다. 2일 이상 지난 것을 사

데이비드 애튼버러의 주 퀘스트

용할 경우 썩거나 말라서 탄력과 힘을 잃을 수 있기 때문이었다. 그런 일이 일어나 덩굴이 끊어지면 사람이 죽을 수도 있었다. 덩굴은 특정한 수령樹齡, 굵기, 길이의 한 종류 만이 적합하기 때문에 신중하게 선택해야 했다. 설사 그렇더라도 남자들은 멀리까지 수색할 필요가 없었는데, 그 이유는 숲에 있는 나무의 가지에 덩굴이 주렁주렁 매달려있었기 때문이다. 남자와 소년들은 하루 종일 덩굴 다발을 목탑으로 운반했다. 다른 작업자들은 그것들을 목탑의 대들보에 묶은 다음 점프대 위에 둘씩 짝지어 늘어뜨려, 나중에 다이버의 발목에 묶이는 부분인 덩굴의 반대쪽 끝이 목탑의 약간 돌출된 면에 매달려있도록 했다. 그 장면은 쪼글쪼글한 머리카락을 치렁치렁 늘어뜨린 괴물을 연상시킬 만큼 충격적이었다.

땅에 있는 한 남자가 한 쌍씩 차례로 잡고 흔들어, 덩굴들이 서로 엉키지 않고 점프대 위에서 자유로이 왔다 갔다 하도록 만들었다. 그런 다음 그는 덤불칼을 이용하여 정확한 길이로 잘랐는데, 그의 작업은 매우 중요한 일이었다. 만약 그가 계산착오로 인해 덩굴을 너무 짧게 만든다면, 그것을 사용한 다이버는 공중에 매달린 채로 남아 아마도 시계추처럼 목탑으로 돌진하여 뼈가 부러질 것이다. 그리고 그가 덩굴을 너무 길게 만든다면, 다이버는 땅에 대포알처럼 떨어져 죽임을 당할 게 뻔했다. 게다가 점프 도중 점프대가 무너질 때 추가되는 덩굴의 길이와 덩굴 자체의 자연스러운 탄력성을 모두 감안해야 했기 때문에, 덩굴의 정확한 길이를 평가하는 것은 쉽지 않은 작업이었다. 만약 내가 의식에 참여하기로 되어 있었다면 사용할 덩굴의 길이를 직접 확인하는 데 매우 신중을 기했을 것이다. 그러나 목탑에서 일하고 있던 사람들 중 상당수가 다음날 다이빙을 해야 했고 자신들이 점프할 점프대를 정확히 알고 있었지만, 내가 볼 수 있는 한 그들 중 어느 누구도 자신의 덩굴을 검사하려고 애쓰지 않았다.

덩굴 자르기가 끝나면, 절단된 끝을 다이버의 발목에 쉽게 묶을 수 있

점프대를 점검하는 데이비드 애튼버러

도록 여러 개의 너덜거리는 태슬tassel[6]로 만든 다음, 축축함과 유연성을 유지하기 위해 한 다발씩 묶어 잎으로 쌌다. 마지막으로, 작업팀은 목탑 기층부의 가파른 비탈을 손가락으로 꼼꼼히 살피며 파헤쳐, 착지하는 다이버를 해칠 수 있는 뿌리나 바위가 지표면 아래에 숨겨져 있는지 여부를 꼼꼼히 확인했다. 우리가 처음 도착한 지 5일째 되는 날 저녁에 모든 작업이 완료되었다. 마지막 사람이 목탑에서 내려왔고, 마지막 덩굴이 절단되어 태슬이 달렸다. 목탑은 가파른 산비탈에 인적이 끊긴 채 서있었는데, 저녁 하늘을 배경으로 서있는 음산한 몰골이 마치 불길한 교수대 같았다.

다음날 아침 태양이 바다에서 떠오를 때, 우리는 오스카의 배가 만에

---

6 가마, 기旗, 끈, 띠, 책상보, 옷 따위에 장식으로 다는 여러 가닥의 실. - 옮긴이주

데이비드 애튼버러의 주 퀘스트

닻을 내린 채 흔들리고 있는 것을 보았다. 그는 식은 닭고기 3개, 과일 통조림 몇 개, 빵 2덩어리를 가지고 해변으로 왔다. 우리는 며칠 동안 먹어 본 것 중 최고의 식사를 마치고 함께 점프장으로 올라갔다. 목탑에는 아직까지 사람이 없었다. 그 후 1시간 동안 남자, 여자, 어린아이들이 1명씩 나타나 공터의 가장자리에 앉았다. 그들 중에서 의식에 참여하는 사람은 아무도 없었다. 작업자 중 2명은 다이버가 착지할 푸석푸석한 흙 위를 걷는 사람을 제지하기 위해 감시의 눈길을 번뜩이며 목탑 바닥에 서 있었다. "No walk'long dat place." 윌이 나에게 주의를 줬다. "Im, tambu."[7]

오전 10시가 되자 우리는 덤불 속에서 흘러나오는 아련한 노랫소리를 들었다. 그 소리는 점점 더 커지다가, 갑자기 목탑 뒤의 숲에서 사람들이 일렬로 튀어나와 앞뒤로 왔다갔다하며 춤추고 큰 소리로 노래하기 시작했다. 어떤 여자들은 조각조각 찢긴 야자잎으로 된 긴 치마를 입었는데, 상반신은 알몸이었다. 다른 여자들은 선교사들이 들여온 면으로 된 헐렁한 원피스를 입었다. 또한 많은 남자들이 반바지 뒤쪽에 어린 야자잎을 꽂아, 잎이 어깨뼈까지 닿도록 했다. 한두 명은 빨간 크로톤croton 잎이 달린 어린 가지나 숲속의 골풀 비슷한 덤불에서 자라는 주홍색의 기다란 꽃이삭을 휴대했다. 춤꾼들은 6열 횡대를 이루어, 목탑 뒤의 경사면을 가로지르며 위아래로 쿵쿵 뛰었다. 그들의 발 밑에 있는 땅은 몇 분 안에 단단히 다져져, 반짝이는 매끄러운 땅으로 이루어진 6개의 나란한 테라스가 되었다.

눈에 띄지 않게, 한 어린 소년이 춤꾼 대열을 떠나 탑의 뒤쪽을 빠르게 기어오르기 시작했다. 그의 귀 뒤에는 빨간 히비스커스hibiscus[8] 1송이가 꽂혀있고, 가르마 탄 곱슬머리는 석회로 하얗게 단장되어 있었다. 나이가

---

7 저곳에서 걷지 말아요. 그건 금기 사항이에요. - 옮긴이주
8 무궁화속에 속하며, 화려한 색의 큰 꽃이 피는 열대성 식물. - 옮긴이주

더 많은 2명이 그를 따라 기어올랐는데, 그들은 그의 친척으로 곧 거행될 의식에서 조수 역할을 하기로 되어 있었다. 처음 6미터를 올라가는 동안, 그들은 탑의 뒤로 올라가는 거대한 사다리인 수평보 위에서 재빠르게 위로 올라갔다. 그런 다음, 그들은 목탑의 내부를 거의 꽉 차 보이게 하는 가로, 대각선, 수직 막대의 혼란스러운 얽힘 속으로 사라졌다가 앞쪽에 있는 가장 낮은 점프대 옆에 다시 나타났다. 두 사람 중 하나가 점프대 끝에 매달린 2개의 덩굴을 끌어올렸다. 소년은 무표정하게 서서 발을 점프대 바닥에 얹은 채 탑의 수직 기둥을 움켜쥐고 있었다. 또 1명은 그 옆에 웅크리고 앉아 그의 발목에 덩굴을 묶었다. 그들이 서있는 점프대는 탑에서 9미터 정도 높이였지만, 소년은 바깥쪽으로 뛰어내려야 했고 그 아래의 땅은 경사가 매우 가팔랐기 때문에, 그가 처음으로 땅에 닿을 지점인 탑에서 약 4~5미터 떨어진 곳은 최소한 12미터 아래였다.

덩굴을 고정하는 데 걸린 시간은 길어야 2분이었다. 한 사람이 덤불칼을 이용하여 매듭의 늘어진 끝을 다듬은 다음, 두 사람 모두 소년을 혼자 남겨두고 탑으로 물러났다.

소년은 빨간 크로톤 잎을 손에 들고, 탑의 기둥을 잡았던 손을 놓았다. 그리고는 좁은 점프대를 따라 천천히 걸어나가 맨 끝에 서서, 리아나가 감긴 곳 아래로 돌출한 2개의 판자에 각각 한 발씩 올려놓았다. 아래쪽 뒤에 있던 춤꾼들은 지금껏 부르던 노래를 리드미컬하고 찌르는 듯한 외침으로 바꿨다. 그들은 일제히 움직임을 멈추고 탑을 향해 몸을 돌린 후 팔을 앞으로 쭉 내밀었고, 여자들은 이빨 사이로 날카로운 휘파람을 불어 소란을 더했다.

우주의 가장자리에 홀로 남은 소년이 손을 번쩍 들었다. 나는 쌍안경을 통해 그의 입술이 움직이는 것을 볼 수 있었지만, 설사 그가 구호를 외치거나 노래를 불렀더라도 춤꾼들의 날카로운 소리에 파묻혀 들리지 않았

데이비드 애튼버러의 주 퀘스트

을 것이다. 균형을 잃지 않기 위해 느린 동작으로, 그는 크로톤 잎을 공중으로 던졌다. 잎은 부드럽게 아래로 회전하며 12미터 아래의 땅에 떨어졌다. 춤꾼들의 휘파람과 고함은 점점 더 거세어졌다. 소년은 다시 한 번 손을 들어 머리 위로 세 번 박수를 쳤다. 그리고는 두 주먹을 불끈 쥐고 팔짱을 끼고 두 눈을 감았다.

몸을 뻣뻣이 한 채, 그는 서서히 앞으로 넘어졌다. 그가 팔다리를 벌린 채 공중에 흩날린 시간은 나에게 영겁의 세월처럼 느껴졌다. 그리고 그가 아래로 곤두박질쳤을 때, 그의 발목을 감았던 덩굴이 갑자기 팽팽해졌다. 총소리처럼 요란한 균열과 함께 버팀대가 부러지고 그것이 지탱하던 점프대가 아래로 무너져 내렸다. 한계까지 뻗은 덩굴이 그를 뒤로 낚아채어 그가 부드러운 땅에 등을 대고 착지한 탑 기층부 쪽으로 내동댕이쳤을 때, 그의 머리는 땅에서 불과 몇 발자국밖에 떨어지지 않은 곳에 있었다.

착지장을 지키고 있던 두 남자가 앞으로 달려갔고, 그들 중 한 사람이 소년의 팔을 부축하는 동안 다른 한 사람은 덩굴을 잘라냈다. 그 소년은 얼굴 가득 미소를 지으며 벌떡 일어나, 춤꾼들과 합류하기 위해 반대 방향으로 달려갔다. 두 사람이 소년이 떨어진 부분의 땅을 파서 고르는 동안 다른 한 남자가 춤꾼들 사이에서 뛰쳐나와 탑으로 올라갔다.

그 후 3시간 동안 남자들이 하나씩 탑에 올라가 더 높은 점프대에서 뛰어내렸다. 그들은 12미터, 15미터, 21미터 위에서 뛰어내렸다. 그들 모두가 어린 소년은 아니었다. 제프와 내가 탑의 꼭대기에서 촬영하며 사진을 찍고 있던 중, 굽은 어깨, 주름진 피부, 짧은 흰 수염을 가진 노인이 재빠르게 우리를 향해 기어올라 왔다. 그는 24미터 높이의 점프대에 서서, 떨어지기 전에 생동감 넘치는 몸짓을 한껏 과시했다. 그가 허공으로 사라진 후 점프대가 아래로 추락하고 탑 전체가 격렬하게 흔들릴 때까지 몇 초 동안, 우리는 고음의 낄낄거리는 소리를 들었다. 그는 허공을 가로지

점프용 탑의 꼭대기에 서있는 남자

르며 공중제비를 돌면서도 웃고 있었다.

그러나 모든 출연자들이 그가 생각한 만큼 즐긴 것은 아니었다. 한두 사람은 점프대 끝에 홀로 선 채 담력 시험에 직면하여 기가 죽어있었다. 춤꾼들의 성화가 그들을 뛰어내리게 하지 못한다면, 뒤에 서있는 2명의 조수가 그들만의 독특한 설득력을 발휘했다. 즉, 그들은 숲속 나무에서 꺾은 작은 나뭇가지를 휴대하고 있었는데, 그 가지에는 가시 돋친 이파리가 달려있어 닿기만 해도 큰 고통을 유발했다. 그러나 그들은 주저하는 다이버에게 이것을 사용하지는 않았다. 그 대신, 그들은 나뭇잎으로 자신의 몸을 찌르고 고통에 찬 비명을 지르며, 자신들의 자해성 처벌을 멈추게 하려면 뛰어내리라고 다이버에게 소리쳤다.

한 명의 다이버는 두려움으로 인해 결국 뛰어내리지 못했다. 조수들의 외침과 춤꾼들의 비명에도 불구하고 그는 점프대 끝에서 돌아섰다. 그의 발목에서 덩굴이 잘렸고, 탑 아래로 내려왔을 때 그의 얼굴은 눈물로 얼룩졌다. 월에 의하면, 그는 벌금으로 돼지 몇 마리를 내야만 지역사회에서 얼굴을 들고 다닐 수 있었다.

마지막 사람이 뛰어내리기 전에 저녁이 되었다. 그는 30미터 위에서, 하늘을 배경으로 실루엣을 드러낸 작은 형체로 서있었다. 너비 60센티미터를 채 넘지 않는 점프대에서 몇 분 동안 완벽한 균형을 이루고 서서, 그는 팔을 흔들고 손뼉을 친 후 크로톤 잎을 던졌다. 까마득히 아래에 있는 춤꾼들은 여러 시간 동안 노래를 불러 목이 쉬었지만, 마침내 그가 공중으로 몸을 기울여 멋지게 급강하는 곡선을 그리며 낙하하자 큰 소리를 지르고 고함을 치며 탑 뒤의 춤터에서 뛰쳐나왔다. 그리고는 착지장으로

점프하는 남자

달려가 그를 어깨 위로 높이 들어 올렸다. 덩굴이 갑자기 그를 낚아챘을 때 무릎과 고관절을 산산조각 낼 만한 충격을 견딘 것은 기적처럼 보였다. 그러나 그를 비롯하여 그날 오후 의식에 참석한 사람 중에서 어떤 식으로든 부상을 입은 사람은 단 한 명도 없었다.

나는 이 화려한 의식의 진짜 의미가 무엇인지 오랫동안 의아해했다. 젊었을 때 유명한 다이버였던 윌은 나에게 번지점프의 기원에 대한 이야기를 들려주었다.

여러 해 전 펜테코스트 어느 마을의 한 남자는 아내가 바람을 피우고 있다는 사실을 알게 되었다. 그는 그녀를 때리기 위해 붙잡으려고 했지만, 그녀는 도망치다가 야자나무 위로 올라갔다. 그는 그녀를 따라 올라갔고, 꼭대기에 도착했을 때 논쟁을 시작했다.

"왜 다른 남자에게 갔어?" 그가 물었다. "내가 당신에게 부족한 사람인가?"

"맞아," 그녀가 말했다. "당신은 나약하고 겁쟁이야. 여기에서 땅으로 뛰어내리지도 못할 거야."

"그건 불가능한 일이야." 그가 말했다.

"난 할 수 있어." 여자가 말했다.

"네가 하면 나도 하겠어. 같이 뛰어내리자."

그래서 그들은 함께 뛰어내렸다. 여자는 미리 야자나무 잎 끝을 발목에 묶어 둔 덕분에 아무런 상처도 입지 않았지만, 남자는 즉사했다. 마을의 다른 남자들은 남성이 여성에게 속았다는 사실에 큰 굴욕감을 느꼈다. 그래서 그들은 야자나무보다 몇 배나 높은 탑을 쌓고, 구경하러 온 여성들에게 자신들이 우월한 성誰임을 증명하기 위해 점프 의식을 시작했다.

윌의 이야기는 황당무계해서 액면 그대로 받아들일 수 없었고, 나는 그 상징적 의미—만약 그런 게 정말로 존재한다면—를 짐작할 만한 설득력 있는 증거를 수집할 수 없었다. 나는 점프를 마친 다이버에게 왜 점프에 목숨을 걸었냐고 물었다. 한 남자는 막연히 기분이 좋아지기 때문에 그렇게 했다고 말했고, 다른 남자는 점프가 복통이나 두통에 특효약이라고 말함으로써 이 말을 부풀렸다. 한두 명은 전적으로 즐기기 때문에 점프했다고 말했다. 대부분의 남자들은 단순히 "그게 'custom belong dis place'[9]이기 때문에 그렇게 했다"라고 말했다.

그러나 나는 더 깊은 의미에 대한 단서를 하나 발견했다. 나는 의식이 진행되는 동안 나로부터 몇 미터 떨어진 곳에 서있는 여성 중 한 명이 '아기로 추정되는 것'을 팔에 안고 있는 것을 보았다. 그녀는 한 젊은이를 특히 주의 깊게 관찰하다가, 그가 낙하한 후 아무런 부상 없이 활보하자 뛸 듯이 기뻐하며 팔에 안고 있던 꾸러미를 던져버렸다. 알고 보니 그것은 한 조각의 천에 불과했다. 윌은 그 다이버가 그녀의 아들이고, 꾸러미는 아기를 상징한다고 말했다. 아마도 그 의식은 청소년들이 성인이 되기 전에 거쳐야 하는 시련이었을 것이며, 소년이 그 의식을 수행함에 따라 그의 어머니는 자신의 아기가 더 이상 존재하지 않으며 이제 성인 남자로 거듭났다는 것을 세상에 선포하기 위해 아기의 상징물을 던져버린 것 같았다.

만약 이것이 사실이고 의식의 기원에 대한 설명과 일치하는 측면이 있다면, 우리는 어린 소년들만이 점프를 할 거라고 예상할 수 있다. 그에 대한 확증으로, 한 여자가 "옛날 남자들은 한 번 점프하면 그것으로 끝이었다"라고 증언했다. 그러나 과거에는 그랬을지 몰라도 이제는 더 이상 그렇지 않았다. 내가 알기로 그날 오후에 점프한 남자들 중 상당수는 전에도 여러 번 의식에 참여했기 때문이다.

---

9 이곳의 관습. - 옮긴이주

한 가지만은 확실했다. 우리가 '11월 5일 모닥불5th November bonfire'[10]의 원래 의미를 잊어버린 것처럼, 펜테코스트 사람들도 번지점프의 원래 의미를 대부분 잊어버렸다. 가이 포크스Guy Fawkes보다 수세기 전, 그 이전부터 이맘때에 '죽은 자들의 축제'를 기념했던 것처럼 우리 조상들은 11월 초에 불을 지폈다. 오늘날의 불꽃놀이 파티는 그런 고대 이교도 의식에서 이어져 내려온 것이 거의 확실하다. 하지만 우리가 여전히 관습을 유지하는 이유는 기원 때문도, 화약 음모Gunpowder Plot로부터 의회를 구출한 것을 축하하고 싶기 때문도 아니라 단순히 그것을 즐기기 때문이다. 가이 포크스의 이야기가 11월 5일 모닥불의 기원이 아닌 것처럼, 바람 피운 여자의 이야기는 번지점프의 기원이 아니라고 나는 생각한다. 나는 펜테코스트 사람들이, 우리가 불꽃놀이를 계속하는 것과 똑같은 이유—흥미롭고 즐거운 행사이며, 이곳의 관습—로 번지점프를 계속하고 있을 거라고 추측한다.

---

10 "기억하라, 11월 5일을 / 화약 음모 사건을 / 화약 음모 사건은 절대 잊혀서는 안 된다." 현재 영국 어린이들이 여전히 배우고 있는 이 구호는 영국의 가장 독특한 명절 중 하나인 '가이 포크스의 밤'과 관련 있다. 매년 11월 5일 가이 포크스라는 남자를 포함한 한 무리의 사람들이 당시 영국 왕 제임스 1세를 암살하려다가 실패한 사건을 기념한다. - 옮긴이주

데이비드 애튼버러의 주 퀘스트

7. 화물 숭배

우리는 펜테코스트와 말레쿨라를 떠나 남쪽의 빌라로 돌아왔다. 빌라에서, 우리는 어찌저찌하여 공동 통치령 소유의 선박—콩코드 Concorde(화합, 조화)라는 낙관적인 이름을 가진 소형 선박—에 침상을 예약하고 남쪽으로 220킬로미터 떨어진 탄나섬Tanna으로 향했다. 탄나는 '외부의 영향에 손상되지 않은 오래된 생활방식'을 찾고자 하는 사람들은 잘 찾지 않는 섬으로 여겨졌다. 왜냐하면 뉴헤브리디스 제도에서 선교사들이 방문한 최초의 섬이었고, 그 이후로 장로교의 활기차고 용감한 사역의 현장이 되었기 때문이다.

1839년 11월 19일, 존 윌리엄스John Williams 목사는 선교선 캠던Camden을 타고 탄나에 들러 유럽 선교사들을 위한 길을 준비하는 임무를 맡은 3명의 사모아인 설교사를 해변에 내려놓았다. 윌리엄스 자신은 배를 타고 인근의 에로망고섬Erromango으로 향하여 다음날 상륙했다. 해변에 발을 디딘 지 몇 시간도 채 되지 않아 그와 그의 동료 제임스 해리스James Harris는 부족민들에게 살해당했다. 런던 선교협회의 다른 배가 탄나에 들른 것은 1년 후였는데, 사모아인 설교사들은 기적적으로 살아남아 있었다. 하지만 그들은 현지인들에게 포로로 잡혀, 만약 구조선이 조금이라도 늦게 도착했다면 살해되어 먹혔을 것이다.

2년 후 선교사들은 다시 한 번 모험을 걸었다. 터너[Turner] 목사와 네스빗[Nesbit] 목사는 그 섬에 가까스로 정착했고, 지역 주민들의 큰 적대감에도 불구하고 충분한 개종자를 확보하는 데 성공했다. 그리하여 터너는 1845년 뉴헤브리디스어로 인쇄된 최초의 책인 『탄나인 교리문답집[Tannese catechism]』을 편찬하여 출판했다.

그 후 30년 동안, 비록 진전이 더뎠지만 탄나에서는 선교활동이 계속 진행되었다. 북쪽으로 50킬로미터 떨어진 에로망고에서는 4명의 선교사가 더 살해되었고, 탄나의 경우 인명 피해는 없었지만 종종 극도로 위험한 상황에 직면할 수밖에 없었다. 그러나 세기가 바뀔 무렵 선교사들의 끈기와 용기가 마침내 보상을 받았다. 탄나는 기독교 선교가 '가장 까다롭고 고집 센 원주민'들에게 성과를 거둔 대표적인 사례가 되었다. 1940년이 되자 아버지, 할아버지, 증조할아버지가 모두 기독교인이었던 탄나인들이 생겨났다. 선교사들이 운영하는 병원과 학교는 번창했으며, 대부분의 탄나인들은 기독교를 위해 자신의 이교도 신을 버렸다고 고백했다.

그러나 그 해에 탄나에는 새롭고 기이한 종교—화물 숭배[cargo cult][1]—가 생겨났다. 탄나인들은 뉴헤브리디스 제도의 고대 이교도 의식만큼이나 기이한 종교인 화물 숭배의 지배를 받게 되었다. 선교사와 정부가 할 수 있는 모든 노력을 다했음에도 그것은 여전히 번성했고, 한때 기독교인이었던 섬 사람 중 대부분은 그 추종자가 되었다.

---

1 화물 숭배란 주로 남태평양의 멜라네시아, 뉴기니 인근에서 19세기 말부터 일어난 컬트(미신)계 종교의 한 형태를 말한다. 외부와 단절되어 있던 태평양의 섬 사람들이 서양인들과 처음으로 접촉하면서 나타났다. 서양인들이 섬에 들어오면서 함께 가져온 화물들이 근대문명의 산물이라는 것을 알지 못하고, 자신들의 조상신이 마법을 통해 내려준 선물이라고 믿는 것이 주 내용이다. 이제는 일반 명사화되어, '인과관계를 혼동하여 부차적인 것을 중요한 원인으로 믿는 것' 정도의 뜻으로 사용된다. - 옮긴이주

　데이비드 애튼버러의 주 퀘스트

화물 숭배는 뉴헤브리디스 제도에만 국한되지 않는다. 그것은 태평양의 여러 곳, 동쪽으로는 4,800킬로미터 떨어진 타히티, 북서쪽으로는 솔로몬 제도, 북쪽으로는 길버트 제도Gilberts 같은 외딴 섬에서 독립적으로 발생했다. 나는 2년 전, 화물 숭배가 활발했던 뉴기니 고원에서 이러한 숭배 중 하나를 직접 경험한 유럽인을 만났다. 그는 루터교 선교사였는데, 이 새로운 종교의 기원을 다음과 같이 설명했다.

유럽인이 도착하기 전, 뉴기니인들은 석기시대에 살고 있었다. 그들이 아는 재료라고는 돌, 나무, 식물성 섬유밖에 없었으며, 그들 중 상당수는 해안의 일부 부족이 만든 도자기조차 구경한 적이 없었다. 그러다 갑자기 이상한 백인들이 골짜기에 나타났다. 그들은 피진어로 '카고cargo'라고 부르는 놀랍고 새로운 물건들—휘발유 램프, 플라스틱 빗, 무선통신 장비, 도자기 찻잔, 강철 칼—을 가져왔는데, 이 모두 전혀 새롭고 경이로운 재료로 만든 것이었다. 부족민들은 놀라고 어리둥절했다. 그러나 그들에게 한 가지 분명한 사실은, 화물이 인간에게서 기원했을 리 없다는 것이었다. 즉, 이러한 물건들의 재료가 되는 물질은 자연에서 생겨난 게 아니라는 것이다. 그렇다면 그것은 어떤 마법의 과정을 거쳐 만들어질까? 어떻게 반짝이는 에나멜을 씌운 냉장고 같은 것을 조각하거나 짜거나 쪼아 낼 수 있을까? 게다가 백인들은 스스로 화물을 만들지 않고 큰 배나 비행기에 싣고 온다. 이 모든 것에서 도출할 수 있는 단 하나의 결론은, 화물이 초자연적인 기원을 가지며 신들이 보낸 것임에 틀림없다는 것이다.

그런데 그게 왜 백인에게만 도착해야 할까? 아마도 그들이 신들에게 '화물을 우리에게만 보내 달라'고 간청하는 강력한 의식을 행하기 때문일 것이다. 처음에는 백인들이 이 비밀을 공유할 준비가 된 것처럼 보인다.

그들 중 일부는 기꺼이 자신의 신에 대해 이야기하기 때문이다. 즉, 그들은 오래된 부족의 방식이 거짓이며 오래된 우상을 파괴해야 한다고 설명한다. 사람들은 그들을 믿고 백인의 교회에 참석한다. 그러나 그럼에도 불구하고 화물은 그들에게 오지 않는다. 원주민들은 자신들이 속고 있다고 의심한다. 그들은 선교사들이 전파하는 종교를 대부분의 백인들이 무시한다는 것을 알아차리고, 따라서 이들이 신들에게 영향을 미치기 위해 어떤 다른 방법을 사용하는 게 틀림없다고 생각한다. 그래서 원주민들은 이러한 초자연적인 물건을 풍부하게 가지고 있는 상인들에게 다가가 어떻게 그런 재물을 얻을 수 있냐고 묻는다. 상인들은 "화물을 갖고 싶으면, 코프라 농장에서 일해 돈을 벌어 백인 상점에서 그런 물건을 구입하라"고 대답한다. 그러나 이것은 만족스러운 대답이 아니다. 왜냐하면 원주민이 아무리 열심히 일해 봤자 자신이 탐내는 물건 중에서 가장 별 볼 일 없는 것 외에는 아무것도 살 수 없기 때문이다. 이 설명이 거짓임은 '상인이 자신이 설교한 것을 실천하지 않는다'는 쉽게 관찰할 수 있는 사실에 의해서도 증명된다. 그 자신은 육체노동을 하지 않고 그저 책상 뒤에 앉아서 서류를 뒤적이고 있을 뿐이기 때문이다.

그래서 원주민은 백인 남성들을 더욱 자세히 관찰한다. 이윽고 그는 그 이방인들이 많은 무의미한 일들을 한다는 사실을 알아차린다. 그들은 전선이 부착된 키 큰 안테나를 세우고, 불빛이 나오고 이상한 소음과 숨 가쁜 소리를 내는 작은 상자에 귀를 기울이며 앉아있고, 원주민들을 설득하여 똑같은 옷을 입고 이리저리 행진하게 한다. 이보다 더 쓸모 없는 활동을 고안하는 것은 거의 불가능해 보인다. 그리고 원주민은 자신이 수수께끼에 대한 답을 우연히 발견했음을 깨닫는다. 바로 이런 이해할 수 없는 행동이, 백인이 신들에게 화물을 보내달라고 간청하기 위해 사용하는 의식이라는 것이다. 만약 화물을 원한다면 원주민도 이런 일들을 해야 한다.

데이비드 애튼버러의 주 퀘스트

그래서 원주민은 모조 무선통신 안테나를 세운다. 그들은 임시변통으로 만든 테이블 위에 흰 천을 놓고, 그 한복판에 꽃 한 병을 놓고, 백인들이 했던 것처럼 그 주위에 둘러앉는다. 그리고 현지에서 생산된 천으로 임시변통으로 제복을 흉내 내어 만들어 입고 이리저리 행진한다. 뉴기니 고원에서 한 화물 숭배 집단의 지도자는 '은색 비행기 1대가 계곡에 착륙할 것'이라고 주장했고, 이에 따라 사람들은 비행기의 도착을 앞당기기 위해 거대한 화물 보관용 창고를 짓기 시작했다. 섬의 다른 곳에서는 산비탈에 터널이 뚫리고 값진 물건을 실은 트럭의 행렬이 쏟아져 나올 거라는 소문이 돌았다.

암브림섬의 화물 숭배자들은 스스로 민병대를 결성하여 마을에 경비병을 배치하고, 여행자에게 목적지와 여행 이유를 묻고 대답을 등록부에 기록했다. 또한 도로변에 '멈춤', '일단 정지'라는 안내판을 설치했다. 다른 사람들은 무선 전화기를 모방하여, 자리에 앉아 빈 깡통에 대고 이야기했다. 화물 숭배는 1885년 피지에서 처음 생겨난 것으로 알려져 있다. 1932년에는 솔로몬 제도에서 본질적으로 유사한 종교집단이 생겨났다. 태평양 전체에 서양의 물질문명이 확산됨에 따라 화물 숭배 건수와 빈도가 증가했다. 인류학자들은 뉴칼레도니아에서 2건, 솔로몬 제도에서 4건, 피지에서 4건, 뉴헤브리디스 제도에서 7건, 뉴기니에서 50건 이상의 개별 사례를 기록했는데, 이 중 대부분은 상당히 독립적이고 서로 연계되지도 않았다. 이들 종교의 대다수는 종말의 날이 오면 한 명의 특별한 메시아가 화물을 가져올 거라고 주장한다.

탄나에서는 1940년에 화물 숭배의 첫번째 징후가 나타났다. 섬 남쪽 마을의 촌장들에게 발언권을 행사하는 존 프럼John Frum이라는 지도자에 대한 소문이 퍼지기 시작했다. 그는 한밤중에만 번쩍이는 불빛과 함께 나타나는데, 빛나는 단추가 달린 외투를 입었으며 고음의 목소리와 백발을 가진 작은 남자로 알려졌다. 그리고 그는 이상한 예언을 했다. 커다란 재앙이 있을 거라는 둥, 산이 무너지고 골짜기가 메워질 거라는 둥, 노인들은 젊음을 되찾고 질병이 사라질 거라는 둥, 백인들이 섬에서 추방되어 다시는 돌아오지 않을 거라는 둥, 모든 사람이 원하는 만큼 가질 수 있도록 엄청난 양의 화물이 도착할 거라는 둥. 이런 날의 도래를 앞당기고 싶다면, 사람들은 존 프럼의 명령에 복종하고 선교사들의 거짓 가르침을 무시해야 했다. 그리고 기독교의 거짓 가르침이 거부되었음을 보여주기 위해, 선교사들이 금지한 오래된 관습 중 일부는 부활되어야 했다. 이러한 지시에 따라 사람들은 선교사들이 세운 학교를 떠났다.

1941년에 새로운 국면이 전개되었다. 전하는 이야기에 의하면, 존 프럼은 종말의 날이 오면 코코넛 그림이 찍힌 자신의 주화를 가지고 오겠다고 예언했다. 그러므로 사람들은 백인이 가져온 돈을 없애야 했다. 그들은 그렇게 함으로써 유럽인들의 오점을 제거할 뿐만 아니라, 백인 상인들이 떠나도록 재촉할 수 있었다. 원주민들에게서 빼앗을 돈이 더 이상 없다면 그들은 그 섬에 머물고 싶어하지 않을 게 뻔했기 때문이다. 그런 다음 탄나인들은 상점에서 돈을 마구 쓰기 시작했다. 사람들은 평생 동안 모은 돈을 날려버렸다. 어떤 사람들은 100파운드나 되는 돈을 가져왔고, 그 동안 자취를 감췄던 1파운드짜리 금화—유럽인들이 1912년 우호조약에 서명한 지역 추장들에게 보상을 지급할 때 사용한 구화폐—가 다시 나타났다.

5월이 되자 상황은 극도로 심각해져 선교사들이 세운 교회와 학교가 버려졌다. 그러자 1916년부터 이 섬을 아무런 저항 없이 통치해 온 영국의 법 집행관 니콜Nichol—그는 완고한 사람이었다—은 조치를 취할 때가 되었다고 판단했다. 그는 지도자 몇 명을 체포하여 그 중 한 명인 마나헤비Manahevi를 존 프럼으로 지목하고, 그가 '초자연적인 힘이 없는 지극히 평범한 인간'임을 드러내기 위해 하룻동안 나무에 묶어 두었다. 그 후 그

　　　　　　　　　　　데이비드 애튼버러의 주 퀘스트

들은 빌라로 보내져 재판을 받고 투옥되었다. 사람들의 말에 의하면 마나헤비는 존 프럼을 보호하기 위해 순교한 대리인일 뿐이며, 진짜 예언자는 여전히 그 섬에 있었다.

얼마 지나지 않아 최초의 미군이 뉴헤브리디스 제도에 들어와 산토Santo에 기지를 건설했다. 그들이 가지고 온 엄청난 양의 화물, 그리고 그들의 사치와 관대함에 대한 이야기가 섬 전체에 퍼졌다. 뒤이어 탄나에는 존 프럼이 실제로는 미국의 왕이라는 소문이 퍼졌다. 그리고 이를 입증하는 것처럼 보이는 놀랍고 흥분시키는 소식이 들려왔다. 그 내용인즉, 아프리카계 미국인 1개 대대가 도착한 것이었다. 그들은 신체적으로 현지인들과 매우 비슷했다. 현지인들과 똑같이 검은 피부와 곱슬곱슬한 머리카락을 가졌지만 한 가지 놀라운 차이점이 있었다. 찢어지게 가난하지 않았고 백인 병사들과 마찬가지로 풍부한 화물을 보유하고 있었던 것이다.

열광적인 흥분이 탄나를 뒤덮었다. 모두가 종말의 날이 임박했다고 여기고 존 프럼의 도착을 준비하고 있는 것 같았다. 지도자 중 한 사람은 "존 프럼이 미국에서 비행기를 타고 올 예정이므로, 수백 명의 사람들이 비행기가 착륙할 활주로를 만들기 위해 섬 한복판의 숲을 벌목하기 시작했다"고 말했다. 곧이어 상황이 너무 심각해지자, 니콜은 더 많은 경찰관을 파견해 달라고 빌라에 요청했다. 그는 또한 섬에 퍼지고 있는 거짓 소문을 잠재우기 위해 미국인 장교를 보내 달라고 요청했다.

이윽고 미국 장교가 와서, 모인 사람들에게 존 프럼에 대해 아는 것이 없다고 설명했다. 자신의 의도를 강조하고 탄나인들에게 깊은 인상을 주기 위해, 그는 존 프럼의 추종자들이 세운 안내판 중 하나에 기관총을 발사하여 산산조각 냈다. 많은 사람들이 기겁하여 숲속으로 도망쳤다. 화물을 받기 위해 지어진 창고는 니콜의 명령에 따라 불태워졌고, 이 운동에 가장 적극적으로 가담한 몇몇 우두머리들은 체포되어 추방되었다.

선교사들은 학교를 다시 시작하려고 노력했지만, 2,500명의 인구 중 50명의 어린아이들만 참석했다. 1946년, 존 프럼은 섬 전체에서 다시 한 번 거론되었다. 탄나인들은 교역소 중 하나를 급습하여 진열된 상품에서 가격표를 모두 찢어 버렸다. 사람들은 이구동성으로, 이 모든 일이 존 프럼의 명확한 지시에 따라 이루어졌다고 말했다. 다시 한 번, 몇몇 지도자들이 체포되어 추방되었다.

그 후 오랜 시간 동안 평온이 유지되었다. 그러나 화물 숭배가 사라졌다고 생각하는 사람은 거의 없었다. 선교사들이 세운 학교의 출석률은 여전히 매우 저조했고 오래된 이교도 의식이 번성했으며, 존 프럼에 대한 이야기와 그가 화물을 가져올 때 일어날 일에 대한 예측이 늘 떠돌아다녔다.

잃어버린 추종자들을 되찾기 위한 노력의 일환으로, 장로교는 청교도적 성향이 강한 규칙 중 일부를 완화했다. 그들이 탄나인에게 강요한 생활방식이 '엄격하고 다소 재미없는 생활방식'이라는 데는 의심의 여지가 없었다. 일찍이 1941년 최초의 대규모 봉기가 일어난 직후, 탄나의 한 선교사는 교회 지도자 회의에 제출한 보고서에 다음과 같이 썼다. "우리는 그들에게서 춤을 빼앗았을 뿐, 그것을 대체하거나 그러한 손실로 인해 발생하는 문제를 해결하기 위해 거의 아무것도 하지 않았습니다…. 우리는 종교에 검고 음침한 옷을 입히고, 얼굴의 미소를 보기 흉하다며 지우고, 감정을 극적으로 표현하는 본능을 악하다며 억누름으로써 사람들로 하여금 기독교를 칙칙함과 동의어인 소위 체면과 혼동하게 만들었습니다…. 우리가 덜 금지하고 더욱 긍정적이고 건설적일 때까지는 성공을 기대할 수 없습니다. 기독교를 토착화하고, 성령께서 토착 교회를 틀에 가두지 말고 활성화할 수 있도록 우리가 할 수 있는 모든 일을 해야 합니다."

뒤이어 그런 생각을 실행에 옮기려는 시도가 이루어졌지만, 탄나인들의 예배 참석에 거의 영향을 미치지 않았다. 1952년에 한층 더 나아간 화

데이비드 애튼버러의 주 퀘스트

물 숭배 움직임이 일어났는데, 이는 아마도 코프라 가격 하락—탄나인들은 이것을 '상인들이 더 많은 화물을 약탈하기 위해 고안해낸 것'이라고 믿었다—에 의해 촉발된 것으로 보인다.

지도자들을 체포하고 투옥했음에도 화물 숭배를 진압하는 데 실패하자, 정부는 이제 다른 정책을 추구했다. 그리하여 섬의 누구에게도 해를 끼치지 않고 어떤 사람의 생명도 위태롭게 하지 않는 한, 화물 숭배를 공식적으로 용인하게 되었다. 사람들이 존 프럼의 예언 중 어느 것도 실현될 조짐을 보이지 않는다는 것을 깨닫고 화물 숭배가 자연히 시들기를 바랄 뿐이었다.

우리를 탄나로 이끈 것은 새로운 종교의 탄생까지는 아니더라도 발생의 초기 단계를 목격할 수 있으리라는 기대감이었다. 내가 바란 것은, 그곳에서 운동의 지도자들을 만나 존 프럼의 명령과 예언이 어떻게 생겨났는지 알아내고, 그들을 설득하여 신비한 지도자의 행동과 모습을 자세히 묘사하게 하는 것이었다.

━━

우리는 콩코드를 타고 하룻밤과 하룻낮을 꼬박 들여 빌라에서 탄나까지 항해했다. 그 배는 나이 든 앵글로 프랑스계 선장, 조타수, 팔이 하나뿐인 프랑스인 기관사, 6명의 멜라네시아인 갑판원에 의해 운영되는 구식 선박이었다. 밤이 되자 강한 바람이 불며 콩코드가 무섭게 요동치기 시작했다. 더욱 거세진 파도 중 하나가 우리를 덮치자 검은 물이 배꼬리 위로 계속 밀려왔다. 선장은 조타수와 함께 함교에 머물렀고, 멜라네시아인은 폭슬foc'sle[2] 속으로 자취를 감췄고, 우리는 기관사와 함께 한 칸짜리

---

2 배 앞부분의 선원용 선실. - 옮긴이주

객실에서 잠을 자려고 노력했다.

팔이 하나뿐인 기관사는 밤새 두 번이나 침상에서 떨어져, 객실 중앙에 있는 탁자와 충돌하여 부서지는 소리를 냈다. 동트기 직전에 세번째로 떨어졌을 때, 그는 기어오르려 애쓰지 않고 구석에 있는 난로로 몸을 돌려 커다란 냄비의 내용물을 데우기 시작했다. 몇 분 안에 강한 냄새가 진동하여, 그가 향이 강하고 다소 퀴퀴한 카레를 요리하고 있음을 알렸다. 배가 한두 번 특히 심하게 요동쳤을 때 구미에 당기지 않는 이 거칠거칠한 혼합물이 흘러내려 버너를 껐지만, 뚜렷한 이유 없이 행복해 보이며 혼자 쉬지 않고 휘파람을 불던 기관사는 그것을 다시 냄비에 주워담고 가스에 불을 붙였다. 거기서 피어오르는 고약한 매운 냄새가 객실 전체를 가득 채우는 듯했다. 만약 우리가 작은 창을 연다면 배가 요동칠 때마다 바닷물이 들이칠 테니 신선한 공기를 얻는 것은 불가능했다. 바닥에 철벅거리는 카레와 바닷물의 웅덩이에 빠지지 않기 위해, 나는 침대 옆면을 팔과 다리로 버틴 채 누웠다. 기관사가 스튜 냄비를 하늘 높이 들고 곡예사처럼 테이블로 미끄러지며 "아침 식사가 준비되었습니다"라고 알렸을 때, 나는 유감스럽게도 그와 함께할 수 없었다.

콩코드는 탄나의 서쪽 해안에 있는 레나켈Lenakel 지역의 작은 암초로 둘러싸인 만에 닻을 내렸다. 우리를 만나기 위해, 그리고 우리가 빌라에서 가져온 우편물과 화물을 찾기 위해, 영국과 프랑스의 관리들, 장로교 학교의 교사, 오스트레일리아인 농부 밥 폴Bob Paul—우리가 빌라에서 무선 전화를 걸었을 때 우리에게 숙식을 제공하겠다고 제안한 인물—이 해변에 서 있었다. 밥은 키가 크고 호리호리한 남자로 연한 갈색 머리칼과 작은 콧수염 그리고 믿을 수 없을 만큼 온순한 태도를 갖고 있었으며, 그 섬에 사는 유럽인 중에서 가장 많은 땅을 소유했을 뿐만 아니라 대규모 농장을 운영하는 유일한 사람이었다. 존 프럼에 대해 탄나인과 이야기하고 싶어하는 사람에게 그는 이상적인 후원자였다. 만약 정부 관리나 선교사들과 함께했다면 우리는 영락없이 화물 숭배의 반대자로 낙인 찍혔을 테니, 현지인들을 설득하여 자신의 믿음에 대해 이야기하게 할 기회가 거의 없었을 것이다. 그러나 존 프럼과 관련하여, 밥 폴은 그 운동을 찬성도 반대도 하지 않고 중립적인 입장에 서려고 항상 노력했다.

"대부분의 불행한 사람들은 어떤 형태로든 종교에 귀의하기 마련이에요"라고 그는 말했다. "탄나인들은 현재 극도로 불만스럽고 혼란스러워하고 있어요. 다른 사람을 전혀 해치지 않는데, 왜 그들이 그들만의 종교를 발전시키려 하는 것을 막는 거죠?"

밥은 언젠가 한 번 그들의 활동에 관여한 적이 있었다. 그것은 가장 최근에 일어난 가장 극적인 존 프럼 봉기, 즉 탄나군 사건이었다. 우리와 함께 바닷가에 있는 자신의 정원에 앉아, 밥은 그것에 대해 이야기했다. 푸른 태평양은 해안을 향해 달려오다 저 너머 암초에서 하얗게 부서졌다.

"코프라를 사려고 섬 반대편에 있는 설퍼베이Sulphur Bay에 갔을 때 군대를 처음 보았고, 놀랍게도 마을 가까이에 있는 공터에서 한 무리의 남자들이 훈련받고 있는 것을 발견했어요. 그들은 모조품 미국식 모자, 군화처럼 생긴 장화 안에 구겨넣은 긴 바지, 그리고 가슴에 탄나군을 의미하는 TA—그리고 그 아래에는 USA—가 새겨진 러닝셔츠를 착용하고 있었어요. 그리고 미국식 카빈과 비슷하게 조각되어 끝에 긴 대나무 총검이 달린 아주 잘 만들어진 대나무총을 가지고 다녔어요. 그들의 훈련도 제법 그럴듯했어요. 몇몇 남자들은 경찰관 출신이었는데, 자신들의 노하우를 얼마간 전수한 게 분명했어요. 나는 그 당시에는 별로 관심을 두지 않았어요. 그들은 아무에게도 해를 끼치지 않았거든요."

"그러나 나중에 그들은 약간의 모험심이 생겨, 이웃 마을을 행진하며 다른 사람들에게 겁을 주기 시작했어요. 아무도 자신들을 막지 못하자 그들은 더욱 야심차게 섬 전체를 도는 행진을 시작하여, 모든 마을을 지나며 '화물이 도착하는 날을 앞당기기 위해 존 프럼이 민병대를 창설했다'고 말하고 모두에게 합류를 촉구했어요. 그들이 멈추는 곳마다 현지인들은 그들이 먹을 돼지와 카사바를 제공해야 했고, 지금껏 이 운동에 대해 특별히 열광하지 않았던 탄나인들이라도 신속히 대열에 합류하거나 후환을 두려워하는 것 중 하나를 선택해야 했어요."

"그들이 대규모 행진을 시작한 지 하루쯤 지났을 때, 나는 장로교 선교회로 통하는 길을 행진하는 민병대를 발견했어요. 그들은 선교회까지 행진하여, 아직까지 그곳에 남아있는 소수의 탄나인 기독교도를 공포에 떨게 하려는 것 같았어요. 그것은 섬 일주 행진의 성대한 피날레였어요. 나는 내 트럭을 타고 그들보다 먼저 가서 선교사에게 경고했어요. '글쎄요, 장담하건대 그들은 여기까지 오지 않을 거예요'라고 그가 말했어요. 그래서 나는 길 건너편에 트럭을 세우고 그 앞에 서있었어요. 그랬더니 약 100명의 민병대원들이 대나무총과 우스꽝스러운 제복 차림으로 우리를 향해 행진했어요. 그들이 아주 가까이 다가왔을 때, 우리는 그들에게 '당장 물러나. 그러지 않으면 문제가 생길 거야'라고 말했어요. 다행히도 그들은 돌아서서 집으로 갔어요."

"그 후 정부는 무슨 조치를 취하는 게 낫겠다고 생각하고, 지역 관리자와 경찰관 몇 명을 설퍼베이에 있는 민병대 사령부로 보내 지도자들과 모든 것을 논의했어요. 거기에 도착했을 때, 그들은 민병대원들이 반대편에 바리케이드를 친 채 총을 들고 서있는 것을 발견했어요. 그건 대나무총이 아니라 진짜 총이었어요. 음, 병력이 없고 소수의 경찰관만 있었기 때문에, 지역 관리자는 빌라에 전화를 걸어 지원병을 요청했어요. 사실 상황은 그리 심각하지 않아서, 설퍼베이의 민병대는 지역 관리자가 들어오는 것은 거부했지만 내가 코프라를 사러 들어가는 것은 허용했어요. 전파

대역에 걸린 수백 통의 긴급 전보를 근거로 판단했다면, 사람들은 우리가 궁지에 몰려있다고 생각했을 거예요. 그래서 무선통신을 하는 다른 지역의 친구들이 걱정할까 봐, 나는 내가 직접 전보를 보내기로 했어요. 그 내용은 다음과 같았어요. '기회가 있는 대로 튼튼한 콩알총 두 개, 완두콩 두 자루, 퍼티 메달putty medal[3] 한 상자를 보내 주세요.'"

밥은 농담처럼 이야기했지만, 사람들이 정부 대표를 무력으로 위협하기 시작하는 상황은 과소평가되지 말아야 한다는 것이 분명했다. 결국 정부는 군대를 파견했고, 민병대 지도자들은 체포되었다. 그들은 추방되어 재판을 받고 빌라의 감옥에 수감되었다. 가짜 총과 가짜 군복은 존 프럼이 진짜 물건을 보낼 날을 준비하기 위해 연습용으로 사용된 것에 불과할 수 있다. 또한 이러한 행동은 '가짜 총과 군복이 마법 의식의 한 형태'라는 막연한 믿음에서 수행된, 백인 행동 모방하기의 또 다른 사례일 가능성이 높다.

그 이후로 그 운동은 그다지 활발하지 않았지만 끝난 게 아니었으므로, 밥의 집에서 굳이 멀리 걸어가지 않더라도 증거를 수집할 수 있었다. 수풀이 우거진 도로 옆, 해안가 곶, 사바나 지대에서 우리는 화물 숭배의 상징물들을 발견했다. 그것은 조잡한 나무 십자가로, 모두 빨간색으로 칠해져 있고 상당수는 붉은 말뚝으로 이루어진 정교한 울타리로 둘러싸여있었다. 어떤 십자가는 높이가 30센티미터 미만이고, 어떤 것은 사람만큼 컸다. 주홍색 문도 십자가만큼 많았다. 경첩이 달려있어서 원할 경우 열어서 통과할 수 있었지만, 외따로이 서있어서 아무 데와도 연결되지 않았다. 그 문들은 기념비적인 아치형 건축물 아래에 있는 영국 도시의 성문 —평소에는 닫혀있어서 둘레로 돌아서 통행하지만 성대한 의식이 거행될

---

3 하찮은 것에 대한 대가로 수여하는 가치 없는 메달. 퍼티란 유리를 창틀에 끼울 때 바르는 접합제를 말한다. - 옮긴이주

탄나에 남아있는 화물 숭배를 상징하는 문과 십자가

존 프럼의 무선통신 안테나

데이비드 애튼버러의 주 퀘스트

때 왕족과 그 수행원들만 통과할 수 있도록 열린다—을 생각나게 했다.

그의 교역소에서 1.6킬로미터 떨어진 언덕 꼭대기에서 밥은 우리에게 대나무로 된 높이 9미터의 안테나 기둥을 보여주었다. 그 꼭대기에는 십자가가 묶여있고, 그 바닥 주위에는 울타리가 세워져 있었다. 잼 항아리에 담긴 오렌지색 꽃 몇 송이가 그 발치에 놓여있었는데, 생생한 것으로 보아 꽃이 그곳에 놓인 지 얼마되지 않았으며 안테나가 여전히 숭배되고 있음을 알 수 있었다. 그것이 처음 세워졌을 때, 현지인들은 "존 프럼의 지시에 따라 무선통신 안테나를 세웠으니, 그가 이 안테나를 통해 사람들에게 말을 하고 백인들의 무선통신과 동일한 메시지를 보내줄 것이다"라고 말했다고 한다.

해안을 일주하고 섬 한복판을 가로지르는 미끄러운 흙길을 따라 운전할 때, 우리는 길을 어슬렁어슬렁 걸어가는 탄나인, 고구마나 카사바를 잔뜩 짊어진 여자들, 손에 덤불칼을 들고 코프라를 자르기 위해 농장을 오가는 남자들과 종종 마주쳤다. 그들은 의심스럽다는 듯이 웃음기 없는 표정으로 우리를 바라보았다. 우리는 여러 번 멈춰서서 그들 중 한 사람에게 인근의 십자가나 문의 의미에 대해 물었다. 그들의 대답은 항상 "Me no savvy"[4] 였다.

사람들이 우리의 존재에 더 익숙해지고 우리가 섬을 방문한 동기가 무엇인지 알 때까지, 우리의 질문에 대한 명확한 답을 얻을 가망은 거의 없었다. 그래서 밥은 자신의 교역소에서 일하는 사람들을 통해 '우리는 선교사도, 무역상도, 정부 관리도 아니며, 존 프럼에 대한 소문을 듣고 그에 대한 진실을 밝히고 싶어 찾아온 두 사람일 뿐이다'는 말을 퍼뜨렸다.

그로부터 며칠 후 우리는 '그 말이 충분히 널리 퍼졌을 테니 우리가 마

---

4 난 몰라요. - 옮긴이주

을을 방문하기 시작해도 좋을 것 같다'고 느꼈다. 각 정착촌 밖에는 나마칼namakal이라고 불리는 의례용 집회장이 있다. 그곳에는 거대한 벵골보리수banyan tree가 항상 그늘을 드리우고 있다. 잎이 무성한 거대한 가지, 거기에 매달려있는 갈색 털북숭이 기근aerial root, 얼기설기 엉켜 나무줄기를 둘러싼 기근 기둥들은 불길하고 음울한 분위기를 자아낸다. 마을 남자들은 하루 일과가 끝난 후 이곳에 모여 카바를 마신다.

카바는 후추의 일종인 카바Piper methysticum의 뿌리를 으깨서 만든다. 알코올성은 아니지만, 과량 또는 농축된 형태로 섭취하면 어지럽고 다리를 휘청거리게 만드는 성분을 함유하고 있다. 그것은 태평양 제도 동쪽에 있는 섬 대부분에서 음용되며, 모든 곳에서 어느 정도 신성한 특성을 지닌 것으로 여겨진다. 탄나에서는 극단적으로 진한 형태로 섭취되며, 대부분의 다른 태평양 지역에서는 오래전부터 사용하지 않는 원시적인 방법으로 조제된다. 즉, 여러 명의 젊은 남자들이 모여 앉아 뿌리를 씹어 섬유질 조각을 뱉어낸다. 그리고는 손바닥만 한 크기의 덩어리를 야자잎의 섬유질 포엽苞葉으로 만든 거름망에 넣은 다음 코코넛 껍질에 넣고 그 위에 물을 붓는다. 이렇게 만들어진 껄끄럽고 탁한 갈색의 불투명한 액체를 한 모금 마시게 되면, 그 사람은 이내 기분이 서글퍼지고 예민해진다. 남자들은 조용히 둘러앉아있을 뿐이다. 이 시간에 여자들이 나마칼에 오는 것은 엄격히 금지되어 있다. 이윽고 밤이 깊어지면 남자들은 하나둘씩 자신들의 오두막집으로 돌아간다.

카바를 마시는 것은 비위생적인 조제 방법과 많은 고대 이교도 의식과의 밀접한 관련성 때문에 선교회에서 금지되었다. 존 프럼의 추종자들은 카바의 맛과 여운을 즐긴 것은 물론, 카바를 마심으로써 선교회에 의도적으로 반항하며 관습으로 복귀했다. 우리는 여러 번 나마칼을 방문하여 가능한 한 눈에 띄지 않는 곳에 앉아 카바를 준비하고 마시는 과정을 지켜보았다. 우리는 점차 몇몇 남자들을 알게 되었고, 사소한 것들에 대해 그들과 피진어로 이야기했다. 세번째 방문에서 나는 처음으로 존 프럼이라는 주제를 꺼냈다. 나는 얼굴에 슬픈 기색을 띤 샘Sam이라는 노인과 이야기했는데, 그는 15년 전 선교사들에게 선택되어 교사 훈련을 받았으며 여러 해 동안 기독교 학교에서 가르쳤다. 따라서 그는 쉽게 이해할 수 있는 영어를 구사했다. 우리와 벵골보리수 아래에 앉아 담배를 피우며, 샘은 조용하고 나지막하게 존 프럼에 대해 이야기했다.

"19년 전 어느 날 밤, 주요 인사들 여럿이 회의를 하며 카바를 마시고 있을 때 존이 왔어요. 그는 많은 화물을 가져오겠다고 말했어요. 그리고 사람들은 행복해지고 원하는 모든 것을 얻어 멋진 삶을 살게 될 거라고 했어요."

"그가 어떻게 생겼던가요, 샘?"

"그는 키 큰 백인 남자였고, 신발을 신고 옷을 입었지만 영어를 할 줄 모르고 탄나 사람처럼 말했어요."

"그 사람을 봤나요?"

"나는 못 봤지만, 내 형제는 봤어요."

망설이면서도 천천히 그리고 품위 있게 샘은 존 프럼에 대해 더 많이 이야기했다.

"존은 사람들에게 학교를 떠나라며 이렇게 말했어요. '장로교는 아무 짝에도 소용이 없다. 선교사들은 하나님의 말씀에 더 많은 것을 추가했다.' 그는 사람들에게 돈을 버리고 백인들이 가져온 가축을 죽이라고 말했어요. 그는 때로는 미국에 살았고 때로는 탄나에 살았어요. 그러나 늘 같은 말을 반복했어요. '내 약속은 사실이다. 머지않아 백인들은 가고 많은 화물이 올 것이다. 모두가 매우 행복해질 것이다.'"

"샘, 그런데 왜 존은 안 오는 걸까요?"

"난 몰라요. 아마도 정부가 그를 막아서 그런 것 같아요. 그러나 언젠가 올 거예요. 그는 올 거라고 약속했어요."

"하지만 샘, 존이 화물이 올 거라고 말한 지 19년이 지났어요. 그는 약속하고 또 약속하지만 여전히 화물이 오지 않아요. 19년은 기다리기엔 너무 긴 시간이지 않나요?"

샘은 땅에서 눈을 들어 나를 바라보았다. "예수 그리스도가 올 때까지 2000년을 기다렸지만 안 왔어요. 그렇다면 나도 존을 19년보다 더 오랫동안 기다릴 수 있어요."

나는 샘과 여러 차례 이야기를 나눴지만, 존의 정확한 신원, 이동 방법, 지시를 내리는 방법을 물어볼 때마다 샘은 눈썹을 찌푸리며 "난 몰라요"라는 대답으로 일관했다. 내가 더욱 몰아붙이면, 그는 이렇게 말했다. "설퍼베이의 우두머리인 남바스Nambas가 알고 있어요."

이쯤 되면 샘 자신은 화물 숭배의 열렬한 추종자이지만, 주도하는 사람이 아니라 신봉자임이 분명했다. 그가 준수하는 명령과 지시는 설퍼베이에서 온 것이었으니 말이다. 밥 폴이 확인해 준 바에 따르면 설퍼베이는 실제로 운동의 주요 거점이었고, 남바스는 탄나 민병대의 주요 조직원 중 한 명으로, 그가 수행한 역할에 대한 처벌로 빌라에서 잠시 동안 투옥되었다. 분명히 우리는 그곳에 가야 했지만, 나는 너무 열심인 것처럼 보이지 않기를 바랐고, 우리가 방문하기 전에 우리의 활동에 대한 소식이 그곳에 퍼져있어야 한다는 생각이 들었다. 만약 우리가 예고도 없이 불쑥 도착한다면, 남바스의 즉각적인 반응은 '화물 숭배의 현재 상황에 대한 고급 정보'를 방어적으로 은폐하는 것일 수 있었다. 반면에, 우리가 별로 중요하지도 않은 화물 숭배자들에게 주의를 기울이고 있다는 사실을 안다면, 그는 타고난 허영심 때문에 우리의 관심을 끌려고 노력했을 것이다.

우리는 여러 날 동안 섬 일주를 계속했다. 선교사들을 만나러 가서는

데이비드 애튼버러의 주 퀘스트

탄나인들을 화물 숭배에서 벗어나게 하기 위해 어떤 노력을 기울이고 있는지 물었다. 그들의 답변은, 탄나인들이 무역의 전체적인 작동 방식을 상세히 알게 하기 위해 협동조합 운동을 시작했다는 것이었다. 협동조합 운동을 통해, 탄나인들은 '코프라가 어떻게 판매되고, 얼마나 많은 금전적 이익을 제공하는지'를 알 수 있고, '바다 건너 땅에서 어떤 화물을 주문할 것인지'를 스스로 결정할 수 있을 것 같았다. 선교사들은 화물 숭배 추종자들에게 이렇게 말했다. "보세요, 우리의 화물이 오잖아요. 그러나 존 프럼의 화물은 오지 않아요. 왜냐하면 그는 거짓말을 했거든요."

그 방안은 최근에야 실행에 옮겨졌으므로 얼마나 성공을 거둘 것인지는 아직 미지수였다.

또한, 나는 레나켈에서 멀지 않은 곳에서 소규모 선교활동을 하고 있는 가톨릭 신부와 이야기를 나눴다. 장로교와 비교하면 섬에 대한 그의 영향력은 무시할 수 있을 정도로 미미했다. 그의 집과 성당은 2년 전 태풍과 해일로 인해 완전히 파괴되었다. 하지만 그는 참을성 있게 그것을 재건하고 하던 일을 계속했다. 그러나 그의 가르침은 탄나인들로부터 거의 반응을 얻지 못했다. 그는 6년간의 노력 끝에 이제서야 처음으로 가톨릭 개종자들에게 세례를 주려고 했는데, 그가 보기에 충분히 준비된 사람은 겨우 5명이었다.

그의 견해에 따르면 화물 숭배 운동의 가장 심각한 측면은 교육이었다. "지난 19년 동안," 그는 말했다. "탄나인 어린아이들은 학교에 다니지 않았어요. 읽거나 계산할 수 없는데, 현대 세계의 작동 방식을 설명할 기회가 있겠어요? 운동이 오래 계속될수록 무지를 치료하기는 더욱 어려워질 거예요."

그는 나중에, 화물 숭배가 최근에는 야후웨이Yahuwey 화산—탄나 동쪽에 솟아있는, 작지만 지속적으로 활동하는 화산—의 신화에 결합된 것 같다고 우리에게 넌지시 말했다. 약 20킬로미터 떨어진 레나켈에서도 멀리서 천둥소리와 같은 폭발 소리가 들렸고, 특히 격렬한 날에는 밥의 집이 온통 고운 회색 화산재의 얇은 막으로 뒤덮였다. 제프와 나는 그곳을 방문하기 위해 레나켈에서 섬을 가로질러, 울창하고 축축한 수풀 사이로 난 진흙투성이 길을 따라 여행했다. 화산의 분출 소리는 점점 더 커져, 급기야 우리의 승용차 엔진 소음보다 더 크게 들렸다. 그러던 중 길을 따라 늘어선 나무고사리 뒤에서, 광산 폐기물 더미 같은 거대한 회색 언덕에 파묻힌 덤불이 보였다. 길은 구불구불했고, 우리는 갑자기 화산재로 뒤덮인 텅 빈 사막에 서있는 자신을 발견했다. 몇 그루의 '버팀뿌리를 두른 판다누스나무'가 자리를 잡으려고 몸부림치는 가장자리를 제외하고, 이 너른 평원은 완전히 척박하여 어떤 생명체도 존재하지 않았다. 우리의 바로 앞에서, 평원의 일부가 얕고 푸른 호수로 뒤덮여있었다. 호수 너머로 1.6킬로미터 떨어진 곳에 화산체의 둥근 봉우리가 300미터 높이로 솟아있었다. 너무 작달막하여 우아함과는 거리가 멀고, 그다지 높지 않아 시각적으로 인상적이지는 않았지만, 그 위협적인 힘에는 의심의 여지가 없었다. 그 위에는 칙칙한 황갈색 버섯구름이 걸려있었고, 분화구 깊숙한 곳에서 나오는 희미한 폭발 소리가 몇 분마다 평원에 메아리쳤다.

존 프럼의 추종자들이 이곳을 특별한 의미가 있는 장소로 여겼음을 나타내는 많은 징후가 있었다. 평원 가장자리에 있는 판다누스 사이에는 정교하고 견고하게 만들어진 여러 개의 문과 십자가가 있었는데, 모두 주홍색으로 칠해져 있었다. 평원에도 화산재에 몇 미터 간격으로 꽂힌 막대기들이 오래된 용암류의 작은 언덕 중 하나에 세워진 문까지 800미터에 걸쳐 구불구불한 선을 그리며 뻗어있는 것을 발견했다. 그리고 화산 꼭대기에 또 다른 십자가가 있는 것을 어렴풋이 볼 수 있었다.

화산의 가파른 측면을 터벅터벅 걸어 올라가며, 분화구에서 뿜어져 나

용암 지대를 가로지르는 막대기들과 문

온 한 무더기의 용암바위를 헤치고 나아가는 데 30분이 걸렸다. 어떤 것들은 응고된 검은 토피 사탕toffee의 유리 같은 질감을 가지고 있었다. 다른 것들은 건포도 반죽 덩어리와 비슷하게 생겼고, 흰색 장석felspar 결정으로 거칠거칠했다. 이 화성암 더미에서 자라는 식물은 오직 하나였는데, 그건 바로 가느다란 줄기에 섬세한 분홍색 꽃이 줄지어 달려있는 꽃대가 솟은 난초였다. 우리는 비교적 잠잠할 때에 분화구의 가장자리에 도달했고, 나는 화산의 분화구를 내려다보았다. 그 옆면은 굴뚝의 그을음 같은 재가 들러붙어 굳어있었고, 분화구는 매캐한 흰 연기 구름으로 가득 차있었기 때문에 깊은 곳을 들여다볼 수가 없었다. 갑자기 무시무시한 규모의 강력한 폭발이 일어났고, 한 무리의 검은 바위들이 연기를 뚫고 우리 위의 상공으로 높이 치솟았다.

분화구를 촬영하는 제프 멀리건

　다행히 바위가 수직으로 분출된 후 분화구로 직접 떨어졌으므로, 우리를 강타할 위험은 거의 없었다. 화산 소리의 레퍼토리는 매우 다양했다. 때로는 고압가스가 새는 것처럼 메아리치는 한숨 소리가 났고, 때로는 분화구 주변에 울려 퍼지는 무시무시한 폭발음이 났다. 그중에서 가장 무서운 것은 때때로 거대한 제트엔진 소리 같은 길고 지속적인 으르렁거리는 소리와 함께 분출되어 고막이 찢어지는 것처럼 느껴질 때까지 몇 분 동안 계속되는 굉음이었다.

　15분 후 풍향이 바뀌고 연기가 소용돌이치며 분화구 전체가 맑아졌다. 우리 아래 180미터 지점에서, 적어도 7개의 화도火道가 시뻘겋게 타오르는 것을 볼 수 있었다. 그것들은 단순한 구멍이 아니라 뒤섞인 용암바위들 사이의 불규칙한 틈새였다. 그중 하나가 분출할 때―이것은 다른 화

　　　　　　　　데이비드 애튼버러의 주 퀘스트

도들과 완전히 독립적이었다―주홍빛 마그마를 허공으로 쏘아 올렸는데, 그중 일부는 소형 승용차 크기만 했다. 그것들은 공중에서 뒤틀리고 스패너 모양의 덩어리로 길어졌다가 나뉘고, 마침내 정점에 도달한 후 철퍽 소리를 내며 화도 주변에 떨어졌다.

분화구 가장자리의 가장 높은 지점에서 우리는 십자가 하나를 찾아냈다. 높이는 2미터가 조금 넘었고, 한때는 빨간색이었지만 화산 연기로 인해 페인트는 부식되어 흔적만 남아있었다. 튼튼하고 무거운 목재가 사용되었으므로, 화산의 가파른 면으로 들어올리는 작업이 매우 고된 일이었음에 틀림없었다. 화물 숭배의 지도자들이 이곳에 자신들의 상징물을 세우는 것을 그토록 중요하게 여긴 이유가 뭐였을까? 우리가 마침내 설퍼베이에서 남바스를 만날 수 있다면, 그를 설득하여 대답을 받아내고 싶은

분화구 가장자리의 십자가

질문은 바로 이것이었다.

그러나 존 프럼의 기념물 중에서 가장 인상적인 것은 십자가가 아니라, 레나켈로 차를 몰고 돌아오는 길에 지나친 작은 마을에서 본 3개의 조잡한 목공예품일 것이다. 그것들은 울타리로 둘러싸인 초가지붕 아래에 세워져 있었다. 왼쪽에는 사각형 우리로 보이는 것이 놓여있고, 그 속에는 어깨에서 날개가 돋아난 이상한 생쥐 모양의 동물이 쪼그리고 앉아있었다. 오른쪽에는 4개의 프로펠러, 초대형 바퀴, 날개와 꼬리에 하얀 성조기 별이 그려진 비행기 모형이 놓여있었다. 이것은 화물을 섬으로 운반해 올 비행기를 나타낸 게 분명했다. 한가운데에는 색칠되지 않은 검은색 십자가 뒤에 조각상 하나가 서 있었는데, 존 프럼의 조각상이 확실했다. 그는 진홍색 코트와 바지에 흰 허리띠를 착용하고 있었다. 얼굴과 손은 하얗고, 팔을 양옆으로 쭉 뻗고 오른쪽 발은 뒤로 들고 서서 기독교 십자가를 흉내 내고 있었다. 그 모습은 측은할 정도로 유치할 뿐만 아니라 매우 불길해 보였다.

마침내 우리는 남바스를 찾아갈 때가 무르익었다고 느꼈다. 우리는 레나켈에서 차를 몰고 야후웨이 주변의 잿더미 평원으로 간 후, 그곳을 가로질러 풀이 무성한 길을 따라 내려갔다. 설퍼베이 마을의 오두막집들은 넓고 탁 트인 광장 주변에 모여있었고, 광장 한복판에는 2개의 높은 대나무 기둥이 세워져 있었다. 이곳은 한때 남바스가 이끄는 탄나 민병대가 행진하고 훈련했던 곳이었다. 우리는 광장의 한 쪽을 천천히 지나 거대한 벵골보리수 아래에 주차했다. 차에서 내리자 마을 사람들이 우리 주위에 모여들었다. 대부분은 진홍색 러닝셔츠나 셔츠를 입고 있었다. 한 노인은 낡아빠진 철모를 자랑스럽게 비스듬한 각도로 쓰고 있었는데, 그것은 의심할 여지없이 미국이 산토를 점령했었음을 증명하는 매우 귀중한 유물이었다. 우호적이거나 환영하는 분위기는 아니었지만, 그렇다고 해서 노

데이비드 애튼버러의 주 퀘스트

화물 숭배 사당

골적으로 적대적인 분위기도 아니었다. 희끗희끗한 머리, 매부리코, 움푹한 눈을 가진 키 큰 노인이 군중 속에서 나와 우리 쪽으로 걸어왔다.

"Me Nambas."[5] 그가 말했다.

나는 제프와 나를 소개한 후, 존 프럼에 대한 이야기를 듣고 '그가 누구이고, 어떤 메시지를 전파했는지' 알아보기 위해 바다를 건너왔다고 설명했다. 남바스가 존에 대해 말해 줄 수 있을까? 나는 조마조마해서 견딜 수 없었다. 남바스는 나를 유심히 바라보며 검은 눈을 가늘게 떴다.

"Orright," 그가 마침내 말했다. "We talk."[6]

그는 나를 벵골보리수 아래로 인도했다. 승용차 옆에 서있던 제프는 눈

---

5 내가 남바스예요. - 옮긴이주
6 좋아요, 우리 함께 이야기해요. - 옮긴이주

에 거슬리지 않게 카메라를 설치했다. 나는 자리에 앉아 녹음기를 옆에 두고 마이크를 땅바닥에 내려놓았다. 나머지 마을 사람들은 자신들의 지도자가 무슨 말을 하는지 듣고 싶어 우리 주위에 모여들었다. 남바스는 거만한 얼굴로 주변을 둘러보았다. 지지자들에게 자신의 지위와 권위를 확고히 하려면 방송 인터뷰를 잘해야 한다고 느낀 게 분명했다.

"Me savvy you will come." 그는 큰 소리로 말했다. "John Frum 'e speak me two weeks ago. 'E say two white men 'e come to ask all thing about red cross and John."[7]

그는 의기양양하게 주위를 둘러보았다. 그가 우리의 방문 계획을 알도록 특별히 애를 썼기 때문에 나는 별로 놀라지 않았지만, 듣고 있는 그의 추종자들은 큰 감명을 받은 기색이 역력했다.

"존이 당신에게 말할 때, 당신은 그를 직접 보나요?" 내가 물었다.

"No," 남바스는 고개를 가로저은 다음, 조심스럽고 또렷하게 말을 덧붙였다. "E speak me 'long radio. Me got special radio belong John."[8] 나는 가톨릭 선교사에게서 이 무선통신기에 대한 이야기를 들은 적이 있었다. 그의 개종자 중 한 사람에 따르면, "지정된 저녁 시간에 허리에 전선을 두른 노파가 남바스의 오두막집에 있는 가리개 뒤에서 스스로 신들린 상태에 빠져서 알아들을 수 없는 말을 하기 시작하면 남바스가 이를 해석하여 어두운 방에서 듣고 있던 자신의 추종자들에게 존 프럼의 메시지라고 전달한다"고 했다.

"그는 얼마나 자주 무선통신기를 통해 당신에게 이야기하나요?"

"Every night, every day, 'long morning time, 'long night time. 'E speak

---

7 당신들이 올 줄 알고 있었어요. 2주 전 존 프럼이 내게 말해줬어요. 두 명의 백인이 와서 빨간 십자가와 존에 대해 모든 것을 물어볼 거라고. - 옮긴이주

8 아니에요, 그는 무선통신기에서 말해요. 나는 존의 특별한 무선통신기를 갖고 있어요. - 옮긴이주

데이비드 애튼버러의 주 퀘스트

남바스

me plenty."[9]

"이 무선통신기는 백인들의 것과 똑같은 거죠?"

"E no like white man's radio," 남바스는 모호하게 말했다. "E no got wire. 'E radio belong John. John 'e give me because I stop long time in calaboose at Vila for John. 'E give me radio for present."[10]

"이 무선통신기를 봐도 되나요?"

잠시 침묵이 흘렀다.

"No." 남바스가 얄밉게 말했다.

---

9 매일 밤, 매일 낮, 이른 시간, 늦은 시간. 그는 나에게 많이 말해요. - 옮긴이주

10 이건 백인들의 것과 달라요. 이건 전선이 없어요. 이 무선통신기는 존의 거예요. 존이 내게 이것을 준 이유는, 내가 존을 위해 빌라의 감옥에 오랫동안 수감됐기 때문이에요. 그는 나에게 무선통신기를 선물로 줬어요. - 옮긴이주

"왜 안 돼요?"

"Because John 'e say that no white man look 'im."[11]

그를 너무 몰아세웠다는 생각이 들어 나는 화제를 바꿨다.

"존 프럼을 본 적이 있나요?"

남바스는 고개를 힘차게 끄덕였다. "Me see him plenty time."[12]

"그는 어떻게 생겼나요?"

남바스가 손가락으로 나를 찔렀다. "'E look like you. 'E got white face. 'E tall man. 'E live 'long South America."[13]

"그와 이야기해 본 적이 있나요?"

"'E speak to me many time. 'E speak to plenty men – more than a hundred."[14]

"그가 뭐라고 말하던가요?"

"'E speak, by an' by the world turn. Everything will be different. 'E come from South America and bring plenty cargo. An' every man 'e get every thing 'e want."[15]

"백인도 존에게서 화물을 받을까요?"

"No," 남바스가 단호하게 말했다. "Cargo come to native boy. John say 'e cannot give white man cargo because white man 'e got it already."[16]

---

11 존의 말에 의하면, 백인들은 그를 볼 수 없기 때문이에요. - 옮긴이주

12 나는 그를 오랫동안 봤어요. - 옮긴이주

13 그는 당신처럼 생겼어요. 그는 얼굴이 하얗고 키가 큰 남자예요. 그는 남아메리카에 살고 있어요. - 옮긴이주

14 그는 나에게 여러 번 말했어요. 그는 많은 사람들에게 말해요. 100명이 넘어요. - 옮긴이주

15 그는 머지않아 세상이 바뀔 거라고 말해요. 모든 것이 달라질 거래요. 그는 남아메리카에서 많은 화물을 갖고 올 거예요. 그리고 모든 사람들은 자기가 원하는 것을 모두 얻게 될 거예요. - 옮긴이주

16 화물은 원주민만 받아요. 존은 백인들에게 화물을 줄 수 없다고 말했어요. 왜냐하면 그들은 이미 그것을 갖고 있기 때문이에요. - 옮긴이주

데이비드 애튼버러의 주 퀘스트

"존은 언제 오겠다고 말하나요?"

"E no say *when*; but 'e come."[17] 남바스가 조용하고 자신있게 대답했다. 청중은 짜증내는 투로 동의했다.

"남바스, 왜 빨간 십자가를 세워요?"

"John 'e say, you makim plenty cross. 'Im 'e mark for John."[18]

"화산 꼭대기에 십자가를 세운 이유가 뭐죠?"

남바스는 맹렬하게 타오르는 눈빛으로 내 쪽으로 몸을 기울였다.

"Because *man* stop inside volcano. Many man belong John Frum. Red man, brown man, white man; man belong Tanna, man belong South America, all stop 'long volcano. When time come, man come from volcano an' bring cargo."[19]

"나는 화산에 가 봤어요." 내가 말했다. "그런데 사람이 한 명도 보이지 않았어요."

"You no see 'im." 남바스가 경멸하듯이 대꾸했다. "Your eye dark. You no see *anything* inside volcano. But man 'e stop. Me see 'im plenty time."[20]

남바스는 자신의 말을 믿었을까? 그는 예지력을 가진 신비주의자였을까? 아니면 '특별한 능력을 갖고 있어서 추종자들에게 영향을 미치고 그들을 자기 마음대로 조종할 수 있다'고 주장한 사기꾼이었을까? 나는 자신있게 말할 수 없었다. 만약 그가 미쳤다면, 그는 자신의 광기로 섬 전체를 감염시켰을 것이다. 분명히 말할 수 있는 것은, 남바스에게서 '화제

---

17 **언제**라고 말하지는 않지만, 그는 올 거예요. - 옮긴이주

18 존은 많은 십자가를 세우라고 말해요. 십자가는 존을 상징하는 표시거든요. - 옮긴이주

19 왜냐하면 화산 속에 **사람**이 있기 때문이에요. 많은 사람들이 존 프럼에 속해요. 붉은 사람이든 갈색 사람이든 하얀 사람이든, 그리고 탄나 사람이든 남아메리카 사람이든 모두 화산 속에 있어요. 때가 되면 사람들이 화산에서 나와 화물을 갖다줄 거예요. - 옮긴이주

20 당신은 눈이 어두워요. 그래서 화산 속에서 **아무것도** 볼 수 없어요. 하지만 그 속에는 사람이 있어요. 나는 그들을 여러 번 봤어요. - 옮긴이주

를 몰고 다니는 존 프럼이라는 인물이 실존인물인지' 여부를 확인하는 것이 불가능하다는 것이었다. 아니, 나는 이제 그게 중요하지 않다는 것을 깨달았다. 남바스는 화물 숭배 운동의 대제사장이었을 뿐, 역사적 사실과 물질 세계는 그의 사상이나 선언과 거의 관련이 없었다.

나는 뉴기니의 루터교 선교사에게 들었던 열광적 종교집단에 대한 설명을 기억해냈다. 그의 설명은 '유럽인이 됐든 멜라네시아인이 됐든 자신의 믿음을 그렇게 논리적으로 생각하지는 않는다'는 것이었다. 명백하게 단순화되었음에도 불구하고 그의 설명은 탄나에서 관찰할 수 있는 사실과 거의 일치했다. 한 부족이 2~3세대 내에 '석기시대 문화'에서 '세상에 알려진 가장 진보된 물질문명'으로 전환하기를 기대하는 것은 무리이며, 그 과정에서 도덕적 방향감각 상실과 정신적 혼란이라는 위험을 감수해야 한다.

우리가 설퍼베이를 방문한 날은 금요일이었는데, 남바스는 우리에게 "존 프럼이 매주 금요일을 자신을 기리기 위해 춤판을 벌이는 날로 정했다"라고 말했다. 저녁이 되자 기타, 만돌린, 깡통으로 만든 북을 든 악단이 벵골보리수 아래 공터를 가로질러 천천히 이동하며 연주했다. 긴 풀잎 치마grass skirt[21]를 입은 한 무리의 여자들이 그들을 둘러싸고 격렬하게 노래하기 시작했다.

그들의 노래는 오래된 전통 전례 음악이 아니라 단순하고 반복적인 노래로, 손님을 끌어들이기 위해 가게의 작은 축음기에서 쉴 새 없이 흘러나오는 미국 대중가요에서 파생된 게 분명했다. 사람들은 자리에서 일어났고, 곧 공터는 온통 기계적이고 과장스럽게 위아래로 흔들어 대는 마을 사람들로 가득 찼다. 그 중 한두 명이 벵골보리수 줄기에서 찬란한 인광燐光

---

21 태평양 제도의 섬에서 무용수가 입는, 긴 풀잎으로 만든 치마. - 옮긴이주

데이비드 애튼버러의 주 퀘스트

을 내뿜는 작은 버섯 모양의 균류를 채취하여 장면의 기이함을 더했다. 그들이 작은 버섯들을 이마와 뺨에 붙이자 얼굴이 섬뜩한 녹색 빛으로 빛났다. 춤은 단조롭게 계속되었고 노래는 거듭 반복되었으며 사람들은 약에 취한 듯이 계속되는 리듬에 맞춰 춤을 췄다. 얼마 지나지 않아 누군가가 가져온 알코올 음료를 내놓을 것이고, 이 사람들은 자신들이 물질주의의 신에게 영광을 돌리고 있다고 믿고 밤새도록 흥청거릴 터였다.

8. 피지 외곽의 섬들

우 리는 뉴헤브리디스 제도에서 동쪽으로 날아가 피지Fiji에 도착했
다. 수도 수바Suva에서 우리는 처음에는 공보국과, 그 다음에는 방
송국과 두 번의 즉석 제휴관계를 맺었다. 그곳에 근무하는 관계자들은 우
리에게 다음과 같이 적절한 조언을 제공했다. "피지어를 하지 못하는 영
국인 둘만으로는 피지의 외딴 곳에서 찾고자 하는 것을 발견하기가 매우
어려울 뿐만 아니라, 복잡하고 수많은 피지 예법을 알지 못해 지키지 못
할 수 있어요. 그럴 경우 자칫하면 재앙에 직면할 수 있어요." 그들은 안
내인 제공이라는 분명한 해결책을 제시하고 실행에 옮겼다. 방송국에서
는 순회 기자 중 한 명인 키 크고 잘생긴 피지인 마누 투포우Manu Tupou를
추천했다. 비록 20대 초반이지만, 그는 피지인의 전통에 대한 해박한 지
식을 지니고 있었다. 게다가 귀족 혈통이어서 영향력 있는 여러 추장들과
의 관계가 돈독했기 때문에 우리에게는 이상적인 안내자였다. 그리고 방
송국의 입장에서 보더라도 그를 안내자로 파견하는 것이 완전한 자원 낭
비는 아니었다. 우리와 함께 있는 동안, 그가 관여하는 피지어 라디오 프
로그램에 사용할 자료를 녹음할 수 있었기 때문이다. 한편 공보국에서는
젊은 피지인 시티베니 양고나Sitiveni Yanggona를 보냈는데, 그 역시 귀족 혈통

데이비드 애튼버러의 주 퀘스트

으로 우리가 방문하기를 희망하는 섬에 친척이 있어서 매우 유용한 대리인이 될 수 있었다. 나중에 알게 된 사실이지만, 시티베니—스티븐Stephen의 피지식 이름—는 뛰어난 기타리스트였는데, 피지의 음악인들 사이에서는 귀족인 것만큼이나 훌륭한 사절로서의 자질로 여겨졌다.

───

그런데 어디로 가야 할까? 수바에서 동쪽으로 약 320킬로미터 떨어진 곳, 즉 수바와 통가Tonga 제도 사이의 거의 중간 지점에서 산맥이 해저로부터 솟아오른다. 이 산맥의 봉우리는 태평양의 푸른 물 위로 돌출하여 산호초를 두르고 야자나무로 덮인 섬들을 형성하는데, 그게 바로 라우Lau 제도다.

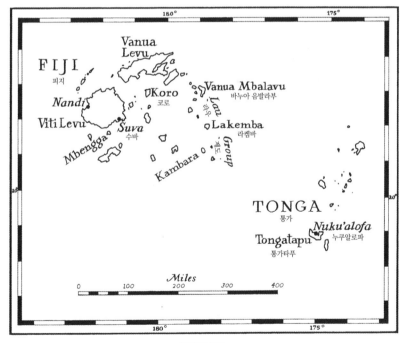

피지와 통가

마누와 시티베니는 황홀한 용어로 그곳을 우리에게 설명했다. 그들에 의하면, 그곳에서는 히비스커스와 프랜지파니가 다른 어느 곳에서도 볼 수 없는 꽃을 피우고 야자나무는 태평양에서 가장 달콤하고 커다란 코코 넛을 생산했다. 그 군도는 지금껏 피지 최고의 장인들의 고향이었으며, 카누 제작과 카바 그릇 만들기의 오래된 기술이 여전히 남아있는 곳은 그곳밖에 없었다. 그리고 물론, 그들은 '라우의 소녀들이 피지 전체에서 가장 아름답다'는 게 보편적으로 인정된 사실이라고 덧붙였다.

알고 보니 마누와 시티베니는 모두 라우 출신이었다. 그래서 '그들이 약간의 편견을 갖고 있는 것은 아닐까?'라는 노파심에서 그들의 주장을 확인하려고 했지만, 라우에 가본 적이 있는 수바 사람 중에서 라우인이 아닌 사람은 극소수였다. 왕래가 어려웠고, 정기적으로 운항하는 유일한 배는 코프라를 수집하러 가는 작고 매우 불편한 무역선뿐이었다. 그럼에도 불구하고, 마누와 시티베니의 추천에 근거가 전혀 없는 것은 아닌 것 같았다. 그 군도에 대해 들어본 사람이라면 누구나 '20세기의 영향을 가장 덜 받았고 피지의 옛 풍습이 가장 오래 이어지고 있는 곳은 라우'라고 장담했기 때문이다.

라우의 귀족으로 태어난 시티베니의 아버지로부터 군도의 북쪽에 있는 바누아 음발라부Vanua Mbalavu섬에서 기묘한 의식—한 내륙호의 수면에 떠오른 신성한 물고기를 낚는 의식—이 곧 거행될 거라는 소식을 듣고, 우리는 마침내 마음을 굳혔다. 운 좋게도 정부 소유의 모터보트 1척이 앞으로 며칠 내에 측량사를 싣고 수바를 떠나 바누아 음발라부로 갈 예정이었다. 측량사는 섬 북부에 큰 코코넛 농장을 소유한 뉴질랜드인을 위해 활주로 건설의 가능성을 평가할 예정이었다. 물고기잡이 의식을 보려면 섬 남쪽에 있는 로말로마Lomaloma 마을에 머물러야 했지만, 모터보트 덕분에 그곳에 쉽게 갈 수 있었고 다행히도 우리 4명이 타기에 충분한 여유 공간

데이비드 애튼버러의 주 퀘스트

이 있었다.

항해에는 시간이 조금 걸렸다. 어둠 속에서 암초투성이 바다를 항해하는 위험을 감수하고 싶지 않다는 이유로, 모터보트의 승무원이 매일 밤 어딘가에 있는 섬의 안전지대에 정박했기 때문이다. 그래서 우리는 4일째 되는 날 저녁에 로말로마에 입성했다. 해가 지기 전에 북쪽으로 20킬로미터쯤 떨어진 뉴질랜드인의 농장에 도착해야 했기 때문에, 배는 서둘러 해변에 접근했다. 우리의 짐은 선창 밖으로 내팽개쳐져 아무렇게나 해변에 놓였고, 모터보트는 맹렬히 후진한 후 굉음을 내며 사라졌다.

그러나 우리는 혼자가 아니었다. 수십 명의 남자, 여자, 어린아이들이 배를 맞이하기 위해 해변으로 내려왔고, 그중에는 우리가 짐을 마을까지 운반하는 것을 거들어 줄 사람들이 많았기 때문이다. 우리와 나란히 걸은 남자들 대부분은 바지가 아니라 술루^sulu—치마처럼 간단하게 허리에 두르는 천—를 입고 있었는데, 어떤 것은 빨간색이었고 어떤 것은 파란색이었으며 모두 밝은 색이었다. 소녀들 또한 화사한 면 드레스를 차려입었고, 그중 상당수는 머리에 꽃—진홍색 히비스커스나 우아한 상아빛 프랜지파니 꽃—을 꽂고 있었다. 수바에 사는 피지인 대부분이 곱슬머리인 반면 여기에는 그럴듯한 웨이브가 있는 머리카락을 가진 사람들이 여럿 있었는데, 이것은 동쪽에 자리잡은 통가에 사는 폴리네시아인의 영향을 암시했다.

━━━

로말로마는 아름답고 매우 잘 관리된 정착지였다. 단정한 초가집—음부레^mbure—의 대부분은 화단으로 둘러싸여있었고, 초가집 사이에는 깔끔하게 깎인 잔디가 펼쳐져 있었다. 학교 하나와 현지인 소유의 상점 둘, 흰색 페인트칠 된 감리교 교회 하나 그리고 마을 사람이 운용하는 소형 무선송신기 하나가 있었다. 그곳은 언제나 중요한 지역이었다. 19세기 중반, 라우 제도의 북쪽은 태평양의 가장 위대한 전사 중 하나인 통가의 족장 마푸Ma'afu에 의해 정복되었다. 그는 로말로마에 본부를 두고 커다란 통가 공동체를 확립했다. 그리고 지금까지도 마을의 한 구역은 당당하게 독립적인 통가 지역으로 남아있다. 나중에 피지가 영국 왕실령British crown[1]에 이양된 후 로말로마는 라우 전체를 통치하는 지역 감독관의 거주지가 되었으며, 외부에 함포가 설치된 당시의 관공서 건물이 아직도 남아있다. 이후 행정 중심지는 군도의 중앙에 있는 남쪽의 라켐바Lakemba섬으로 옮겨졌다. 그럼에도 불구하고 로말로마는 여전히 위엄있는 분위기와 중요성을 유지하고 있어서 엉망이고 어수선한 다른 섬의 피지인 마을들과 구별되었다. 그곳은 여전히 음불리mbuli—정부에 의해 임명되어 섬 전체의 행정을 책임지는 추장—의 거주지였다.

우리를 맞이한 것은 음불리였고 그는 우리가 머무는 동안 주인장 노릇을 했다. 그는 건장한 체격의 가무잡잡한 남자로, 지역사회의 다른 사람들로부터 깊은 존경을 받았다. 또한 거의 웃지 않았고, 예의상 웃음을 보이는 때에도 애쓰는 표정이 드러나 보였으며 대개는 놀랄 만큼 빨리 그의 얼굴에서 사라졌다. 그리고 '힘이 장사'라는 소문이 자자했는데, 한 젊은 이는 그가 권위를 행사하고 규율을 유지한 사례로 '밀주'—타피오카, 파인애플, 설탕, 효모로 비밀리에 빚어내는, 알코올 도수가 높은 불법 음료—를 제조하는 일당을 적발한 사건을 이야기했다. 그는 당사자들을 하나씩 잡아내어 때려눕혔는데, 다 큰 어른들이라도 감히 저항하지 못했다.

그는 자신의 집에서 가까운 마을 한복판에 있는 크고 아름다운 음부레를 우리에게 배정했다. 그 집의 바닥은 여러 겹의 판다누스 매트가 깔려

---

1 영국 군주 소유의 영토로서 영국에 속하지는 않지만, 국방과 외교의 관할권은 영국에 있다. – 옮긴이주

데이비드 애튼버러의 주 퀘스트

있어 발밑이 쾌적하고 푹신푹신했다. 꼰밧줄로 깔끔하게 묶인 서까래와 대들보 그리고 근사한 지붕은 직경이 60센티미터에 달하는 4개의 독립된 나무기둥이 떠받치고 있었다. 이 멋진 건물은 평소에 지역사회의 모임 장소로 사용되었지만 지금은 침대 몇 개가 놓여있었고, 음불리는 우리에게 집처럼 여기라고 말했다.

우리는 음불리의 손님이었지만, 우리를 돌보는 일은 그 집 여자들의 몫이었다. 다행히도 그 집에는 여자가 많았다. 그의 아내는 뚱뚱하고 유쾌했고, 대부분의 요리를 도맡아 하는 사촌 홀라^{Hola}는 튀어나온 이빨을 가진 날씬한 여자로 터져나오는 웃음을 멈추지 않았으며, 그 외에도 두 딸 메레^{Mere}(Mary)와 오파^{Ofa}가 있었다.

메레는 19살로 마을에서 손꼽히는 미녀였다. 그녀는 머리카락을 항상 조심스럽게 빗질하여, 애석하게도 지금은 많은 피지인들에게 외면받는, 크고 둥근 모양으로 만들었다. 그리고 매우 수줍어 보였고, 남자들이 있을 때는 땅에서 거의 눈을 떼지 않았다. 그러나 이따금 누군가가 농담을 하거나 짓궂은 말을 하면, 그녀는 고개를 들어 조그만 치아를 드러내며 환한 미소를 지어 모든 남자들의 마음을 사로잡곤 했다. 2살 어린 오파는 메레와 매우 비슷하게 생겼지만 언니와 달리 침착성이 부족하고 표정은 종종 어린아이다운 불안한 기색을 드러냈다.

홀라는 음불리의 집 옆에 있는 전용 오두막에서 음식을 요리했고, 메레와 오파가 음식을 가져와 깨끗한 흰색 천으로 덮인 30센티미터 높이의 테이블에 차려냈다. 우리가 바닥에 다리를 꼬고 앉아 식사를 하는 동안, 두 소녀는 테이블 양쪽 끝에 남아 음식에 달라붙으려 하는 파리를 부채로 쫓았다. 홀라가 우리를 위해 준비한 음식—코코넛 즙 속에 든 날생선, 삶은 닭고기와 참마, 나무 꼬치에 꿰어 구운 생선, 타피오카, 고구마, 바나나, 파인애플, 과즙이 풍부한 잘 익은 망고—은 맛이 일품이었다.

우리의 바로 옆 이웃은 선천적 언어장애가 있는 뚱뚱하고 쾌활한 사람으로, 마을에서 벙어리 윌리엄Dumb William이라는 애칭으로 불렸다. 그러나 그는 벙어리가 아니었다. 비록 정확하게 발음할 수는 없지만 다양하고 표현력이 매우 풍부한 소리를 냈고, 빙빙 돌리고 찌르고 휘두르는 몸짓과 빈번한 눈알 돌리기를 이용하여 '정교하고 완벽하게 이해할 수 있는 대화'를 계속했기 때문이다. 사실 몇 마디의 피지어밖에 알아들을 수 없던 우리에게, 그는 모든 마을 주민들 중에서 가장 이해하기 쉬운 사람 중 한 명이었다. 그는 거의 매일 저녁 우리의 음부레를 방문하여 이웃에 대한 정말 너무나도 웃고 재미있는 라블레풍Rabelaisian 이야기[2]로 우리를 즐겁게 했다.

윌리엄이 가장 자랑하는 소유물은 배터리 라디오였는데, 장애로 인해 부분적으로 귀머거리가 된 이후 그는 라디오를 매우 큰 소리로 틀었다. 그러나 수바 라디오 프로그램을 많이 듣지는 않았다. 바누아 음발라부 동쪽 해안의 마을들은 한때 수바에서 사용됐던 케케묵은 전화기로 연결되어 있었는데, 이 구식 전화기는 라우의 추장에게 판매되어 군도의 여러 섬에 설치되었다. 회선이 하나밖에 없어서 한 전화기의 옆에 있는 손잡이를 돌리면 섬에 있는 다른 모든 전화기가 울렸기 때문에, 수신인이 누구인지 나타내기 위해 울림소리에 일종의 모스 부호가 사용되었다. 로말로마의 전화기는 음불리의 집에 설치되어 있었는데, 하루 종일 전화벨 소리가 울렸지만 당최 해독할 수가 없었다. 사정이 이러하다 보니, 그 전화가 로말로마에 온 것인지 아닌지에 대해 아무도 많은 관심을 기울이거나 신경쓰지 않는 것 같았다.

---

2 조야鄙野스럽고 외설적이고 우스꽝스럽고 익살맞은 상태나 성질을 의미하는 말로, 프랑스 근대문학의 창시자이며 르네상스 선구자로 꼽히는 프랑수아 라블레François Rabelais의 문학에서 유래한다. - 옮긴이주

데이비드 애튼버러의 주 퀘스트

그러나 윌리엄은 예외여서, 이 모든 시스템이 그에게는 끝없는 즐거움의 원천이 되었다. 왜냐하면 전화선을 도청하여 자신의 라디오 스피커에 연결함으로써 소리를 엄청나게 증폭하여 모든 섬 사람들 사이의 대화를 엿들을 수 있다는 사실을 발견했기 때문이다. 그는 골똘한 표정으로 스피커 옆에 앉아 몇 시간을 보냈고 그로 인해 마을에서 벌어지는 소문과 추문의 주요 출처가 되었다. 그가 우리의 음부레에서 너무나 많은 저녁 시간을 보냈고, 우리가 그의 사적인 웅얼거림과 몸짓을 여느 사람들처럼 이해할 수 있었기 때문에, 우리는 이내 거의 모든 마을 사람들의 사생활에 정통하게 되었다. 그 결과 우리는 이웃, 지인들과 우스꽝스러운 농담을 나눌 수 있었을 뿐만 아니라, 심지어 우리 스스로 몇 가지 농담을 즉흥적으로 지어낼 수도 있었다. 며칠 지나지 않아 우리는 더 이상 완전한 이방인이 아니라 지역사회에 꽤 친밀하게 받아들여졌다고 느끼기 시작했다.

처음에 우리를 바누아 음발라부로 이끌었던 의식인 마소모 호수Lake Masomo의 물고기잡이 의식은 우리가 도착한 지 3일 후에 열릴 예정이었다. 윌리엄이 계속 끼어들며 생생하게 이야기를 덧붙이는 가운데 마누는 그 기원에 관한 전설을 들려주었다.

"옛날 옛적에 이 섬에 살던 한 남자가 농장에서 일하던 중, 통가에서 온 두 명의 젊은 여신이 머리 위로 날아가는 것을 보았어요. 그녀들은 피지 남자와 결혼한 친척을 만나러 가는 길이었는데, 선물로 주려고 커다란 야생 토란 잎사귀에 물과 함께 깔끔하게 포장된 물고기 몇 마리를 가져가고 있었어요. 그 남자는 그녀들을 올려다보며 '목이 말라서 그러는데 물 좀 나눠줄 수 있냐'고 소리쳤어요. 그녀들은 그를 무시하고 계속 날아갔어요. 이에 몹시 화가 난 그는 은가이ngai나무에서 가지를 잘라 그녀들에게 던졌어요. 그러나 그녀들을 다치게 하려고 하지는 않았고 그녀들이 손에 든 선물을 건드렸을 뿐이에요. 그 물이 땅에 떨어져 마소모 호수를 이루었고, 그녀들의 선물인 신성한 물고기가 호수 속에서 지금까지 살고 있어요. 그러나 그 물고기들은 금기시되고 있어요. 제사장이 허락할 때 외에는 아무도 그들을 잡으려고 해서는 안 돼요."

의식이 거행되는 날이 되자, 우리를 포함한 약 30명의 로말로마 사람들은 마을 소유의 모터보트에 올라 북쪽으로 항해하여 무알레부Mualevu 정착촌, 그리고 관례에 따라 그 마을의 제사장이 의식을 주관하는 마바나Mavana 정착촌의 사람들과 합류했다. 그들도 모터보트를 가지고 있었고, 아침나절이 되어 우리는 북쪽으로 향하는 작은 선단의 한가운데에 자리 잡고 바누아 음발라부섬의 이 일대 해안에 형성된 높은 석회암 절벽과 거초fringing coral reef[3] 사이를 지났다. 3~5킬로미터를 항해한 후, 선두의 배는 방향을 틀어 가파른 바위 절벽 사이로 내륙 깊숙이 파고드는 길고 좁은 피요르드의 입구로 진입했다. 마침내 수심이 얕아졌을 때, 우리는 뭍으로 올라가 진흙투성이 맹그로브 숲을 가로지른 다음 가파른 오르막길을 따라 800미터를 걸었다. 그 너머에서 우리는 마소모 호수를 발견했다. 그것은 길이가 300미터를 넘지 않는 불길해 보이는 검은 호수로, 숲이 우거진 산들이 움푹 패인 곳에 자리잡고 있었다. 호숫가에는 무알레부에서 온 몇 명의 사람들이 며칠 동안에 걸쳐 나무와 관목을 베어내 공터를 만들고 그곳에 푸른 잎으로 지붕을 얹은 단순한 목재 골조로 된 기다란 오두막 6채를 지어 놓고 있었다. 이윽고 100명의 사람들이 공터에 모였다. 여자와 소녀들은 요리를 위해 불을 피우고 나뭇잎에 싸서 가져온 토란과 타피오카를 꺼내기 시작했다. 몇몇 남자들은 오두막을 확장할 요량으로 더 많은

---

3 산호초는 섬과 산호의 위치에 따라 거초fringing reef, 보초barrier reef, 환초atoll로 나뉜다. 거초는 얕은 바다에서 육지를 둘러싸듯 육지에 붙어 형성된 것을 말한다. 보초는 육지에서 멀리 벗어나 해안을 따라 둥근 모양으로 발달하며, 해수면이 상승하거나 육지가 가라앉아 거초의 모습이 변한 것이라고 볼 수 있다. 환초는 산호초만으로 이루어진 둥근 반지 모양의 산호초로, 거초나 보초를 이루면서 산호초로 둘러싸인 섬이 해수면 아래로 완전히 침강하면서 생성된 것이다. 옮긴이주

데이비드 애튼버러의 주 퀘스트

나뭇가지를 자르기 위해 숲속으로 들어갔다. 모두가 기대감에 들떠있었고 해변의 휴가 인파처럼 마음이 가벼워 보였다.

의식은 일련의 카바 증정식으로 시작되었다. 먼저, 의식에 참가한 이방인인 우리가 마바나의 추장인 투이 쿰부타Tui Kumbutha에게 카바를 증정했다(투이Tui라는 칭호는 참석자 중에서 최고참 추장임을 의미한다). 그런 다음 세 마을(로말로마, 무알레부, 마바나)의 여러 씨족이 서로에게 카바를 증정했고, 마지막으로 우리 모두는 나머지 오두막들로부터 50미터쯤 떨어진 작은 오두막으로 가서 전체 의식을 주관하는 제사장 일족의 우두머리에게 경의를 표했다. 그는 카바를 받아들인 후 의식을 시작하기에 적절한 시간이라고 선언했다.

투이 쿰부타는 즉시 그 소식을 공표하기 위해 연사演士를 공터로 보냈다.

연사는 공터 한가운데 서서 말했다. "물고기잡이를 시작해도 좋다는 허가를 받았습니다."

우리 모두는 "비나카, 비나카Vinaka, vinaka"라고 대답했는데, 이는 "들어봐, 들어 봐"와 "매우 감사합니다"를 모두 의미하는 중의적 표현이다.

"여기 있는 모든 사람들이 참여해야 합니다. 당신들은 호수의 물에 들어가 둘씩 짝지어 헤엄쳐야 합니다. 모든 사람은 은가이 나뭇잎으로 된 치마를 제외하고 어떤 옷도 입는 것이 금지되어 있습니다. 여러분의 몸에 기름을 바르십시오. 그러지 않으면 호수의 물이 피부를 자극할 것입니다. 제사장이 물고기를 잡을 시간이 되었다고 선언할 때까지 헤엄을 쳐야 합니다. 이런 절차를 거쳐야만 비로소 창을 들어 수면으로 올라와 몸을 바치는 물고기들을 잡을 수 있을 것입니다."

사람들은 굳이 독려할 필요가 없었다. 남자들이 카바 의식에 참여하는 동안, 여자들은 전설에 나오는 남자가 하늘을 나는 여신에게 던진 은가이 나무의 길고 광택 있는 잎으로 두꺼운 치마를 만드느라 바빴다. 남자들은 완성된 치마를 가져다가 허리에 걸쳤고, 여자들은 그들이 벌거벗은 가슴과 다리에 꽃을 으깬 진액으로 감미로운 향을 더한 코코넛 오일을 바르도록 도왔다. 그들의 멋진 근육질 몸이 황금빛 허니브라운으로 빛날 때까지.

대부분의 남자들은 이미 물에 뜨는 것을 도울 짧은 통나무를 자른 후 나무껍질을 벗겨 머리 위로 치켜들고, 흥분한 나머지 함성을 지르며 호수에 뛰어들었다. 이미 치마를 입고 있던 마누와 시티베니가 우리에게 다가와, 제프와 내가 의식에 동참할 것으로 기대된다고 말했다. 불행하게도 제프는 다리에 여러 군데 궤양이 있어서 많이 고통스러워했으므로 헤엄을 치는 것이 현명하지 않다고 결정했지만, 나에게는 그런 걸림돌이 전혀 없었다. 홀라가 나를 위해 치마를 만들어 주었고, 내가 그것을 입자 메레는 내 몸에 꼼꼼히 기름칠을 했다. 마누는 나에게 통나무 부유체float를 건네고 나와 함께 호수로 내려갔다.

수심이 얕고 매우 따뜻했지만, 바닥이 무릎까지 잠길 정도로 두꺼운 개흙으로 덮여있었기 때문에 물놀이가 마냥 즐겁기만 한 것은 아니었다. 그러나 수심이 60~90센티미터에 불과한 곳에서도, 우리는 팔을 통나무 위에 올려놓고 발로 물장구치면서 수평으로 떠서 그곳을 벗어나는 법을 곧 배웠다. 호수 한복판으로 갈수록 수심이 깊어져, 진흙탕을 겁내지 않고 더욱 활발하게 헤엄칠 수 있었다. 소녀들이 곧 비명을 지르고 킥킥거리며 물속으로 뛰어들어 우리와 합류했는데, 그녀들도 치마를 입었고 온몸이 기름으로 번들거렸다. 그녀들 중 일부는 자신의 통나무 부유체를 가져왔지만 대부분은 남자들에게 헤엄쳐 가서 그들의 것을 공유했다. 그런 다음, 우리 모두는 긴 줄을 이루어 큰 소리로 노래 부르며 호수를 가로질러 헤엄쳤고, 우리 뒤의 물이 검게 소용돌이치도록 힘껏 물장구를 쳤다. 이윽고 물에서 확연한 황화수소 냄새가 올라왔고, 나는 그 냄새를 맡으면서 의식이 진행되는 방식을 이해할 수 있었다. 가스는 호숫바닥에서 썩어

데이비드 애튼버러의 주 퀘스트

물고기잡이 의식 전에 코코넛 오일을 몸에 바르는 장면

물고기잡이 의식을 위해 호수로 들어가는 장면

가는 식물성 물질에 의해 생성되어, 우리가 물을 휘젓기 직전까지 개흙에 포획된 채로 있었다. 그러다 흙에서 나온 가스가 물에 용해되어 독毒을 형성했을 테니, 물고기가 수면 위로 떠올라 제사장이 신비롭게 예언한 대로 '몸을 바칠' 수밖에 없었을 것이다. 또한 이것은 의식에 참가한 사람들이 몸에 기름을 발라야 하는 이유를 설명했다. 용해된 황화수소는 약한 산성을 띠는데, 농도가 짙으면 맨 피부에 발진을 일으킬 수 있기 때문이었다.

우리는 거의 2시간 동안 헤엄친 다음, 저녁식사를 하기 위해 하나둘씩 밖으로 나와 캠프로 돌아갔다. 그러나 대부분은 식사를 하자마자 호수로 돌아왔다. 서늘한 저녁에 나뭇잎 치마만 걸치고 있자니 물속이 바깥보다 더 따뜻했다. 노란 보름달이 산 위로 떠올라 잔물결 이는 검은 물 위에 빛을 내리쏟았다. 우리는 무리 지어 수영을 했는데, 때로는 어둠 속에서 서로를 잃고 다른 무리에 합류하기도 했다. 우리의 외침, 웃음, 노래가 호수 위로 메아리쳤다.

1시간쯤 지나 수영이 지겨워지기 시작했을 때, 멀리서 들려오는 우쿨렐레와 기타 소리가 우리들의 노래와 어우러졌다. 호수 밖으로 나가 보니, 캠프에서 타랄랄라taralala가 진행되고 있었다. 타랄랄라는 사전에 '기쁨과 흥겨움을 표현하는 문구'로 정의된 영어 표현 '트랄랄라tra-la-la'에서 파생되었으며, 피지어의 의미도 거의 똑같다. 왜냐하면 '격식에 얽매이지 않는 행복한 춤'을 가리키는 말이기 때문이다. 커플들은 어깨를 맞대고 팔짱을 끼고 서로의 허리를 감싼 채, 커다란 원을 그리고 앉아있는 사람들의 한가운데서 단순한 리듬의 스텝을 밟으며 앞뒤로 이리저리 움직였다. 한쪽 끝에는 연주자들과 노래하는 사람들이 앉아있고 다른 쪽 끝에서는 카바가 만들어져 분배되었다. 원 바로 바깥에 피워진 작은 모닥불의 불꽃이 모든 장면을 밝혔다.

"어이, 타비타Tavita." 음불리의 아내가 마을에서 알려진 내 이름(David)

의 피지식 이름으로 나를 불렀다. "이리 와서 춤 솜씨를 보여줘요." 나는 원을 가로질러 메레가 앉아있는 곳으로 갔다. 그리고 벙어리 윌리엄의 휘파람 소리와 괴성에 맞춰 다른 사람들과 함께 함께 타랄랄라를 추었다.

우리는 밤늦게까지 노래하고 춤추고 카바를 마셨다. 사람들은 몸을 녹이기 위해 호수에서 불가로 와서 춤패에 가담했다가, 다시 헤엄치기 위해 하나둘씩 어둠 속으로 돌아갔다. 내가 오두막에 갔을 때 음악은 여전히 요란하게 계속되고 있었다. 나는 겨우 몇 시간 동안 눈을 붙였다. 아침에 호수로 돌아와 보니, 물속에는 여전히 20명 정도가 남아있었다.

그러다 드디어 물고기가 떠오르기 시작했다. 그들은 거대한 은빛 피조물로, 우리가 헤엄치는 동안 코 앞 수면에서 솟아올라 은색 곡선을 그리며 허공을 날다가 풍덩 소리와 함께 물속으로 다시 들어갔다. 그리고 수

물고기를 잡는 소녀들

면 위에 입을 내놓고 반쯤 질식된 채 헤엄치고 있는 물고기도 많았다.

나는 캠프에서 가장 가까운 호숫가에서 한가롭게 떠다니고 있었다. 그때 갑자기 뒤에서 고함 소리가 들리더니 20명의 남자가 작살과 긴 장대를 휘두르며 달려왔는데, 장대 끝에는 5~6개의 쇠못이 박혀있었다. 물고기잡이를 시작하라는 제사장의 명령이 떨어지자, 남자들은 일렬로 늘어서서 질서 정연하게 호수로 들어가기 시작했다. 공중에는 창이 가득했다. 반쯤 중독된 물고기들은 간혹 탈출하기 위해 수면을 가로질러 지그재그로 마구 움직였다. 몇몇 물고기는 이미 너무 무감각해져 소녀들에게 꼬리를 잡히기도 했다. 물고기잡이 의식은 물고기를 취급하는 데 있어서 사소한 세부사항까지도 규정하고 있었다. 통상적으로 피지의 어부는 자신이 잡은 물고기의 입과 아가미를 끈으로 꿰었지만, 이 경우에는 관례에 따

호수에서 잡은 물고기를 운반하는 장면

데이비드 애튼버러의 주 퀘스트

라 눈을 끈으로 꿰어야 했다. 그래서 모든 남자들은 그런 식으로 물고기를 운반하기 위해 작은 나무 꼬챙이로 무장하고 있었다. 30분 후 모든 상황이 종료되었다. 둑 위에 놓여있는 특대형 고등어 크기의 은빛 물고기를 헤아려 보니 총 113마리였다.

그날 저녁 우리는 로말로마로 돌아왔고, 그날 밤 모두가 아와awa—그들은 그 물고기를 이렇게 불렀다—를 포식했다. 나는 아와가 맛있다고 생각했지만, 의식에 참여하지 않은 제프의 생각은 조금 달랐다. 그의 주장에 따르면, 아와는 탈지면의 질감과 썩은 달걀을 연상시키는 맛을 가지고 있었다.

의식의 실질적인 가치는 꽤 명백했다. 많은 사람들이 협력해야만 물고기잡이가 성공적으로 이뤄질 수 있으므로 조직화가 필요했고, 너무 잦으면 물고기가 절멸될 수 있으므로 그 실행이 신중하게 제한되어야 했다. 이 모든 것을 해결하는 가장 편리한 방법은 물고기잡이를 제사장 일족이 집행하는 의식으로 바꾸는 것이었다.

———

우리가 수바를 떠나오기 전, 라우 제도를 정기적으로 운항하는 소형 상선이 우리를 로말로마에서 남쪽 섬으로 데려가기로 되어 있었다. 그러나 그 배의 도착이 일주일 지연되는 바람에 우리는 물고기잡이 의식 이후로 태평양 탐사에서 가장 행복하고 즐거운 나날을 보냈다. 우리의 도착으로 처음에는 뒤숭숭하고 평정이 무너졌던 마을의 일상은 우리의 존재가 당연하게 여겨짐에 따라 점차 정상으로 돌아왔다.

마을 사람들은 매일 아침 일찍 일어났다. 평일에는 사람들은 전날 저녁 투랑가 니 코로turanga ni koro—촌장—가 정한 마을 일에 시간을 보냈다. 아마도 그들은 집을 짓거나 그물을 수리하거나 바구니를 짜야 했을 것이다. 토요일에는 집집마다 카사바, 참마 또는 토란 경작지에서 가족을 위해 일했다. 일요일에는 그들은 아무런 일도 하지 않았다.

우리는 마을 최고의 작살 고기잡이꾼 중 하나로 명성이 자자한 토토요 Totoyo와 각별한 친구가 되었는데, 그는 거대한 털북숭이 가슴에 어울리지 않게 새된 목소리를 가지고 있었다. 때때로 우리는 그의 카누를 타고 바다로 나가서 함께 산호초 위로 잠수했다. 그는 훌륭한 수영 선수여서, 눈에 꼭 맞는 소형 물안경을 착용하고 물고기를 찾아 4~5미터까지 잠수했으며 한 번에 몇 분 동안 잠수했다.

이제 우리는 섬을 떠날 준비를 해야 했다. 우리는 무선통신을 이용하여, 수바로 우리를 데려갈 스쿠너schooner⁴를 전세 냈다. 그 배가 도착하기 전날 밤, 우리는 우리의 음부레에서 큰 카바 의식을 치렀다. 완전히 회복된 제프는 내 옆에 앉았고, 마누와 시티베니는 우리의 양쪽에 앉았다. 그리고 음불리, 그의 아내, 홀라, 촌장, 벙어리 윌리엄, 토토요, 메레, 오파와 그 밖의 모든 친구들이 원을 그리고 앉았다.

모두가 카바를 마신 후, 나는 원을 가로질러 걸어가 동인도 제도의 상점에서 구입한 작은 선물—천, 향수, 보석, 칼—을 음불리 가족 모두에게 하나씩 주었다. 뒤이어 한 구절씩 통역해 준 마누 덕분에 짧은 이별사를 했다. 나는 그들이 우리에게 베푼 친절, 환대 그리고 우리를 지역사회에 받아들인 열린 마음에 대해 감사를 표하고 우리가 떠나게 된 것을 못내 아쉬워했다.

내가 말을 마치자 음불리가 송별사를 하기 시작했다. 그가 채 몇 마디도 하지 않았는데, 예기치 않게 모든 관습을 무시하고 그의 아내가 말을 가로챘다. "나도 할 말이 있어요. 타비타와 제페리Gefferi, 슬퍼하지 마세요." 그녀는 눈물을 줄줄 흘리며 말했다. "당신들은 절대 로말로마를 떠날

---

4 돛대가 2개 이상인 범선. - 옮긴이주

　　　　　　　　　　　　데이비드 애튼버러의 주 퀘스트

산호초에서 물고기잡이를 하고 돌아와서 메레, 오파와 함께 포즈를 취한 마누

수 없어요. 이제 당신들은 우리 가족의 일원이고 우리는 당신들의 일원이기 때문이에요. 당신들이 어디를 가든 로말로마에는 당신들의 빈자리가 있을 거예요. 그리고 당신들이 그렇듯 우리도 당신들을 잊지 않을 거예요. 언제 돌아오든 이 음부레는 당신들이 원하는 만큼 살 수 있는 곳이고, 우리는 항상 당신들이 제2의 고향으로 돌아오는 것을 환영할 준비가 되어 있을 거예요."

나는 그녀의 말을 믿었고, 지금도 여전히 그녀를 믿고 있다.

━━━

다음날 서쪽 수평선에 작은 반점이 나타났다. 토토요는 즉시, 우리가 무선통신으로 전세 낸 배인 마로로Maroro호라고 단언했다. 모양은 거의 알아볼 수 없었으나 그것이 이동하는 방향, 그것이 나타난 시간, 벙어리 윌리엄의 요란한 라디오에서 매일 들은 항해 소식을 종합적으로 고려하여, 그게 다른 것일 수 없다고 확신했다.

점의 크기는 서서히 커졌고, 마침내 우리는 쌍안경을 통해 그것이 돛을 전부 세운 멋진 흰색 스쿠너임을 알 수 있었다. 토토요가 옳았다. 그 배는 바로 마로로였다. 거초를 통과하여 석호lagoon로 들어오는 통로임을 나타내는 물결이 일렁이는 두 지점 사이로 배는 위풍당당하게 방향을 바꾸었다. 우리와의 거리가 100미터쯤 되었을 때, 배는 주돛을 내리고 닻을 내렸다. 우리는 마지막 작별인사를 하고 1시간이 채 지나지 않아 로말로마를 떠났다.

마로로—이것은 '날치'를 의미하는 타히티어 단어다—의 선장 겸 공동 소유자인 스탠리 브라운Stanley Brown은 영국인으로, 제2차 세계대전 때 해군으로 태평양에 배치된 후 섬에 흠뻑 빠져 이곳에 영구 정착한 사람이었다. 그는 열정적이고 노련한 선원으로, 우리가 당초 일정보다 2주 늦었다는 사실을 알자마자, "암초를 피해 항해할 테니 나를 믿고 밤새도록 항해합시다"라고 제안했다. 저녁이 되자 거센 바람이 불어왔다. 엔진을 끄고 별빛 비치는 바다를 항해하는 동안, 슈라우드shroud[5]는 팽팽해지고 지브jib[6]는 삐걱거리며 우리의 행로에 반짝이는 항적航跡을 그렸다.

우리는 제법 빠른 속도를 유지했다. 그리하여 밤새 남쪽으로 항해하여 라우 제도의 한가운데에 있는 라켐바를 지났고, 새벽이 밝아 오자 계속 서쪽으로 향했다. 비록 일정이 늦었지만 수바로 돌아가는 길에 다른 섬에 들를 시간 여유는 있었다.

어느 날 우리는 코코넛을 모으기 위해 사람이 살지 않는 작은 환초atoll

---

5 돛대의 꼭대기에서 양쪽 현舷에 매어, 돛대를 꼿꼿이 서게 하는 강철 밧줄. - 옮긴이주
6 돛대 앞에 있는 세모꼴의 돛. - 옮긴이주

데이비드 애튼버러의 주 퀘스트

에 상륙했다. 내가 숲을 헤매는 동안, 마누는 내가 본 것 중 가장 큰 게를 손에 들고 나에게 다가왔다. 그것은 지름이 거의 60센티미터에 달하는 커다란 하트 모양의 몸, 거대한 집게발, 그리고 그 아래에 둥글게 말려있는 검고 우툴두툴하고 살집이 많은 꼬리를 가지고 있었다. 색상을 살펴보니, 껍데기는 주로 적갈색이었지만 밑면과 다리 관절은 온통 파란색이었다. 이름하여 야자집게robber or coconut crab였는데, 나는 그놈을 최대한 조심스럽게 다루었다. 기회만 생긴다면 집게발로 내 손가락 중 하나를 으스러뜨릴 수 있을 것 같았기 때문이다.

야자집게는 영국 해안에서 바위 사이의 웅덩이를 고둥류의 껍데기를 짊어지고 기어 다니는 작고 매력적인 소라게와 친척 관계에 있다. 하지만 태평양에 사는 이 괴물은 몸집도 크고 가공할 만한 무기로 무장하고 있으

야자집게

므로 스스로를 보호하기 위해 고둥 껍데기로 된 집을 짊어지고 다닐 필요가 없다. 게다가 그들은 건조한 땅에서의 생활에 적응했으며 번식할 때만 바다로 돌아간다.

사람들의 말에 의하면 야자집게는 농장의 큰 골칫거리였다. 야자나무에 올라가 코코넛 몇 개를 잘라낸 다음 내려와서, 거대한 집게발로 떨어진 열매의 겉껍질을 떼어 내고 깨뜨려 부드러운 과육을 먹어 치우기 때문이다. 이 이야기는 태평양 전역에 널리 퍼져있지만 많은 자연사학자들에게는 논란이 되고 있다.

나는 마누가 가져온 게가 기어오를 수 있는지 확인하기 위해 야자나무에 올려놓았다. 그놈은 긴 다리로 거친 나무줄기를 감싸고 날카로운 끄트머리로 잡을 곳을 쉽게 찾아내더니, 6개의 다리를 각각 따로 움직여 천천히 기어오르기 시작했다. 원한다면 언제든지 야자나무로 올라갈 수 있다는 것은 의심의 여지가 없었다.

나는 그놈이 너무 높이 올라가기 전에 땅바닥에 내려놓고, 식성을 확인하기 위해 코코넛 한 조각을 그 앞에 놓았다. 일꾼들은 "게는 밤에만 먹는다"고 하며 나를 비웃었다. 확실히, 그 녀석은 코코넛을—통째로든 부서진 것이든, 오래됐든 새로 땄든—본체만체했다. 물론 나는 아무것도 증명하지 못했지만, 그럼에도 불구하고 그 동물이 제아무리 강력하더라도 깨지지 않은 코코넛을 스스로 쪼개는 것을 상상하기는 어려웠다.

우리는 해변의 바위 사이 구멍에서 다른 게들을 발견했다. 얼마 안 지나, 우리는 야자나무 아래의 부드러운 잔디 위를 조심스럽게 기어가는 큰 놈들 5마리를 목격했다. 가장 큰 놈 중 하나가 약간 작은 놈을 향해 천천히 전진했다. 그놈이 집게발을 앞으로 내밀었다. 작은 놈도 똑같이 했으므로, 2개의 집게발이 마치 악수하듯 공중에서 마주쳤다. 잠시 동안 그것은 우스꽝스럽게 보였다. 그 다음, 그것은 약간 끔찍해졌다. 공격자가 집게발을 꼭 다물자, 기분 나쁜 우지직 소리와 함께 작은 게의 집게발에서 껍데기 조각이 떨어져 나가기 시작했다. 공격받은 놈은 아주 찬찬히 자유로운 집게발을 앞으로 내밀어 상대방의 걷는 다리 중 하나를 꽉 물었다.

우리는 하나의 전투를 지켜보고 있었다. 그러나 그것은 '베고 찌르기'나 '대담한 돌진과 능숙한 방어'가 아니라 꾸준하고 냉혹한 줄다리기였다. 오로지 필사적으로 흔들리는 유병안stalked eye[7]을 통해, 게는 감정을 드러내거나 살아있는 지각 있는 존재가 거대한 갑옷 껍데기를 점유하고 있음을 보여준다. 탱크 앞 부분의 강철 구멍을 통해 내다보는 군인의 눈이 떠올랐다. 싸움은 몇 분 동안 계속되었다. 나는 그들을 떼어놓으려 노력했지만, 그럴수록 그들은 더욱 필사적으로 서로를 움켜쥐는 것 같았다. 그들은 소리 없는 무자비한 격투에 사로잡혔다. 그러다가 갑자기 작은 게의 집게발에 잡힌 큰 게의 다리가 몸에 가까운 관절 높이에서 부러졌다. 속살이 드러난 새하얀 상처에서 무색의 피가 흘러나왔다. 서로를 움켜쥐고 있던 집게발들을 놓자, 불구가 된 게가 천천히 뒤로 물러났다. 승자는 절단된 다리를 집게발로 높이 치켜들고 후진했다. 그런 다음 짐을 비우는 기계팔처럼 전리품을 떨궜다. 전투는 끝났다.

───

수바로 돌아가기 전, 우리가 마지막으로 방문한 섬은 코로Koro였다. 피지에 처음 도착하여 외곽의 군도로 여행할 계획을 세웠을 때, 우리는 코로에서 2주를 보내며 북쪽 해안에 있는 나타마키Nathamaki 마을 사람들을 만날 계획이었다. 그들은 바닷속 깊은 곳에서 신성한 거북이와 거대한 백상아리를 마음대로 소환할 수 있다고 알려진 사람들이다. 사실 그러한 주

---

7 몸체에 달린 자루 끝에 붙어있는 겹눈으로, 주로 게와 같은 갑각류에서 볼 수 있다. - 옮긴이주

장은 독특하지 않다. 사모아, 길버트 제도, 피지 내 칸다부^{Kandavu}섬 사람들도 비슷한 일을 할 수 있는 것으로 알려져 있기 때문이다. 하지만 그럼에도 불구하고 그 이야기는 색다르게 보였다. 로말로마에서 일정이 지연됨으로 인해 이제 코로에서 24시간밖에 보낼 수 없었지만, 이 짧은 시간에도 거북이 소환 장면을 목격할 수 있기를 바라는 마음에서 우리는 결코 포기하지 않았다.

일요일인 다음날 밤 해질녘, 우리는 나타마키에서 닻을 내리고 즉시 해변에 상륙하여 음불리에게 카바를 선물했다.

그는 우리가 몇 주 전에 도착할 거라고 예상하고 있었다. 왜냐하면 우리가 수바에 머물 때 방문 계획을 통보했기 때문이다. 그러나 우리가 너무 늦었음에도 그는 우리를 보게 되어 기뻐하는 것 같았다.

"당신들은 반드시 이곳에 일주일 이상 머물게 될 거예요." 그가 말했다.

"유감스럽게도 우리는 그럴 수 없어요." 나는 대답했다. "우리를 통가로 데려다 줄 배편이 예약되어 있어서 내일 밤 수바로 떠나야 하거든요."

"우와," 음불리가 소리쳤다. "이건 나빠요. 우리는 당신들이 여러 날 동안 우리 손님이 되기를 바랐어요. 그래야만 당신을 예우하고 우리 섬의 진수를 보여줄 수 있거든요. 그리고 오늘은 주일^{主日}이라서 큰 파티와 타랄랄라로 당신을 환영할 수도 없어요. 교회에서는 주일에 춤추는 것을 금지하고 있거든요." 그는 카바 마시던 사람들을 애처롭게 둘러본 후, 출입구 주위에 모여 서서 우리를 지켜보던 소녀와 청년들을 바라보았다.

"하지만 걱정하지 마세요." 그가 밝은 표정으로 말했다. "내게 좋은 생각이 있어요. 4시간 동안 더 카바를 마시면 월요일이 되니까, 그때 모든 소녀들이 들어오고 우리는 해 뜰 때까지 춤을 출 수 있어요."

상당히 유감스러웠지만 우리는 이 창의적인 제안을 거절했다. 그 대신 거북이 소환 의식을 촬영하기 위해 다음날 아침 일찍 카메라를 들고 돌아오겠다고 약속했다.

다음날 아침이 밝았을 때 기상조건은 최악이었다. 하늘은 수평선까지 끊이지 않고 펼쳐진 낮은 안개구름과 잿빛 석호를 휩쓰는 비바람으로 가득 차있었다. 우리는 장비를 방수 처리하고, 시간이 경과함에 따라 상황이 호전되기를 바라며 해변으로 갔다.

의식을 거행하려고 했던 촌장은 의식용 판다누스 킬트kilt8와 나무껍질로 된 띠를 두른 채 자신의 음부레에서 우리를 기다리고 있었다.

비록 비가 내리고 있었지만, 그는 밖으로 나가 거북이를 소환하고 싶어했다. 나는 날씨가 너무 나빠서 촬영을 할 수 없다고 설명했다. 그가 매우 실망한 것처럼 보였으므로, 나는 '우리를 의식이 거행될 장소로 데려가면, 나중에 비가 그칠 때 카메라를 설치할 위치를 결정하겠다'는 대안을 제시했다. 그는 동의하고 우리와 함께 이슬비 속으로 나갔다. 우리는 그를 따라 해변을 걸은 후 가파른 진흙길을 올라갔다.

우리는 함께 걸으며 수다를 떨었다. 그게 가능했던 것은 그가 군대에서 복무한 경력이 있어서 영어를 잘 구사했기 때문이다.

"내 생각을 말하자면, 난 어쨌든 거북이를 부를 거예요." 그는 아무렇지도 않게 나에게 말했다.

"제발 무리하지 마세요." 나는 대답했다. "나는 단지 그곳을 보고 싶을 뿐이에요."

그는 몇 걸음을 걸었다.

"아무래도 그들을 부르는 게 낫겠어요." 그가 말했다.

"안 부르는 게 좋겠어요. 만약 그들이 왔는데 우리가 그들을 촬영하지 못한다면, 그만큼 화나는 일도 없을 거예요."

---

8 남성용 치마. - 옮긴이주

그는 언덕 위로 터벅터벅 걸었다.

"글쎄요, 나는 그들을 부르는 게 좋다고 생각해요."

"우리를 위해 무리할 필요 없어요." 내가 말했다. "만약 오늘 아침에 온다면, 오늘 오후에는 오지 않을지도 몰라요."

촌장은 웃으며 말했다. "그들은 언제든지 와요."

우리는 어느덧 높은 절벽의 가장자리를 따라 걷고 있었다. 비는 잠시 그쳤고, 물기를 머금은 한 줄기 햇살이 발 아래 바다에서 반짝였다. 갑자기 촌장이 앞으로 달려가 절벽 위에 서서 목청껏 노래하기 시작했다.

"투이 나이카시Tui Naikasi, 투이 나이카시,

우리의 아름다운 섬 해안에 살고,

나타마키 사람들이 부르면 오는,

나타마키의 신이여,

수면으로 올라오소서, 올라오소서, 올라오소서."

우리는 150미터 아래의 바다를 내려다보았다. 아무런 소리도 들리지 않고, 나무에 스치는 바람 소리와 발아래 멀리 떨어진 해안에 부딪치는 파도 소리뿐이었다.

"투이 나이카시, 올라오소서, 올라오소서, 올라오소서."

나는 잠시 후 '지느러미발flipper9이 달린 작고 불그스름한 원반'이 수면을 가르는 것을 보았다.

---

9 거북이나 물개류 따위에서 볼 수 있는 지느러미 모양으로 된 다리. - 옮긴이주

"봐요." 나는 흥분하여 제프를 부르며 손가락으로 가리켰다. "저기 있어요."

내가 말하는 동안 거북이는 잠수하여 사라졌다.

"절대 손으로 가리켜서는 안 돼요." 촌장이 질책하듯 말했다. "그건 금기예요. 만약 그렇게 한다면 거북이가 즉시 사라질 거예요."

그는 다시 거북이를 불렀고, 우리는 바다를 살펴보며 기다렸다. 이윽고 거북이가 다시 한 번 수면으로 떠올랐다. 거북이는 약 30초 동안 눈에 띄다가 앞지느러미발을 한 번 휘두르며 잠수해 사라졌다. 그 후 15분 동안 우리는 8번의 부상浮上을 더 목격했다. 짐작하건대 아래의 만彎에는 서로 다른 크기의 거북이가 최소한 3마리는 있는 것 같았다.

마을로 돌아오는 동안, 나는 우리가 방금 본 것을 곰곰이 생각해 보았다. 그게 그렇게 주목할 만한 일일까? 거북이가 그 만을 유별나게 좋아해서 그곳에서 어슬렁거리는 놈들이 늘 있었다면, 우리는 어쨌든 그들을 목격할 수밖에 없었을 것이다. 어류가 아니라 파충류이기 때문에, 그들은 숨을 쉬기 위해 수면으로 올라오지 않을 도리가 없었기 때문이다. 이쯤 되면 촌장이 그들을 그토록 부르고 싶어했던 이유를 알 수 있을 것 같았다. 만약 부르지도 않았는데 거북이가 떠올랐다면, 결국 불가사의를 손상시키는 꼴이 되었을 것이기 때문이다.

마을로 돌아오자 음불리는 차가운 닭고기, 토란, 참마로 차린 근사한 점심식사를 우리에게 대접했다. 우리가 마룻바닥에 다리를 꼬고 앉아 식사를 하고 있을 때, 촌장은 우리에게 거북이 소환에 얽힌 전설을 들려주었다.

피지에 아직 사람이 살지 않았던 오래전, 세 형제와 그들의 가족이 카누를 타고 섬들 사이를 지났다. 음바우Mbau라는 작은 섬을 지날 때 막내 동생이 "나는 저곳이 좋아. 나는 저기에서 살 거야"라고 말했다. 그래서 막내와 그의 가족은 음바우섬에 상륙했고, 나머지 두 형제는 동쪽으로 계속 여행하여 코로에 도착했다. 형제 중 맏이인 투이 나이카시는 "여기는 아름다운 섬이야. 이곳을 내 집으로 삼겠어"라고 말하고 가족과 함께 뭍으로 올라갔다. 마지막으로 남은 형제는 계속 항해하여 타베우니Taveuni섬에 도착해 정착했다.

세월이 흘러 투이 나이카시는 많은 자녀와 많은 손주를 갖게 되었고, 죽기 직전에 주위에 있는 가족들을 불러 이렇게 말했다. "이제 나는 너희들을 떠나야 한다. 그러나 만약 너희들이 곤경에 처한다면, 내가 처음 상륙한 해변 위의 절벽으로 와서 나를 불러라. 그러면 내가 바다에서 나타나, 내가 여전히 너희들을 보살피고 있음을 보여 줄 것이다." 그런 다음 투이 나이카시는 죽었고, 그의 영혼은 거북이의 탈을 썼다. 그의 아내도 곧 죽었고, 그녀의 영혼은 큰 백상아리의 탈을 썼다.

그 이후로 나타마키 사람들은 먼 항해를 시작하거나 다른 부족을 습격하기 전에 절벽에 모여 잔치를 벌이고 춤을 추다가, 마지막으로 거북이와 상어로 환생한 조상들을 소환하여 다가올 시련을 견뎌낼 용기를 달라고 빌었다.

나는 내 옆에 앉아 참마를 잔뜩 먹고 있는 덩치 큰 남자에게 그 이야기를 믿느냐고 물었다. 그는 킬킬거리며 고개를 가로저었다.

나는 다음으로 이렇게 물었다. "당신은 거북이 고기를 자주 먹나요?" 왜냐하면 거북이 고기는 피지의 대부분 지역에서 별미로 인정받는 식품이었기 때문이다.

"절대로 먹지 않아요." 그가 말했다. "우리에게는 금기거든요."

그런 다음 그는 불과 몇 달 전에 일어난 기이한 사건에 대해 말했다. 석호에서 물고기를 잡던 마을 여인들 중 일부가 본의 아니게 거북이를 그물로 잡았다. 그녀들은 거북이를 카누로 끌어올린 다음 풀어주려 했지만,

데이비드 애튼버러의 주 퀘스트

그렇게 하기도 전에 거대한 백상아리가 나타나 그녀들을 공격했다. 그녀들은 노를 휘둘러 상어를 쫓아 버리려 했지만, 상어가 겁먹지 않고 계속 돌진하는 바람에 카누가 뒤집힐 지경이었다. "우리가 투이 나이카시를 잡은 게로군." 한 여성이 말했다. "그래서 그의 아내인 상어가 우리가 그를 놓아줄 때까지 떠나지 않는 거야." 가능한 한 빨리, 그녀들은 그물의 주름에 갇힌 거북이를 풀어준 다음 물속으로 밀어 넣었다. 거북이는 즉시 잠수하여 사라졌고, 상어도 곧이어 자취를 감췄다.

식사가 끝날 즈음에는 날씨가 상당히 좋아졌으므로, 우리는 의식을 촬영하기로 결정했다. 아침에 본 바로는 절벽 꼭대기에서는 거북이의 모습을 제대로 촬영하기가 매우 어려웠다. 그래서 우리는 배를 타고 만으로 나가, 절벽 근처의 물에 서있는 거대한 직육면체 모양의 바위에 접안했다. 촌장의 말에 의하면. 그 바위가 바로 투이 나이카시의 집이었다. 10분 후 절벽 꼭대기에 촌장의 작은 모습이 나타났다. 그는 우리에게 손을 흔든 후 커다란 망고나무에 올라가 거북이를 부르기 시작했다.

"투이 나이카시, 투이 나이카시. 수면으로 올라오소서. 올라오소서, 올라오소서."

"거북이가 오면," 제프가 나에게 속삭였다. "흥분해서 손으로 가리키는 우를 범하지 말아요, 제발. 거북이가 사라지기 전에 내가 촬영하게 해 줘요."

"투이 나이카시. 춤을 추소서, 춤을 추소서, 춤을 추소서." 촌장이 소리쳤다.

나는 쌍안경으로 바다를 살폈다.

"저기요." 마누가 단호하게 팔짱을 끼고 말했다. "약 20미터 떨어진 곳에서 조금 왼쪽이오."

"어디라고요?" 제프가 괴로운 속삭임으로 물었다. 나는 가리키고 싶은 유혹을 거의 거부할 수 없었다. 왜냐하면 거북이가 물 밖으로 머리를 내밀고 공기를 들이마시는 장면을 뚜렷이 볼 수 있었기 때문이다. 때마침 카메라 소리가 나는 것으로 보아, 제프도 그것을 본 것 같았다. 거북이는 느릿느릿하게 떠다니면서 거의 1분 동안 어슬렁거렸다. 그런 다음 소용돌이가 일고 사라졌다.

"됐어요?" 촌장이 소리쳤다.

"고마워요, 고마워요." 우리는 큰 소리로 대답했다.

"또 부를게요." 그가 소리쳤다.

5분 후 거북이가 다시 나타났다. 너무 가까워서, 거북이가 떠오를 때 휴 하고 숨을 쉬는 소리가 들렸다. 그것을 보고 있을 때, 마누가 내 소매를 잡아당겼다.

"저쪽을 봐요." 그가 우리 가까이에 있는 바다를 향해 고개를 끄덕이며 부드럽게 말했다. 우리가 서있는 바위에서 불과 3미터 떨어진 곳에서 거대한 상어 1마리가 헤엄치고 있는데, 투명한 물속에서 웅장한 자태를 선명하게 드러내며 삼각형의 등지느러미로 수면을 가르고 있었다. 제프는 재빨리 카메라를 돌리며, 바위 주위를 어슬렁거리는 상어의 모습을 촬영했다. 상어는 무려 세 번이나 우리를 지나쳤다. 그런 다음 긴 꼬리를 세게 저으며 가속도를 붙여, 우리가 거북이를 마지막으로 본 만의 중앙을 향해 헤엄쳐 갔다. 우리는 더 이상 그의 몸통을 볼 수 없었지만 등지느러미로 그의 경로를 추적할 수 있었다. 잠시 후 등지느러미 역시 수면 아래로 가라앉았다.

나는 깊은 인상을 받았다. 상어와 거북이를 모두 훈련시켜 부름을 받았을 때 헤엄쳐 오게 하는 것이 가능할 수도 있지만, 그렇게 하려면 먹이로 보상을 해야 한다. 그러나 장담하건대 나타마키 사람들이 그렇게 했을 리 만무하다. 그렇다면 촌장이 소환했을 때 상어와 거북이가 동시에 나타난 것은 단지 우연의 일치였을까? 이 의문에 제대로 대답하려면, 아마도 일주일 동안 매일 절벽 꼭대기에서 침묵을 지키며, 만의 맑고 푸른 바다에서 상어가 나타나고 거북이가 숨을 쉬려고 떠오르는 빈도를 주의 깊게 관찰해야 했다. 그날 밤 우리가 섬을 떠나야 했던 것이 참으로 유감스러웠다.

마을로 돌아갔을 때, 우리는 모든 주민이 의식용 의상으로 갈아입었다는 사실을 알고 깜짝 놀랐다. 우리가 도착하자마자 한 무리의 소녀들이 달려와 우리 목에 프랜지파니 화환을 걸었다. 그들 뒤에서 음불리가 행복한 미소를 지으며 다가왔다.

"돌아온 것을 환영해요." 그가 말했다. "우리 모두가 당신들을 위해 멋진 구경거리를 준비했어요. 왜냐하면 당신들이 떠나기 전에 최고의 춤을 보여줘야 한다고 느꼈기 때문이에요."

우리는 몹시 당황스러웠다. 이미 늦은 오후인 데다, 브라운 선장에게 "해가 지기 훨씬 전에 마로로에 다시 탑승하여, 어둠이 내리기 전에 연안의 암초를 지나 외해[10]에 도달할 수 있도록 하겠다"고 약속했기 때문이다. 그러나 우리를 위해 준비된 공연을 거부할 만큼 무례할 수는 없었다.

음불리는 자신의 음부레 앞 잔디 위에 깔린 매트로 우리를 안내했다. 우리가 자리에 앉은 후 그가 명령을 내리자, 한 무리의 남자와 여자들이 일제히 박수를 치며 박수 소리에 맞춰 신나는 노래를 부르기 시작했다. 잠시 후 한 줄의 남자들이 얼굴을 까맣게 칠한 채 손에 창을 들고 우리 앞의 풀밭으로 행진하여, 창을 휘두르고 발을 구르며 완벽하게 훈련된 전쟁춤을 추기 시작했다. 옛날 전쟁춤에서 부르던 노래의 가사는 부족의 승리를 기념하는 것이 일반적이었다. 그런 노래는 오늘날에도 여전히 불리지만, 우리가 들은 노래는 말라야^{Malaya}(현 말레이시아)에서 탁월하고 영예

---

10 육지로 둘러싸이지 않은, 육지에서 멀리 떨어진 바다. - 옮긴이주

롭게 복무했던 피지 부대의 용맹을 묘사하는 더 현대적인 노래였다.

남자들의 춤이 끝나자마자 어린아이들이 등장하여 씩씩한 곤봉춤을 추고 발을 구르며, 어른 흉내를 내어 얼굴을 사납게 찡그렸다. 어린아이들이 곤봉을 휘두르며 이리저리 행진하는 동안 노래가 계속 이어졌다.

시간이 꽤 많이 흘렀으므로, 나는 우리가 떠나는 걸 허락해 줄 수 있는지 음불리에게 물어봐야 한다고 느끼기 시작했다. 그때 꽃단장을 하고 기름을 바른 30명의 소녀들이 한 음부레에서 나와 우리 앞에 다리를 꼬고 한 줄로 앉았다. 그녀들은 앉아서 메케meke—피지의 전통춤—를 추고 즐거운 노래를 부르며, 가사의 의미를 반영하는 율동으로 손과 머리와 몸을 흔들기 시작했다.

모두의 큰 박수와 웃음 속에 화려한 공연이 드디어 막을 내렸다. 나는 자리에서 일어나 마누의 도움을 받아가며 최선을 다해 사람들에게 감사의 뜻을 표했다.

"그리고 이제," 나는 끝을 맺었다. "애석하게도 우리는 떠나야 해요. 사모테Sa mothe(안녕)."

내가 말을 끝내자, 누군가가 피지의 이별가인 이사 레이Isa Lei를 부르기 시작했다. 불과 몇 초 만에 모든 주민들이 노래를 따라 부르더니, 매우 열정적으로 완벽한 하모니를 이루었다. 멜로디가 매우 감상적이어서 나는 목이 메지 않을 수 없었다. 지금이 그 어느 때보다도 감동적인 것 같았다. 왜냐하면 이게 사실 피지와의 이별이었기 때문이다. 모두가 우리를 빙 둘러싸고, 이미 목에 걸린 화환에 화환을 더했다.

우리는 음불리, 촌장과 악수한 후, 반은 걷고 반은 떠밀리며 해변으로 향했다. 군중은 여전히 노래를 부르며 우리를 따라왔다. 우리가 석호에 들어갔을 때 여러 명의 젊은이들이 우리를 따라 헤엄쳐 왔다.

마침내 마로로에 도착하니, 태양은 이미 진홍빛 장관을 연출하며 바닷

데이비드 애튼버러의 주 퀘스트

마로로를 타고 라우를 떠나는 시티베니, 제프, 마누

속으로 가라앉고 있었다. 브라운 선장이 엔진에 시동을 걸었다. 석호를 서서히 가로지르며, 우리는 산호초를 통과하는 항로를 향해 이동했다. 그 때 사람들이 우리가 지나야 하는 갑headland[11]까지 해변을 따라 달리는가 싶더니, 마침내 수백 명의 마을 사람들이 푸른 산비탈에 모였다. 그들과 나란히 나아가는 동안, 우리는 물을 가로질러 떠내려오는 이사 레이의 선율을 다시 들을 수 있었다. 브라운 선장은 경적을 세 번 울림으로써 이에 화답했다. 마로로가 선회하자 선원들이 주돛을 올렸고, 우리는 외해로 향했다.

11　드나듦이 심한 해안 지형에서 불쑥 튀어나온 부분. 곶岬이라고도 하며 깊게 들어간 부분은 만灣이라고 한다. - 옮긴이주

9. 통가 왕국

수바에서 승선한 볼품없고 허름한 상선에서 제프와 나는 산책용 갑판의 난간에 기대어 섰다. 납빛 하늘에서 음울하게도 시종일관 고집스럽게 쏟아져 내린 비가 해수면을 망치로 두들겨 맞은 백랍으로 바꾸어 놓았다. 거친 바다와 폭우 속에서, 우리는 무려 36시간 동안 통가^{Tonga} 제도를 향해 동쪽으로 항해해 온 터였다. '이제 엔진의 속도가 줄어든 것으로 보아, 목적지에 가까워지고 있나 보다'라고 우리는 짐작했다. 몰아치는 스콜 사이로 전방의 수평한 회색 얼룩을 겨우 분간할 수 있었는데, 여러 가지 정황으로 미루어 볼 때 통가 제도에서 가장 큰 섬인 통가타푸^{Tongatapu}임에 틀림없어 보였다.

우리는 누쿠알로파^{Nuku'alofa} 항구의 부두에서 한 인류학자의 영접을 받았다. 그가 바로 짐 스필리어스^{Jim Spillius}로, 내게 보낸 편지에서 '통가를 꼭 방문해야 한다'고 처음 제안한 주인공이었다. 짐은 부두에 서서 비를 맞으며 우리를 베에할라^{Ve'ehala}에게 소개했는데, 그는 통가의 귀족이자 궁전 기록관리인으로, 나와는 통가 방문에 대한 연락을 주고받은 사이이기도 했다. 짐은 우리 셋을 승용차에 태우고 침수 일보 직전의 텅 빈 도로를 주행하다 커다란 웅덩이들을 연거푸 통과하며 엄청난 물보라를 일으켰다.

마침내 그는 우아한 현대식 콘크리트 집들이 늘어선 길로 들어선 후 차를 세웠다. 베에할라는 비를 뚫고 달려나가, 그 집들 중 하나의 문을 열고 들어가라고 손짓했다.

"당신들이 통가에 머무는 동안, 이 집은 당신들의 집이나 마찬가지예요." 그가 말했다. "차고에 승용차가 있으니 마음대로 사용하세요. 한 명의 요리사와 한 명의 하인이 여기에서 당신들을 돌볼 것이며 당신들의 음식은 궁전에서 보내올 거예요. 부족한 게 있으면 뭐든 보내 드릴 테니 내게 말씀만 해주세요."

우리는 처음 3일의 대부분을 베에할라, 짐 스필리어스, 인류학자이기도 한 짐의 아내와 함께 왕실 카바 의식에 대해 이야기하는 데 보냈다. 촬영을 하기 전에 그 중요성을 이해하는 게 필수적이었기 때문이다.

왕실 카바 의식은 현존하는 고대 통가의 모든 의식 중에서 가장 중요하고 신성하며, 그 실행 과정을 통해 왕국의 사회 구조가 요약되고 다시 확인된다. 모든 폴리네시아 사회가 그런 것처럼 통가에서는 혈통과 신분이 항상 가장 중요하게 여겨져 왔다. 일부 다른 섬에서는 의식을 치르기 전에 귀족의 대변인이 개최자의 혈통—귀족 작위를 받은 전설적인 영웅까지 거슬러 올라가기도 했다—을 자세히 설명하는 긴 글을 낭송하는데, 모든 사람이 개최자가 의식을 치를 수 있는 자격이 충분한지 여부를 알 수 있다. 통가에서는 이런 관습을 따르지 않지만, 그럼에도 불구하고 혈통과 서열은 모든 이의 관심이 집중되는 초미의 관심사다. 왜냐하면 왕족의 혈통을 가진 귀족들이 섬을 통치하고, 각자 자신의 작위와 함께 왕국의 한 부분을 상속받기 때문이다. 그러나 이것은 영주가 자신의 농노로부터 부富를 착취하는 단순한 봉건제도가 아니다. 귀족 자신은 많은 특권을 가지고 있지만, 자신의 백성에 대해 많은 책임이 있어서 마을들을 다스리고 토지를 젊은이들에게 할당해야 하며, 종종 그들의 복지를 돌보는 데 많은 시간과 돈을 소비한다. 비록 이러한 작위가 세습되기는 하지만, 귀족은 자신의 지위가 확정되기 전에 여왕의 승인을 받아야 하며, 그에게 세습되는 관직에 적합하지 않다고 간주되는 경우 왕실의 승인이 보류될 수 있다. 반면에 왕실의 승인을 받아 직위가 부여된다면, 그 귀족은 왕실 카바 의식에서 한 자리를 차지하게 된다.

의식은 본질적으로 큰 원을 그리고 앉아있는 통가의 모든 귀족이 지켜보는 가운데 직위가 부여된 귀족이 충성을 선서하는 행위로 이루어진다. 먼저, 귀족의 통치하에 있는 주민들이 귀족을 대신하여 정성을 들인 풍성한 선물을 여왕에게 바친다. 그런 다음, 카바가 조제되어 여왕 폐하와 모든 참석자들에게 제공된다. 카바를 받는 순서와 좌석의 위치는 혈통에 따라 결정된다. 그러나 귀족 신분은 부계와 모계로 모두 세습되기 때문에, 군도의 모든 섬에서 귀족들이 모이게 되면 서열과 상대적 계급의 결정은 매우 복잡해질 수 있다. 게다가 여왕이 일시적으로 부여한 비세습적 지위는 이를 더욱 혼란스럽게 만들 수 있다. 그러나 실수는 결코 용납되지 않는다. 카바 의식에서는 좌석을 통해 상대적 계급이 모든 사람에게 명확히 드러나며, 이후의 중요한 의전과 관련된 문제는 아마도 직전 의식을 참조하여 해결될 것이기 때문이다. 이러한 이유로 여왕은 의식 전체가 영상으로 기록되기를 원했다.

설명을 들으면 들을수록 촬영 작업이 생각했던 것보다 상당히 복잡하리라는 것을 깨닫고 마음이 무거워졌다. 카바 의식만 해도 4시간 이상 계속될 예정이었다. 의식 참가자들이 이룬 원—이를 카바 링kava ring이라고 한다—의 직경이 100미터이며, 초기 단계를 제외하고는 원 내부로 들어가는 것이 허용되지 않는다. 더욱이 가장 중요하고 신성한 순간에는 원 외부에서라도 섣불리 이동한다는 것은 상상할 수 없는 일이었다. 어쨌든 전체 촬영 기획에 대해 어느 정도 의심을 품은 나이 든 추장들 중 일부가 우리의 경거망동에 눈살을 찌푸릴 게 뻔했기 때문이다. 이러한 움직임의

데이비드 애튼버러의 주 퀘스트

제한에도 불구하고, 행사 내내 링 안팎에서 일어나는 사건들의 상세한 클로즈업 영상을 확보하고 실황을 녹음하는 것은 필수였다.

이 모든 과제를 달성하려면 카메라와 마이크를 어디에 놓아야 하는지, 언제 서둘러 새로운 위치로 옮겨야 하는지, 여러 가지 일이 동시에 일어날 때 어떤 행동을 촬영하고 어떤 행동을 무시해야 하는지에 대해 구체적인 계획을 세워야 했다. 게다가 이러한 계획을 실행에 옮기기 위해서는, 우리가 그때까지 한 마디도 알지 못하던 언어로 4시간 동안 진행될 의식의 모든 복잡한 세부사항을 따라잡을 수 있어야 했다.

스필리어스 부부와 베에할라는 우리에게 모든 것을 설명하기 위해 최선을 다했지만, 그들의 임무는 끔찍이 어려웠다. 전체 의식은 사실상 모자이크 맞추기와 같았으며, 각 부분별로 의전 권위자인 한 명의 귀족이나 관리의 책임하에 진행되었기 때문이다. 사정이 이러하다 보니, 통가의 의식을 열정적으로 연구하는 베에할라조차도 전체 의식에 대한 명확한 설명을 제시할 수 없었다. 그러나 이러한 의문에 대한 궁극적인 권위자는 여왕 자신이었으므로, 우리의 오랜 회의가 끝날 때마다 베에할라는 궁전으로 돌아가 여왕을 알현하여 긴 문의 목록에 대한 답을 얻을 수 있었다.

베에할라는 이러한 어려운 문제에 훌륭하게 대처했다. 그는 둥근 얼굴에 키가 작고 통통한 청년으로, 다행히도 유머감각이 매우 발달되어 있었다. 나는 그의 웃음을 잊을 수 없다. 그것은 킥킥거림으로 시작하여 온몸이 흔들릴 때까지 점차 강도가 높아졌다가, 숨이 차서 억지로 숨을 들이쉴 때에 이르러서는 깜짝 놀랄 만한 팔세토 비명으로 변했다.

대부분의 다른 사람들과 마찬가지로 그는 습관적으로 통가의 국민복—목에 딱 붙는 튜닉tunic[1]과 발라vala(피지의 술루와 비슷한 단순한 스커트)를

1　몸에 딱 붙는 짧은 상의. - 옮긴이주

입고, 허리에는 긴 매듭 벨트와 타오발라[ta'ovalas](판다누스 잎사귀를 엮어 만든 커다란 매트)를 두른다—을 입었다. 타오발라는 경우에 따라 크기와 특색이 크게 다를 수 있다. 중요한 의식을 위해서 두르는 매트는 매우 오래되어 진한 갈색을 띠고 리넨[linen]처럼 섬세하고 유연하게 짠 집안 대대로 내려오는 귀중한 물건일 수 있다. 장례식에서는 거칠고 너덜너덜하게 짠 것이 적절할 것이다. 나는 베에할라가 '우아하게 차려입은 영국인이 가진 넥타이들'만큼 많은 매트를 가지고 있을 거라고 생각했지만, 그는 대개는 무릎 한참 아래에서 가슴 중앙까지 뻗은 비교적 새롭고 뻣뻣한 매트를 두르고 나타났다. 이러한 타오발라는 바닥에 다리를 꼬고 앉을 때 분명히 매우 유용하여, 착용자에게 앉을 수 있는 쿠션은 물론 가슴 앞에 담배, 공책, 연필을 보관할 수 있는 추가적인 주머니를 제공한다. 그러나 베에할라는 탁자 주위의 의자에 앉아야 할 때 그게 일종의 방해물임을 깨달았다. 결과적으로 우리와 격의 없는 사이가 되자 그는 때때로 그것을 벗어버리곤 했는데, 그 방식이 매우 특이했다. 즉, 그는 매듭 벨트를 푼 다음 매트 전체를 푸는 대신 심호흡을 함으로써 매트가 바닥에 흘러내리도록 했다. 그런 다음 발라를 무릎 주위에 모으고 매트 밖으로 쏙 빠져나오니, 바닥에는 빈 튜브만 홀로 남았다.

통가인 친구들 중에서 우리와 가장 가까워진 사람은 베에할라였다. 그는 우리의 일상적인 필요를 돌볼 뿐 아니라, 통가의 전설과 역사에 대해 이야기하는 데 많은 시간을 할애했다. 또한 그는 섬의 음악과 춤에 대한 전문가이자 코로 부는 통가 전통 피리의 유명한 연주자였다.

처음 며칠 동안에는 촬영 준비에 몰두하느라 누쿠알로파를 벗어날 겨를이 없었다. 그곳은 넓은 만의 해안을 따라 깔끔하지만 지루한 직사각형 격자 모양의 배치도 위에 펼쳐진, 햇살이 눈부시게 내리쬐는 느긋한 마을이었다. 대다수의 건물들은 우리가 기거하는 빌라처럼 현대적이었지만,

그에 상응하는 정도의 건물들이 전통적인 스타일로 건설되고 카바와 타피오카나무 덤불로 둘러싸여있었다. 자전거를 제외하고 거리에는 교통량이 거의 없었고, 도로 한가운데를 한가롭게 거니는 인파를 헤치고 나아가는 몇 대의 자동차는 통가 정부 관리나 소규모 유럽인 공동체 주민의 소유였다. 신체적으로 사람들은 수바의 피지인과 상당히 달랐다. 즉, 그들은 멜라네시아인이 아니라 폴리네시아인이어서 키가 크고 잘생겼으며 황금빛 갈색 피부, 번쩍이는 치아, 좁은 코, 물결 모양의 검은 머리칼을 가지고 있었다. 그들 중 많은 사람들이 맨발로 걸었고 대부분은 발라와 타오발라를 입고 있었는데, 유일하게 눈에 띄는 예외는 가장 세련된 영국 여대생들의 자랑거리였을 깔끔한 연청색 튜닉과 밀짚 모자를 멋지게 차려입은 퀸 살로테 학교Queen Salote's School의 소녀들이었다.

도시의 중심은 궁전이었는데, 그것은 만灣의 해안에 서있는 흰색 페인트칠 된 목조건물로, 거의 100년 전 한 뉴질랜드 회사에 의해 건설되었다. 궁전은 2층 건물이었는데, 그 자체로 누쿠알로파에서 다른 건물들과 구별하기에 충분했다. 디자인은 단순했지만, 박공[2]과 베란다의 처마를 따라 무늬가 새겨진 테두리로 장식된 덕분에 소박해 보이지는 않았다. 그곳은 여왕뿐 아니라, 총리인 아들 퉁기Tungi 왕자와 그의 가족, 뒤편의 별채에서 사는 수많은 하녀, 음악가, 무용수, 요리사, 하인들의 보금자리였다. 여러 개의 방 중 하나에서는 추밀원Privy Council이 열렸고, 측면의 베란다에서는 방문하는 유명 인사들에게 거의 항상 카바가 제공되었다. 수많은 사람들의 행렬이 타파 천tapa cloth[3], 고급 매트, 화환, 구운 돼지 등 여왕을 위한 각종 선물을 들고 끊임없이 그곳을 방문했고, 주방에서는 도시에서 가장 흥미롭고 신뢰할 만한 소문이 흘러나왔다. 카키색 발라와 부시레인저

---

2 경사진 지붕 한 쌍으로 인해 만들어지는 삼각형의 벽면. - 옮긴이주
3 남양 군도산産 꾸지나무의 속껍질 등을 두들겨 만든 천. - 옮긴이주

살로테 여왕의 궁전

모자 차림으로 격식을 차려 궁전 문을 지키는 건장한 통가 경찰관이 지켜
보는 가운데, 정원에서는 또 다른 유명한 거주자인 투이 말릴로^{Tui Malilo}가
어슬렁거리고 있었다.

투이 말릴로는 거북이인데, 세계에서 가장 오래된 살아있는 동물로
알려져 있었다. 전하는 이야기에 따르면, 1773년이나 1777년에 쿡 선
장이 통가의 족장인 시엘리 판지아^{Sioeli Pangia}에게 암컷과 수컷 거북이를 1
마리씩 선물했다. 족장은 나중에 그들을 투이 통가^{Tui Tonga}의 딸에게 넘겼
다. 그로부터 60년 후 암컷은 죽었고, 수컷은 말릴로^{Malilo}라는 마을로 옮
겨져 지금의 이름을 얻었다. 마지막으로 투이 말릴로는 누쿠알로파에 정
착했다.

만약 이 이야기가 사실이라면 투이 말릴로의 나이는 최소한 183살로,

데이비드 애튼버러의 주 퀘스트

1766년 세이셸 제도Seychelles에서 모리셔스Mauritius로 옮겨져 1918년 총상으로 쓰러질 때까지 살아있었다는 다른 유명한 거북이보다 나이가 많다는 이야기가 된다. 그러나 불행하게도 쿡은 자신의 일지에서 그러한 선물에 대해 언급하지 않으며, 설사 그가 거북이를 선물했더라도 그게 투이 말릴로와 동일한 동물임을 증명할 방법이 없다. 투이 말릴로는 나중에 다른 배에 실려 통가에 도착했을 가능성이 높다. 대형 범선의 선원들은 종종 신선한 고기를 쉽고 편리하게 공급하기 위해 거북이를 실었기 때문이다.

물론 이게 사실일 수도 있지만, 투이 말릴로는 이제 늙어도 너무 늙은 나이였다. 그의 껍데기는 긴 생애 동안 닥친 일련의 사고로 인해 부서지고 찌그러져 있었다. 그는 말에 짓밟히고 산불에 갇혀 타오르는 통나무에 반쯤 짓눌렸으며 지난 몇 년 동안 완전히 눈이 멀었다. 시력을 잃어 스스

투이 말릴로

로 먹이를 찾을 수 없었기 때문에, 매일 궁전에서 누군가가 그에게 익은 파파야와 삶은 타피오카를 가져다주었다. 궁전 정원 작업 대부분은 죄수들의 몫이었는데, 이 까다로운 작업은 종종 덩치 크고 매우 상냥한 살인자에게 돌아갔다.

통가 제도에서 가장 큰 섬으로 누쿠알로파가 위치한 통가타푸는 매우 비옥하다. 섬의 대부분은 코코넛 농장이 차지하고 있는데, 이리저리 뒤틀린 회색 줄기가 당초 줄줄이 심었던 코코넛나무의 규칙성을 무색하게 한다. 그러나 모든 것이 풍성하게 자라는 것 같았다. 사람들은 약 20가지 종류의 서로 다른 빵나무를 재배했다. 토란은 무성하게 자라났는데, 거대하고 광택 있는 잎이 친척뻘인 영국산 아룸arum의 잎과 비슷했다. 마을들은 특별히 정돈되거나 잘 관리되지는 않았지만, 아프리카 마을들이 자주 그런 것과는 달리 결코 초라해 보이지 않았다. 왜냐하면 오두막집 사이에 풀이 무성하게 푸르렀고, 꽃을 피운 나무와 관목에서 꽃이 만발했기 때문이다. 도처에서 히비스커스 울타리가 이글이글 타오르는 진홍색 꽃송이를 과시했는데, 트럼펫처럼 활짝 핀 꽃 속 암술에는 노란색 꽃가루가 잔뜩 묻어있었다. 프랜지파니나무도 히비스커스만큼 흔했는데, 이따금 부푼 손가락 같은 잔가지들이 드러나긴 했지만 대다수의 가지들은 향기로운 꽃봉오리를 활짝 피웠다.

섬에서 경치가 가장 아름다운 곳은 남동쪽 해안이다. 통가타푸 전체가 기울어져, 북쪽은 가라앉고 남쪽은 솟아오른 것처럼 보인다. 그 결과 남쪽의 오래된 석회암 절벽은 바닷물이 닿는 범위를 넘어 내륙 쪽으로 약간 치우쳐있고, 한때 해수면 아래에서 파도에게 발등을 난타 당했던 암반은 이제 해수면보다 높이 노출되어 있다. 통가의 이쪽 측면에 부딪히는 태평양의 큰 파도는 암반의 바깥쪽 가장자리를 부수고, 석회암과 만나는 곳에서 일련의 연결관管을 침식하여 일종의 분수공을 형성했다. 이 분수공들은 쇄

파breaker[4]가 밀려들어 올 때마다 휘파람과 함께 6미터 높이의 물보라를 뿜어내고, 그 물은 암반 상단의 얕은 석호로 폭포수처럼 쏟아져 내린다.

분출하는 바닷물은 석회암의 일부를 용해할 수 있는 압력으로 연결관을 통해 밀려 들어온 것으로, 이후 용해된 석회석이 퇴적되어 분수공의 분출구 주위에 일련의 작은 테라스를 형성한다. 거센 파도가 몰아치고 솜털 같은 분출수가 불가사의하게 투명하고 푸른 석호에 쏟아져 내릴 때 해안 전체에서 뽀얀 연기가 피어나는 듯한 광경은 엄청난 장관이며, 자연의 아름다운 풍광에서 낙관적인 즐거움을 느끼는 통가인들은 이럴 때 종종 해안으로 내려와 잔치를 벌이고 우레와 같은 분수공을 감상한다.

베에할라는 분수공이 있는 영토를 소유한 귀족인 바에아Vaea를 대동하고 우리를 해안으로 데려가 잔치를 베풀었다. 우리는 인근 호우마Houma 마을의 연장자들과 함께 산호가 노출된 바위 위에 숲을 이룬 몇 그루의 판다누스나무 그늘에 앉았고, 마을 여자들이 잔치를 위해 폴라pola를 가져왔다. 폴라는 코코넛 잎을 엮어 만든 약 2미터 길이의 틀로, 그 가운데에는 어린 돼지구이를 중심으로 양옆에 닭 2마리, 삶은 참마, 타피오카, 고구마, 빨간 수박 조각, 바나나, 삶은 통가식 푸딩, 달콤하고 시원한 즙이 가득한 껍질 벗긴 부드러운 코코넛이 놓여있었다. 우리의 목에는 화환이 걸렸고, 잔치가 벌어지는 동안 한 무리의 연주자들이 기타와 우쿨렐레를 연주하며 노래를 불렀다.

우리는 식사를 마치고 마을로 올라가 타파 천 만드는 과정을 지켜봤다. 먼저, 꾸지나무의 가는 줄기에서 껍질을 벗겨내고 며칠 동안 물에 담가 둔다. 그리하여 거친 바깥층이 벗겨지고 하얗고 유연한 속껍질만 남으면, 특별히 평평하게 가공된 통나무 작업대 뒤에 줄지어 앉아있는 여자들

---

4 해안을 향해 부서지며 달려오는 큰 파도. - 옮긴이주

이 네모난 나무망치를 이용하여 나무껍질 가닥을 두드린다. 통나무의 양쪽 끝은 지면 위로 약간 올라와있어 두드리면 청아한 소리가 나는데, 활력 넘치는 여자들—일명 타파 비터^{tapa beater}팀—은 통가 지역 마을에서 가장 흔하고 특징적인 소리 중 하나인 '빠르고 리드미컬한 고음으로 톡톡 치는 소리'를 낸다. 망치로 두드리면, 원래 7센티미터였던 나무껍질 가닥의 너비가 곧 4배로 되며, 넓어질수록 두께는 얇아진다. 그런 다음 반으로 접고 다시 두드리면, 너비가 45센티미터이고 길이는 60센티미터가 넘는 가볍고 투명한 크림색 시트가 된다.

여자 한 명이 수백 장의 타파 시트를 모으면 친구들을 불러 천을 완성하도록 도와 달라고 요청한다. 그녀들은 윗부분이 둥근 긴 작업대를 사용하는데, 그 위에는 '말린 야자잎에 꿰매어 놓은 덩굴'로 만든 패턴이 놓여 있다. 이 패턴 위에 삶은 뿌리에서 나온 끈적이는 물질로 접착된 3~4장 두께의 타파를 얹은 다음 갈색 염료를 묻힌 천으로 문지르면 아래에 있는 패턴의 디자인이 천에 나타난다.

완성된 타파 천은 길이가 50미터에 이르기도 하는데, 다양한 적갈색의 대담하고 멋진 디자인에 때로는 나중에 검은색 윤곽선이 추가된다. 그것은 스커트, 벽걸이, 띠, 침구 등으로 사용되며, 얇은 시트 1장이 두꺼운 모직 담요보다 따뜻하다. 그리고 피지로 수출되는데, 피지에서는 자국산 소재보다 훨씬 우수하다고 평가되며, 의식용 선물, 특히 여왕에게 바치는 예물용으로 사용된다.

마침내 왕실 카바 의식의 날이 다가왔다. 행사장은 궁전에 인접한 의식 장소인 말라에^{malaʻe}였는데, 그곳은 런던으로 치면 근위병 교대식이 열리는 장소에 해당한다. 제프와 짐과 나는 모든 장비를 챙겨 이른 아침에 그

타파를 만드는 여자들

타파에 무늬 넣기

곳으로 향했다. 궁전에서 가장 가까운 쪽에 일렬로 식재된 장엄한 남양삼나무 그늘에 살로테 여왕이 머물 초가 지붕을 얹은 작은 관람석이 세워져 있었다. 우리가 도착했을 때, 관람석 바닥은 여러 겹의 타파 천으로 덮여 있었다.

지팡이를 짚고 오래되고 헐렁한 매트를 허리에 두른 베에할라가 곧 나타났고, 뒤이어 통가의 귀족들이 하나둘씩 도착했다. 누쿠알로파에서 북쪽으로 160킬로미터 떨어진 하파이^{Ha'apai}섬과 그 섬에서 160킬로미터 떨어진 바바우^{Vava'u}섬에서 온 귀족들도 도착했다. 바싹 깎은 백발과 깊게 팬 주름을 가진 노인들이 주를 이루었는데, 각각 자신의 마타풀^{mata'pule}—수행원 또는 대변인—을 동반했다. 왕실 카바 의식을 완벽하게 기록해야 하므로 모두 참석하라는 여왕의 명령이 있었기에, 한 의식에 그렇게 많은 사람들이 참석한 것은 한동안 유례가 없는 일이었다. 좌석 배치를 놓고 지난 몇 주 동안 심도 있게 논의하지 않았다면 아마도 자리를 놓고 격한 논쟁이 벌어졌을 것이다. 그럼에도 불구하고 베에할라는 여러 차례 판정을 내려 달라는 요청을 받았다. 왕실 관람석 맞은편에 있는 카바 링의 맨 끝에는 지름이 1.5미터에 달하는 거대한 카바 그릇이 놓여있었다. 그릇은 햇볕 때문에 균열이 발생하지 않도록 나뭇잎으로 싸여있었고, 그 표면은 다년간 조제된 카바가 누적된 진줏빛 하얀 에나멜 막으로 덮여있었다. 그릇 뒤에는 토아^{to'a}, 즉 귀족을 배출한 마을의 사람들이 모여있었다.

행사장 끝에는 의식을 관람할 자격이 없는 사람들을 제지하기 위해 여러 명의 경찰관이 배치되어 있었다. 관람 허가를 받은 유럽인은 스필리어스 부부와 제프 그리고 나밖에 없었는데, 아마도 그런 특권을 부여받은 유럽인은 우리가 처음이었을 것이다.

마침내 카바 링이 완성되어, 관람석과 카바 그릇을 잇는 지름 약 100미터의 원이 그려졌다. 자리에 앉지 않은 사람은 여왕 한 사람밖에 없었

데이비드 애튼버러의 주 퀘스트

다. 이윽고 행사가 시작되었다. 토아의 사람들은 링의 중앙으로 예물을 가져왔는데, 선물의 유형—수량은 아니다—은 전례典例에 따라 지정되어 있었다. 그중에는 2개의 거대한 타파 천과 수백 개의 코코넛잎 바구니가 포함되어 있었는데, 바구니별로 타피오카, 물고기, 닭고기로 가득 차있었다. 구운 돼지들은 통째로 가져왔는데, 간肝이 가슴에 꼬챙이로 고정되어 있었다. 돼지들은 크기도 다양했고 저마다의 이름을 가지고 있었으며 제각기 다른 방식으로 조리되어 있었다. 가장 큰 돼지인 푸아카 토코puaka toko는 장대로 만든 대擡 위에 놓여있고, 그것을 운반하는 남자들은 인상적인 선율의 노래를 부르고 있었다. 마지막으로, 가장 큰 카바 덤불인 카바 아 토코kava a toko도 노래와 함께 운반되었다.

모든 예물이 링 안에 줄지어 모이자, 토아에서 온 남자들이 차례로 집

왕실 카바 의식에서 예물을 헤아리는 장면

어 들며 개수를 헤아렸다. 왜냐하면 '귀족의 백성들이 예물을 종류별로 얼마나 많이 바쳤는지'를 모두에게 알리는 것이 매우 중요하기 때문이다. 링의 모든 구성원들은 예물에 대한 감사의 뜻을 전했다. 세는 사람들이 토아로 물러난 후 침묵이 흘렀다. 이제 여왕의 도착을 위한 무대가 마련되었다.

드디어 그녀가 궁전 정원에서 나타났다. 500년이 넘은 타오발라와 넓고 두꺼운 매듭 벨트를 착용한, 키 크고 조각상 같은 진정한 왕족의 모습이었다.

의식은 이제 매우 신성한 시간이 되었다. 먼저, 구운 돼지 하나가 그녀에게 진상되었다. 신속한 칼질로 몸통이 해체되어, 특별한 부위가 특정 귀족에게 하사되었다. 일부는 즉시 자신의 몫을 먹을 자격이 있었고, 나머지는 그렇게 하는 것이 허용되지 않았다. 여왕은 왕의 몫으로 간肝을 받았다. 다음으로, 카바 토코가 카바 그릇으로 옮겨져 조각 나고, 그중 한 조각이 선별되어 분쇄되었다. 관람석 밖에 앉아있던 관리인 모투아푸아카Motu'apuaka의 지시에 따라 모든 예물이 링에서 치워졌다. 천천히 신성한 몸짓으로 그릇 뒤에 앉아있던 남자가 카바를 조제하기 시작했다. 속이 빈 코코넛을 이용해 으깨진 뿌리에 물을 부은 다음, 커다란 흰색 히비스커스 섬유 다발을 거름망으로 사용하여 혼합을 시작했다. 그의 행동은 양식화되고 과장되었다. 왜냐하면 자신의 동작이 올바르다는 것을 카바 링에 있는 모든 사람들에게 알려야 했기 때문이다. 그는 몇 번이고 몸을 앞으로 숙여 거름망에 뿌리 조각을 모아 들어올린 다음 자신의 팔에 감아 비틀고 쥐어짰다.

드디어 혼합이 완료되었다. 모투아푸아카의 지시에 따라 코코넛컵에 가득 담긴 카바가 여왕에게 전달되었다. 그녀는 그것을 입술에 가져다 대었다. 그리고 다음 1시간 30분 동안 한 사람씩 모두가 정해진 순서에 따

데이비드 애튼버러의 주 퀘스트

왕실 카바 의식에서 카바를 혼합하는 장면

왕실 카바 의식에서 카바를 마시는 살로테 여왕

라 카바를 마셨다. 마지막 사람이 마시고 나자 여왕은 일어서서 천천히 궁전으로 걸어갔다. 이로써 왕실 카바 의식이 끝났다.

펜테코스트의 점프와 같은 극적인 특징은 전혀 찾아볼 수 없었지만 이상하게도 더 인상적이었다. 앞에 봤던 의식은 활발한 묘기가 압권이었지만, 카바 의식은 분위기가 성스러웠고 매우 감동적이었다.

━━━━━

이제 우리가 떠날 시간이 빠르게 다가오고 있었다. 마지막 며칠 동안, 우리는 마을과 해안의 이곳저곳을 돌아다니며 제프와 나를 사로잡은 섬의 마법을 필름에 기록하려고 노력했다. 그것은 불가능해 보였다. 흔들리는 야자나무, 반짝이는 석호, 초가집을 촬영하면 할수록 통가의 특별함은 섬에서 비롯된 것이 아님을 깨닫게 되었기 때문이다. 우리는 다른 피사체에서 더욱 그림처럼 아름다운 모습을 포착했는데, 그건 풍경이 아니라 사람들 자신이었다. 근면하고 여왕에게 헌신적이고 교회에 대한 애착이 대단했지만, 그들의 압도적인 특징은 만족감이었다. 휴식을 취하는 동안 그들의 얼굴은 항상 편안한 미소를 머금고 있었는데, 이는 뉴헤브리디스인을 특징짓는 '주름진 이마와 꽉 다문 입'과 확연히 대조되는 것이었다. 하지만 행복과 만족을 필름에 담기란 쉽지 않았다.

어느 날 저녁, 우리는 호우마 마을의 분수공 옆에서 하루 종일 이글거리는 태양과 싸우며 촬영하다 녹초가 된 채 늦게 귀가했다. 현관에 들어섰을 때, 나는 잠시 우리가 집을 잘못 찾아왔다는 생각이 들었다. 왜냐하면 거실이 알아볼 수 없을 정도로 변해 있었기 때문이다. 사슬을 이룬 히비스커스 꽃다발이 벽에서 창문을 가로질러 단장되어 있었고, 커다란 칸나 꽃대가 한쪽 구석을 가득 채웠다. 한쪽으로 밀려난 채 파인애플, 바나나, 수박, 통닭구이로 가득 찬 테이블을 제외하면 매트가 깔린 바닥은 깨

데이비드 애튼버러의 주 퀘스트

곳이 치워져 있었다. 먼지를 뒤집어쓴 채 놀라 문간을 응시하며 서있는데, 궁전에서 온 한 청년이 밝은 색깔의 발라를 걸치고 귀 뒤에 꽃을 꽂은 채 부엌에서 나타났다.

"여왕 폐하께서는 당신들이 힘든 하루를 보냈다는 것을 알고 계십니다"라고 그는 말했다. "그래서 당신들을 위해 파티를 열어주라고 하셨습니다."

내 뒤에서 고음의 킥킥거리는 소리가 들렸는데, 너무 익숙해서 누군지 능히 짐작할 수 있었다. 아니나 다를까, 뒤를 돌아보니 베에할라가 커다란 타오발라를 화려하게 차려입고 몸을 흔들며 환하게 웃고 있었다. 앞방에서 기타 소리가 들려왔고, 부엌에서는 풀잎 치마와 화환을 두른 궁중 무희들이 노래를 부르며 줄지어 나왔다. 베에할라는 우리를 문 안으로 밀어 넣었다. 바에아는 이미 와있었고, 몇 분 지나지 않아 더 많은 통가인 친구들이 도착했다. 이내 거실은 노래하고 춤추고 웃는 사람들로 가득 찼다. 마지막 사람이 떠난 것은 새벽 2시가 넘어서였다.

우리가 과연 지상 낙원의 사람들을 발견한 것이었을까? 누쿠알로파에서 만난 유럽인 중에서 그렇게 말할 사람은 거의 없었을 것이다. 그들이 보기에, 그 섬은 아무런 일도 일어나지 않고 지루하기 짝이 없는 벽지였다. 배들은 매우 긴 간격으로만 기항했기 때문에 섬에 있는 몇 안 되는 상점에서 원하는 것을 항상 정확하게 얻을 수 있는 건 아니었고, 외부 세계의 우편물은 종종 참을 수 없을 정도로 지연되었으니 말이다. 물론 그들의 반응은 이해할 만했다. 그들은 섬 생활과 전혀 동떨어진 문제들—전기와 전화 서비스, 토목 공사 그리고 교역—을 다루기 위해 통가를 방문했으며, 자기 직업의 포로로서 마치 산업 사회의 구성원인 것처럼 힘써 일했지만, 사실은 시간이나 일정, 장부, 복식부기 회계제도를 가장 하찮게 여기는 사람들 사이에서 살고 있었기 때문이다.

그러나 통가인들 자신에게는 그들의 섬이 지상에서 발견할 수 있는 낙원에 가장 가까운 것으로 보였다는 것이 내 생각이다. 그곳은 매우 풍요로워서, 석호에는 항상 물고기가 있고 사람들이 각각 자신의 땅을 가지고 있으므로 결코 굶을 일이 없다. 인생은 참으로 풍요로워, 꽃은 아름답고 음식은 달콤하며 소녀들은 예쁘고 음악은 묘한 매력이 있다. 그들에게도 의무가 있지만, 그 많은 즐거움을 누릴 시간이 부족할 정도로 까다롭지는 않다.

　　만약 내가 더 오래 머물렀다면, 그 섬의 다른 유럽인들처럼 나도 불만을 품게 되었을까? 나는 몹시 궁금해졌다.

2부

마다가스카르 동물 탐사

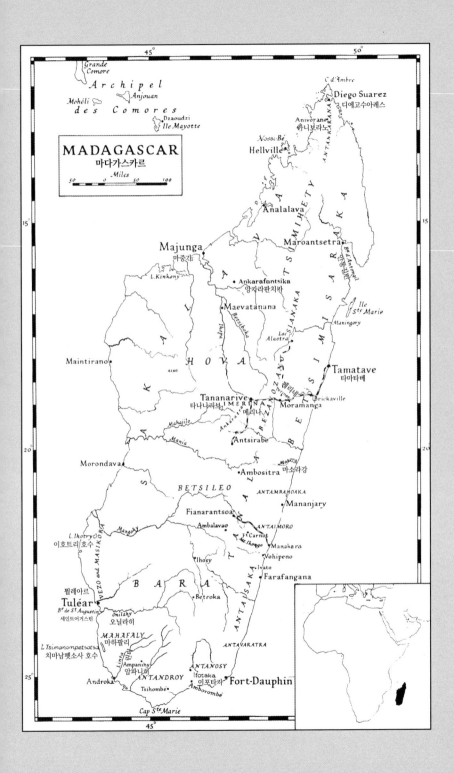

45°   50°

Grande
Comore
Archipel   C. d'Ambre
Mohéli   *Anjouan*
des   Comores   Diego Suarez
Dzaoudzi   디에고수아레스
Ile Mayotte
Anivorano
아니보라노

MADAGASCAR   Nossa-Bé
마다가스카르   Hellville

50   0   50   100 Miles

Analalava   15°

Maroantsetra

Majunga
마중가

Ile
Ste Marie

L.Kinkony   Ankarafantsika
앙카라판치카
Maevatanana   Maningory
Lac
Alaotra

Maintirano   *HOVA*
4240   Tamatave
타마타베

Tananarive
타나나리브 IMERINA   Brickaville
메리나   Moramanga
20°   20°
Antsirabe

Morondava   Ambositra   마소라강
BETSILEO
ANTAMBAHOAKA
Mananjary

Fianarantsoa
Ambalavao   ANTAIMORO
L. Ihotry/호수   Ft Carnot
이호트리호수   Manakara
Ihosy   Vohipeno
Ivato
Farafangana

BARA
Betroka
뛸레아르
Tuléar
Bie de St Augustin
세인트어거스틴
Onilahy
오닐라히
MAHAFALY 마하팔리
L.Tsimanompetsotsa
치마남펫소사 호수   ANTAVARATRA
Ampanihy
암파니히 ANTANDROY ANTANOSY
Androka   Ifotaka
이포타카
Tsihombé   Ambovombé Fort-Dauphin

Cap Ste Marie

45°

10. 다락방 섬

세계지도에서 마다가스카르^{Madagascar}섬은 아프리카의 동쪽 측면에서 떨어져 나온 작고 하찮은 조각에 불과한 것처럼 보인다. 하지만 실제 길이는 1,600킬로미터이고, 잉글랜드와 웨일즈 면적의 4배에 해당하는 거대한 땅덩어리다. 게다가 그곳에 사는 동물, 식물, 사람의 특징은 아프리카와 거의 완전히 달라, 6,400킬로미터 떨어진 오스트레일리아에 비견된다.

제프 멀리건과 나는 케냐의 나이로비에서 비행기를 타고 그곳으로 갔다. 우리는 잔지바르^{Zanzibar} 근처에서 해안을 벗어나 마다가스카르와 우리를 갈라놓은 채 반짝이는 푸른 모잠비크^{Mozambique} 해협을 건너기 시작했다. 파도에 휩싸인 코모로^{Comoro} 제도의 작은 피라미드형 섬들이 전방에 모습을 드러내, 우리가 웅웅거리며 하늘에 매달려있는 동안 우리를 향해 천천히 기어와서는 왼쪽 날개 밑을 지나 뒤로 사라졌다. 그리고 나서 아프리카를 떠난 지 2시간도 채 안 되어 흐릿한 수평선에 마다가스카르가 어렴풋이 떠올랐다. 우리는 새로운 세계에 접근하고 있었다. 눈앞에 펼쳐진 숲과 평원 어디에서도 케냐의 사바나를 가득 메웠던 동물들—원숭이, 영양, 코끼리, 거대한 육식성 맹수—을 찾을 수 없었다. 바다를 건너는 짧

데이비드 애튼버러의 주 퀘스트

은 시간 동안 자그마치 5,000만 년의 진화적 시간을 거슬러 여행한 것이었다. 우리는 자연의 다락방 중 한 곳으로 들어갔고, 그곳에는 까마득히 오래전 세계의 나머지 지역에서 사라진 고풍스럽고 오래된 유형의 생물들이 여전히 고립된 채 살아남아있었다.

다락방의 매력은 향수에만 있지 않다. 오래된 에디슨 축음기의 밀랍 실린더[1]가 당신의 흥미를 끌 수 있는 것은 그 당시에는 새롭고 혁명적이었기 때문이며 그 안에서 우리 시대의 정교한 장치의 맹아萌芽를 감지할 수 있기 때문이다. 당신은 어쩌면 다락방의 먼지와 거미줄 사이에서, 후속 모델이 없는 데다 지금은 너무 구식이어서 그 기능을 알 수 없는 괴상망측한 싸구려 장치를 발견할 지도 모른다. 잊힌 트렁크의 삐걱거리는 뚜껑을 들어올리다 허리받이 틀이나 희한한 디자인의 옷가지라도 튀어나오게 되면 취향과 패션의 엄청난 변화에 놀라게 될 것이다. 마다가스카르의 동물을 연구하기 시작한 사람이라면 누구나 과거로 들어가는 것과 같은 매혹과 느낌에 사로잡히게 된다. 마찬가지로 그곳의 동물들 역시 지나간 시대의 유물들이므로, 세계의 다른 지역에서 우글거리는 고도로 진화한 생물에 익숙한 우리에게 기이하고 이상하기 마련이다. 그들에게서 우리의 과거를 엿볼 수 있을지도 모른다.

지금으로부터 5,000만 년 전 마다가스카르와 아프리카는 하나였다. 이 세계는 지질학적으로 오래됐지만 원숭이나 유인원은 아직 나타나지 않아, 인간으로 귀결되는 계통수의 가장 높은 정점에 자리잡은 것은 여우원숭이lemur라고 불리는 생물이었다. 그들은 나중에 원숭이를 특징짓는 많은 특성을 이미 가지고 있었다. 몸의 형태와 비율은 원숭이와 비슷했고, 사람처럼 '움켜쥐는 손과 발'을 가지고 있었다. 그러나 그들의 얼굴에는

---

1 전축에서 소리를 저장, 재생하는 음반에 해당하는 장치로 둥근 원통의 바깥에 밀랍, 은종이, 분필을 이용하여 음을 새길 수 있도록 했으며 이후 원반 형태의 음반으로 대체됐다. - 옮긴이주

돌출한 주둥이가 있어서 언뜻 보면 여우와 비슷했다. 뒤집힌 쉼표 모양의 콧구멍은 개나 고양이의 그것과 비슷했다. 그들의 뇌는 비교적 작았고, 더 높은 지능을 발휘하는 것으로 보이는 두개골 앞부분에 위치한 복잡한 뇌엽은 발달하지 않았다.

전성기의 여우원숭이는 매우 성공적인 무리들이었다. 그들의 본거지였던 것으로 여겨지는 마다가스카르는 이 당시 세계의 다른 대륙들과 연결되어 있었으므로, 여우원숭이는 번성하고 널리 퍼져 나가 영국, 프랑스, 북아메리카의 암석에 자신의 뼈를 화석으로 남겼다. 그러나 약 2,000만 년 전 두 가지 커다란 변화가 일어났다. 첫째, 마다가스카르는 섬으로 고립되었다. 둘째, 아프리카의 광대한 진화적 격동 속에서 보다 고도로 발달한 생물들이 나타났다. 여우원숭이는 이들 더 큰 뇌를 가진 원숭이와 대형 육식동물을 포함한 동물들과 더 이상 먹이와 영토를 놓고 성공적으로 경쟁할 수 없었다.

그 결과 마다가스카르 밖에 살던 여우원숭이와 그들의 가까운 친척 대부분이 멸종했고, 극소수—아프리카의 포토원숭이potto, 앙완티보angwantibo, 갈라고galago, 아시아의 로리스loris—만이 울창한 숲의 그늘 속에서 피신처를 찾아내 '작고 눈에 잘 띄지 않는 생물'로 살아남았다. 그러나 마다가스카르에 살던 여우원숭이 본대는 주변을 둘러싼 바다가 보호해 준 덕분에 안전했다. 바다는 보다 신식인 아프리카의 포유류가 넘을 수 없는 장벽이었다. 그 결과 마다가스카르의 여우원숭이 개체군은 계속 번성하여 매우 다양한 형태로 진화했다.

여우원숭이들은 오늘날 서로 다른 20여 종이 존재한다. 크기와 습성도 일부는 생쥐, 일부는 다람쥐, 일부는 사향고양이와 비슷하다. 그들 중 한 무리는 원숭이와 비슷하고, 한 종류는 유인원과 가장 잘 비교될 수 있다. 이 분류군들은 대표적인 인간의 초기 조상 중 하나로 동물학자들의 관심

데이비드 애튼버러의 주 퀘스트

을 끌지만, 놀랍게도 알려진 것은 거의 없다. 단지 한두 마리가 동물원에서 사육되면서 연구될 수는 있지만 마다가스카르에서 산 채로 대량 반출된 사례는 전혀 없다.

마다가스카르 동물상fauna의 특이한 점은 여우원숭이의 존재에만 국한되지 않으며, 다른 기묘한 생물들도 많다. 콩고의 중심부와 카리브해에서만 가까운 친척을 찾아볼 수 있는 텐렉tenrec이라고 불리는 고슴도치를 닮은 동물, 아프리카의 비단뱀이 아니라 남아메리카의 보아뱀과 친척 관계인 뱀들, 그리고 세계의 다른 지역 어디에도 살지 않는 46속의 새들이 그들이다.

우리는 마다가스카르 상공에서 숲과 시뻘건 진흙투성이 강, 그리고 척박한 언덕을 넋을 놓고 내려다보았다. 향후 며칠 내에 그러한 생물들 중 일부를 직접 볼 수 있다는 사실을 알고 있었지만, 그럼에도 조바심을 억누르기는 어려웠다.

━━━━

우리는 섬 한복판에 자리잡은 마다가스카르의 대표 공항에 착륙했다. 비행장에서 30여 킬로미터 떨어진 수도까지 운전하면서 무엇을 보게 될지 확신할 수 없었지만, 우리가 발견한 것은 전혀 뜻밖이었다. 태양은 열대 특유의 광채를 내뿜으며 이글거렸지만, 해발 900미터가 넘는 고지대였기 때문에 공기는 시원하고 신선했다. 나무 한 그루 없는 구릉지는 아프리카와는 달리 옥수수나 카사바밭으로 개간되지 않았고, 그 대신 경관의 모든 굽이와 모퉁이에 깔끔한 계단식 논이 조성되어 있었다. 우리는 아시아의 어딘가에 와있는 듯한 착각이 들었다. 길가에 서있는 사람들의 얼굴이 그런 인상을 더욱 굳혔는데, 그 이유는 말레이인처럼 연갈색 피부와 까만색 직모를 가지고 있었기 때문이다. 반면에 그들의 옷차림—챙 넓은 펠트 모자, 어깨에 두른 밝은색 천—은 남아메리카인 일꾼의 인상을 풍졌다. 우리가 차를 몰고 통과한 마을의 건물들은 원시적인 움막이나 울타리 친 크라알kraal[2]이 아니라, 가파르게 경사진 지붕과 얇은 네모난 기둥으로 받쳐진 좁은 1층 발코니가 있는 호리호리한 적벽돌조 2층집이었다.

마을의 이름—Imerintsiatosika, Ampahitrontenenaina, Ambatomirahavavy—은 놀라우리만큼 발음하기 어려웠다. 나는 '만약 이 단어들이 지명의 전형이라면, 섬을 돌아다니며 길을 찾는 데 애로사항이 많겠구나'라는 암울하고도 끔찍한 예감이 들었다. 나중에 알게 된 사실이지만, 마다가스카르어 단어는 적힌 대로 발음되는 경우가 거의 없기 때문에 길찾기의 어려움은 상상을 초월한다. 즉, 첫 음절과 마지막 음절은 대개 무시되고 중간의 문자열은 극단적으로 축약되거나 생략되므로, 까다로운 영어식 지명 발음의 표준적인 사례마저도 가소로울 정도로 단순하게 보인다. 이방인들을 위해 적어도 하나의 이름이 합리화되었는데, 수도인 안타나나리보Antananarivo는 항상 타나나리브Tananarive로 발음되다가 이제는 스펠링 자체가 Tananarive로 바뀌었다.

타나나리브는 논으로 이용되는 평탄한 평야로 둘러싸인 일련의 언덕 위에 자리잡은 도시로, 몇 년 전에 대홍수가 일어났을 때는 배로만 접근할 수 있는 섬으로 변했다.

도시를 내려다보는 가장 높은 언덕에는 19세기 중반 영국의 건축가가 설계한 직사각형 건물이 세워져 있었다. 이 건물은 한때 마다가스카르의 마지막 여왕이 살던 궁전인데, 그녀는 프랑스와 강화조약을 체결했지만 나중에 조약을 이행하지 못하자 프랑스에 의해 폐위되었다.

여왕의 통치가 끝난 후 우리가 도착하기 몇 달 전에 말라가시Malagasy[3]가

---

2 울타리를 둘러친, 아프리카 전통 마을. - 옮긴이주

3 마다가스카르의 전신. 마다가스카르섬은 1811년 영국에 점령되었다가 1896년 프랑스로 넘어갔다. 1957년에는 프랑스령 자치국인 말라가시 공화국이 되었다가 1960년 6월 26일 마다가스카르라는 이름으로 독립했다. - 옮긴이주

타나나리브

독립을 되찾을 때까지 프랑스가 마다가스카르를 점령하여 통치했다. 사정이 이러하다 보니 어디에서나 프랑스어 단어가 들렸고, 시장에서는 흥정을 돕기 위해 프랑스식 몸짓이 사용되었다. 예쁜 마다가스카르 소녀들은 프랑스풍 유행을 많이 쫓아서 윤기나는 긴 머리를 위로 빗어 올려 세련된 머리 장식을 하고는 가장 우아한 옷을 입은 채 하이힐을 신고 걸었다. 도시의 레스토랑은 부르고뉴Burgundy와 론Rhône 와인을 곁들여서 5가지로 구성된 훌륭한 코스 요리를 제공했고, 거리에는 파리는 물론 다카르Dakar나 알제Algiers에서 경험할 수 있는 골루아즈Gauloise 담배와 마늘이 혼합된 미묘한 향이 흘러 넘쳤다.

제프와 나는 향후 3개월 동안 마다가스카르의 여러 동물들을 촬영하고, 만약 허용된다면 그중 몇 마리를 생포하여 런던 동물원으로 데려갈 계획을 세웠다. 우리는 모든 여우원숭이 종들이 보호받고 있다는 사실을 알고 있었지만, 비교적 개체수가 많은 종 중 한두 종을 생포하는 것은 허용될지도 모른다고 생각했다. 그래서 우리는 과학연구소 소장인 엠 폴리안^{M Paulian}을 방문했다. 그는 우리를 친절하게 맞이했고, 우리의 목표와 계획에 정중하게 귀를 기울였다.

"죄송하지만," 그가 말했다. "여우원숭이를 단 한 마리도 생포하지 말아 달라고 부탁할 수밖에 없습니다. 여우원숭이를 죽이거나 애완동물로 키우는 것은 법으로 금지되어 있습니다. 물론 마다가스카르 전역에서 그러한 법을 집행할 인력이 부족하기 때문에, 우리 관리들과 산림청 직원들은 여우원숭이를 해치는 것이 잘못된 일이라고 사람들을 설득하려고 노력해 왔습니다. 이제 우리의 노력은 드디어 결실을 맺기 시작하고 있습니다. 그러나 만약 당신들이 동물을 사로잡고 또 이를 위해 사람들에게 도움을 요청하기 시작한다면, 그들은 '백인을 위한 법과 원주민을 위한 법은 각각 따로 있다'고 믿게 될 것이므로, 우리가 지금껏 거뒀던 성과 중 많은 부분이 수포로 돌아갈 것입니다. 야생동물을 걱정하는 자연사학자로서 부탁드립니다. 이 희귀동물을 보존하려는 우리의 노력을 헛되게 하지 말고 내가 요청하는 대로 해주십시오."

그의 간청을 들어주는 것 외에 다른 대안은 없었다.

"모든 수단을 동원하여 그들을 촬영하십시오." 엠 폴리안이 말을 이었다. "그러한 기록은 매우 귀중하게 여겨질 것입니다. 왜냐하면 지금껏 그렇게 한 사람이 극소수에 불과하기 때문입니다. 내가 해드릴 수 있는 일은 멸종위기에 처하지 않은 다른 동물들을 많이 수집할 수 있도록 허가하고 안내와 통역을 해줄 조수를 보내주는 것입니다."

엠 폴리안은 자신의 말에 책임을 지는 사람이었다. 그는 며칠 만에 우리에게 랜드로버 지프 1대를 주선하고, 섬의 외딴 지역에 있는 여러 산림

보호구역에 들어갈 수 있도록 허가해줬다. 그리고 연구소에서 일하는 젊은 마다가스카르인 조르주 란드리아나솔로Georges Randrianasolo를 소개했는데, 그는 업무의 일환으로 과학 연구소에 소장할 새와 곤충 표본을 수집하기 위해 섬 전체를 탐사한 경험이 있었다. 그는 호리호리한 근육질 다리를 가진 작고 깡마른 남자였는데, 그런 다리는 외견상 연약해 보이지만 종종 극도의 강인함을 발휘하는 것으로 정평이 나있다. 우리의 계획에 대한 설명을 듣는 동안 그의 눈은 열정으로 빛났다. 장담하건대 그는 우리만큼이나 촬영을 시작하고 싶어 안달이었다.

11. 시파카와 거대한 새

3 일 후 우리는 지프를 몰고 자갈길을 달리고 있었다. 바야흐로 탐사가 시작된 것이었다. 탁 트인 길을 달리며 목청껏 노래할 때, 우리의 마음은 앞으로 펼쳐질 신나고 새로운 일로 가득 차있었다.

1시간도 채 지나지 않아 엔진의 발전기가 떨어졌다. 제프가 차대^{chassis}에서 떼어 낸 볼트로 발전기를 고정한 후 우리는 곧 다시 출발할 수 있었다. 그러나 그 사건은 우리 차가 부린 첫번째 심술로 앞으로의 태도를 분명히 드러낸 사례였다. 대략 일주일이 지나기도 전에 그 차는 고치기 매우 힘들고 놀라울 정도로 허술한 것으로 밝혀졌기 때문이다. 발전기를 고정하기 위해 사용한 볼트는 차체에서 떼어내 엔진의 인접한 부분으로 옮겨진 부품들 중 첫번째에 불과했고, 제정신을 가진 기계 공학자라면 그 부품들이 엔진에서 제대로 작동하리라고는 생각할 수 없었다. 이 모든 것을 알았더라면, 아마도 방향을 돌려 타나나리브로 돌아가 다른 차를 알아보는 것이 순리였다. 그러나 행복한 기분에 사로잡힌 우리에게 일시적인 발전기 고장은 사소한 장애에 불과한 것처럼 보였다. 우리는 아무 일도 없었다는 듯 즐겁게 노래를 부르며 계속 남쪽으로 향했다.

우리는 그날 마다가스카르의 등뼈를 이루면서 완만하게 오르내리는 언덕길을 500킬로미터나 달렸다. 오지를 오가는 택시taxis-brousse—길가에서 손짓하는 사람들을 태우고 마을 사이를 비칠비칠 달리는 작고 낡은 만원 택시—를 제외하고 도로는 거의 텅 비어있었다. 그 택시들은 늘 정원을 초과했기 때문에 승객의 팔, 다리, 머리가 차창 밖으로 삐져나왔지만, 어지간해서는 받아들일 수 있는 승객을 태우지 못하는 것을 본 적이 없었다. 사람들은 눈에 보이는 정착지에서 몇 킬로미터 떨어진 길가에서 흰색 토가toga[1]를 걸친 채 보따리나 상자 위에 앉아 오지 택시를 기다리고 있었다. 우리에게 공간이 있다면 이 마을에서 저 마을로 승객을 실어 날라 돈을 벌 수 있겠지만, 우리 트럭의 뒤쪽에는 물품과 장비가 거의 지붕까지 가득 차서 누구라도 비집고 들어오는 것은 불가능해 보였다. 과부하가 걸려 차축이 부러지는 바람에 후미가 땅에 주저앉은 오지 택시와 우연히 마주쳤을 때까지는 그렇게 보였다. 그제서야 우리는 실제로는 차에 닭 2바구니, 남자 3명, 어린 소년 1명, 그리고 아무리 너그럽게 봐도 몸무게가 100kg은 되는 여자 1명을 위한 공간이 있다는 것을 알게 되었다. 하루 일과가 끝나고 어두워진 직후, 우리는 그 승객들을 암발라바오Ambalavao 마을에 내려 주었다. 하지만 마음 편한 운전은 그날 밤이 마지막이었다.

다음 날 남쪽으로 계속 내려가면서 우리는 움푹 패인 곳이 많은 먼지투성이 골판지 도로corrugated road[2]를 따라 달렸는데, 반복된 진동으로 인해 입안에서 이빨들이 제멋대로 흔들려 차안에서는 대화가 거의 불가능했고 발전기가 떨어져 엔진 시동이 세 번이나 꺼졌다.

그러나 풍경만큼은 매우 훌륭했다. 길 양옆에는 헐벗은 바위산들이 높이 솟아있고, 그 기슭의 풀이 무성한 경사면에는 집채만 한 회색 바위가

---

1 헐렁한 겉옷. - 옮긴이주

2 흙이나 자갈로 이루어진 도로에서 물결 모양이 주기적으로 발생하는 현상으로, 일반적으로 교통량이 많은 비포장도로에서 잘 일어나지만 포장도로에서도 간혹 발생하는 것으로 알려져 있다. 빨래판 현상washboarding이라고도 한다. - 옮긴이주

마다가스카르 중부의 산맥

흩어져 있었다. 코티지 로프^{cottage-loaf3} 모양, 반구형 지붕 모양, 거대한 성벽 모양 등 다양한 형태의 봉우리가 있었다. 조르주는 우리를 위해 모든 봉우리의 이름을 알려 주었다. 그에 의하면, 많은 산들의 정상이 죽은 자를 매장하는 성소聖所로 사용되었다. 또한 한 부족 전체가 전쟁 중에 평평한 정상을 가진 봉우리로 피신했다가 굶주림을 못 이겨 항복한 후 300미터 높이의 절벽에서 산채로 떠밀려 학살된 적도 있었다.

나무는 거의 없었다. 마다가스카르섬 사람들은 수세기 동안 대부분의 삼림을 벌채했는데, 그로 인한 토양 침식 탓에 암반이 드러나서 남은 나무들은 마치 피골이 상접한 동물의 뼈처럼 얕은 흙을 뚫고 나와있었다.

---

3 크기가 약간 다른 둥근 빵 2개를 포개놓은, 식빵 비슷한 모양의 빵. - 옮긴이주

데이비드 애튼버러의 주 퀘스트

지난 수십 년 동안 황폐한 땅에 다시 나무를 심기 위해 열심히 노력했지만, 땅의 특성이 너무 바뀌어 토종 나무가 더 이상 번성할 수 없었으므로, 산림 관리인들은 오스트레일리아에서 수입한 유칼립투스 묘목을 심어야 했다. 유칼립투스만이 척박한 땅에서 잘 자랄 수 있지만, 유칼립투스 일변도의 획일적인 식재는 마다가스카르의 풍요롭고 다양한 숲을 대신하지는 못하고 있다.

남쪽으로 운전한 지 3일째 되는 날 우리는 유칼립투스를 뒤로하고 황량한 남부 지방에 들어섰는데, 그런 건조한 모래땅에서는 가장 특화된 사막 식물만이 살아남을 수 있다. 그 땅의 광활한 면적에는 그 섬유를 밧줄 만드는 데 사용하는 멕시코산 식물인 사이잘삼^{sisal hemp}이 나란히 줄지어 심겨있었다.

각각의 덤불은 무시무시하게 생긴 다육질의 커다란 창 같은 근생엽^{rosette}이 방사상으로 퍼진 것으로, 그 중심부에서 꽃송이들이 달린 커다란 꽃대가 올라왔다. 그러나 대부분의 모래땅에서는 선인장과 잎이 없는 건조한 가시덤불이 군집을 이루고 있었다.

그러던 중 갑자기 극적인 변화가 일어났다. 길 양쪽에 높이가 9미터나 되는 호리호리하고 가지를 치지 않은 식물 줄기들이 줄줄이 늘어섰는데, 각각의 줄기는 가시로 중무장한 채 작은 타원형 잎사귀가 나선형으로 휘감고 있었다. 몇몇 줄기의 끝부분은 시든 갈색 꽃술로 덮여있었다. 이 기묘한 식물은 선인장과 비슷하지만 전혀 무관하며, 마다가스카르의 이 지역 외에는 세계 어디에서도 발견되지 않는 분류군인 디디에레아속^{Didierea}에 속한다.

이 숲이 바로 우리의 목적지였다. 조르주는 그곳에서 우리가 찾고 있던 첫번째 생물, 즉 모든 여우원숭이 중에서 원숭이와 가장 유사한 시파카^{sifaka}를 발견할 거라고 확신하고 있었다.

우리는 이미 조르주의 제안에 따라 그날 밤 푸탁^{Fu-tak}이라고 불리는 마을에서 머물 예정이었다. 이제는 마다가스카르의 독특한 발음에 익숙해졌기 때문에 마다가스카르 지도에 표시된 그 마을의 이름—암보봄베 ^{Ambovombé} 읍내의 북쪽에 있는 이포타카^{Ifotaka}—을 봐도 전혀 이상하게 생각하지 않았다. 그곳은 타마린드나무 숲에 세워진 조그만 직사각형 오두막집들로 이루어진 작은 마을로 디디에레아 덤불지역의 한복판에 자리잡고 있었다.

─────

우리는 이튿날 아침 일찍 시파카를 찾기 위해 출발했다. 숲은 촬영을 하기에 불편한 곳이었다. 디디에레아 줄기의 가시와 그 사이에서 자라는 가시덤불이 우리의 옷을 붙잡고 살을 찢었다. 많은 곳에서 반쯤 쓰러진 줄기가 길을 가로막았는데, 덤불과 뒤엉켜서 그 위로 넘어가거나 그 아래로 몸을 굽히고 지나가는 것이 불가능했다. 그것들을 통과하려면 칼을 써야 했는데, 그것은 우리가 원치 않는 행동이었다. 왜냐하면 소음을 초래할 게 뻔했기 때문이다. 그래서 그것들을 회피할 요량으로 종종 긴 우회로를 선택하다 보니 직선 경로를 유지하는 것이 거의 불가능했다.

우리는 1시간 동안 울창하고 거친 숲을 조심조심 통과했다. 나는 디디에레아 울타리가 점차 성겨지는 것을 감지하고, 휴식을 취하고 물품을 점검하기에 적당한 공터가 나타나기를 기대하며 즐거운 마음으로 전진했다.

가느다란 가시덤불을 칼끝으로 천천히 제치고 햇빛 속으로 발을 내디뎠을 때, 나는 공터 한가운데의 나지막한 꽃 덤불 옆에 서있는 3개의 작고 하얀 형체를 보았다. 그들은 덤불에서 꽃잎을 따내어 양손으로 입에 쑤셔 넣느라 여념이 없었다. 나는 얼어붙은 듯 서있었고, 그 동물들은 30초 동안 계속 먹이를 먹었다. 그때 조르주가 내 뒤로 다가와, 내가 뭘 보는지도

데이비드 애튼버러의 주 퀘스트

암발라바오의 남부

디디에레아 숲에 있는 제프 멀리건

모르고 나뭇가지에 발을 디뎠다. 나뭇가지가 부러지자 3마리의 동물이 일제히 우리 쪽을 쳐다보더니 곧장 달아났다. 그들은 긴 뒷다리를 모으고 짧은 팔을 앞으로 내민 채, 마치 포대뛰기sack race[4]를 하는 사람들처럼 폴짝폴짝 뛰었다. 불과 몇 초 만에 그들은 공터를 가로질러 달려가 디디에레아 속으로 사라졌다.

제프는 내 어깨 옆에 서있었고, 잠시 동안 우리 둘 다 이 매혹적인 광경의 마법을 깨뜨리고 싶지 않아 아무 말도 하지 않았다.

조르주는 행복한 미소를 지었다.

"시파카예요." 그가 말했다. "내가 분명히 말했잖아요. 쟤네들이 여기에 있을 거라고. 그리고 멀리 가지 않을 테니 다시 찾을 수 있을 거예요."

우리는 재빨리 카메라를 삼각대에 고정한 다음 망원 렌즈를 끼우고 그들을 따라 덤불 속으로 들어갔다. 조립된 장비는 매우 무거울 뿐만 아니라 가시덤불을 통과하기도 무척 어려웠다. 왜냐하면 삼각대의 다리가 얽히고설킨 나뭇가지에 자꾸 걸렸기 때문이다. 다행히도 앞을 살펴보던 조르주가 몇 분 안에 손을 번쩍 든 덕분에, 우리는 카메라를 멀리까지 운반할 필요가 없었다. 우리는 최대한 조용히 그를 향해 기어갔다. 그가 손가락으로 가리키는 곳을 바라보니, 흔들리는 디디에레아 줄기 사이로 하얀 털 조각이 흘끗 보였다. 우리가 조심스럽게 앞으로 나아가는 동안, 조르주와 나는 제프가 그의 장비를 조용히 운반할 수 있도록 가느다란 가지들을 옆으로 치웠다.

마침내 우리는 비교적 탁 트인 시야를 확보할 수 있는 좋은 지점을 발견했다. 디디에레아 줄기 꼭대기에 매달린 시파카는 우리의 존재를 잘 알고 있었지만 특별히 불안해하는 것 같지는 않았다. 이제 9미터 상공에 있

---

4 포대 속에 두 발을 넣고 폴짝폴짝 뛰는 경주. - 옮긴이주

시파카

으니, 아마도 지상에서 우리를 처음 보았을 때보다 훨씬 더 안전하다고 느꼈을 것이다.

제프가 이미 망원 렌즈를 통해 동물의 얼굴을 클로즈업 촬영할 수 있었으므로, 우리는 시파카를 향해 차근차근―더 가까이 다가가는 것이 거의 의미가 없을 때까지―카메라를 옮겼다. 머리 꼭대기의 적갈색 부분을 제외하고, 그의 두껍고 부드러운 털가죽은 눈처럼 새하얬다. 그는 기다란 털북숭이 꼬리를 잘 오므려 다리 사이에 넣어 두고 있었다. 털이 없고 칠흑같이 검은 얼굴을 가지고 있었는데, 독특한 주둥이 때문에 원숭이와 전혀 달라 보였다. 그리고 팔이 다리보다 상당히 짧았는데, 이는 시파카가 땅에서 직립 자세로 이동하는 이유였다. 그는 이글거리는 황옥색 눈으로 우리를 내려다보며 특이한 후두음의 재채기를 했는데, 받아 적으면 '쉬

팍sheefak'이 적당할 것 같았다. 물론 그의 이름은 이 소리에서 기원하며, 'sifaka'라는 단어는 유럽의 동물학자들에 의해 가장 일반적으로 3음절로 발음되지만, 마다가스카르인들은 습관적으로 맨 마지막 'a'를 발음하지 않는다. 그래서 그들이 발음하는 이름은 실제로 그 동물의 재채기 소리에 매우 가깝다.

나는 흥분뿐만 아니라 특권의식을 느꼈다. 왜냐하면 이 동물은 생포된 상태에서는 잘 지내지 못하기 때문에 살아있는 시파카를 본 것은 극소수의 자연사학자들뿐이었기 때문이다. 이 때문에 비록 상세한 해부학적 구조가 잘 기록되어 있지만 자연사에 대해서는 알려진 것이 별로 없었다. 모든 권위자들이 동의한 한 가지 사실은, 시파카가 경이로운 점프 선수라는 것이었다. 일부 해부학자들의 주장에 의하면, 엄청난 도약이 가능한 것은 팔 윗부분과 가슴 사이에 늘어진 주름진 피부를 이용해 활공할 수 있기 때문이라고 했다.

우리는 이제 이 주장의 진위를 가릴 좋은 위치에 있었다. 왜냐하면 우리 앞에 있는 시파카는 디디에레아 숲에서 탁트인 지역의 가장자리에 위치했기 때문이다. 따라서 더 멀리 물러나려면, 약간 낮은 나무로 뛰어내리거나 6미터 이상 떨어진 다른 디디에레아 줄기로 점프해야 했다. '사실, 거리가 너무 멀지만 않다면 점프할 것 같다'는 것이 내 짐작이었다. 우리가 최상의 시야를 확보하기 위해 카메라를 한쪽으로 조금 옮기자, 조르주는 시파카를 향해 대담하게 걸어갔다. 시파카는 눈을 크게 뜨고 조르주를 노려보더니, 서너 번 재채기를 한 후 낙담해했다. 그러더니 용기를 내어 강력한 뒷다리의 엄청난 탄력을 이용하여 공중으로 솟구쳐 올랐다. 허공을 날아오를 때 뒷다리를 앞으로 내밀어 손과 발을 모두 이용하여 앞에 수직으로 서있는 줄기를 잡을 수 있도록 했다. 그 결과 몸은 곧게 서고 꼬리는 뒤로 흘러 나갔다. 곧이어 쿵 소리와 함께 건너편 나무에 도착하

디디에레아의 줄기 사이에서 점프하는 시파카

여 나뭇가지를 팔로 껴안았다. 충격으로 줄기가 흔들리는 동안 이 곡예사는 어깨 너머로 우리를 돌아보았다. 의심의 여지가 없었다. 그는 어떠한 종류의 활공도 하지 않고, 뒷다리의 엄청난 힘만으로 이 놀라운 도약을 달성한 것이었다. 이로써 우리는 점프의 비밀을 알게 되었다.

현지인들은 시파카에 대해 많은 정보를 제공했지만 사실과 공상을 구분하기가 어려웠다. 그들은 시파카가 의학 지식을 가지고 있으며 부상당한 시파카는 빠른 치유를 위해 상처에 특별한 나뭇잎을 붙일 거라고 말했다. 또 다른 이야기에 따르면, 암컷 시파카는 출산을 앞두고 가슴과 팔뚝에서 털을 뽑아 부드러운 요람을 만들고 자갈을 얹어 무겁게 해서 바람에 날려가지 않도록 한다고 한다. 일부 관찰자들이 "갓 태어난 새끼를 돌보는 암컷의 가슴과 팔에 털이 거의 없는 것처럼 보인다"고 보고했으므로 이것은 어쩌면 사실일 수도 있다. 반면에 나중에 알게 된 바와 같이, 시파카의 새끼들은 유인원들의 새끼들과 마찬가지로 아주 어릴 때부터 어미의 몸에 착 달라붙기 때문에 그렇게 힘들여 만들어진 모피 둥지는 아주 짧은 기간 동안만 사용될 수 있을 것이다.

한 가지 매력적인 믿음은 확실히 현실에 기반을 두고 있다. 시파카들은 이른 아침에 가장 높은 나무에 올라가 팔을 들고 동쪽을 향해 앉아, 첫번째 따뜻한 햇살이 자신의 가슴을 비추도록 하는 습관이 있다고 한다.

사람들은 그들을 가리켜 경건한 종교적 동물이며 태양을 숭배한다고 말한다. 시파카가 파디fady—금기—인 것은 얼마간은 이 때문인데, 확실히 옛날에는 아무도 감히 그들을 해치지 않았을 것이다. 그들에게는 불행한 일이지만, 마다가스카르의 가장 외딴 지역 중 하나인 이곳에서도 이런 오

우리를 엿보는 시파카

데이비드 애튼버러의 주 퀘스트

래된 믿음이 빠르게 사라져 가고 있다.

시파카는 사람을 잘 믿는 경향이 있었으므로, 높은 나뭇가지에 올라가 있을 때는 우리가 너무 갑작스럽게 움직이지만 않는다면 아주 가까이 다가가도 도망치지 않았다. 그래서 우리는 날마다 그들을 촬영할 수 있었다. 시파카들은 잠자는 시간뿐만 아니라 대부분의 아침을 디디에레아 숲에서 흔들리는 줄기의 높은 곳에 머물며 햇볕을 쬐고 먹이를 먹었다. 하루 중 가장 더운 시간에는 눈에 잘 띄지 않는 낮은 가지로 내려가, 가장 있을 법하지 않고 위험해 보이는 자세로—때로는 나무줄기에 몸을 기댄 채 발을 건성으로 흔들었고, 때로는 무릎을 턱까지 끌어당긴 채 등을 구부렸으며, 가장 우스운 자세는 한쪽 팔과 다리를 축 늘어뜨린 채 나뭇가지에 늘어져 있는 것이었다—빈둥거리며 졸았다.

매일 오후 4시쯤이면 일가족 5마리가 마을에 가까이 접근하여 타마린드나무에 달린 긴 콩 모양의 열매를 따먹었다. 그들은 밧줄 사다리를 기어오르는 선원들처럼 두 손을 번갈아 쓰며 나뭇가지를 제멋대로 오르내렸고, 종종 특별히 탐나는 과일을 움켜잡기 위해 다소 머뭇거리며 가장 바깥쪽의 나뭇가지에 도전했다. 지는 해가 하얀 털을 벌꿀색으로 바꾸는 가운데, 그들은 1시간 정도 우리의 머리 위 나뭇가지에 걸터앉아 과일을 우적우적 먹으며 만족스러워하곤 했다. 그런 다음 어둠이 다가옴에 따라 마을을 떠나 디디에레아 요새의 안전한 곳으로 돌아갔다.

그러나 어느 날 저녁, 그들 중 2마리—암수 한 쌍—가 뒤에 남았다. 암컷은 가로로 뻗은 나뭇가지에 앉아 다리를 흔들며 이빨로 털을 빗었다. 수컷이 뒤에서 암컷에게 접근하고 있었지만 암컷은 그를 의식하는 기색을 전혀 보이지 않았다. 그 순간 수컷이 갑자기 암컷에게 달려들어 나뭇가지에서 거의 떨어뜨리고는 능숙하게 암컷에게 하프 넬슨half nelson[5]을 구사했다. 암컷은 몸을 굴리며 그의 손아귀에서 빠져나와, 왼쪽 팔꿈치로 수컷의 목을 감았다. 수컷은 몸을 비틀며 암컷의 허리에 팔을 감고 그녀를 꼭 껴안았다. 암컷은 소리 없이 입을 크게 벌렸는데, 내 생각에는 웃고 있었던 것이 틀림없다. 그들은 5분 동안 그렇게 몸싸움을 했다. 그러다 갑자기 몸싸움을 멈추고 나란히 앉아 12미터 아래에 있는 우리를 내려다보았다. 우리는 움직이지 않았다. 암컷이 갑자기 몸을 돌리며 왼발의 길쭉한 움켜쥐는 발가락으로 수컷의 위팔을 낚아채자 레슬링 경기는 2라운드에 돌입했다.

이것은 진짜 싸움은 아니었다. 그들은 때때로 상대방의 팔이나 다리를 입에 넣었지만 결코 물어뜯지는 않았기 때문이다. 그들은 놀이를 하고 있었던 것이다.

어린 동물들은 자주 놀이를 하는데, 어른이 되었을 때 필요한 기술을 배우고 연습할 요량으로 그러는 것 같다. 강아지는 나중에 시궁쥐를 흔드는 것처럼 신발을 흔들 것이다. 새끼 고양이는 나중에 생쥐를 잡는 데 필요한 동작을 연습하기 위해 털실 뭉치를 덮칠 것이다. 우리에서 사육되는 다 자란 동물들도 놀이를 개발하는데, 그것은 대체로 남아도는 에너지의 배출구인 것으로 보인다. 그러나 야생에서 순수하게 즐기기 위해 놀이를 하는 '다 자란 동물'의 사례는 드물다. 무자비한 자연계에서 여가를 즐길 시간은 거의 없다.

그러나 시파카들은 대부분의 동물들을 괴롭히는 문제들에 직면하지는 않은 것 같았다. 그들은 먹이를 찾을 필요가 없었다. 망고, 타마린드, 꽃잎, 즙 많은 녹색 새싹이 주변에 널려있으므로 쉽게 찾을 수 있었다. 그들

---

5 레슬링에서 상대편의 뒤에서 한 팔을 겨드랑이 밑으로 넣은 다음 뒤통수로 돌려 목을 조르는 공격 기술. – 옮긴이주

은 천적이 없기 때문에 두려움이나 숨을 필요성에 끊임없이 시달리지도 않았다. 게다가 그들의 삶에는 더욱 중요한 요인이 있었으니, 바로 가족을 이루어 산다는 것이었다.

만약 원숭이 무리를 살펴본다면, 대번에 그들 공동체의 사회구조가 엄격한 위계질서에 기반하고 있음을 알게 될 것이다. 각 원숭이는 자신의 위치를 잘 알고 있다. 그는 상급자에게 움츠러들고 하급자를 무자비하게 괴롭힌다. 사정이 이러하다 보니, 다 자란 동물 2마리가 '목적이 아니라 재미를 추구하는 놀이'를 하는 것은 보기 힘들다.

우리는 시파카들 사이에서는 원숭이 무리에서와 같은 그러한 시스템을 발견하지 못했다. 그들의 가족 생활은 애정에 기반하는 것처럼 보였다. 우리가 지켜본 많은 시간 동안 그들이 다투는 장면을 한 번도 본 적이 없었고, 이번처럼 여러 차례에 걸쳐 놀거나 서로 어루만지는 장면만을 보았다.

그것은 매혹적인 광경이었으므로, 우리는 1시간 넘게 나무 아래에 앉아서 그들을 지켜보고 있었다. 드디어 해가 붉게 물들기 시작하자, 암컷은 짝의 손아귀에서 벗어났다. 그녀는 왼발로 자신의 꼬리를 능숙하게 걷어참으로써 나뭇가지와 거리를 두었다. 마치 빅토리아 시대의 여인이 자신의 긴 옷자락을 흔들어 가지런히 정돈하는 것처럼 말이다. 수컷이 그녀의 꽁무니를 따라갔고, 이윽고 둘은 함께 나뭇가지를 지나 디디에레아에 있는 침실로 돌아갔다.

━━━

우리는 이포타카에 있는 기이한 디디에레아 숲에서 서쪽으로 차를 몰아 훨씬 더 메마르고 건조한 지역으로 향했다. 차바퀴는 종종 모래 속으로 30센티미터나 빠졌다. 속도를 늦추면 차는 추진력을 잃고 더욱 두꺼운 모래 속에 파묻혀 멈추고는 바퀴 뒤로 모래 줄기를 내뿜었다. 속도를 높이면 차가 제어력을 상실하고 좌우로 미끄러졌으므로 가시덤불, 대극 euphorbia, 사이잘삼이 아닌 다른 부딪힐 것들이 있었다면 매우 불안했을 것이다. 우리는 모래밭 사이에서 저속기어로 변속하고, 계속되는 덜컹거림과 충돌 속에서 가파른 바위 능선을 넘어 꿍음을 내며 나아갔다.

당연한 이야기지만, 우리의 차는 자신의 나이와 상태에 맞지 않는 이 같은 대처법을 마뜩잖게 여겼다. 우리가 암파니히Ampanihy라는 작은 마을에 도착했을 때 그 차는 더 이상 운행할 수 없었다. 충격흡수 장치는 차대에서 떨어져 나갔고, 한쪽 섀클shackle[6]은 볼트가 부러졌고, 펑크 때문에 예비용 타이어를 사용하려고 살펴보니 '얇게 패인 고무'와 '노출된 캔버스'의 우스꽝스러운 짜깁기였다.

우리는 그 차를 고치기 위해 하루를 투자했다. 제프의 알량한 기계적 독창성은 혹독한 대가를 치렀고, 나는 호기심 많은 구경꾼들과 조언자들에게 우리의 문제를 설명하는 과정에서 프랑스어 기계 용어 어휘력을 크게 향상시켰다. 조르주는 시장과 현지인 소유의 상점을 샅샅이 뒤져 녹슨 너트, 볼트, 골동품 점화플러그 등의 잡다한 부품을 가지고 돌아왔다. 이들 중 일부는 즉시 사용되어 엔진에서 작동하는 볼트 몇 개와 차체의 적절한 위치에 서스펜션suspension[7]을 복구할 수 있었다. 나머지는 여분으로 보관되었다.

마침내 차 수리를 완료하고 우리는 섬의 남서쪽 모퉁이를 향해 다시 출발했다. 그리고 해안에서 몇 킬로미터 떨어진 곳—지도를 살펴보니 파란색 선으로 표시되어 있고 린타 플뢰브Linta Fleuve라는 단어가 적혀있었다—에 야영지를 설치했다. 플뢰브란 프랑스어로 강을 의미하므로, 우리는 강을 예상했다. 이윽고 낮은 절벽이 측면을 이루는 800미터 너비의 강바닥

---

6 자동차에서 판 스프링의 한쪽 끝을 유지하는 부품. - 옮긴이주
7 자동차에서 차체의 무게를 받쳐주는 장치. - 옮긴이주

　　　　　　　　　　　　　　　　데이비드 애튼버러의 주 퀘스트

야영지

을 발견했지만, 건조하고 뜨거운 모래로만 채워져 있었다.

우리가 이 사막에 온 것은 한 가지 특별한 이유 때문이었다. 그건 세계에서 가장 큰 알을 찾는 것이었는데, 그 알은 루크rukh에 대한 전설을 낳은 것으로 알려져 있다.

아랍 설화에는 이 거대한 생물에 대한 언급이 많은데, 중세에 유럽으로 돌아온 십자군이 그중 일부를 가져와 퍼뜨렸다. 그리고 가장 널리 알려진 이야기는 『아라비안나이트』에 적혀있는 것으로, 집채만 한 알을 발견한 신드바드의 모험에서 나온다. 신드바드는 몰랐지만, 그것은 이 괴물 같은 새인 루크의 알이었다. 신드바드의 동료 중 누군가가 그 알을 깨뜨리자, 루크는 복수하기 위해 배 위로 날아가 날개로 태양을 가리고 바위를 떨어뜨려 결국 배를 침몰시켰다.

1595년 『린스호턴의 여행기Linschoten's Voyages』에 수록된 루크

13세기의 마르코 폴로에게 루크는 전설이 아니라 실제 동물이었고, 그는 그것에 대해 자세히 기술했다.

"그것은 꼭 독수리처럼 생겼지만 정말로 엄청난 크기의 동물이다. 날개가 30보步의 범위를 덮었고 깃은 길이가 12보였고 두께도 그에 비례하여 두꺼웠다. 그리고 힘이 세서 코끼리를 발톱으로 낚아채어 공중으로 높이 올라간 후 떨어뜨려 산산조각 낸다. 이렇게 코끼리를 죽인 후 그 새는 시체 위에 내려앉아 느긋하게 먹는다."

마르코 폴로는 이 거대한 생물을 봤다고 한 적은 없지만, 그 존재를 증명하기 위해 그가 모신 황제인 쿠빌라이 칸이 선물 받은 깃털을 기술했다. 깃털의 길이는 90뼘, 깃촉의 둘레는 손바닥 폭 2개였다. 이 인상적인 물체는 시든 야자잎이었던 것으로 추정되는데, 13세기의 베이징에서

　데이비드 애튼버러의 주 퀘스트

는 드물고 생소한 것이었음에 틀림없다. 그러나 폴로는 한술 더 떴다. 그는 그 지역을 방문한 적은 없었지만 그 새가 '마다가스카르 남쪽'의 섬들에 산다는 믿을 만한 이야기를 남겼다. 처음 읽을 때는 허황된 소리 같은데, 그 이유는 마다가스카르 남쪽에는 수백 킬로미터 이내에 섬이 하나도 없기 때문이다. 그러나 그의 부연 설명에는 나름의 의미가 있다. 마르코 폴로의 설명에 의하면 '마다가스카르'는 낙타가 많고 유명한 상아 거래의 중심지라고 한다. 그가 들이댄 세부 사항들은 오늘날 우리가 마다가스카르라고 부르는 섬과 거리가 멀다. 폴로가 실제로 언급한 지역은 낙타와 상아가 풍부한 아프리카 북동부 해안의 모가디슈Mogadishu일 가능성이 높다. 이게 사실이라면 '모가디슈 남쪽'의 섬들은 마다가스카르와 그 부속 도서들인 동쪽의 레위니옹Réunion과 모리셔스Mauritius를 가리킨다. 게다가 그의 정보원들은 루크가 그 근처에 살았다고 믿을 만한 충분한 이유가 있었을 것이다. 그 이유는 유럽 학계가 300년도 넘게 지난 1658년이 되어서야 알게 된 것이다.

그해에 프랑스 왕이 프랑스 동인도회사의 사장 겸 마다가스카르 총독으로 임명한 프랑스인 에티엔 드 플라쿠르Etienne de Flacourt가 마다가스카르에 대한 첫번째 책을 출판했다. 그것은 식물, 광물, 어류, 곤충, 포유류, 조류의 목록을 포함하고 있는 놀라울 정도로 상세한 책이다. 그 중에는 다음과 같은 대목이 있다. "부론 파트라vouron patra는 암파트레스Ampatres 사람들의 영역인 마다가스카르 남부에 사는 거대한 새로 타조알과 비슷한 알을 낳는다. 그것은 타조의 일종이며, 이곳 사람들에게 잡히지 않으려고 가장 외딴 곳을 찾는다." 하지만 그 보고서는 센세이셔널하지도 않았고, 항해할 때마다 새로운 경이로움과 발견에 대한 이야기가 쏟아져 나올 때인지라 거의 관심을 끌지 못하고 곧 잊혔다. 그러다 1832년, 또 다른 프랑스인 빅토르 스간진Victor Sganzin은 '부론 파트라'의 알 중 하나를 보았다. 사람들은 그것을 물병으로 사용하고 있었다. 그것은 놀라울 정도로 커서, 길이가 30센티미터가 넘고 타조 알 크기의 6배였다. 스간진은 원주민에게서 하나를 용케 구입하여 상선을 통해 파리로 보냈다. 하지만 불행하게도 그 배는 라로셸La Rochelle에서 난파되어 침몰했고, 알은 사라져 버렸다. 1850년이 되어서야 유럽인들은 아바디Abadie라는 선장이 프랑스로 가져온 이 이상한 알 3개와 뼛조각 몇 개를 보게 되었다. 그 후 몇 년 동안 이 거대한 알을 낳은 새의 정체에 대해 학계에서 큰 논란이 일었다. 일부 권위자들은 마르코 폴로가 기술한 것처럼 그 생물이 일종의 독수리임에 틀림없다고 단호하게 주장했다. 다른 사람들은 그게 커다란 펭귄이나 거대한 뜸부기라고 생각했다. 마침내 마다가스카르 중부의 늪에서 거대한 새 뼈가 발견되었을 때, 이 문제는 의심의 여지없이 해결되었다. 그 증거들로 미루어 볼 때, 그 새는 타조와 비슷하고 날지 못하는 것이 분명했다. 그것은 키가 거의 3미터였고 과학자들에 의해 이피오르니스Aepyornis라고 명명되었다.

이피오르니스는 역사상 가장 키가 큰 새—뉴질랜드에서 서식했던 멸종한 모아moa의 일부 종은 조금 더 컸다—는 아니지만 매우 땅딸막한 체격이었고, 일부 추정치에 따르면 무게가 450킬로그램에 달하는 것으로 나타나 모든 새 중에서 가장 무거운 게 거의 확실했다. 플라쿠르가 옳았다. 그리고 그가 '거대한 새를 타조의 일종으로 기술했다'는 사실은 '그로 하여금 이러한 결론에 이르게 했을 골격이나 비교해부학에 그가 무지했다'는 점을 고려할 때 그의 정보원들이 살아있는 이피오르니스를 실제로 본 적이 있음을 강력히 시사한다.

하지만 슬프게도, 이제 그 새들은 확실히 멸종했다. 비록 마다가스카르가 넓기는 하지만 이피오르니스만 한 크기의 생물이 감춰질 수 있을 정도로 알려지지 않은 지역이 거의 없기 때문이다. 그럼에도 불구하고 거대

데이비드 애튼버러의 주 퀘스트

재현해서 그린 이피오르니스

한 알이 아직 남아있다면 건조한 린타강[Linta River] 주변의 모래에서 '온전한 알'은 아닐지라도 적어도 '하나의 작은 조각'이라도 발견할 수 있기를 바랐다.

━━━

우리는 반경 수 킬로미터 이내의 유일한 물 공급원—9미터 깊이의 우물—근처에서 자라는 쿠포비아나무[cuphorbia tree][8] 아래에 텐트를 쳤다. 먼 정착촌에서 온 사람들은 그들 자신과 그들이 데려온 소와 염소 떼를 위해

---

8 대극과[Euphorbiaceae]에 속하는 식물. - 옮긴이주

양동이에 물을 가득 채웠다. 가축들은 100미터 떨어진 가시덤불 그늘에 남아있다가 한 번에 몇 마리씩 우물가로 내려와 우물 옆의 개방형 콘크리트 수조에 쏟아진 물을 게걸스럽게 핥았다.

제프와 나는 알 파편을 찾기 시작했다. 구름 한 점 없는 하늘에서 태양이 맹렬하게 타오르며 모래언덕을 달구고 있었다. 모래의 표면이 너무 뜨거워서 맨발로 걷는 것은, 적어도 우리에게는, 극심한 고통이었고, 모래에 반사된 태양광선이 너무 눈부셔서 눈을 찡그려야 했다. 우리는 몇 시간이고 터벅터벅 걸었는데, 한 걸음씩 내디딜 때마다 발밑의 모래가 내려앉아 평소보다 2배로 힘들었다.

황량해 보이는 사막이었지만 수많은 생명의 흔적들이 발견되었다. 뱀의 구불구불한 자취, 발자국 사이에 꼬리가 남긴 가느다란 물결 모양의 홈이 있는 도마뱀의 자취, 작은 새들이 모래 위에서 종종걸음 치며 연달아 남긴 '화살대가 짧은 화살' 같은 발자국들.

거미들은 낮은 가시덤불의 가지를 거미줄로 뒤덮었고, 모종의 불가사의한 방법으로 아래쪽 가장자리에 빈 달팽이 껍질을 매달아 놓음으로써 그 무게로 비단 그물을 팽팽하게 유지했다. 우리는 한 덤불 아래에서 길이가 거의 60센티미터나 되는 멋진 거북이를 발견했는데, 그 거북이의 초콜릿 갈색 돔형 등껍데기에는 노란 방사형 선들이 별무늬를 이루고 있었다. 우리가 알기로, 이 거북이는 많은 부족들에게 길한 동물로 여겨진다. 이 거북이를 만난 사람은 등껍데기 위에 작은 제물을 올려놓고, 그 만남을 기뻐하며 가던 길을 간다. 왜냐하면 곧 좋은 일이 생길 거라고 믿기 때문이다. 그러나 그 만남이 우리의 운명에는 특별히 좋은 영향을 미치지 않았고, 우리는 덥고 메마르고 텅 빈 손으로 터벅터벅 걸어 야영지로 돌아왔다.

그날의 가장 극심한 폭염이 가라앉은 오후가 되어 우리는 다시 시도했

이피오르니스 알의 파편들

다. 2시간 후 나는 마침내 무언가를 발견했다. 크기는 10펜스짜리 동전만하고 두께는 2배인, 작은 물체 3개였다. 한쪽 면은 단조로웠고 다른 쪽 면은 연노란색 바탕에 뚜렷한 알갱이가 있었다. 그것은 의심할 여지없이 거대한 알의 조각이었다. 우리가 다육성 잎으로 된 덤불의 듬성듬성한 그늘에 앉아 발견물들을 살펴보고 그 위에 침을 묻혀 표면을 닦고 있을 때, 더부룩한 머리의 작은 소년—파란 구슬목걸이와 로인클로스를 제외하면, 먼지투성이에 벌거벗고 있었다—이 염소 떼를 몰고 우리를 향해 다가왔다. 나는 그를 불러 우리의 보물을 보여주었다.

"나는 큰 알을 찾고 있어." 내가 프랑스어로 말했다. "이 작은 조각들은 쓸모가 없어. 나는 큰 조각을 찾는다고."

그는 어찌할 바를 모르고 나를 빤히 쳐다보았다.

"알OEuf," 나는 진지하게 말했다. "커다란 알Grand oeuf." 그러나 그의 무표정한 어린 얼굴에는 어떤 표정의 기미도 보이지 않았다.

내 프랑스어가 서툴다는 것을 알고 있었지만 내가 프랑스 원어민이더라도 그가 알아들을 수 있는지 의심스러웠다. 그는 오직 그 지역에서 통용되는 마다가스카르 방언만을 구사하는 것이 분명했다. 나는 한 번 더 시도했다. 나는 내가 찾고 있던 물체의 모양과 크기를 손으로 생생하게 묘사했다. 하지만 소용없었다. 그 소년은 내 뒤쪽을 바라보다 자기 염소들이 길을 잃고 헤매는 것을 알아채고는 그들에게 돌멩이를 던지며 달려갔다. 발견된 알 조각들은 작았지만 우리는 그 정도로 만족했다. 야영지로 돌아와 나는 매우 자랑스럽게 그것들을 조르주에게 보여주었다. 겸양지덕을 발휘하여 비록 말로 표현하지는 않았지만, 야영지 주변의 아무도 없는 황무지에서 이 작은 조각들을 발견한 내가 '놀랍도록 예리한 눈'의 소유자임을 암시하고 싶었다.

━━

다음날 아침 눈을 떴을 때, 텐트 앞에서는 키 크고 수척한 여자가 얇은 천으로 몸을 싸맨 채 모기장 너머로 나를 쳐다보고 있었다. 그녀는 머리에 커다란 바구니를 이고 있었다. 그리고는 아랍인들의 인사 동작에 따라 오른손으로 이마와 심장을 만졌다. 나는 침낭에서 빠져나와, 그녀가 원하는 것을 알아내기 위해 필요할 거라고 확신했던 엉터리 프랑스어를 써야 하는 긴 대화를 시작하기 위해 정신을 바짝 차리려 애썼다. 그러나 그건 지나친 호들갑이었다. 그 여자는 행동으로 말했으므로 굳이 대화할 필요가 없었기 때문이다. 그녀는 머리에서 바구니를 내려 산더미 같은 알 파편들을 땅바닥에 쏟아부었다. 그게 전부였다.

나는 그것들을 보고 소스라치게 놀랐다. 그 어린 목동이 전날 내가 사

데이비드 애튼버러의 주 퀘스트

막에서 하던 일을 정확히 이해하고, 자기 마을로 돌아가 그 소식을 퍼뜨린 것이 분명했기 때문이다. 그에 더하여, 종일 3개의 알 조각을 발견한 나는 '놀랍도록 예리한 눈'의 소유자가 아니라 '거의 장님' 수준인 것도 분명해졌다. 그도 그럴 것이, 이 여자는 불과 몇 시간 만에 500개 이상의 알 조각을 주워 모았기 때문이다.

나는 그녀에게 감사를 전하고 보상을 지급했다. 그녀는 되레 감사의 표시로 다시 이마를 만진 후, 머리에 짐을 이는 것이 습관화된 모든 사람들이 그러하듯이 당당한 직립 자세로 우아하게 걸어갔다.

그 즈음 조르주와 제프도 깨어있었다. 우리는 입을 떡 벌린 채 엄청난 수집물을 손가락으로 죽 훑은 후 커피를 끓이기 시작했다. 주전자 주둥이에서 김이 나오기도 전에 두번째 여자가 도착했다. 그녀 역시 알 조각을 한 바구니 가득 가져왔다.

"그 아이가 당신의 프랑스어를 이해하지 못해서 천만다행이에요." 제프가 말했다. "당신은 한 조각당 5프랑을 제안했을 수도 있는데, 만약 그랬다면 우리는 지금쯤 파산했을 거예요."

우리가 알 조각을 원한다는 소문은 내가 가능하다고 믿었던 것보다 분명히 더 성공적이었다. 그러나 '이제 더 이상 원하지 않는다'는 말을 퍼뜨리려 하는 지금, 야영지에 눈사태처럼 쏟아지는 알 껍질을 막을 수 없었다. 매시간마다 새로운 알 조각이 도착했고 하루가 끝날 무렵에는 대극나무 아래에 쌓인 더미의 높이가 30센티미터를 넘었다. 그것은 한때 이피오르니스가 얼마나 많았는지를 보여주는 놀라운 증거였다. 모든 새알의 껍데기는 탄산칼슘으로 구성되어 있지만, 대부분이 종이처럼 얇아서 쉽게 부서져 가루가 되는 반면 이피오르니스의 크고 두꺼운 알껍질은 쉽사리 부서지지 않는다. 따라서 각 세대의 이피오르니스 새끼가 부화함에 따라 알 파편이 땅에 흩어져 대량으로 축적될 수밖에 없었다.

나의 원래 목표는 한두 조각을 찾는 것이었다. 그것은 제법 만만치 않은 작업인 것 같았지만, 그게 얼마나 흔한 물건인지 알게 된 지금 나는 더 큰 야심이 생겼다. 물론 깨지지 않은 완전한 알을 찾을 수 있기를 바라는 것은 언감생심이었다. 결국은 드물게 썩은 알이나 무정란만이 온전히 남을 터였고, 이들 중 상당수는 이후 수 세기 동안 부숴졌을 것이기 때문이다. 그러나 여자들이 우리에게 가져온 조각은 하나같이 작은 편이었다. 나는 이제 원래 알의 크기에 대한 약간의 단서를 제공할 수 있도록 곡률이 측정되는 정말로 큰 조각을 찾을 수 있기를 바랐다.

다음 날 제프와 나는 더 많은 지역을 탐사하기 위해 제각기 수색작전을 벌이기로 결정했다. 이제 무엇을 찾아야 하는지 목표 의식이 뚜렷했고 곳곳에서 조각들이 발견되었으므로, 나는 주머니가 불룩해진 채 야영지로 돌아왔다. 돌아오는 길에 나는 제프가 야영지에서 멀지 않은 깊은 구덩이의 바닥에 앉아있는 것을 발견했다. 그의 주변에는 갓 파낸 모래가 수북이 쌓여있었다. 그는 매우 현명하게, '만약 정말로 큰 조각을 찾을 수 없다면, 두번째로 좋은 방법은 하나의 유망한 지점을 집중적으로 수색하여 하나의 알에서 나왔을 수 있는—그러므로 아귀가 맞는—10여 개의 파편을 수집하는 것'이라고 추론했다. 그는 보기 좋게 성공하여, 반경 30센티미터 이내의 거리에서 발견된 14개의 조각을 자랑스럽게 나에게 보여주었다. 우리는 그것들을 텐트로 가져가 씻은 다음 맞추기 시작했다. 그중에서 적어도 두 조각은 아귀가 맞는 것으로 나타났다.

우리가 세번째 조각을 찾으려고 노력하는 동안 어린 목동이 다시 나타났다. 그는 지저분한 천 조각에 싸인 뭔가를 들고 태연하게 걸어 들어왔다. 그는 그것을 땅에 내려놓고 매듭을 풀었다. 그 안에는 약 20개의 조각이 들어있었는데, 어떤 것은 아주 작았고 어떤 것은 작은 접시 크기로 우리가 전에 본 것보다 2배나 컸다. 조르주는 새를 찾느라 야영지에서 멀리

데이비드 애튼버러의 주 퀘스트

떨어져 있었기 때문에 내가 직접 그 소년에게 질문을 시도했다. "이 모든 것들을 여러 곳에서 모았니, 아니면 한 곳에서 모았니?" 나는 아무런 대답도 듣지 못했다. 나는 그 소년에게 큰 상을 주었고, 그는 아무 말도 하지 않고 웃지도 않고 우물가의 염소들에게로 황급히 돌아갔다.

우리는 모래 위에 조각들을 바깥쪽이 위를 향하도록 펼쳐놓고 뚫어지게 바라보았다. 그것은 마치 퍼즐 맞추기 놀이를 하는 것 같았다. 일반적인 퍼즐의 경우 최소한 세 가지는 분명하다. 모든 조각은 동일한 퍼즐에 속하고, 모두 당신 앞에 있으며, 모두 맞추면 완전한 그림을 형성한다. 그러나 우리의 퍼즐은 그보다 더 어렵고 훨씬 더 흥미진진했다. 이 조각들이 혹시 여러 개의 알에서 나온 것은 아닐까? 제법 완전한 전체를 만들기에 충분할까?

우리는 몇 분의 시행착오 끝에 각진 모서리가 서로 들어맞는 두 부분을 발견했다. 정확히 일치했으므로 그것들을 접착 테이프로 고정했다. 그런 다음 또 다른 한 쌍을 발견했고 다시 이 두 쌍과 들어맞는 다섯번째 조각을 발견했다. 1시간 후 우리는 2개의 큰 컵을 얻었다. 나는 한 손에 하나씩 들고 조심스럽게 두 컵의 주둥이를 마주 댔다. 그것들은 완벽하게 일치했고 몇 개의 작은 부분만 빠져있었다.

완성된 알의 크기는 놀라웠다. 길이는 거의 정확히 30센티미터였다. 좌우둘레는 70센티미터였고, 상하둘레는 83센티미터였다. 가장 작은 파편들은 한 면에 집중되어 있었고, 파편들을 연결하는 선은 중심점에서 바퀴살처럼 방사형으로 뻗어있었다. 이것은 비교적 근래에 충격이 가해져 알이 산산조각 난 지점으로 추정되었다. 나는 보다 낭만적으로 생각하고 싶었다. 이피오르니스 새끼는 비록 작아도 매우 힘센 생물이었음에 틀림없으므로 부리로 쪼아 알을 깨고 세상에 나왔다고 말이다.

그건 그렇고 그들은 왜 멸종했을까? 가장 납득할 만한 설명은 기후변

완성된 알을 들고 있는 제프 멀리건

화였다. 마다가스카르는 확실히 수세기 동안 더욱 건조해졌다. 넓은 린타 강의 메마른 바닥은 기후변화의 증거였다. 몇몇 과학자들은 이피오르니 스의 엄청난 무게 그리고 뼈의 크기로 볼 때 그들이 늪에 살았다고 추정 했다. 그러다 가뭄이 섬을 덮치자 그들은 자연 서식지를 잃고 죽어갔다. 한편 알은 현지인들에게 매우 귀중한 식량이었음에 틀림없다. 따라서 굶 주린 인간 둥지도둑이 '코끼리 잡는 새'의 궁극적인 멸종 원인이었을 수 도 있다.

　루크에 대한 전설과 이 놀라운 알에 대한 견문 중 어느 것이 먼저였을 까? 아마도 다우선[dhow9]을 타고 모잠비크 해협을 가로질러 항해하던 아랍

9　삼각형 모양의 큰 돛을 단 아랍인들의 배. - 옮긴이주

인들이 마다가스카르 해안에 살던 어부들의 카누에서 알 껍데기가 물그릇으로 사용되는 것을 보았을 테고, 신화는 그러한 씨앗에서 자라났을 것이다. 또는 그 전설은 아랍 세계에서 독자적으로 번성하여 널리 퍼진 상상이었을 것이다. 마르코 폴로는 나중에 이 전설을 마다가스카르에 관한 정보와 연결하여 입증하려고 했을 것이다. 이것은 어디까지나 추측이며, 자신있게 말할 수 있는 사람은 아무도 없다.

내가 추론할 수 있는 이피오르니스의 실제 모습은 어떤 루크만큼이나 기묘하고 흥미진진했으며, 완성된 알을 손에 쥐었을 때 나는 린타강의 옛 모습을 상상하는 데 전혀 어려움이 없었다. 강바닥이 갈색으로 소용돌이치는 물로 가득 차고, 키가 거의 3미터에 달하는 거대한 새들이 늪 지대를 헤치며 당당하게 걸어다니던 모습을….

12. 홍학, 텐렉, 쥐여우원숭이

린 타강에서 암파니히로 돌아가는 북쪽으로 향한 길은 돌로 뒤덮인 언덕을 넘고 디디에레아 숲을 지나야 해서 차가 요동치고 덜컹거렸기 때문에 나는 우리의 소중한 '복원된 알'을 무릎 위에 가만히 올려놓았다. 그러다 서쪽으로 방향을 틀어 조금 더 나은 도로를 따라 세인트어거스틴Saint Augustine만과 튈레아르Tuléar 방향으로 향했다.

튈레아르의 북쪽과 남쪽 해안에는 타나나리브에서 '홍학이 떼지어 서식하는 곳'이라고 들었던 염호鹽湖가 여러 개 있었다. 우리가 처음으로 방문한 염호는 남쪽에 있었고, 발음하기 힘든 치마남펫소사 호수Lac Tsimanampetsotsa라는 이름을 갖고 있었다. 그곳에 가기 위해 우리는 카페리를 타고 도시 바로 남쪽에 있는 오닐라히Onilahy강을 건넌 다음 차를 몰고 끝없이 이어지는 모래언덕을 하루 종일 달려야 했다. 그것은 '부식성 있는 씁쓸한 유백색 물'로 이루어진 폭 1.6킬로미터의 호수로, 렌즈의 범위를 훨씬 넘어서는 한복판에서 작고 날씬한 100여 마리의 홍학이 무리를 이루어 아지랑이 사이로 천천히 움직이고 있었다. 우리는 크게 실망했다. 그들에게 다가가는 것이 불가능했을 뿐만 아니라 동아프리카의 염호에서 자주 볼 수 있는 수십만 마리에 달하는 거대한 홍학 떼에 비하면 미미한

데이비드 애튼버러의 주 퀘스트

수준이었기 때문이다.

우리는 호숫가의 작은 마을에 사는 사람들과 이야기를 나누며 홍학이 호수에 둥지를 튼 적이 있는지 물었다. 지금 당장은 촬영할 수 없지만 나중에 번식을 한다면 다시 올 가치가 충분하기 때문이었다. 고무보트와 장화를 이용하여 부식성 알칼리수에 대비한다면 작은 진흙 둥지 옆에 서있는 그들을 촬영할 수 있을 것 같았다. 나이 든 사람 중 한두 명이 "왕년에는 홍학이 호수 북쪽 끝 염분이 뒤덮인 평지에 둥지를 틀었지만, 그런 일이 있은 지 여러 해가 지났어요"라고 말했다. 나는 이 정보에 얼마나 의존해야 할지 확신이 서지 않았다. 그런 사람들이 선의로 종종 그러하듯이, '낯선 사람을 기쁘게 해주는 뉴스'와 '실제 사실' 사이에서 점잖게 타협하는 것처럼 느껴졌기 때문이다.

우리가 조사하기로 한 다음 호수는 튈레아르 북쪽에 있는 호수 중에서 가장 큰 이호트리 호수Lac Ihotry였다. 그곳으로 가는 길은 카페리를 타야 하는 번거로움은 없었지만 그렇다고 해서 수월하거나 똑바로 가는 길은 아니었다. 먼저, 우리는 수 킬로미터에 걸친 모래언덕을 통과했다. 그런 다음 내륙으로 방향을 틀어 갈색의 원뿔형 흰개미집이 대전차 장애물의 콘크리트 스파이크만큼 빽빽하게 박힌 구릉성 평원을 건넜다. 북쪽으로 더 나아감에 따라 드문드문하던 초목은 많아졌고, 이윽고 아프리카에서 본 어떤 것보다 더 크고 멋진 바오밥나무들이 나타났다. 그들의 거대한 원통형 나무줄기는 9~12미터 높이까지 치솟은 후 잔가지로 구성된 작고 납작한 수관을 형성하는데, 부풀어오른 줄기에 비해 수관의 크기가 터무니없이 작아, 평범한 나무를 그리려다 균형을 맞추지 못한 어린아이의 그림을 떠올리게 했다. 아프리카 사람들은 "태초에 최초의 바오밥나무가 하느님을 화나게 했으며, 하느님이 그를 벌하기 위해 땅에서 뽑은 후 뿌리를 공중에 둔 채 거꾸로 다시 꽂았다"라고 설명함으로써 바오밥나무의 우스꽝스러운 모습을 설명한다.

멀찌감치서 보면 바오밥나무의 진정한 크기를 제대로 가늠하기 어려웠는데, 그건 우리의 눈이 마치 터무니없이 거대한 나무의 존재를 인정하기 거부하는 듯 그것을 실제보다 더 가까운 곳에 둠으로써 크기를 축소하고 우리의 상상에 더 적합하게 만드는 것처럼 보였다. 나는 길가에 쓰러져 있는 바오밥나무를 마주치게 되어서야 비로소 그 거대한 크기를 온전히 이해할 수 있었다. 이따금 한밤중에 마을을 지나 조선소로 운반되는 도중에 도로를 꽉 차지한 거대한 강철 증기보일러 중 하나가 그러는 것처럼, 바오밥나무의 진회색 옆모습은 우리의 지프를 왜소하게 보이도록 만들었다.

바오밥나무는 이호트리 호수 주변에서 무성하게 자라고 있었는데, 두 나무 사이에서 분홍색 물체가 살짝 보였다. 우리는 서둘러 차를 몰아 바오밥나무 숲 너머에서 장엄하도록 아름답게 무리를 이룬 홍학 떼로 뒤덮인 호수를 발견했다. 그들은 야단스럽게 끼루룩끼루룩 울어 댔는데, 나는 개체수를 1만 마리로 추산했지만 실제로는 2배였을 수도 있다.

우리는 어촌과 가까운 호숫가에 텐트를 치고, 진흙투성이 물가에 직사각형의 헤센hessian[1]으로 촬영용 은신처를 만들었다. 그리고는 하루도 빠짐없이 바람도 잘 통하지 않고 숨막히는 은신처에 몸을 웅크리고 앉아 미지근한 물을 헤치며 어슬렁거리는 새들을 지켜보았다. 무리에는 큰홍학Great Flamingo과 꼬마홍학Lesser Flamingo 2종이 섞여있었다. 큰홍학은 키가 1.2미터가 넘고 몸 전체가 대체로 흰색이며 날개에만 짙은 분홍색 줄무늬가 있다. 그보다 약간 작은 꼬마홍학은 보다 까만 부리를 갖고 있고 분홍색이 여전히 날개에 집중되어 있지만 깃털 대부분에 전반적으로 스며들어 있다.

매일 아침 홍학들은 호수 남쪽 끝에 고르게 자리를 잡았다. 30센티미

---

1 자루를 만드는 데 쓰는 튼튼한 갈색 천. - 옮긴이주

데이비드 애튼버러의 주 퀘스트

꼬마홍학

터도 채 되지 않는 깊이의 호수에서 그들은 가느다란 분홍색 다리를 공중으로 높이 들어 올리며 위엄있게 성큼성큼 걸어 다니고, 긴 목은 꾸불꾸불 늘어뜨린 채 흰 부리를 물속에 담그고 있었다. 그리고는 목구멍의 펌핑 동작으로 부리 안쪽에 늘어선 판을 통과해서 물을 빨아들인 다음, 작은 먹이 입자를 걸러내고 남은 물을 옆으로 배출했다. 홍학들은 동일한 유형의 여과 메커니즘을 사용하지만 훑어 잡는 깊이가 달라, 꼬마홍학은 물의 맨 위 몇 센티미터에 떠있는 미세조류를 찾았고, 큰홍학은 작은 갑각류와 다른 조그만 동물들을 사냥하기 위해 머리를 더 깊이 집어넣었다.

그들은 정오가 될 때까지 이런 식으로 먹이를 섭취했다. 그때쯤 되면 수면에서 반사되는 열이 너무 강렬해서 공기가 아른거렸으므로, 우리로부터 몇 미터 이상 떨어진 곳에서 먹이를 먹는 새의 모습이 흐릿해지고 흔들렸다. 촬영이 불가능했으므로, 우리는 후텁지근한 은신처를 기꺼이 떠나 야영지로 피신했다. 하지만 야영지에서도 더위는 피할 수 없었다. 잎이 없는 나무들 사이로는 약간의 산들바람이라도 불어오는 일이 거의 없었고, 설사 불어오더라도 오븐에서 뿜어져 나오는 공기처럼 뜨겁고 건조하기 때문에 아무런 도움이 되지 않았다. 이 시간에는 홍학들도 하는 일이 거의 없는 것 같았다. 대부분은 먹이 섭취를 중단했고, 꼼짝도 않은 채 거울같이 잔잔한 물에 비친 반영과 나란히 서있었다.

3시가 되면 아른거리지 않는 사진을 찍을 수 있을 만큼 기온이 떨어져 우리는 은신처로 돌아가곤 했다. 그때쯤 되면 홍학들이 다르게 행동하기 시작했기 때문이다. 그들은 더 이상 먹이를 섭취하지 않고 섭식지를 떠나고 있었다. 각각의 무리가 이륙하여 날개를 펼치자, 빨간색과 검은색이 뒤섞인 첫째날개깃의 황홀한 아름다움이 온전히 드러났다. 그리고 그들의 반영은 호수의 물을 은은하고 부드러운 분홍색으로 붉게 물들였다.

홍학은 긴 다리를 뒤로하고 목을 쭉 뻗은 채 날아 호수 북쪽 끝에 있는 조금 더 깊은 물에 내려앉았다. 거기에서 그들 중 일부는 3~4줄로 나란히 서서 뱀처럼 구부러진 긴 줄을 형성했는데, 그 길이가 무려 수백 미터에 달했다. 다른 새들은 밀집 대형으로 모여 머리를 높이 들고 선 채 서로 밀고 밀렸다. 멀리서는 그들의 가느다란 다리가 보이지 않았으므로, 그들의 덩어리진 몸이 하나로 합쳐져 '정지된 장밋빛 구름'을 형성하여 수면 위 30센티미터에 떠있는 것처럼 보였다.

그들은 무엇을 하고 있었을까? 이주 비행을 준비하고 있었을까? 아니면 혹시 짝짓기를 준비하기 위해 일종의 집단 구애를 하고 있었을까? 그들을 보면 볼수록 나는 우리가 이 아름다운 새들에 대해 얼마나 무지한지 절실히 깨달았다.

데이비드 애튼버러의 주 퀘스트

태양이 지평선의 바오밥나무 뒤로 떨어지고 붉게 타오르던 광선이 대부분의 열기를 잃었을 때, 하늘을 밝히고 호수의 물에 반짝이는 석양의 장관에 분홍색 홍학 떼가 오버랩 되었다. 커다란 갈색 말똥가리와 흰가슴까마귀white-naped crow가 나무 꼭대기에 앉아 몸단장을 하는 가운데, 한두 시간 동안은 산보를 즐거움으로 여기기에 충분할 정도로 시원했다. 이 시간에 우리는 마을 사람들과 함께 호숫가로 내려가 호숫가에서 1미터 정도 떨어진 곳에 파놓은 구덩이에서 물을 길어 왔다. 땅을 통과하며 여과된 물은 호수에 있는 물보다는 훨씬 덜 쏩쓸했지만 탁하고 입에 맞지 않았다. 하지만 그것이 유일한 수분 공급원이었으므로 우리는 몸이 낮 동안 땀으로 잃어버린 수분을 보충하기 위해 많은 양을 마셨다. 의학적 이유로 정성껏 끓여서 염소화 정제를 넣었는데, 커피가루나 과일코디얼fruit cordial[2]을 첨가했음에도 본질적인 역겨움을 살짝 은폐한 것 이상으로 성공하지는 못했다.

이 즐거운 저녁 시간 동안 우리는 잠시나마 홍학에서 시선을 돌려, 바오밥나무와 그 사이에서 자라나는 가시덤불 사이를 돌아다니며 공동목[3]을 들여다보고, 나뭇가지 사이에서 둥지를 찾고, 썩어가는 통나무를 뒤집어 '우리가 찾을 수 있는 다른 생물들은 무엇인지' 살펴보았다.

거기에는 여러 종류의 새들—마다가스카르위버scarlet weaver finch, 마다가스카르종달새, 마다가스카르후투티hoopoe, 호로새helmeted guineafowl, 수수한 회색 머리와 녹색 몸을 가진 작은 마다가스카르모란앵무Madagascar lovebird—

---

2 물로 희석하여 마실 수 있도록 만든 농축된 과일 주스. - 옮긴이주
3 내부가 병충해로 말미암아 완전히 썩었지만 바깥부분 일부는 살아서 생장이 유지되고 있는 나무.
   - 옮긴이주

가시텐렉

이 있었지만 그중 어느 것도 개체수가 많지 않았다. 심지어 호수에도 홍학 외에는 거의 없었고, 홀로 있는 한두 마리의 해오라기와 작게 무리를 이룬 붉은부리고방오리red-billed duck들만 있었다. 특히 저녁에는 긴 날개를 가진 우아한 큰제비갈매기Mascarene swift-terns 무리가 고작이었다. 그리고 뱀은 물론 어떤 포유동물도 보이지 않았다. 그러다 어느 날 저녁 무심코 통나무를 뒤집었다가 바삭바삭한 갈색 잎들을 깔아놓은 아늑한 작은 방에서 조그만 가시투성이 동물인 텐렉tenrec이 웅크린 채 잠들어 있는 것을 발견했다.

몸길이는 15센티미터를 넘지 않았고 눈은 작았으며 축축하고 뾰족한 주둥이에 긴 수염이 무성했고 등은 온통 짧은 가시로 덮여있었다. 사실 그것은 정확히 고슴도치를 축소한 것처럼 보였고, '마다가스카르에는 진

　　　데이비드 애튼버러의 주 퀘스트

짜 고슴도치가 없다'는 사전 지식이 없었다면 나는 그것을 고슴도치로 착각했을 것이다.

그러나 해부해서 내부 구조를 살펴보면 텐렉이 전혀 다른 동물임을 분명히 알 수 있다. 그리고 비록 고슴도치와 마찬가지로 식충목Insectivora에 속하지만, 유대류marsupial와의 현저한 유사성을 나타내는 몇 가지 특징을 갖고 있다. 실제로 많은 동물학자들은 이 동물을 모든 포유류 중에서 가장 원시적인 것 중 하나로 간주한다. 마다가스카르의 많은 생물들과 마찬가지로 텐렉은 섬 밖의 어느 곳에서도 자연적으로 서식하지 않으며, 다른 지역에 서식하는 가까운 친척은 서아프리카의 숲에 사는 왕수달뒤쥐giant water shrew와 쿠바와 아이티섬에 제한적으로 서식하는 솔레노돈solenodon이라고 불리는 특이한 동물뿐이다.

마다가스카르에는 다양한 종류의 텐렉이 있으며, 모든 텐렉이 가시 망토 아래에 자신의 진정한 정체성을 숨기는 것은 아니다. 일부는 작은 털북숭이 동물로 검은색 바탕에 노란색 줄무늬가 있다. 일부는 두더지 같고 일부는 뒤쥐 같으며 다른 일부는 물쥐처럼 논둑에 굴을 파고 수로와 물에 잠긴 지역을 헤엄쳐 다닌다. 그중 하나는 꼬리에 47개의 척추뼈가 있다는 이상한 특징을 가지고 있는데, 이는 어떤 포유류도 넘볼 수 없는 수치다. 그중에서 가장 큰 것은 토끼만 한 크기로 '꼬리없는 텐렉'—다른 텐렉들도 꼬리가 없는 종류가 많으므로 별로 도움이 되지 않는 이름이다—이라고도 알려져 있는 마다가스카르고슴도치붙이tailless tenrec인데, 뻣뻣하고 꺼칠꺼칠한 털가죽을 갖고 있으며 뒷목에 난 몇 개의 작은 가시가 털에 파묻혀있다.

나중에 다른 종을 잡았을 때 알게 된 사실이지만, 텐렉은 보유한 무기에 따라 행동이 다르다. 우리의 작은 가시텐렉spiny tenrec은 몸을 동그랗게 말아 공처럼 만들 수 있었는데, 비록 고슴도치만큼 완벽하지는 않지만 개나 다른 동물들—고기를 먹고 싶어하지만, 입안이 따끔거리는 것을 원치 않는 동물—로부터 자신을 효과적으로 방어하는 데 부족함이 없었다. 그는 하루의 대부분을 이런 자세로 보냈지만 저녁에는 몸을 펴고 이리저리 기어다니며 조그만 코로 허공을 휘저으며 작은 눈으로 감지할 수 없는 신호와 자극을 음미하곤 했다. 만약 그럴 때 우리가 그를 만지면 그는 가시로 우리의 손가락을 찌르기 위해 어깨를 홱 들어올리곤 했다. 하지만 우리가 더 귀찮게 하더라도 그가 작은 턱으로 우리를 덥석 물어뜯는 불상사는 거의 발생하지 않았다. 그 대신 몸을 웅크려 머리와 뒷다리를 마주 댄 후, 인상을 잔뜩 쓰며 머리를 계속 들이밀어 '두피의 가시'를 '궁둥이의 가시'에 바싹 갖다 댔다.

이런 습성—자신을 방어하기 위해 적극적으로 행동하지 않고, 단지 공처럼 동그랗게 만 후 웅크리고 있을 뿐인—때문에 자신의 용기를 자랑스러워하는 모든 마다가스카르 남자들에게 가시텐렉은 금지된 음식이다. 만약 그의 살을 먹으면 필연적으로 그의 비겁함에 감염될 것이라고 믿기 때문이다.

반면에, 가시가 없는 커다란 마다가스카르고슴도치붙이는 작은 도발에도 달려들어 물어뜯는 경향이 있다. 결과적으로 심지어 마다가스카르 군인들 사이에도 '마다가스카르고슴도치붙이를 먹지 말라'는 금기사항은 없으며, 실제로 고기 때문에 많이 사냥된다. 역설적이게도, 그의 물어뜯는 습성은 미신을 자극함으로써 그 자신에게 큰 해를 입혔다. 왜냐하면 여자들이 대부분의 포유동물보다 훨씬 더 많은 날카롭고 하얀 이빨로 무장한 그의 아래턱뼈를 구해서 자녀의 목에 걸어 주려고 애쓰기 때문이다. 그것은 일종의 부적으로, 자녀들이 훌륭하고 튼튼한 치아를 가진 아이로 성장하게 해준다고 여겨진다.

우리는 매력적인 작은 가시텐렉 5마리를 더 발견하여 짚을 깐 '철망 달린 상자'에 한꺼번에 보관했다. 그들의 통상적인 먹이는 곤충과 지렁이로 예상되었으므로 우리는 둘 다 제공했다. 또한 작은 날고기 조각도 제공했는데, 그들은 그것을 밤새 게걸스럽게 먹고 무럭무럭 자랐다.

우리의 야영지를 방문하여 진치고 앉아 우리가 휴대용 가스레인지, 녹음기, 또는 카메라를 가지고 낯선 활동을 하는 것을 지켜보던 남자들이 있었는데, 그중 일부는 우리가 가시텐렉을 돌보며 기뻐하는 모습을 유심히 관찰했다. 그들은 빈 깡통, 버려진 필름 조각, 필요 없는 병들을 열심히 가져갔는데, 이 물건들은 적절한 시기에 우물가에 다시 나타나 물통이나 컵으로 사용되었고 쓸모가 없을 경우에는 끈으로 꿰어져 아이들을 위한 목걸이로 변신했다.

그 물건들에 대한 대가로 어느 날 저녁 3명의 남자가 뭔가 셔츠에 묶인 채 꿈틀거리는 꾸러미를 들고 야영지에 왔다. 소매 중 하나의 매듭을 풀고 아래를 내려다보니, 동그랗고 광택 나는 눈과 긴 꼬리를 가진 작은 털북숭이 동물이 1마리도 아닌 여러 마리 들어있었다. 그 남자들은 우리에게 이보다 더 좋은 것을 가져다줄 수는 없었다. 왜냐하면 그것은 모든 여우원숭이 종류 중에서 가장 작은 쥐여우원숭이*Microcebus*였기 때문이다.

마침내 그들을 케이지로 옮기고 나서 확인해 보니 쥐여우원숭이는 총 22마리나 되었다. 그들은 케이지 뒤쪽에 웅크리고 앉아 초조하게 눈을 깜박였다. 남자들이 속이 빈 나무 속에서 그들을 발견한 것으로 보아 그들은 햇빛을 싫어하는 야행성 동물이 분명했다. 우리는 자루 조각을 잘라 케이지 앞에 걸어놓고 쥐여우원숭이가 어둠 속에서 진정되도록 내버려 두었다. 그러나 그날 밤, 그들은 달빛 아래서 케이지 내부를 뛰어다니며 최상의 컨디션을 보였다.

쥐여우원숭이

그들은 아프리카 부시베이비^{bush baby}[4]들과 매우 흡사했지만 그들 중 누구보다 작았다. 실제로 그들은 털이 많은 꼬리를 제외하고 길이가 약 13센티미터에 불과하기 때문에 모든 영장류 무리 중에서 가장 작다. 크고 살짝 튀어나온 눈은 낮에는 따뜻한 노란색이었지만, 이제는 어둠 속에서 시력을 높이기 위해 홍채가 크게 열리고 눈은 진한 갈색으로 변해 있었다. 그들의 큰 귀는 긴귀박쥐^{long-eared bat}의 귀처럼 종이만큼 얇고, 작은 소리 하나라도 놓치지 않기 위해 이리저리 돌리고 떨면서 끊임없이 움직였다.

보기에는 매력적이고 흥미로운 소형 동물이었지만 그들은 사나웠다. 매일 저녁 우리가 메뚜기, 대벌레, 딱정벌레를 케이지에 집어넣으면 떠들

---

4 아프리카산 여우원숭이인 갈라고의 다른 이름. - 옮긴이주

썩하게 기쁨의 괴성을 지르며 곤충들을 덮쳤다. 그러고는 마치 옥수숫대에서 옥수수를 먹는 아이들처럼 작은 손으로 곤충을 붙잡고 부드러운 배를 우적우적 씹어 먹었다.

마다가스카르 당국은 모든 여우원숭이 중에서 쥐여우원숭이만 수집해도 된다는 허가를 내줬다. 왜냐하면 쥐여우원숭이는 마다가스카르에서 식용으로 사냥되지 않았고 그래서 다행히도 멸종위기에 처하지 않았기 때문이다. 또한 우리는 표면상으로 '모든 종류의 여우원숭이에 대한 포획금지'를 위반한 나쁜 선례를 남기지도 않았다. 왜냐하면 마다가스카르인들은 쥐여우원숭이를 여우원숭이류에 포함시키지 않고 단지 '이상한 형태의 쥐'로 간주하기 때문이다. 그리하여 그들은 텐렉과 함께 우리가 궁극적으로 런던 동물원으로 데려갈 몇 안 되는 채집동물의 핵심을 이뤘다.

우리는 어느덧 한 달이 넘도록 섬의 남쪽에 있었고 우리의 일정이 허용하는 기간을 사실상 초과한 상태였다. 그러므로 다른 지역 방문 일정을 줄이지 않으려면 이제 그만 떠나야 했다. 우리는 야영지를 해체하고 차를 몰아 바오밥나무 숲을 지나 튈레아르로 돌아왔다.

13. 죽은 자의 영혼

마다가스카르 어디에서나 사람들은 죽은 자를 숭배한다. 한 세기가 넘는 기간 동안 기독교가 활발하게 그리고 여러 번의 순교로 이어진 헌신을 통해 전파되었지만, 조상 숭배는 부족 신앙에서 가장 강력한 요소로 남아있다. 좋은 일과 부유함 그리고 많은 자손은 궁극적으로 죽은 자에게서 온다고 사람들은 말한다. 만약 조상들이 불쾌하고 언짢다면 후손의 안녕을 돌보는 것을 소홀히 할 것이므로 가난과 불임과 질병이 가정을 덮칠 것이다. 따라서 조상에 대한 세심한 관심과 주의가 필요하다. 그러나 부족마다 경외심을 표현하는 정확한 방식은 매우 다양하다. 타나나리브로 돌아가는 여정의 첫번째 단계로 튈레아르에서 동쪽으로 차를 몰다 마하팔리Mahafaly 사람들의 영역에 들어갔는데, 여기에서 우리는 황량한 사막의 인적이 가장 드문 지역에 고립된 채 서있는 삭막하면서도 장엄한 죽은 자들의 집들을 발견했다.

각 무덤은 자연석을 이용해 만든 정사각형의 구조물로 한 가족의 모든 구성원을 위한 공동 무덤으로 쓰였다. 우리가 본 가장 멋진 것은 한 면의 길이가 약 9미터이고 높이가 1.2미터였다. 그 위의 돌무더기로 덮인 표면에는 아름답게 조각된 기둥이 줄지어 세워져 있었는데, 기둥들의 측면

데이비드 애튼버러의 주 퀘스트

마하팔리 사람들의 무덤

에는 마름모꼴, 사각형, 원형의 기하학적 디자인이 새겨져 있고 꼭대기에
는 사람들의 주요 재산인 긴뿔혹소humped long-horned cattle의 형상이 조각되어
있었다. 각 벽에는 장례 의식에서 희생된 많은 소들의 뿔이 놓여있었고,
그 휘어진 부분은 마치 한복판에 매장된 시체를 보호하려는 것처럼 바깥
쪽으로 돌출되어 있었다. 뿔 주위에는 사후 세계에서 죽은 자들이 사용할
제물인 거울, 이가 빠진 에나멜 접시 그리고 태양 아래 달궈져 휜 금속제
여행가방이 놓여있었다.

　조르주는 우리에게 이 인상적인 기념물의 배치, 설계, 건설을 지배하는
수많은 금기사항을 말해줬다. 많은 이유들이 무덤을 외딴 곳에 지을 것을
요구한다. 무덤을 보는 것은 고통스럽고 쓰라린 기억을 불러일으킬 것이
고, 무덤의 그림자가 집에 드리워지면 틀림없이 죽음의 그림자를 불러올

것이다. 더욱이 만약 무덤이 마을에서 가깝다면 조상의 영혼이 시체에서 나와 밤새 떠돌아다니다 무심코 산 사람들의 거주지로 돌아와 사람들을 해코지할 수도 있다.

무덤의 정확한 배치 또한 커다란 관심사다. 마다가스카르의 주택은 문이 정확히 서쪽을 향하도록 지어진다. 만약 무덤의 배치가 주택과 비슷하다면 죽은 사람이 혼란스러워하고 그들의 존재로 인해 산 사람들이 괴롭힘을 당할 수 있다. 따라서 무덤은 나침반의 동서남북과 일치하지 않도록 의도적으로 삐딱하게 지어진다.

힘든 건축 과정에서도 다른 많은 세부적 관습을 준수해야 한다. 수많은 소를 희생시켜야 하고 그 피를 사용하여 문으로 쓰일 거대한 암석 판을 적셔야 한다. 만약 이 돌을 제 위치로 옮기는 고된 노동 중에 사람이 부상을 입어서 그의 피가 도살된 소의 피와 섞인다면, 이것은 피에 대한 무덤의 갈증이 아직 해소되지 않았고 곧 더 많은 사람들의 목숨이 요구될 거라는 징조로 여겨진다.

모든 단계에서 관련된 금기사항이 너무 많아, 건축은 사람들에게 매우 복잡한 문제를 야기한다. 만약 어리석게도 규칙을 어긴다면 무덤은 채울 수 없는 식욕을 가진 '잔인하고 사악한 존재'가 될 수 있다. 그러나 전통이 정한 모든 의식을 철저히 거행한다면 무덤은 죽은 자들에게 안식처를 제공하고 삶에 지친 노인들만 소환할 것이다.

━━━

두번째 날에 우리는 북쪽으로 방향을 틀어 곧 마다가스카르의 중심부인 황량하고 헐벗은 산맥에 도달했다. 그곳은 수세기 동안 섬을 통치하고 지배한 메리나^{Merina}족의 본거지이다. 나는 다시 한 번 이 '작고, 비교적 하얗고, 이목구비가 섬세한' 사람들과 남부 사막의 '크고, 까맣고, 곱슬머

발리하 연주자

리인' 사람들 사이의 큰 차이에 충격을 받았다.

'메리나족은 비교적 최근에 말레이와 보르네오 지역에서 이주하여 이 섬에 정착했다'는 설은 의심의 여지가 없는 것 같다. 그들과 인도네시아 사람들 사이의 신체적 유사성은 그 자체로 설득력이 있지만, 언뜻 보기에는 그럴 것 같지 않은 여러 다른 단서들도 이러한 기원을 확인해 준다. 운전하는 오랜 시간 동안 조르주와 나는 몇 년 전 인도네시아에서 배운 약간의 말레이어를 마다가스카르어 단어와 비교하려고 노력하면서 즐거운 시간을 보냈다.

내가 기억할 수 있는 단어 중 대부분은 그에게 아무 의미가 없었지만 일부는 매우 유사했다. 예컨대 섬[island]은 말레이어로 누사[nusa]이고 마다가스카르어로 노시[nosi]이며, 눈[eye]은 말레이어로 마소[maso]이고 마다가스카르어로 마타^{mata}이다. 아낙^{anak}(어린아이), 마삭^{masak}(무르익은), 이니ⁱⁿⁱ(이것), 마티^{mati}(죽다) 등 몇몇 단어는 두 언어에서 거의 동일했다.

동양에서 유래한 메리나족의 문화에는 또 다른 분야도 있다. 우리가 점심을 먹으러 들른 한 마을에서, 나는 흰 가운과 트릴비^{trilby} 모자[1] 차림의 노인이 발리하^{valiha}를 연주하는 것을 보았다. 발리하는 1미터 길이의 대나무 조각으로, 양쪽 끝을 에워싼 2개의 고리 사이에 15개의 철사로 된 현이 길게 뻗어있다. 그가 잠시 우리에게 연주를 해주는 동안, 그의 손가락은 현을 가볍게 튕겨 대나무 공명통으로 증폭된 잔잔한 음악을 만들어 냈다. 아프리카의 어디에서도 발리하와 유사한 것을 찾을 수 없다. 그러나 태국, 미얀마 그리고 그 밖의 동아시아 지역에는 유사한 악기가 흔하다.

타나나리브로 가는 동안, 우리는 조그맣게 무리 지어 길을 따라 걸어가는 사람들을 여러 번 지나쳤다. 깃발 든 남자들이 앞장선 가운데, 뒤따르는 사람들은 장대에 매달린 긴 나무 상자를 든 운반하고 있었다. 내가 그것에 대해 물었을 때 조르주의 대답은 으스스한 것이었다. 시신을 운반하는 행렬이었던 것이다.

그러고 보니 우리가 산악지역으로 돌아온 것은 건기^{乾期}가 끝날 무렵이었다. 일주일 정도 지나면 비가 내리고 사람들은 물에 잠긴 논에 모를 심을 터였다. 이 시기는 중대한 의례적 의미를 지니고 있다. 조상의 땅에서 멀리 떨어진 곳에 묻혀있던 시신들을 꺼내서 자신들이 살았던 마을로 가져가고, 메리나족이 사는 산악지역 전체에서 가족묘의 돌문이 열리는 시기로, 죽은 자들이 돌아오는 파마디하니^{famadihany} 축제의 계절이기 때문이다.

며칠 후, 우리는 타나나리브에서 약 24킬로미터 떨어진 작은 마을 밖에서 거행된 이러한 의식—프랑스인들은 시신 발굴 의식^{retournement}이라고

---

1 챙이 좁은 중절모. - 옮긴이주

부른다—중 하나에 참석했다. 무덤은 마하팔리 사람들의 무덤보다 작고 별로 정교하지 않았다. 즉, 단순한 정사각형 구조로 벽면은 시멘트를 바른 바위로 되어 있고, 이미 열려있는 문은 한쪽에 현관처럼 붙어있는 더 작은 정사각형 구조물에 달려있었다. 문을 통해 지하 묘실로 들어간 사람은 아직 아무도 없었다.

약 50~60명의 사람들이 냄비와 솥과 음식 바구니로 둘러싸인 채 근처의 풀밭에 앉아있었는데, 그중 상당수는 오늘부터 내일까지 내내 무덤 옆에서 지낼 예정이었다.

여자들은 밝은색 면 드레스 차림이었는데, 그중 몇 명은 양산을 휴대하고 있었다. 남자들은 좀 더 다양한 옷을 입고 있었는데, 어떤 사람들은 잠옷 같은 줄무늬 옷, 어떤 사람들은 도시에서 입는 말쑥한 정장 차림이었다. 조금 더 멀리 떨어진 곳에서는 클라리넷, 코넷, 유포니움, 드럼으로 구성된 악단이 나뭇가지와 잎사귀로 새로 지은 오두막 그늘에서 요란하게 풍악을 울렸다. 조상들의 영혼이 잠시 무덤을 떠났을 수 있으므로, 그들을 다시 불러 자신을 기념하는 축제를 감상하게 하려면 풍악을 크게 울리는 것이 매우 중요하다.

몇 시간 동안 거의 아무 일도 일어나지 않았다. 한두 사람이 자리에서 일어나 휘청거리는 스텝을 몇 차례 밟았지만 주위 사람들의 시선을 거의 끌지 못했다.

오후 서너 시쯤, 무덤을 소유한 가족의 연장자가 3명의 노인을 대동하고 어두운 묘실로 내려갔다. 노인들은 각자 판다누스 돗자리를 들고 있었는데, 잠시 후 무덤에서 나왔을 때 하얀 천에 싸인 시신을 돗자리로 감싼 채 들고 있었다. 그들은 앉아있는 사람들 사이로 막무가내로 헤치고 나가, 몇 미터 떨어진 곳에 있는 대*—나뭇가지로 특별히 제작되었다—위에 시신을 내려놓았다. 뒤이어 그들은 시신을 한 구씩 잇따라 꺼내어 대 위

무덤에서 시신을 꺼내는 사람들

에 나란히 놓았다.

구경꾼들의 행동에는 우울함이나 슬픔의 흔적이 전혀 없었다. 그들은 큰 소리로 수다를 떨고 웃음을 터뜨렸다. 사적인 감정이 무엇이든 간에, 사람들이 이 시간에 침묵하거나 우는 것은 금지되어 있다. 왜냐하면, 죽은 자는 무덤 속에서 오랫동안 적막속에 있은 후인지라 산 자의 목소리를 듣고 싶어하기 때문이다. 만약 슬픔을 보인다면 조상들에게 '지역사회가 나의 귀환을 환영하지 않는구나'라는 믿음을 심어 줄 수 있으므로, 그들을 무덤에서 꺼내는 일은 즐거운 행사가 되어야 한다.

이제 하루 중 최악의 더위는 지나갔고, 악단은 오두막을 떠나 풀밭에 앉아 다시 활기차게 연주하고 있었다. 음악은 생동감이 있었는데, 베이스 드럼의 쿵쾅거리는 소리가 리듬을 강조하고 클라리넷의 길고 높은 소리가 멜로디를 전달했다. 춤은 격식에 맞춰 더욱 정교해졌다. 가족들 대부분은 상여와 무덤의 열린 입구 사이에서 느린 카드리유quadrille[2]에 참여했다. 춤이 끝날 때마다 참가자들은 몸을 돌려 시신을 마주보며 경배했다.

어둠이 깔리자 대부분의 군중은 집으로 돌아갔지만, 가족들은 남아서 달빛 아래 가대架臺[3] 위에 누워있는 조상들을 밤새워 지켜야 했다.

다음날 우리는 무덤으로 돌아왔다. 다시 한 번 사람들은 몇 시간 동안 마구잡이식으로 춤을 추었다. 그러다가 3시쯤에 악단이 연주를 멈추고 사람들 사이에 적막이 퍼져 나갔다. 정적 속에서 가족의 우두머리는 사람들에게 멋진 비단천을 보여줬는데, 람바 메나lamba mena라고 부르는 이 천은 전체에 빨간색, 파란색, 녹색 줄무늬가 새겨지고 작은 유리구슬들이 엮여있었다.

많은 천과 람바가 일상적인 용도로 현지에서 만들어지지만, 이 특별한 람바 메나는 매우 값비싼 물건이고 너무 신성하기 때문에 그중 하나라도 이 의식 용도 이외의 다른 용도로 사용되는 것은 상상도 할 수 없다.

가족의 우두머리는 군중들에게 "이 람바 메나가 얼마나 좋은지 확인해달라"라고 외쳤는데, 그 이유는 죽은 사람에게 합당한 경의를 표하고 있음을 모두가 알아주는 것이 가장 중요했기 때문이다.

이제 모든 사람들이 시신들 주위에 모여들여 시신을 한 구씩 가져갔다. 몇 무리의 여자들이 천에 싸인 시신을 무릎 위에 올려놓은 채 앉아있었다. 여자들이 죽은 자의 영혼과 교감하며 시신을 어루만지고 쓰다듬는 동안에는 이제껏 만연해 있던 얼마쯤 강요된 흥청거림은 사라졌다. 어떤 여자들은 그들에게 말을 걸어 위로하며 잘 지내기를 기원했고, 몇몇 여자들은 드러내 놓고 울었다.

---

2 4쌍 이상의 남녀가 네모꼴을 이루며 추는 춤. - 옮긴이주
3 물건 따위를 얹어놓기 위하여 밑을 받쳐 세운 구조물. - 옮긴이주

천에 싸인 시신을 무릎 위에 올려놓은 여자들

한편 남자들은 람바에서 가느다란 천 조각을 찢어 내기 시작했는데, 그
것은 시신을 묶는 끈으로 사용될 예정이었으며, 다른 어떤 재료도 그렇게
중요한 목적으로 사용될 수는 없었다. 여자들은 시신을 내놓았고, 각각의
시신은 화려한 수의壽衣로 새롭게 단장되었다. 많은 시신은 티끌에 지나지
않았고, 과거 의식에서 사용된 람바의 썩어가는 잔해와 뒤섞여있었다. 눅
눅한 부패물 냄새가 공기 중에 떠돌았다.

남자들은 특별히 경외하는 마음 없이 유해를 거칠게 다루면서 활기차
게 일을 마쳤다.

모든 시신이 새로운 람바로 묶여 가대에 다시 놓이자, 가족은 다시 한
번 우아한 카드리유를 시작했다. 그들의 춤 스텝과 몸짓에는 아프리카의
열광적인 열정이 거의 없었다. 그 대신 물결처럼 움직이는 팔, 파르르 떠

데이비드 애튼버러의 주 퀘스트

는 손가락 그리고 절제된 자세는 발리와 자바의 춤사위를 연상시켰다.

축제는 막바지를 향해 가고 있었다. 어린아이, 여자, 노인 등 참석한 모든 사람들이 상여 주위에 모여 머리 위로 팔을 흔들며 죽은 자들에게 마지막 경의를 표했다. 그런 다음, 사람들은 시신을 한 구씩 어깨에 메고 행렬을 지어 무덤 주위를 세 바퀴 돌았다. 마지막 바퀴를 돈 후, 시신들은 무덤의 계단에 서있는 사람들에게 인계되어 어둠 속으로 돌아갔다.

이 의식이 정기적으로 거행된다는 것은 메리나 사람들 사이에서 영예로운 일로 여겨진다. 조상들을 무덤 속에 방치한 채 잊어버리고 보살피지 않으면 개와 다를 바 없다고 그들은 말한다. 죽은 자들은 춤과 잔치에서 즐거움을 얻고 자신들이 한때 돌보고 경작했던 소 떼와 들판을 다시 한 번 보고 싶어한다. 그러나 그것은 매우 부담스러운 행사다. 많은 양의 음식이 제공되어야 하고, 람바 메나는 비용이 많이 들고, 음악가들은 많은 사례비를 요구하다 보니, 많은 가족이 수입의 대부분을 파마디하니에 쏟아붓고 있음에도 일 년에 한 번씩 행사를 치를 여력이 있는 가족은 거의 없기 때문이다.

의식이 얼마나 최근에 거행되었는지에 관계없이, 많은 사건들—빈곤 또는 불임, 죽은 자의 현몽, 가족 구성원의 사망—은 사람들에게 의식을 치르도록 압력을 가하고 있다. 5년 이상 파마디하니에 참가하지 않은 가족은 모두 불명예스럽고 부끄러울 뿐만 아니라 어리석은 사람으로 여겨진다. 왜냐하면 의식을 하는 것이 이치에 맞기 때문이다. 조상이 영혼으로 살아남아 산 자의 운명을 주관하고 있다면, 산 자가 죽은 자에게 빚을 갚고 조상을 공경하는 것은 지극히 현명하다.

그러나 이것이 의식 뒤에 숨겨진 유일한 동기는 아닌 것 같다. 왜냐하면 또 다른 기원을 암시하는 여러 가지 측면이 있기 때문이다. 의식은 통상적으로 건기의 끝자락에 거행되는데, 이 시기는 오랫동안 건조하고 척박했던 논이 다시 한 번 싹을 틔우려고 하는 때라고 할 수 있다. 더욱이 의식은 다산에 큰 중점을 둔다. 축제에 대한 더 오래된 설명에 따르면, 자녀가 없는 여성들은 수의의 일부를 떼어내 '불임 치료를 위한 강력한 부적'으로 사용한다고 한다.

이 축제는 한때 유럽 전역에서 봄철에 열렸고 세계의 다른 많은 지역에서 여전히 행해지고 있는 여러 축제와 맥락을 같이하는 것으로 보인다. 축제가 진행되는 동안 제물로 바친 동물과 신들이 상징적으로 부활하는데, 이는 지역사회 전체의 번영을 좌우하는 곡식에 관련된 믿음과 일맥상통한다. 즉, 그들의 믿음에 따르면, 곡식은 생기가 없는 겨울이 끝난 후 호의적인 주술의 힘을 빌려 다시 한 번 되살아남으로써 땅에서 기근을 몰아낸다.

───

타나나리브에서 우리는 심각하게 손상된 랜드로버를 정비소에 맡겼다. 그리고 수리와 정비가 완료될 때까지 일주일 정도 기다려야 했다. 조르주는 과학연구소에서 몇몇 일을 해야 했으므로, 제프와 나는 다시 한 번 둘만 남게 되었다. 우리 둘은 비행기를 타고 북쪽의 디에고수아레스^{Diego} ^{Suarez}로 가기로 했다. 그곳에서 우리는 흥미로운 것들을 많이 찾아다닐 수 있었지만, 이미 메리나 사람들의 조상 숭배 의식인 '시신 발굴 의식'을 관람한 후였으므로, 특별히 마다가스카르에서 가장 유명한 조상 숭배의 중심지인 디에고 바로 남쪽의 신성한 호수를 방문하고 싶었다.

디에고수아레스 항구는 북동쪽 해안선을 파고 들어온 만灣의 해안에 자리잡고 있다. 마을에서 남쪽으로 80킬로미터 떨어진 곳에 아니보라노^{Anivorano}라는 신성한 호수가 있다. 그것은 나무가 우거진 언덕으로 둘러싸인 납빛 물의 잔잔하고 탁 트인 공간으로 그다지 크지 않다. 전설에 따르면, 한때 이 자리에 번창한 마을이 있었다고 한다. 마을 주민들은 낯선 사람들에게 극도로 불친절하다는 평판을 받았다. 어느 날 이웃 부족의 주술사가 지나가다 덥고 목이 말라 물 좀 달라고 부탁했다. 모두가 거절했지만 마지막으로 한 노파가 그를 불쌍히 여겨 물 1잔을 주었다. 그는 물을 마신 후 그녀에게 감사를 표하고 "아이들을 데리고 소지품을 챙겨 즉시 마을을 떠나라"라고 경고하며 "누구에게도 이 사실을 알려서는 안 된다"라고 덧붙였다.

그녀가 떠난 후 그는 마을 한가운데로 가서 주민들에게 저주를 걸었다. 그 내용인즉, '풍족한 물에 대해 너무 야박하게 굴었으니 마을은 물에 잠기고 주민들은 수중 괴물이 될 것이다'라는 것이었다. 그리고 그는 떠났다. 얼마 지나지 않아 대격변이 일어나 마을이 호수 아래로 잠기고 사람들은 악어로 변했다.

그 노파의 후손들은 오늘날 호수에서 1.6킬로미터 떨어진 아니보라노 마을에 살고 있다. 가난이나 전염병이 위협하는 재앙의 날에 메리나 사람들이 가족 무덤을 열고 죽은 자들과 교감하는 것처럼, 이 마을 사람들은 호수를 방문하여 조상인 악어에게 제물을 바친다.

우리는 그 지역사회에서 가장 영향력 있는 사람으로 통하는 마을 우체국장을 찾았다. 그는 덩치 크고 쾌활한 인물로, 자신의 책상 뒤에 앉아 의식에 대한 우리의 궁금증을 속 시원히 해결해 줬다. 그가 짐작하는 바에 따르면 이틀 후 마을 여자들이 자식이 없는 여자를 위해 의식^{fête}을 개최할 예정이었다. 그는 의식을 치르는 가족과 이야기를 해봐서, 운이 좋다면 우리가 의식을 참관할 수 있도록 그들을 설득해 볼 수도 있다고 했다. 두말할 필요도 없이 우리는 참관하는 특권에 대한 대가로 상당한 찬조금을 지불해야 할 것으로 예상되었다. 그들은 소 1마리를 제물로 바칠 텐데, 소의 가격은 물론 비쌌다. 게다가 노래를 많이 부를 텐데 그러면 목이

마를 터였다. 그들에게 약간의 활력을 불어넣기 위해 럼주 1병과 레모네이드 몇 상자를 가져가는 것은 어떨까? 마을 사람들에게 전해지는 과거의 전설을 생각해 보면 우리가 가지고 있는 음료들을 아꼈다가는 큰 화를 입을 것 같았다.

디에고수아레스에 입항하는 배를 타고 정기적으로 방문객들이 몰려옴에 따라 아니보라노 사람들은 호수와 전설이 가진 상업적 가치를 잘 알게 된 게 분명했다. 그러면 어떻게 한다? 우리는 고심 끝에 우체국장의 제안을 받아들였고, 이틀 후 제프와 나는 카메라를 들고 마을로 돌아왔다.

우리는 호숫가에서 우체국장을 만났는데, 그의 옆에는 몇 명의 다른 남자들과 나무에 묶인 가엾은 소가 있었다. 근처에는 아랍식으로 머리에 밝은색 천을 두른 한 무리의 여자들이 앉아있었다. 우리는 몇 병의 음료수를 제공했다. 여자들은 레모네이드에 흠뻑 빠졌고 우체국장은 럼주를 독차지했다.

불쌍한 소는 신속하고 능숙하게 도축되었다. 남자 중 한 명이 에나멜 접시에 소의 피를 모아 호숫가로 가져가 물속에 넣고 휘저었다.

여자들은 리드미컬하게 손벽을 치며 귀에 거슬리는 노래를 부르기 시작했다. 몇 초 만에 작고 검은 혹이 물가에서 약 50미터 떨어진 수면 위로 솟아올랐다. 악어였다.

여자들은 더 큰 소리로 노래를 불렀다. 그들 중 한 명은 고개를 뒤로 젖히고 혀를 진동시키며 길게 울부짖는 소리를 질렀다. 한 남자가 호수를 향해 조심스럽게 비탈길을 내려가 고깃덩어리를 물가에 던졌다. 악어가 물속에서 부드럽게 미끄러지며 우리를 향해 다가오는 동안 그놈의 머리 뒤에서 지나온 흔적이 V자 모양으로 퍼져 나갔다.

또 다른 작은 노란색 머리가 오른쪽 가까이에서 수면 위로 떠올랐다. 두번째 고깃덩어리가 호수에 떨어지며 물방울을 튀겼다. 몇 분 안에 큰 악어가 호숫가에 올라오더니 비늘 덮인 등과 긴 꼬리를 물 밖으로 반쯤 내민 채 자리를 잡았다.

더 자세히 살펴볼 수 있도록 조금 더 가까이 다가설까 망설이고 있는데 우체국장이 제지했다.

"여자들이 좋아하지 않을 거예요." 그가 말했다.

"여자들의 눈치를 봐야 하는 건가요?" 제프는 빨리 물러설 가능성을 염두에 두고 무거운 카메라를 바라보며 말했다.

두번째 악어가 첫번째 악어 옆으로 다가오더니, 둘이 함께 진흙 위에 머리를 얹은 채 무섭게 우리를 지켜보았다.

"가끔," 우체국장이 말했다. "저놈들은 고기를 먹으러 곧장 육지로 올라오는데, 지난달에 세 번이나 의식을 치렀기 때문에 아마도 별로 배가 고프지 않은 것 같아요."

큰 악어는 비틀거리며 앞으로 다가오더니 머리를 옆으로 돌려 30센티미터 길이의 고깃덩어리를 낚아채고는 뒤로 미끄러져 깊은 물속의 안전한 곳으로 들어갔다. 그리고는 머리를 수직으로 들어올려 무시무시하게 늘어선 하얀 원뿔형 이빨을 드러내더니, 세 번의 격렬한 턱놀림으로 고기를 꿀꺽 삼켜버렸다.

여자들은 감사한 마음으로 환호성을 질렀다. 첫번째 악어가 본보기를 보이자 대담해진 듯 노란색 악어가 자신의 몫을 움켜쥐었다. 악어들을 호수에서 유인해 낼 요량으로 가죽도 벗기지 않은 고깃조각 몇 개가 더 던져졌는데 그중 일부는 강둑의 중간에 떨어졌다. 그러나 물가에 떨어진 고기만으로도 그들을 만족시키기에 충분했다. 30분 후, 그들은 배를 채우고 몸을 틀어 물결을 일으키며 천천히 그리고 조용히 호수 한복판을 향해 헤엄쳐 갔다.

동물학적 관점에서 볼 때 이 의식은 별로 대단하지 않으며 '악어에게 특

제물을 삼키는 악어

정한 소리를 들려줌으로써 먹이를 기다리도록 훈련시킬 수 있다'는 것을
증명할 뿐이다. 마다가스카르 고유의 관습이라는 차원에서 보더라도 그것
은 가치가 별로 없어 거의 관광자원의 수준으로 전락한 것처럼 보였다.

그럼에도 불구하고 그것이 한때 진심과 절박함을 담은 의식이었다는
점에는 의심의 여지가 거의 없을 것이다. 물론 섬의 다른 모든 곳에서 악
어는 혐오와 공포의 대상이다. 왜냐하면 해마다 인간의 목숨을 앗아가기
때문이다. 결과적으로 악어들은 무자비하게 사냥당한다. 그럼에도 유독
이곳에서만 보호받고 먹이를 제공받는데, 처음에는 종교적 신념 외에 다
른 이유는 거의 없었을 것이다.

오늘날 악어들은 상당한 수입을 가져오는 원천으로 귀하신 몸 대접을
받고 있는 것이 분명하다. 그러나 많은 아니보라노 사람들의 입장에서 볼

때, 그들은 '죽은 자의 화신'을 둘러싼 초자연적인 분위기를 여전히 가지고 있는 것으로 보인다.

14. 카멜레온, 갈색여우원숭이

우리는 다음 탐사를 위해 여우원숭이와 도마뱀을 비롯하여 다른 곳에서는 볼 수 없는 다양한 생물이 살고 있는 섬의 북서부를 방문하기로 결정했다. 이상적인 중심지는 마중가Majunga 항구에서 내륙으로 약 110킬로미터 들어간 앙카라판치카Ankarafantsika의 숲인 듯했다. 기쁘게도, 조르주는 연구소 자체 표본 수집을 위해 숲에 서식하는 작은 파충류를 잡고 싶어했기 때문에 다시 한 번 우리와 합류할 수 있었다. 그래서 타나나리브로 돌아온 지 일주일도 채 안 되어 우리는 새차처럼 멀쩡해진 랜드로버에 새로운 물품과 필름을 싣고 다시 여행길에 올랐다.

그날 저녁 해질녘에 차를 몰고 산을 넘을 때 우리의 눈앞에 극적인 장면이 펼쳐졌다. 산마루에 올라선 우리 눈앞에 마치 전깃불 장식을 한 해안 도시처럼 주황색 불꽃이 줄지어진 계곡이 내려다보였다. 사람들이 거친 황무지의 풀과 덤불을 태우고 있었는데, 그 이유는 비가 올 때 물기를 머금은 새싹이 먹이를 찾는 가축 떼의 주둥이에 쉽게 포착되도록 하기 위함이었다. 산비탈의 광활한 지역이 새까맣게 타거나 검게 그을려있었다. 다가오는 불길의 경계선이 여러 곳에서 앞길을 가로막았고, 그럴 때마다 우리는 '5미터 상공까지 날름거리는 화염', '귓전을 때리는 위협적인 굉음' 그리고 '콧구멍을 가득 메운 매캐한 연기' 속에서 수 미터를 전진해야 했다.

우리는 둘째 날 오후에 앙카라판치카에 도착했고, 조르주는 우리를 숲 한가운데 있는 오두막집으로 안내했다. 그 집은 꽤 크고 방이 여러 개 있었지만 반쯤 버려진 채여서, 초가지붕은 내려앉아 구멍이 뚫리고 벽에 바른 진흙은 나무기둥에서 떨어져 나와있었다. 집의 절반은 마다가스카르의 젊은 산림관리인과 그의 아내가 차지하고 있었고, 우리는 그의 허락을 받아 한쪽 끝에 있는 커다란 빈 방에 짐을 풀었다.

━━━━

마다가스카르는 카멜레온과[科]의 본고장이다. 이 기묘한 파충류가 처음으로 진화한 곳이 바로 이곳이었으며, 여기서부터 아프리카 전역과 그 너머의 대륙으로 퍼져 나갔다. 오늘날에도 이 섬에는 바다 너머의 세계보다 다양한 종[種]이 서식하고 있으며, 그중에는 이 다채로운 과의 많은 구성원 중에서 가장 크고, 가장 작고, 가장 다채롭고 그리고 가장 특이한 종이 포함되어 있다.

그중 하나인 브라우니아[Brownia]는 뭉툭한 꼬리를 가진 조그마한 종으로, 땅에서 살며 길이는 4센티미터를 넘지 않는다. 그것은 모든 살아있는 파충류 중에서 가장 작은 동물일 것이다. 또 다른 종류는 60센티미터 이상으로 자라는 '카멜레온과의 거인'으로, 보통의 크기를 가진 카멜레온 종들의 통상적 주식[主食]인 곤충뿐만 아니라 어린 생쥐와 새끼 새도 잡아먹는다. 이들 양극단 사이에는 수많은 종들이 도사리고 있으며, 제각기 화려한 머리장식—뾰족한 투구, 수탉 같은 볏, 유니콘 같은 뿔, 목 뒤에 있는 가죽질 판, 코 끝에 있는 한 쌍의 비늘 모양 날—을 하고 있다.

조르주는 오두막집 주변 숲에 몇 가지 볼 만한 종들이 많다고 강조했

투구카멜레온

다. 아마도 그랬겠지만, 그럼에도 불구하고 그들을 찾기는 매우 어려웠다. 이것은 잘 알려진 것과 달리 주변 환경에 맞게 피부색을 바꾸는 능력 때문이 아니라 뒤엉킨 나뭇가지 사이에서 꼼짝 않고 머무는 습관 때문이었다. 이럴 경우 불규칙한 실루엣으로 인해 찾아내기가 매우 어렵다. 사실을 말하자면, 카멜레온의 피부색은 배경에 따라 달라지는 것보다는 감정과 빛의 강도에 따라 훨씬 많이 달라진다. 예컨대 회색 카멜레온을 집어 들면 분노하여 검은색으로 변한다. 얼룩덜룩한 녹색의 카멜레온을 약올려 화나게 하면 갑자기 노란색이나 주황색 줄무늬가 나타날 수 있다. 일반적으로 햇빛이 밝을수록 색상이 더 선명하며, 깜깜한 밤이나 닫힌 상자 속에서는 대부분의 카멜레온이 흰색으로 변한다.

이러한 놀라운 변화는 우툴두툴한 피부에 박혀있는 다양한 색상의 색

　　　　　　　　　　　　데이비드 애튼버러의 주 퀘스트

소세포 조합에 의해 초래된다. 색소세포가 수축하면 카멜레온이 어둠 속에 있을 때와 마찬가지로 색을 띠지 않지만, 밝은 빛의 자극이나 얼마간의 흥분으로 인해 하나 또는 여러 개의 색소세포 조합이 팽창하면 색상—빨간색, 검은색, 주황색, 녹색, 노란색—이 갑자기 뚜렷해진다.

카멜레온은 느려도 너무 느리기 때문에 일단 발견하기만 하면 쉽게 잡을 수 있다. 당신이 할 일이라고는 막대기를 수평으로 들고 카멜레온이 걷고 있는 가지보다 약간 높게 유지하는 것밖에 없다. 그러면 그는 얼떨결에 반사적으로 기존의 안전한 나무를 떠나 당신의 막대기로 기어오를 것이다. 그리하여 당신은 건드리지도 않고 그를 손안에 넣을 수 있다. 이 전술은 그가 팔이 닿지 않는 가장 높고 가느다란 나뭇가지에 앉아있을 때 특히 유용하다.

그러나 다음으로, 당신은 그를 막대기에서 떼어 내 케이지에 집어넣어야 한다. 이것은 생포하기보다 조금 더 어려우며 약간의 주의를 요하는 일이다. 목덜미를 잡히면 이 파충류는 가장 사나운 방식으로 쉿 소리를 내며 입을 크게 벌려 목구멍의 샛노란 내벽內壁을 드러내기 때문이다. 그리고 공기를 잔뜩 흡입하므로 몸이 부풀어 오르고 크기가 눈에 띄게 커진다. 이 순간 카멜레온은 매우 벅찬 상대인 것처럼 보이기 때문에, 당신은 다음과 같은 생각으로 스스로를 진정시켜야 할지도 모른다. 첫째, 카멜레온은 거의 해롭지 않다. 둘째, 비록 할 수만 있다면 주저하지 않고 당신을 날카롭게 물겠지만, 당신의 피부를 찢을 만큼 강한 턱을 가진 것은 가장 큰 카멜레온들뿐이다.

그러나 아마도 당신을 가장 불안하게 하는 것은 그들의 턱이 아니라 눈일 것이다. 각각의 눈알은 비늘 덮인 피부로 거의 완전히 덮여있어 중앙에 작은 구멍만 남아있고, 이 눈꺼풀은 종종 선명한 색을 띤다. 결과적으로 눈 전체는 현미경의 고배율 렌즈와 유사하다. 카멜레온은 이 기묘한 기관을 폭넓은 각도로 회전시킬 수 있으므로, 설사 당신에게 잡혔을 때 당신에게서 얼굴을 돌리고 있는 것처럼 보일지라도 뒷목 너머에서 당혹스러운 눈빛으로 당신을 계속 노려볼 수 있다. 더욱 놀라운 것은 2개의 눈알이 따로 논다는 것이다. 따라서 그는 한 눈으로 당신을 응시하는 동안, 다른 눈으로 자신이 수용될 케이지의 문을 앞발로 움켜잡기 위해 전방을 주시할 수도 있다. '2개의 회전하는 눈'에서 입력된 '끊임없이 변하는 영상들'이 카멜레온의 뇌 안에서 상호 연관되는 메커니즘은 상상을 초월한다.

하루 정도 수색한 후 우리는 덤불과 나무에 앉아있는 그들을 더 잘 찾아낼 수 있게 되었다. 우리는 곧 10여 마리를 생포했는데, 사실 너무 많아서 그들을 먹이고 수용하는 게 큰 문제로 대두되었다. 나는 이 문제로 고민하다가 결국 두 가지 어려움을 한꺼번에 해결할 수 있는 방법을 고안해냈다.

나는 오두막집에서 오래된 양철 욕조를 눈여겨봐 뒀다가 그것을 꺼내서 깨끗이 청소했다. 그 한가운데에 키 크고 잔가지가 많은 마른 나뭇가지를 세우고, 그 밑동 주위에 돌을 쌓아 똑바로 선 상태로 단단히 고정했다. 마지막으로 나뭇가지에 생고기를 한두 조각 묶은 다음 욕조에 물을 채웠다.

내가 이 일을 하고 있는 동안 제프는 호숫가에서 몸을 씻고 있었고, 그가 돌아왔을 때 나의 작품은 완성되어 있었다. 나는 그것을 지나치게 사치스러운 일본식 꽃꽂이처럼 오두막집 앞에 세워 놓았다. 그가 약간 어리둥절해하는 것은 당연했으므로, 나는 그것의 교묘한 독창성을 모두 설명했다.

"우리는 두 가지 요인을 염두에 둬야 해요." 내가 말했다. "첫째, 카멜레온은 파리를 먹고 살아요. 둘째, 그들은 수영을 할 수 없어요. 그들을

데이비드 애튼버러의 주 퀘스트

이 나뭇가지 위에 올려놓으면, 유일한 탈출 방법은 물을 건너는 것이므로 그 자리에 머물러야 해요. 따라서 우리는 넓고 안전할 뿐만 아니라 아름다운 케이지를 갖게 되었어요. 더욱이 이것은 그들에게는 낙원이 될 것이기 때문에 카멜레온은 도망칠 생각을 하지 않을 거예요. 날고기가 파리 떼를 유인하여 끊임없는 먹이를 제공함과 동시에 우리가 매일 아침 수백 마리의 메뚜기를 찾아야 하는 성가신 일을 덜어줄 테니 말이에요."

제프는 적절한 찬사를 보냈다. 우리는 함께 여러 다양한 케이지에서 카멜레온들을 꺼내 나뭇가지 위에 올려놓았다. 그들은 그곳에 달라붙어 서로를 노기등등하게 쳐다보았고, 우리는 자리에 앉아 그들이 새 집의 편의 시설을 탐색하는 장면을 자랑스럽게 지켜보았다.

그들 중 한두 마리는 나뭇가지에서 내려와 물을 살펴보더니 뒤로 물러났다. 여기까지는 내가 예상한 대로였다. 잠시 후 그들은 나뭇가지 꼭대기에 모여 욕조 가장자리 너머로 60센티미터 이상 돌출한 튼튼하고 수평한 나뭇가지를 따라 일렬로 행진했다. 그리하여 나뭇가지 끝에 도달했을 때, 그들은 마치 수영장의 붐비는 하이보드[1]를 떠나는 다이버들처럼 하나둘씩 나뭇가지 아래로 뛰어내렸다. 나는 깜짝 놀랐다. 카멜레온이 뛰어내릴 수 있다는 징후를 보인 적은 일찍이 없었기 때문이다. 그들은 둔탁한 소리를 내며 땅에 착지한 후, 자존심이 상했다는 듯 가느다란 다리를 공중으로 높이 들어 올리고 몸통을 흔들며 익숙하지 않은 속도를 내기 위해 노력하며 달아나기 시작했다.

우리는 그들을 1마리씩 잡아 나뭇가지에 다시 올려놓았지만, 나의 우아한 구조물은 케이지로서 완전한 실패작인 것으로 밝혀졌다. 또한 그것은 그들에게 먹이를 제공하는 데도 더 이상 효과적이지 않았다. 나는 지

---

1 수면 위 3미터 정도에 있는 다이빙 보드. - 옮긴이주

금까지 '고기로 파리를 유인하는 데 필요한 조건'을 고민해본 적이 없었다. 즉, 과거에는 아무 고기나 야외에 방치해 놓아도 몇 초 안에 파리로 뒤덮이는 것처럼 보였다. 그러나 나뭇가지에 매달린 신선한 고깃조각에는 단 1마리의 곤충도 오지 않았다.

"태양이 고기를 굳혀서 말린 거예요." 제프가 말했다. "그늘에 놓았어야죠."

우리는 힘겹게 욕조와 나뭇가지를 나무 밑의 새로운 위치로 옮겼다. 그러나 파리는 나타나지 않았다.

"바람이 너무 많이 불어요." 조르주가 말을 꺼냈다. "공기가 잔잔하지 않으면 절대 오지 않아요."

우리는 모든 것을 오두막집의 그늘지고 아주 작은 바람으로부터도 보호되는 가려진 곳으로 옮겼다. 이 방법도 신통치 않자 나는 마지막으로 고기에 꿀을 발랐다. 이것도 실패했을 때 나는 자포자기 상태에 빠졌다. 우리는 카멜레온들을 각자의 케이지에 다시 집어넣고 호숫가 풀밭에서 메뚜기와 귀뚜라미를 잡는 고된 일을 다시 시작했다.

충분한 곤충을 수집하는 것은 엄청난 시간이 소요되는 작업이지만, 먹이를 먹는 카멜레온은 매혹적인 볼거리이기 때문에 보상이 컸다. 우선 귀뚜라미 1마리를 반경 30센티미터 정도의 거리에 놓으면 카멜레온은 처음에 그저 눈알을 굴릴 뿐이다. 그러나 곤충이 다리 하나를 움직이거나 더듬이를 쓰다듬는 순간 카멜레온은 즉시 경계하게 된다. 그는 앞뒤로 비틀거리며 귀뚜라미를 향해 천천히 전진한다. 이 움직임은 정확한 거리를 추정하는 데 도움이 되며 매우 중요하다. 사냥감이 사정거리—30센티미터나 떨어진 거리일 때도 있다—내에 있다고 판단하면 카멜레온은 몸을 앞으로 기울이고 천천히 입을 벌린다. 그와 동시에 혀의 긴 축軸이 화살처럼 빠르게 튀어나와 끈끈한 끝부분이 곤충을 때리는 순간 혀가 움츠러들며

먹이를 사냥하는 카멜레온

귀뚜라미를 입 안으로 가져온다. 그런 다음 카멜레온은 끔찍이도 꼼꼼하게 턱을 오물거리다 입을 가득 채운 채 몸부림치던 길고 뾰족한 먹잇감을 마침내 꿀꺽 삼켜버린다.

카멜레온의 혀는 놀라운 도구다. 외견상 대롱 모양이며, 평소에는 목구멍 뒤쪽에 수축된 두툼한 코일로 보관되어 있다. 그러나 소유자가 그것을 사용하기로 결정하면 대롱을 둘러싸고 있던 근육질 고리가 갑자기 수축하여 몇 분의 1초도 되지 않는 찰나적 순간에 '짧고 뭉툭한 물체'에서 '길고 가느다란 축'으로 변환된다.

곤충이 어느 정도 떨어져 있는 한 혀는 매우 효율적인 무기이지만, 가까운 거리에서는 한계를 드러낸다. 한번은 메뚜기 한 조각이 우리의 가장 큰 카멜레온 중 하나의 윗입술에 달라붙었다. 그것은 그를 엄청나게 짜증

투구카멜레온

나게 했고, 거의 5분 동안 그는 거대한 혀를 둘둘 마는 등 메뚜기를 회수하는 데 총력을 기울였다. 그런 그의 노력은 웃기게도 효과가 없었다. 결국 그는 먹이를 되찾을 수 있다는 모든 희망을 포기하고 메뚜기를 나뭇가지에 문질러 떼어버려야 했다.

매일 아침 우리는 생포한 카멜레온들에게 먹이를 주었고, 산림관리인과 그의 아내 또는 지나가는 방문객들이 종종 공포에 질려 우리의 행동을 지켜보았다. 그들은 모두 우리의 어리석음에 질겁했다. 그들의 말에 의하면, 이 동물들은 해로울 뿐만 아니라 극도로 불길하므로 그들을 만지는 것은 미친 짓이었다. 그들을 설득하여 생각을 바꾸는 것은 불가능했다. 앙카라판치카에서 돌아오던 중 우리는 그들의 이런 믿음을 우리 자신의 이익으로 바꿀 수 있었다. 우리는 마다가스카르 중심부의 작은 마을에서 여러 날 밤을 보내야 했는데, 어느 날 아침 호텔에서 나왔을 때 도둑이 차를 덮쳐 창문 중 하나를 부수고 문을 열었다는 것을 알고 당황했다. 다행스럽게도 그들은 귀중하고 대체 불가능한 카메라, 필름, 녹음장치를 모두 무시하고, 식량과 볼품없는 스웨이드 신발 1켤레만 훔쳤다. 그러나 창문을 제대로 수리하지 못하는 바람에 차를 제대로 잠글 수가 없었다. 해결책은 간단했다. 우리는 매일 저녁 모든 카멜레온 중에서 가장 크고 맹독성을 띤 것 같은 색깔을 가진 놈을 골라 차 뒤쪽을 가득 채운 짐 더미 한가운데에 있는 카메라 케이스에 앉혔다. 그리고 그가 사납게 노려보며 눈알을 돌리도록 거기에 내버려 두었다. 어느 누구도 우리 차를 두 번 다시 건드리지 않았다.

━━━━

우리가 앙카라판치카의 명물 중 하나인 갈색여우원숭이brown lemur를 찾아 나선 곳은 유칼립투스와 케이폭나무kapok 농장의 질서정연한 대열 너머에서 시작되는 무성하고 밀접하게 뒤엉킨 자연 그대로의 제대로 된 숲이었다. 그들은 매우 흔하리라고 여겨졌지만 처음에는 흔적조차 거의 찾을 수 없었다. 우리는 곧 그 이유를 발견했다. 숲속의 공터 한가운데에 튼튼한 기둥이 박혀있었다. 그 기둥에서 3개의 막대기가 마치 거대한 수평바퀴의 살처럼 뻗어있고, 그 끝은 공터 가장자리의 나무들 사이에 놓여있다. 자세히 살펴보니, 가늘고 탄력 있는 묘목 세 그루가 가운데 기둥에 묶여있고 그 끝에 매달린 올가미가 각 막대기 위에 넓고 유인하기 좋게 펼쳐지도록 당겨진 다음 간단한 방아쇠로 고정되어 있었다.

그 장치의 작동방식은 상상하기 쉬웠다. 갈색여우원숭이는 본질적으로 나무에 사는 동물이며 땅으로 내려오는 것을 싫어한다. 숲을 배회하는 동안 공터를 건너야 하는 상황에 직면하여 그들은 수평 막대를 따라 달리

불법으로 설치된 덫 옆에 서있는 조르주

기를 선택하게 될 것이다. 올가미에 머리를 들이밀자마자 그들의 앞다리가 방아쇠를 당기고, 휘어졌던 묘목이 펴지며 여우원숭이를 공중으로 낚아챌 것이다. 사냥꾼들이 와서 올가미에서 꺼내 식용으로 도살할 때까지 여우원숭이는 거기에 매달려있을 것이다.

모든 여우원숭이는 법으로 보호되기 때문에 덫은 불법이었고, 우리는 조르주가 그것을 없애도록 기꺼이 도왔다. 그러나 우리는 그 덫을 발견함으로써 한 가지 교훈을 얻었다. 모든 밀렵꾼들은 여우원숭이의 습성을 면밀히 연구한 다음, 그 동물이 나타날 가능성이 높은 곳에 덫을 놓았음에 틀림없었다. 그렇다면 여우원숭이를 찾기에 가장 좋은 장소는 바로 근처

데이비드 애튼버러의 주 퀘스트

인 것이 분명했다. 우리는 카메라를 설치하고 앉아서 기다렸다.

우리는 오래 기다릴 필요가 없었다. 1시간도 채 지나지 않아 끙끙대는 소리를 듣고 나뭇가지 사이를 올려다보니, 검은 얼굴에 호박색 배를 가진 작은 갈색 동물이 우리를 내려다보며 화가 난 듯 꼬리를 흔들고 있었다. 그는 큰 긴털족제비만 한 크기와 모양이었지만 더욱 육중한 체격을 갖고 있었다. 얼마 지나지 않아 나뭇가지에서는 10여 마리가 우리를 의심스럽게 쳐다보고 있었다. 제프가 더 가까운 영상을 찍기 위해 렌즈를 교체할 때를 제외하고 우리는 꼼짝도 하지 않았다. 10분쯤 지나자 그들은 우리에게 흥미를 잃은 듯 다람쥐처럼 민첩하게 나뭇가지를 따라 우르르 달려갔다. 그러나 뜀뛰기 실력은 형편없어 애쓰는 것이 눈에 띄었고 네 발로 쿵 소리를 내며 착지했다. 그들 중 몇 마리는 강아지만 한 크기의 새끼를 등에 업고 있는 암컷이었다.

그들이 도망칠 때, 그때까지 따로 뛰어다니던 1살쯤으로 보이는 새끼 1마리가 한 성체의 등에 올라타려고 했다. 그 성체는 암컷으로 추정되었지만, 이 염치없는 얹어타기에 격렬하게 반발하며 몸을 돌려 새끼의 옆얼굴을 세게 때렸다. 2마리가 서로 다투는 동안 무리의 다른 구성원들이 그들을 지나쳐 달렸다. 암컷은 뒤처지지 않기를 바라는 듯 몸을 돌렸다. 그 새끼는 순식간에 어미의 가슴을 꼭 껴안았고, 어미와 함께 나뭇잎 너머로 사라지는 동안 잡은 손을 놓지 않았다. 그러나 그들은 그리 멀리 가지 않은 것 같았다. 왜냐하면 멀지 않은 나뭇가지에서 우당탕 소리가 났기 때문이다.

제프는 삼각대에서 카메라의 나사를 풀고 그들을 따라갔다. 우리 둘은 불필요한 소란만 일으킬 테니 그를 혼자 보내는 게 최선인 것 같았다. 그는 약 10분 후에 돌아왔고, 나는 잠시 동안 그가 갑작스러운 열병에 걸려 많이 아프다고 생각했다. 그는 얼굴이 새하얗게 질리고 온몸을 주체할 수 없이 떨고 있었다. 그는 자신에게 무슨 문제가 있는지 전혀 몰랐지만 조르주는 즉시 알아차렸다. 그는 자신도 모르게 독가시로 뒤덮인 덤불 속으로 들어가는 실수를 저지른 것이었다. 조르주는 그를 급히 시내로 데려가 씻는 것을 도왔다. 그가 완전히 회복하기까지 꼬박 1시간이 걸렸다. 그날 숲을 떠나기 전에 우리는 문제의 독덤불을 찾아냈고, 조르주는 제프와 내가 겉보기에는 해가 없어 보이는 그 식물의 모양을 알아보고 기억함으로써 향후 그런 다른 식물들도 피할 수 있도록 했다.

일단 갈색여우원숭이의 행방을 알게 되자 그들을 촬영하는 것은 어렵지 않았다. 호기심 많은 동물이기 때문에 우리가 무리하게 가까이 다가가 인내심을 시험하지 않는 한 몇 시간이고 계속 지켜보도록 허용했기 때문이다. 네 발로 걷는다는 점과 길고 호리호리한 몸매로 인해 누군가는 그들이 족제비, 몽구스 또는 사향고양이와 관련 있다고 판단했을 수 있다. 이들이 원숭이와 근연관계에 있음을 상기시켜 주는 것은 인간과 비슷한 손발밖에 없다.

나무 사이에서 뒹굴고 뻔뻔스럽게 서로 꽥꽥거리고 흥분에 휩싸여 꼬리를 좌우로 흔드는 동안, 그들은 아무도 두려워하지 않는 것 같았다. 무리 지어 숲을 통과하는 동안 해적처럼 떠들썩한 갱단의 분위기를 풍겼으므로, 나무 위에 사는 온화하고 과묵한 동물들 사이에서 혼란을 야기했다. 그러나 사실 이들은 거의 완전한 채식주의자였다. 한번은 나뭇가지에 매달린 야생 벌집에 머리를 깊숙이 처박고 힘차게 구멍을 뚫은 후 편안히 앉아 끈적끈적한 손가락을 핥는 여우원숭이를 본 적이 있지만, 그들의 주식은 잎, 꽃, 어린 나뭇가지의 녹색 나무껍질 그리고 무엇보다 과일이었다.

그들은 매일 숲 한가운데에 있는 가장 높은 나무 중 하나에 올라가 나무에 달려있는 즙 많은 노란색 망고를 탐식했다. 우리는 이 나무 옆에서 정기적으로 그들을 기다리다 마침내 가장 매력적이고 생생한 장면—맘껏

데이비드 애튼버러의 주 퀘스트

먹고 티격태격 다투다 나뭇가지 사이에서 서로 쫓고 쫓기는 모습—을 촬영하는 데 성공했다. 그들을 지켜보는 것은 기쁨이었지만, 필름 통의 개수를 헤아리다 '1시간 이상의 방송 분량을 확보했으니 이제 다른 일에 주의를 돌릴 시간이 왔다'는 사실을 깨달았을 때 정말 유감이었다.

15. 개의 머리를 가진 인간

1 6세기와 17세기의 자연사 저술가들이 온갖 상상력을 발휘하여 그
토록 상세하게 기술한 용龍, 만티코어mantichore, 히드라, 유니콘 사이
에 '개의 머리를 가진 인간'인 시노세팔루스cynocephalus가 버티고 있다. 그
는 텁수룩한 털가죽을 입고 직립보행을 하며 거대한 손과 발, 인간과 같
은 신체비율을 갖고 있지만, 꼬리가 없고 얼굴에는 개를 닮은 송곳니와
주둥이가 있는 것으로 묘사된다. 마르코 폴로의 주장에 따르면 그들은 안
다만 제도Andaman Islands에 살았다고 한다. "장담하건대 이 섬의 모든 사람
들은 개와 비슷한 머리를 가졌고, 이빨과 눈도 마찬가지다. 사실, 얼굴만
보면 다들 큰 마스티프mastiff[1] 같다." 17세기 초까지 활동한 이탈리아의 위
대한 백과사전 편찬자인 알드로반두스Aldrovandus는 이 짐승이 가진 특별히
흥미로운 특징을 기술했다. "일부 전문가들에 따르면," 그는 이렇게 썼다.
"개의 머리를 가진 사람은 물에 몸을 담근 다음 땅에서 구르는 버릇이 있
다. 이러한 행동이 계속 반복되면 그는 마침내 강력하고 마법 같은 갑옷
을 얻는다. 적들이 그에게 던진 창은 그에게 상처를 입히지 못할 뿐만 아

---

1 영국 원산인 개의 한 품종으로 몸이 크고 용맹스러워 투견, 호신견으로 사육한다. - 옮긴이주

1642년 발간된 알드로반두스의 책에 삽화로 제시된 시노세팔루스

니라 튕겨 나가 오히려 공격자에게 타격을 가한다."

초기 자연사학자들의 모든 '있을 법하지 않은 이야기'가 전혀 근거가 없는 것은 아니었다. 세계의 구석구석이 더 잘 알려짐에 따라, 수백 년 전부터 전해지던 말로 꾸며낸 괴물들의 존재는 직접적 보고서, 목격자의 그림, 유럽의 골동품 캐비닛에 보관된 가죽과 뼈가 뒷받침하는 실제 동물에 기원을 둔 것으로 밝혀졌다.

예컨대 터무니없이 긴 목을 가진 기묘한 동물 카멜로파르달camelopardal은 기린에서 유래한 것으로 판명되었다. 유니콘의 존재를 입증하는 것으로 여겨졌던 긴 뿔은 일각고래narwhal에서 나온 것으로 밝혀졌다. 그리고 인어의 존재에 대한 전설은 대부분의 전설보다 오래 지속되었지만 그녀는 결국 바다소sea cow와 연결되었다. 시노세팔루스도 설명되었는데 그는 개코원숭이baboon와 동일시되었다.

하지만 이처럼 괴물을 특정 동물과 동일시하는 것은 항상 내 마음에 차지 않았다. 개코원숭이의 머리가 개와 매우 흡사하다는 것은 부인할 수 없지만, 아무리 염세주의자라도 개코원숭이의 통통한 몸을 인간과 같다고 여기지는 않을 것이다. 이 동물은 본질적으로 네 발로 걷고 꼬리—종에 따라 짧거나 길다—가 있어서, 다리가 몸통만큼 길고 꼬리가 없으며 두 발로 걷는 것으로 묘사되는 시노세팔루스의 오래된 그림과 유사한 점을 거의 찾아볼 수 없다.

물론 이 전설은 외눈박이 거인 키클롭스cyclops나 머리가 없어 가슴 한복판에 눈과 입이 있는 인간 괴물의 경우와는 달리 악몽 같은 상상에서 영감을 받지는 않았을 수도 있다. '개의 머리를 가진 인간'과 같은 널리 퍼진 이야기—이 이야기는 유럽의 문헌뿐만 아니라 아랍 항해자의 기록에도 등장한다—에 영감을 제공한 것이 실제로 존재했던 어떤 동물이었음을 확정적으로 증명할 수 있는 사람은 아무도 없다. 그럼에도 불구하고 '마다가스카르의 여우원숭 중 하나가 오래된 그림과 매우 가깝게 일치한다'는 것은 부인할 수 없는 사실이다. 그의 이름은 인드리indri로, 여우원숭 중에서 가장 크고 시파카의 친척이며 긴 꼬리를 갖지 않은 유일한 종이다.

런던을 떠나기 전, 나는 이 색다른 동물에 대해 가능한 한 많이 알아보려고 노력했다. 해부학적 구조와 같이 명백한 사실을 찾는 것은 어렵지 않았다. 키는 90센티미터가 넘고, 언뜻 보면 꼬리가 없는 것처럼 보이지만 실은 촘촘하고 부드러운 털가죽 속에 짧은 꼬리가 숨어있다. 한 설명에 따르면 인드리의 꼬리는 만져봐야 알아챌 수 있다고 한다. 짧고 털이 없는 검은 주둥이와 큰 귀를 가지고 있으며, 길이가 폭의 6배에 달하는 거대한 손을 갖고 있다. 색깔은 다양한 것으로 보이는데, 어떤 기록은 검은

데이비드 애튼버러의 주 퀘스트

색이라고 하고 다른 기록은 검은색과 흰색이 섞여있다고 한다. 그러나 또 다른 기록은 두꺼운 털가죽이 선명하게 채색되어 있다고 묘사한다. "벨벳 같은 검은색 바탕에, 엉덩이 주위에서는 흰색 반점이 삼각형 모양으로 등쪽으로 뻗어있고, 옆구리는 노란색을 띠고, 허벅지와 위팔은 은은한 회색으로 물들어있다."

그러나 인드리의 습성과 행동에 대한 자세한 내용은 찾기가 훨씬 더 어려웠고, 전문가들의 의견도 종종 서로 상충되는 것처럼 보였다. 어떤 사람들은 그 동물이 낮에만 활동한다고 말했고, 다른 사람들은 다른 여우원숭이들처럼 야행성이라고 말했다. 우리는 많은 여우원숭이가 낮에 활동한다는 사실을 이미 확인했기 때문에 야행성이라는 견해를 일축할 수 있었다. 그는 뒷다리의 엄청난 도약력으로 숲속의 나무들 사이를 통과한다고 보고되었으나, 박물관 전시품 중에서 발견할 수 있는 유일한 표본은 그것이 마치 유인원인 것처럼 한 손으로 나뭇가지에 매달린 설치물뿐이었다. 대부분의 책들은 그가 거의 완전한 채식주의자라고 단언했지만, 몇몇 책들은 그가 현지인들에 의해 길들여져 새를 사냥하는 데 사용된다고 덧붙였다. 나뭇잎과 꽃잎을 먹고 산다고 여겨지는 동물이 그런 행동을 한다니 신빙성이 낮아 보였다.

그러나 이러한 설명 중에서 직접적 관찰에 기반한 것은 하나도 없었는데, 이는 영국에 산 채로 반입된 인드리가 1마리도 없다는 점을 감안할 때 별로 놀랄 일이 아니었다. 생포된 인드리에 대한 기록은 20여 년 전 파리로 보내진 10마리에 관한 보고서가 전부였는데, 그들은 고도로 특화된 먹이인 잎사귀를 대체할 적당한 먹이를 동물원으로부터 제공받지 못하는 바람에 도착한 지 한 달도 되지 않아 모두 죽었다.

야생 인드리에 대한 자세한 목격담을 찾기 위해, 나는 마침내 이 동물을 최초로 기술한 유럽인인 프랑스인 소네라Sonnerat가 1782년에 기록한 설명에 눈을 돌려야 했다. 그에 의하면 인드리는 거의 완전히 검은색이고, 눈이 하얗고 반짝거리며, 우는 아이 같은 울음소리를 낸다고 한다. "'인드리'라는 단어는," 그는 말했다. "마다가스카르어로 '숲속의 사람'을 의미한다. 이 동물은 매우 온순하다. 섬 남부의 사람들은 우리가 개를 훈련시키는 것처럼 어린 인드리를 붙잡아서 사냥을 훈련시킨다."

적어도 이 대목에서 나는 사냥 이야기의 기원을 알아냈다. 그러나 소네라는 '잘 속아 넘어가는 관찰자'로 악명이 높았다. 일례로 향신료 식물의 씨앗을 수집하기 위해 뉴기니에 갔을 때, 그는 '천상의 꿀을 먹고 사는 극락조'의 전설을 확인했다며 의기양양했다. 따라서 '인드리가 새를 사냥하는 데 사용되었다'는 그의 진술을 전적으로 신뢰할 수는 없었음에도, 그 말은 거의 200년 동안 어떤 증거도 없이 최소한 수십 권의 책에서 반복되었다. 심지어 그가 붙인 이름도 번지수가 틀린 게 분명해 보였다. 사실 '인드리'라는 단어는 '숲속의 사람'을 의미하지 않기 때문이다. 정확한 마다가스카르어 이름은 '바바코토babakoto'인데, 아마도 소네라의 안내인이 높은 나뭇가지에 있는 이상한 동물을 가리키며 '인드리'라고 외쳤을 것이다. 왜냐하면 그 말은 단순히 '저걸 봐'를 의미하기 때문이다. 소네라는 그것을 그 동물의 지역명으로 여기고 그대로 기록했을 뿐인데, 과학계에서는 생물 이름에 관한 우선권 규칙에 따라 그 이후로 줄곧 그 이름을 사용해왔다.

비록 인드리의 자연사에 관한 내용이 빈약하고 종종 사실과 모순되는 경우가 많았음에도, 내가 참조한 문헌들은 이들과 관련된 현지인들의 믿음에 대한 정보를 풍부하게 제공했다. 그런 믿음은 많고 다양했는데, 그중 하나는 '갓 태어난 젖먹이 인드리가 직면한 위험'에 대해 설명했다. 출산이 임박했을 때, 암컷은 땅으로 기어 내려와 조용한 은신처를 찾는 반면 그녀의 짝은 인근의 나무에 앉아있는다. 암컷은 갓 출산한 새끼를 수컷에게 던지고, 수컷은 그것을 받아 다시 암컷에게 던진다. 암컷과 수컷은 새끼를 이런 식으로 몇 번이고 주고받는다. 이 '기묘한 처지'에서 살아남은 새끼는 어미의 세심한 애정과 보살핌을 받지만, 부모 중 하나가 놓치는 바람에 땅에 추락한 새끼는 버려진다.

또 다른 이야기는 인드리 사냥꾼 지망생에게 보내는 경고였다. 만약 당신이 인드리에게 창을 던진다면, 그는 공중에서 창을 붙잡아 강력한 힘과 확실한 정확성으로 당신에게 되던질 수 있다. 이 이야기와 알드로반두스의 '개의 머리를 가진 남자' 이야기 사이에는 흥미로운 유사점이 있다.

그러나 모든 전문가들은 '많은 현지인들이 인드리에게 미신적인 경외심을 품고 있으며, 그것을 합리화하기 위해 설화를 끌어들인다'는 점에 동의하는 것 같았다. 흥미롭게도, 우리는 한 우화에서 '고등 포유류의 진화에서 인드리가 차지하는 위치'에 대한 현대 동물학적 믿음과의 유사성을 찾을 수 있다. 그것은 숲에서 떠돌아다니면서 사는 한 남자와 한 여자에 대한 이야기다. 얼마의 시간이 지난 후 그 여자는 엄청난 수의 자녀를 낳았다. 자녀들이 성장함에 따라, 천성적으로 근면한 일부는 숲을 개간하고 벼를 심기 시작했다. 다른 자녀들은 계속 야생 식물의 뿌리와 잎만 먹고 살았다. 첫번째 무리들은 시간이 지남에 따라 서로 싸우기 시작했는데, 그들은 인류의 조상이었다. 두번째 무리들은 겁에 질린 나머지 평화로운 삶을 계속 영위하기 위해 나무 꼭대기로 피신했는데, 그들이 바로 최초의 인드리였다. 그러므로 인류와 인드리는 공통조상을 가진 친척이다. 보통의 동물을 사냥하는 것처럼 인드리를 사냥하는 것은 분명 상상할 수 없는 일이므로, 사람들은 그들을 괴롭히지 않고 내버려 두었다. 전설에 따르면, 인드리들도 이 관계를 인정하고 종종 인류를 돕는다. 한때 그들은 마을을 향해 울부짖음으로써 '강도들이 다가온다'는 경고신호를 보냈다. 또 한 번은 한 남자가 야생 꿀을 채취하기 위해 숲속의 나무에 올라갔다가 벌들에게 심하게 쏘였다. 그는 반쯤 눈이 먼 채 미끄러져 추락했다. 하지만 나뭇가지 사이로 굴러떨어지던 중 커다란 인드리에게 구조되었다. 인드리는 잠자코 그를 안전한 곳으로 내려다 준 다음 숲으로 사라졌다.

우리는 아직 인드리를 볼 기회가 없었다. 왜냐하면 그들은 마다가스카르 동부 숲의 제한된 지역에만 살고 있기 때문이다. 이 지역은 북쪽으로는 안통길Antongil만, 남쪽으로는 동부 해안을 따라 중간쯤 되는 곳에서 바다로 흘러들어가는 마소라Masora강 사이에 있다. 이러한 제한된 분포는 그 자체로 독특하다. 중앙 고원의 나무 없는 민둥산이 서쪽으로 이주하려는 동물에게는 명백한 장벽으로 작용하지만, 이 동물이 북쪽과 남쪽으로 더 멀리 분포하지 말아야 할 이유는 거의 없어 보인다. 동부의 숲은 해안과 평행한 긴 띠 모양으로 그 특성이 거의 변하지 않은 채 인드리의 영토를 넘어 남북 양쪽으로 160킬로미터가량 더 뻗어있으며, 실제로 인드리와 숲의 중간 부분을 공유하는 시파카와 그들의 야행성 사촌 아바히avahi는 '숲의 띠' 전역에서 발견된다. 어쩌면 인드리의 식단에 필수적인 과일이나 잎을 제공하는 나무가 이 중심부에서만 자랄지도 모른다. 그러나 설사 이게 사실이라 하더라도 지금껏 아무도 그 나무의 정체를 알아내지 못했다.

타나나리브와 동부 해안의 커다란 항구인 타마타베Tamatave를 연결하는 도로와 철도가 숲의 한복판을 가로지르며 나란히 달린 덕분에 인드리의 영토는 쉽게 도달할 수 있었다. 철도의 경우에는 단선單線이었고 중간쯤에 있는 페리네Perinet라는 작은 마을에서만 복선複線이었다. 그래서 '수도에서 동쪽으로 가는 기차'와 '항구에서 서쪽으로 가는 기차'는 수백 미터의 복선 구간을 엇갈려 통과한 후 다시 단선을 따라 여행을 계속했다. 승객들에게 간단한 식사를 제공하기 위해 철도회사는 친절하게도 커다란 호텔

데이비드 애튼버러의 주 퀘스트

을 이곳 페리네에 지었다. 듣자 하니 그 호텔에 묵는 사람은 거의 없었지만—그도 그럴 것이 인적이 드문 곳에 있었다—우리가 원한다면 방은 얼마든지 있었다. 어쨌거나 그곳은 인드리 탐사의 출발점임이 분명했다

우리는 타나나리브를 떠나 타마타베로 가는 길에 올랐고, 우리의 회춘한 트럭은 섬 전체에서 제일가는 포장도로를 따라 쾌속으로 달렸다. 처음 1시간 동안 우리는 중앙 고원의 벌거벗은 고지대를 이동했다. 봄비는 이미 언덕 사이의 계단식 논들을 가득 채웠고, 사람들은 모를 심기 위해 진흙탕에서 분주히 첨벙거렸다. 우리는 60킬로미터를 달린 후 고원이 끝나는 가파른 비탈길에 접어들었고, 수백 미터를 꾸불꾸불 내려가 숲이 우거진 구릉지에 도달했다. 그리고 3시간을 더 달려 드디어 페리네에 도착했다. 마을 자체는 작았고, 철로 주변에 판잣집들이 모여있었다. 보크사이트 광산, 벌목장, 간헐적으로 사용되는 산림관리인 훈련소가 주변 숲에 가려져 있어 마을에서는 이런 것들이 보이지 않았다. 마을에 우뚝 솟아있는 호텔은 벽돌 건물로, 2개의 커다랗고 가파른 처마가 마치 부풀려진 스위스의 샬레chalet[2]를 보는 것 같았다. 널따란 식당은 여행자들을 100명 정도는 수용할 수 있을 것 같았지만 우리가 도착했을 때는 밖에 대기하는 기차도 없었고 텅 비어 조용했다.

우리의 발소리가 광택 나는 나무 바닥에 메아리쳤는데, 어찌나 시끄러운지 난처할 정도였다. 우리는 무안한 마음으로 한두 번 헛기침을 했다. 몇 분 후, 식당 저쪽에서 문이 열리고 놀랍게도 매우 화려한 아가씨의 모습이 나타났다. 그녀는 맵시 있지만 얇은 실크 실내복 차림이었는데, 그런 의상으로는 그녀의 풍만한 몸매를 가리기에 역부족이었다. 입술은 루즈로 빨갛게 칠하고 속눈썹은 마스카라로 검게 칠했지만, 정오가 가까웠

---

2 스위스의 높은 산에 있는, 통나무로 벽을 치고 돌로 지붕을 인 집. 목동들의 오두막으로 이용되었다. - 옮긴이주

음에도 불구하고 그녀는 아직 잠이 덜 깬 게 분명했다. 세련된 하이힐을 신고 비칠비칠 우리에게 다가오는 동안 그녀는 졸린 눈을 깜박이며 흐트러진 올림머리를 가다듬기 위해 안간힘을 썼다.

나중에 알게 된 사실이지만, 장닌Jeanine은 평범한 호텔 주인이 아니었다. 몇 달 전까지만 해도 그녀는 타나나리브에서 패션모델이자 고급 바겸 호텔의 주인이었다. 그러나 그녀는 스스로가 '엄청난 스캔들'이라고 어렴풋이 언급한 사건 때문에 수도를 떠나야 했다. 페리네에서 은둔생활을 하며 호텔 여주인 노릇을 하고 있지만 그녀는 이러한 생활을 지긋지긋해했고 자신의 추방을 가장 깊은 절망으로 여겼다. 우리가 호텔에 머무는 동안, 그녀는 매일 저녁 코냑을 마시고는 자신의 스크랩북에 있는 사진을 곁들여 설명하며 '스캔들'의 본질에 대한 은밀한 세부사항을 밝혔다. 만약 그녀가 수도를 떠나지 않았다면 정치적 파장은 파국을 초래했을 것 같았다.

그러나 우리가 이 모든 것을 알게 되기까지는 이후로도 얼마간의 시간이 필요했다. 지금 장닌은 말을 나누기에는 너무 졸려 보였고 다음과 같은 사실에 대한 상당한 확신이 필요했다. 첫째, 우리는 실수로 페리네에 온 것이 아니다. 둘째, 우리는 타나나리브나 타마타베로 가는 정오 기차를 탈 생각이 없다. 셋째, 우리는 자의로 그녀의 호텔에 2주 정도 투숙하고 싶어한다.

마침내 그녀를 납득시키고 짐을 내려놓은 후, 우리는 훈련소 근처에 상주하는 산림관리인을 만나기 위해 차를 몰았다. 그는 머리를 짧게 깎고 얼굴이 불그스름한 나이 든 프랑스인이었다. 우리의 대화는 별로 도움이 되지 않았는데, 그 주된 이유는 그가 틀니를 잃어버린 데다 내가 그의 말을 정확히 이해하기가 어려웠기 때문이다. 그는 건강이 좋지 않아 숲에서 인드리들이 있을 가능성이 가장 높은 지역을 우리에게 직접 보여줄 수 없

데이비드 애튼버러의 주 퀘스트

는 것 같았다.

그 대신 800미터 떨어진 연못에서 틸라피아^{tilapia} 물고기의 번식과 사육을 담당하는 마다가스카르인 직원 미셸^{Michel}의 도움을 받으라고 제안했다. 그래서 미셸을 찾아갔더니, 작은 우산 크기의 피스 헬멧^{pith helmet3}을 쓴 쾌활한 젊은이 하나가 연못들 중 하나에서 배수 작업을 감독하고 있었다. 그의 말에 의하면, 바바코토는 이 지역에서 꽤 흔하고 가까운 숲에서 노래하는 소리를 자주 들을 수 있었다. 게다가 우리가 원하면 바로 가서 찾아볼 수 있었다. 그는 비워지고 있는 연못을 뒤로하고, 우리를 데리고 구불구불한 진흙탕 길을 따라 숲속으로 들어갔다. 몇 달 전에 산림관리팀이 값비싼 경목^{硬木} 통나무를 끌어내리기 위해 덤불을 베어내고 길을 만들었지만, 나무를 쓰러뜨리는 작업이 아직까지 시작되지 않았기 때문에 수풀은 여전히 조용하고 평온했다.

미셸을 따라 어스름한 숲으로 들어가는 동안 제프와 나는 의기소침해졌다. 만약 이곳이 인드리가 살려고 선택한 장소의 전형이었다면, 그들이 동물학자들에게 거의 발견되지 않았다는 것은 전혀 놀랄 일이 아니었다. 왜냐하면 그곳은 우리가 지금까지 봤던 숲 중에서 가장 무성했기 때문이다. 최상층을 이루는 나무들의 수관에 의해 형성된 나뭇잎 지붕 아래에는 대나무들이 흔들리며 삐걱거렸고, 휘어진 나무고사리들은 거대한 잎들을 파라솔처럼 펼쳤고 야자나무들은 광택이 나는 잎으로 된 찢어진 부채를 들어 올리고 있었다. 줄줄이 늘어선 가느다란 묘목들은 '눈에 띄지 않을 만큼 느린 빛 쟁탈전'을 벌이며 위로 뻗었다. 난초들은 키 큰 나무들의 서까래처럼 옆으로 뻗은 가지 위에 쪼그리고 앉아 나무줄기 주변을 담쟁이 덩굴처럼 기어올랐다. 리아나들은 도처에서 이 나무 저 나무를 얽어매어

3　아주 더운 나라에서 머리 보호용으로 쓰는, 가볍고 단단한 소재로 된 흰색 모자. - 옮긴이주

마다가스카르 동부의 열대우림

숲 전체를 빽빽하게 뒤엉키도록 했다. 이곳에서 촬영이 성공할 가능성은 희박해 보였다. 어두울 뿐만 아니라 초목이 너무 무성해서, 행운이 따라주지 않는다면 몇 미터 이상 떨어진 생물을 선명하게 촬영할 수 있는 시야를 확보하는 것이 불가능할 듯싶었다.

그럼에도 불구하고, 그 숲에는 매우 많은 동물들이 살고 있는 것이 분명했다. 이끼로 뒤덮인 거대한 바위 사이로 졸졸 흐르는 작은 개울에서 개구리의 허풍스러운 울음소리가 들려왔다. 짙은 갈색 웅덩이 위에서는 노란머리베짜기새yellow-headed weaver bird 몇 마리가 공중에 매달린 야자잎 끝에 증류기 모양의 둥지를 짓느라 분주했다. 태양새sun bird는 높은 나무에서 꿀을 빨아먹을 꽃을 찾고 있었는데, 고음의 윙윙거리는 소리로 우리의 주의를 끌었다. 혼란스러운 새소리의 합창 속에서 우리는 섬의 다른 곳에서

데이비드 애튼버러의 주 퀘스트

알게 된 수많은 새소리를 알아들었다. 비록 볼 수는 없지만 이곳 어딘가에는 바람까마귀drongo, 동박새white eye, 울새warbler, 앵무새 그리고 비둘기가 있는 게 분명했다. 나는 걸음을 멈추고 이 와글와글한 소리들을 머릿속에서 구분하려고 애쓰며 서있었는데, 등골을 오싹하게 하는 기이한 울부짖음이 갑자기 새들의 지저귐을 집어삼켰다.

"바바코토예요." 미셸이 의기양양하게 말했다.

그 소음은 고막을 찢을 듯했다. '우는 아이 같다'는 소네라의 묘사는 적절함과는 거리가 멀었지만, 그 특징을 묘사하기 위해 내가 생각할 수 있는 최선의 직유였다. 그러나 음량은 예외였다. 여러 명의 혈기왕성한 아이들이라도 엄청난 소음의 10분의 1도 따라갈 수 없었을 것이다. 여러 마리가 일제히 노래했는데, 제각기 이상하게 울부짖으며 날카로운 글리산도 주법[4]으로 음계 전체를 위아래로 마구 훑었다.

소리가 너무 컸으므로 그 동물들이 우리에게서 몇 미터 이상 떨어져 있다고는 상상할 수 없었다. 우리는 그들을 은폐하고 있음에 틀림없는 '나무줄기의 울타리'와 '일련의 잎의 장막'을 꿰뚫어 보려고 필사적으로 노력했다. 하지만 그 무엇도 볼 수 없었는데, 심지어 한 점의 검은 털도, 반짝이는 눈도, 나뭇가지나 윤기나는 잎사귀 사이의 움직임도, 이들의 존재를 드러낼 수 있는 것은 아무 것도 볼 수 없었다. 잠시 후 그들의 울부짖음은 시작될 때와 마찬가지로 갑자기 끝나고, 귀뚜라미, 개구리, 딱새, 앵무새가 교향곡의 악장 사이에 들리는 콘서트홀 청중의 웅성거리는 소리처럼 바통을 이어받았지만, 방금 멈춘 엄청난 합창에 비하면 미약하기 짝이 없는 수준이었다.

그러나 우리는 기뻐했다. 왜냐하면 인드리가 정말로 여기에 있다는 것

---

4 높이가 다른 두 음 사이를 미끄러지듯 빠르게 올리거나 내려서 연주하는 방법. - 옮긴이주

을 이제는 확실히 알았기 때문이다. 더욱이 미셸도 우리를 격려했다.

"항상," 그는 우리와 함께 물고기를 키우는 연못으로 돌아가며 말했다. "바바코토는 같은 시간에 노래를 불러요. 그리고 매일 같은 시간에 같은 장소에 오는 습관이 있어요. 그들은 내일도 다시 여기에 올 거예요. 조금만 더 일찍 카메라를 들고 오세요. 그러면 그들을 목격하는 행운을 누릴 수도 있어요. 만약 그들이 노래를 부르지 않는다면, 그들의 목소리로 그들을 불러 보세요. 그러면 종종 대답할 거예요."

미셸의 아이디어는 훌륭해 보였고 우리는 행복한 마음으로 호텔로 돌아왔다. 그날 저녁 소리가 울리는 커다란 차고 같은 식당에서 코냑을 마시며 장닌에게 희소식을 알렸다. 그녀는 공허한 미소를 지으며 화제를 타나나리브의 복잡하고 미묘한 스캔들로 되돌리더니, 우리에게 최신 파리 패션에 대한 질문을 던졌다.

미셸이 조언한 대로, 우리는 다음날 아침 일찍 장비를 챙겨 숲으로 돌아왔다. 그러나 인드리와 관련하여 아무것도 듣지도 보지도 못했다. 우리는 그들의 울부짖는 소리를 흉내 내기 위해 최선을 다했지만 나무에서는 아무런 응답이 돌아오지 않았다. 그래서 바로 인근 지역을 탐험하려고 시도했지만 불과 5분 만에 얻을 수 있는 게 거의 없다고 확신했다. 수풀이 너무 무성하여, 소음을 내지 않고 몇 미터 이상 나아가는 것이 불가능했기 때문이다. 만약 소음을 낸다면 근처에 인드리가 있더라도 겁을 먹고 도망쳐버릴 게 뻔했다. 인내와 끈기 외에는 다른 방도가 없어 보였으므로 우리는 날마다 정확히 같은 장소로 돌아왔다. 두세 시간을 기다린 후 동물의 목소리로 동물들을 부르는 일을 몇 번이고 반복했다. 덕분에 이웃에 우글거리는 새들을 모두 알게 되었지만 정작 주인공에 대해서는 아무것도 보지 못했다.

이렇게 6일이 흘러갔다. 7일째 되는 날, 우리는 인내심을 잃기 시작했

데이비드 애튼버러의 주 퀘스트

마다가스카르 동부의 숲에서 인드리를 찾는 장면

다. 우리는 그들에 대해 어떤 것도 보지도 듣지도 못한 채 꼬박 3시간을 기다렸다. 제프가 내 팔을 만졌을 때, 나는 그들을 한 번만 더 불러볼까 말까 망설이고 있었다.

"당신도 알다시피," 그는 속삭였다. "저기 저 나무에 암컷 바바코토가 숨어있다고 생각해봐요. 그 암컷은 무릎에 새끼를 안고 이렇게 말하고 있어요. '저곳에 있는 두 마리의 괴상한 동물들을 봐라. 그들은 매일 같은 시간에 같은 장소에 오는 습관이 있어. 그리고는 항상 같은 시간에 노래해. 그들은 1분 안에 그렇게 할 거야.'"

나는 인드리의 울음소리를 어쭙잖게 흉내 내는 짓을 다시는 반복할 기분이 들지 않았다.

16. 숲속의 생물들

솔직히 말해서, 나는 우리가 인드리를 볼 수 있다는 가능성에 대한 믿음을 잃기 시작했다. 미셸은 그들이 규칙적인 습관을 갖고 있다고 말했지만, 녹음기, 카메라, 장망원렌즈를 들고 연못 너머의 오솔길을 몇 번이고 터벅터벅 걸어갔음에도 우리는 그들의 노랫소리를, 먼발치에서 들은 것을 제외하고, 두 번 다시 듣지 못했다. 아마도 그들은 일상적인 경로에서 벗어나 방황하다 숲의 이 지역에 들러 딱 한 번 노래한 것 같았다. 좀 더 가능성 높은 추론은, 우리가 매일 그곳에 나타난다는 사실에 겁먹은 그들이 숲의 다른 지역을 선택하여 그곳에서 먹고 자기로 결정했으리라는 것이었다. 어느 쪽이 맞는지 확인하려면 면밀한 조사가 필요해 보였다.

길 건너편에 벌목꾼들이 낸 비슷한 오솔길이 또 하나 있었는데, 그 길은 조짐이 좋아 보였고 실제로 우리는 첫번째 시도에서 작은 성공을 거두었다. 나는 그 길을 벗어나, 나무가 넘어지면서 임관에 생긴 틈을 통해 쏟아져 들어온 햇빛 가득한 바닥에 쓰러져 있는 나무를 향해 가고 있었다. 발을 디딜 곳을 보기 위해 허리 높이의 축축한 덤불을 조심스럽게 걷어내자, 나는 '골프공만 한 크기의 반짝이는 황록색 물체들'의 한가운데로 막

데이비드 애튼버러의 주 퀘스트

발을 들여놓는 자신을 발견했다. 그 수가 거의 200개에 달했다. 내가 그중 하나를 집어 들자, 한쪽의 갈라진 틈이 길게 열리며 기를 쓰고 흔들리는 20쌍가량의 다리가 드러났다. 그 생물은 몸을 곧게 펴고 우툴두툴한 더듬이 한 쌍을 펼치더니 단호하게 내 팔 위로 기어가기 시작했다. 그것은 영국 정원의 돌 밑에 사는 조그만 쥐며느리의 거대한 변종처럼 보였다.

그러나 사실 이 유사성은 오해를 사게 하는 것이었다. 왜냐하면 그것은 쥐며느리과로 분류되는 종이 아니라 기이한 노래기의 일종이었기 때문이다. 왜 그렇게 많은 개체들이 한자리에 모였는지 짐작할 수 없었지만, 런던동물원 곤충관의 멋진 전시물이 될 거라 확신했으므로 우리는 호주머니에 100여 마리를 넣고 호텔로 돌아왔다.

장닌은 예상한 대로 공포에 질렸다. 나는 그녀에게 "노래기는 전혀 해롭지 않으며, 고작해야 썩어가는 초목을 갉아먹으며 평생을 보내요"라고 장담했다. 그러나 내가 탁자 위에 올려놓은 노래기가 꿈틀거리며 무수히 많은 다리를 드러내자, 그녀는 날카로운 비명을 지르며 부엌으로 달려갔다.

우리는 채집한 노래기 전부를 축축한 이끼와 썩어가는 나무 펄프로 가득 채우고 철조망으로 덮은 커다란 나무상자에 보관했다. 야간에 그들을 보관할 가장 안전한 장소는 내 침실의 한구석인 것 같았고, 나는 이들이 가장 온순한 동반자가 아닐 거라고는 상상조차 하지 못했다. 그러나 내가 불을 끄고 잠자리에 들자마자 그들은 잠에서 깨어나 서로의 위로 힘차게 기어오르기 시작했다. 그러더니 철사 위에서 다리를 꿈틀거리고 상자의 거친 면을 물어뜯고 나무 펄프를 시끄럽게 갉아먹었다. 그로 인한 소란은 불안할 정도로 시끄러웠지만, 나는 게으르게도 '침대에서 일어나 상자 전체를 바깥의 트럭으로 운반할 필요는 없다'고 판단했다. 그 대신 베개 밑에 머리를 파묻었고 결국 잠드는 데 성공했다. 다음날 아침 동튼 직후 눈을 떴을 때, 노래기는 내가 생각했던 것보다 훨씬 더 다재다능한 탈출 곡예사인 것으로 밝혀졌다. 철망은 그들에게 아무런 문제도 되지 않았다. 내 방바닥에는 30~40마리의 노래기가 놓여있었는데 마치 반짝이는 거대한 구슬처럼 몸을 만 채 잠들어 있었다.

방문을 열었더니 비슷한 수의 노래기가 그 아래로 기어나가 통로를 따라 죽 흩어져 있는 것이 눈에 띄었다. 만약 장닌이 그들을 본다면 어떻게 반응할지 불을 보듯 뻔했다. 다행히 가장 먼저 출근하는 호텔 직원이 도착하기 얼마 전이었고 장닌도 커피를 마시러 나오기 한참 전이었으므로, 나는 '노래기들이 밤새도록 호텔을 돌아다녔다'는 사실을 아무에게도 들키지 않고 그들을 수거하여 상자 속으로 돌려보낼 수 있었다.

그들은 2배나 두꺼운 철망을 씌운 상자에 갇힌 채 트럭에서 다음날 밤을 보냈다. 그러나 그걸로 사건이 종결된 것은 아니었다. 나는 장닌에게 간밤에 일어난 일을 감히 고백하지 않았지만, 하녀들이 리넨 창고, 식료품 저장실, 욕실에서 노래기를 발견하기 시작했을 때 '그녀가 노래기들이 어디에서 왔는지 따져 볼지도 모른다'는 생각이 들었다. 하지만 그건 괜한 걱정이었다. 자신의 호텔을 겨냥한 이 흉물스러운 침입을 그녀는 그저 '타나나리브의 불빛을 벗어난 삶이 얼마나 더럽고 야만적이며 원시적인지'를 보여주는 또 다른 증거로 받아들였다.

우리가 수집한 생물은 노래기뿐만이 아니었다. 그로부터 며칠 후 산림 관리인은 자신이 소유한 멋진 대형 세단을 몰고 호텔 밖에 나타났다. 그는 30킬로미터쯤 떨어진 읍내에 회의하러 가던 길이었는데 출발하던 중 새로 잡은 텐렉을 들고 가는 사람들을 발견했다. 그는 우리가 기억나 그것을 몇 프랑에 샀고, 때마침 가지고 있는 케이지나 자루가 없었기 때문에 차 트렁크 속에 풀어놓았다. 그에 의하면, 그것은 크기가 작은 고슴도치텐렉hedgehog tenrec이 아니라 마다가스카르고슴도치붙이였다. 마다가스카르고슴도치붙이는 진정한 탄드라카tandraka—텐렉의 지역명—로, 토끼만

데이비드 애튼버러의 주 퀘스트

한 크기의 커다란 털북숭이 동물이며 특히 이놈은 매우 활기차고 극도로 사나웠다. 그의 차 뒤에 서서 곰곰이 생각해보니, 이빨을 드러낸 채 우리를 기다리고 있을 것으로 생각되는 트렁크 속 동물을 인수하려면 어느 정도 위험을 감수해야 할 것 같았다.

우리가 1켤레의 장갑과 3개의 자루 그리고 빈 케이지 하나를 준비한 후, 산림관리인은 조심스럽게 트렁크 덮개를 1인치 들어 올렸다. 내가 내부를 들여다봤지만 너무 어두워서 아무것도 보이지 않았다. 그가 틈을 2인치로 넓혔지만 여전히 아무것도 볼 수 없었다. 그는 우리에게 "용감하고 주저없이 덮쳐야 해요"라고 주의를 주면서 문을 확 열어젖혔다. 제프와 나는 앞으로 달려들었지만 덮칠 만한 것이 하나도 보이지 않았다. 우리는 조심스럽게 공구 가방, 잭^{jack,}[1] 마지막으로 예비용 타이어를 들어냈다. 트렁크는 확실히 비어있었고, 프랑스인 산림관리인은 고개를 갸우뚱거렸다.

그때 차대 내부의 깊숙한 곳인 앞과 뒤 흙받이 사이의 어딘가에서 긁는 소리가 들렸다. 불쌍한 텐렉은 자동차의 바로 그 중심부에 있는 금속으로 된 굴과 다름없는 곳으로 들어간 것이다.

이 무렵 우리는 호기심 많은 동조자들에게 둘러싸여서, 내가 그 동물에게 접근할 수 있는 유일한 방법은 내부를 둘러싼 패널의 나사를 푸는 것이라고 제안했을 때 도움의 손길이 전혀 부족하지 않았다. 보이지 않는 텐렉은 그만의 굴 속에서 덜그럭거리며 우리를 재촉했지만, 소리가 나는 정확한 위치를 찾기가 어려웠다. 드라이버를 이용해 차 안으로 들어갈 실마리를 찾지 못한 두 남자는 차량 문짝 중 하나를 떼내는 것을 검토하기 시작했다. 그것은 그들이 고대했던 절차임에 의심의 여지가 없었는데, 분

---

1 자동차 타이어를 교체할 때 차량을 들어올리기 위해 쓰는 기구. - 옮긴이주

마다가스카르고슴도치붙이

해할 장난감을 받아든 아이들이 열망하는 것과 같은 즐거움이 수반될 테지만 가엾은 텐렉을 구조하는 데 아무런 도움이 되지 않을 것 같았다. 이때 산림관리인은 자신의 승용차를 분해하는 작업을 중단시켰다. 그는 작업의 전체적인 진행에 다소 맥이 빠진 듯, 차대에 박힌 동물일랑 잊고 회의에 참석하는 게 최선이라고 말했다.

나는 그것이야말로 가장 현명하지 못한 행동이라고 대답했다. 우리는 '텐렉이 현재 위치에 머무른다면 산소 용접기를 대대적으로 사용하지 않는 한 그것을 구조하는 것은 사실상 불가능하다'는 점을 가장 설득력 있는 방식으로 설명했다. 만약 그가 차를 몰고 간다면 맹렬한 태양 아래 점점 더 뜨거워지는 차 안에서 1시간 정도 텐렉에게 충격이 가해질 터였다. 그럴 경우 그 불쌍한 동물은 죽을 수도 있었다. 그리고 그런 일이 벌어진다면, 그의 차는 악취가 사라질 때까지 일주일 정도는 사용할 수 없을 게 뻔했다. 훨씬 더 바람직한 계획은 트렁크를 닫고 차를 놔둔 채 호텔에 들

　　　　　　　　　　데이비드 애튼버러의 주 퀘스트

어가 우리와 함께 커피를 마시는 것이었다. 텐렉이 평온을 되찾는다면 극도로 불편할 것이 분명한 차대의 피난처에서 기어나와 트렁크의 비교적 넓은 공간으로 되돌아갈지도 모를 일이었다. 장담하건대 차대와 트렁크 사이에는 설사 우회로일지라도 어떤 통로가 있었을 것이다. 그렇지 않고서야 텐렉이 애초에 그곳에 도착했을 리 없었다.

그날의 계획이 완전히 어긋난 데 상당히 당황한 것이 역력했음에도 산림관리인은 이 생각을 받아들이고 동의했다.

2시간 후 우리는 트렁크를 조용히 다시 열었다. 텐렉은 태연하게 뒤에 앉아 몸을 깨끗이 하고 있었다. 그는 우스꽝스럽도록 긴 가늘어지는 코, 멋진 콧수염, 구슬 같은 눈망울, 갑자기 수직으로 끝나는 거대한 궁둥이를 가진 큰 기니피그만 한 크기의 동물이었다. 우리는 그에게 덤벼들어 불과 몇 초 만에 이동식 케이지에 집어넣었다. 그는 물통 속의 물을 오랫동안 마신 다음 한 무더기의 신선한 찹스테이크—요리사의 묵인하에 장닌의 부엌에서 빼돌린 것—를 흡입하는 데 전념했다.

우리는 이미 이호트리 호수 근처에서 잡은 가시텐렉을 타나나리브 동물원에 위탁 보관하고 있었지만, 이렇게 다른 종을 수집하게 되어 매우 기뻤다. 가시텐렉은 고슴도치의 축소판에 불과하고 특이한 점이 없었지만, 이것—탄드라카—은 전혀 다른 동물이었다. 그의 외모가 다소 평범한 것은 사실이지만, 그 어떤 익숙한 동물과도 전혀 닮지 않은 것 또한 사실이었다.

더욱이 탄드라카가 구별되는 특징에 대한 특이한 주장이 있는데, 그 내용인즉 '다른 어떤 태반포유류placental mammal보다도 많은 한배 새끼를 낳는다'는 것이다. 15마리 출산은 예삿일이고, 24마리 출산이라는 이례적인 기록이 있으며, 한 임신한 암컷을 해부한 결과 자궁에서 32개의 배아가 발견된 적도 있었다.

그러나 마다가스카르인에게 탄드라카의 가장 큰 특징은 육즙이 많고 맛 좋은 식품이라는 것이다. 그들은 특히 마다가스카르의 겨울이 시작되는 4월과 5월에 개를 데리고 탄드라카를 사냥하는데, 그 이유는 동면을 하는 탄드라카가 이 기간에 다량의 지방을 축적함으로써 거의 공처럼 둥근 몸을 갖게 되기 때문이다. 이로 인해 매우 높은 가치를 인정받아 인근의 레위니옹과 모리셔스 제도에 도입된 후 방목되어 증식되었고, 주민들에게 질 좋은 고기를 지속적으로 제공했다.

언젠가 페리네 마을 사람들에게 탄드라카를 잡아달라고 요청했을 때, 그들은 고개를 가로저으며 "그 짐승들은 깊은 굴 속에서 아직 겨울잠을 자고 있어서 접근할 수가 없다"라고 잘라 말했었다. 우리의 탄드라카는 동굴에서 가장 먼저 나온 것 중 하나임에 틀림없었으므로, 우리는 걱정이 이만저만이 아니었다. 여러 달 동안 평온하게 지냈던 그에게, 동굴에서 나온 직후 잇따라 받은 충격—사냥꾼들에게 붙잡혔다가, 그리고는 갑자기 빠져나갈 구멍이라고는 복잡하면서도 불쾌할 정도로 뜨거웠을 것이 분명한 곳밖에 없는 이상한 금속 용기에 처박히고, 결국에는 무례한 이방인에게 사로잡힌—은 너무 벅차서 감당하기 힘들어 보였기 때문이다. 하지만 다행스럽게도 그는 아무런 이상반응을 보이지 않았다. 나중에 런던으로 데려가 동물원에 인계할 무렵, 그는 덩치와 허리둘레가 상당히 증가했음에도 굴로 여겨지는 곳이면 어디에나 자신의 통통한 몸을 밀어 넣으려는 열정을 결코 잃지 않았다.

━━━

페리네 주변의 숲에는 파충류가 많았다. 우리는 멋진 카멜레온 3마리를 붙잡았는데, 그들은 길이가 거의 60센티미터에 달하는 기괴한 동물로, 경각심을 일으키는 녹색 몸, 녹슨 쇠처럼 빨간 눈알, 주둥이 끝에 달린 2

데이비드 애튼버러의 주 퀘스트

개의 뿔을 가지고 있었다. 화려한 색을 띠고 있는 것 같았지만, 숲속의 관목 사이를 느린 동작으로 느릿느릿 걸어다니거나 파충류만이 가능한 듯한 '돌 같은 부동자세'로 나뭇가지에 서있기 때문에 놀라울 정도로 발견하기 어려웠다. 그러나 내가 가장 관심을 두었던 도마뱀인 우로플라투스속*Uroplatus*—납작꼬리도마뱀붙이*frilled gecko*—에 비하면 그들은 눈에 잘 띄는 생물이었다. 우리가 알기로 이런 파충류들은 마다가스카르 동부의 숲 어딘가에 서식했는데, 나무줄기에 달라붙어 있는 데다 위장을 너무 잘해서 그들을 찾는 것은 거의 불가능했다. 그런 동물을 찾을 때 최선의 방법은 현지인 남자들, 그 중에서도 특히 작은 소년들을 고용하여 사냥을 돕게 하는 것이다. 왜냐하면 그들의 눈은 도시에서 성장한 외국인들의 눈보다 언제나 훨씬 더 예리하기 때문이다.

그러나 내가 원하는 생물이 무엇인지 설명하자, 마을에서 가장 열성적이고 협조적인 사람들조차도 도와주기를 한사코 거부했다. 그놈은 불길한 짐승이며 그놈을 해치는 것은 미친 짓이라고 말했다. 또한 그 동물은 사람들로 하여금 불안하게 만드는 습성이 있었는데, 가슴팍에 뛰어올라면도날로나 떼어낼 수 있을 정도로 꽉 달라붙었다. 더군다나 그놈과 접촉한 사람은 오염된 신체부위를 칼로 그은 후 피로 해악을 씻어내지 않으면 반드시 1년 안에 죽게 된다고도 했다. 산림학에 대한 과학적 훈련을 받은 미셸조차도 이런 속설에서 완전히 자유로운 것은 아니었다. 그러한 미신을 비웃고 우로플라투스가 무해한 작은 도마뱀에 불과하다는 데 동의하면서도, 그 자신은 우리를 위해 1마리도 잡을 수 없다고 입장을 밝혔다. "어찌됐든 이런 문제들은 언급을 피하는 게 좋아요. 불필요한 위험을 감수하는 것은 어리석은 일이에요"라고 그는 말했다.

결국 우리는 어느 누구의 도움도 없이 수색을 감행해야 했다. 그리고 도마뱀붙이가 놀라 움직임으로써 자신의 존재를 드러내기를 희망하며 숲을 지나며 마주치는 모든 나무를 주먹으로 두들겼다. 그러나 이러한 시도는 성공하지 못했다.

우리는 3일 간의 주먹구구식 두들기기 끝에 겨우 1마리를 발견했다. 그놈은 내 눈에서 60센티미터도 채 떨어지지 않은 나무껍질에 머리를 숙인 채 달라붙어 있었는데, 머리를 약간 움직이지 않았다면 결코 눈치채지 못할 정도로 위장이 완벽했다. 내가 손을 뻗었을 때, 그놈은 더 이상 움직이지 않으며 오로지 위장에 의존하여 안전을 도모했다. 나는 엄지와 검지로 그놈의 목을 움켜쥐고 부드럽게 떼어냈다.

도마뱀붙이의 길이는 약 15센티미터였다. 회색으로 얼룩진 몸은 그들

나무에 달라붙어 위장한 납작꼬리도마뱀붙이

데이비드 애튼버러의 주 퀘스트

이 발견된 나무껍질의 색깔과 거의 똑같았고, 많은 동물들에서 시선을 끌어 드러나게 하는 실마리가 되는 눈은 안구를 뒤덮고 그 동그란 윤곽을 모호하게 하는 너덜너덜한 피부로 위장되어 있었다.

그러나 이 두 가지만으로는 이 동물이 눈에 잘 띄지 않는 것을 설명하기에 충분하지 않다. 전시戰時의 위장 전문가들이 깨달은 바와 같이, 물체는 그림자를 드리움으로써 항상 쉽게 발견된다. 그들은 무기고나 군수공장의 측면에 그물을 치고 플레어스커트²처럼 땅에 고정함으로써 이 문제를 해결했다. 그럴 경우 건물은 수직벽이 은폐되므로 그림자가 드리우지 않아 땅위에 있는 언덕처럼 보이게 된다. 이 도마뱀붙이는 이와 유사한 장치를 사용했다. 즉, 그의 턱 주위에는 불규칙하게 늘어진 살이 달려있었는데, 이것이 옆구리를 따라 들쭉날쭉한 가장자리를 이루며 계속 이어지다 꼬리에 이르러 양쪽에 넓은 테두리를 형성했다. 그 결과 도마뱀붙이가 나무껍질에 납작하게 달라붙으면 피부의 아래쪽 가장자리가 나무껍질 속으로 어우러지는 것처럼 보였고, 이 동물은 나무줄기의 거친 표면에서 눈에 띄지 않는 돌출부로 변했다.

우로플라투스속에는 여러 가지 종류가 있는데, 우리는 나중에 다른 종을 하나 얻었다. 그것은 크기가 거의 3배였고 매우 가느다란 다리와 무엇보다도 특이한 눈을 가지고 있었다. 즉, 동공의 표면은 마치 복숭아씨와 같은 홈이 파인 것처럼 보였다. 그러나 이 이상한 동물 역시 완벽한 위장을 가능케 하는 넓고 주름진 테두리를 가지고 있었다.

───

마을 사람들은 우로플라투스를 잡는 우리의 무모함에 경악했지만, 우

---

2 허리에서 엉덩이까지는 몸에 맞고 아래로 내려갈수록 자연스럽게 통이 넓어져, 밑단이 나팔꽃 모양으로 퍼지는 형태의 치마. - 옮긴이주

리의 그런 행동에 아무런 이의를 제기하지 않았다. 그러나 보아뱀의 경우에는 사정이 달랐다. 만약 우리가 이 뱀을 잡는다면 강력한 항의에 직면할 게 뻔했다. 왜냐하면 많은 마다가스카르 부족들은 이 뱀이 조상의 화신이라고 믿고 있었기 때문이다.

이 미신의 기원을 이해하기는 어렵지 않다. '시신 발굴' 의식을 거행하는 동안 사람들은 썩어가는 시신에서 구더기가 나온다는 것을 잘 알게 된다. 그런데 보아뱀은 무덤의 축축한 어둠 속에서 종종 발견되므로, '이 뱀들이 구더기의 다 자란 형태이며, 구더기가 나왔던 시신에 한때 깃들었던 영혼이 뱀 안에 들어있다'고 생각하는 것보다 더 자연스러운 발상은 없을 것이다.

중앙 고원의 남부에 사는 베트실레오Betsileo족 사이에서는 그런 믿음이 특히 강하다. 보아뱀이 마을 근처에서 발견되면 사람들은 그를 큰 숭배의 대상으로 여긴다. 그들은 뱀 주위에 모여 그 안에 담긴 인간의 영혼을 식별할 수 있는 모종의 징후를 찾는다. 뱀이 유별나게 느리거나 옆구리나 머리에 흉터나 사마귀가 있는 경우, 이것은 안달난 마을 사람들에게 오래전 죽은 사람 중에서 그런 특징을 지녔던 어떤 사람과 뱀을 연결할 수 있는 단서를 제공할 수도 있다.

그들은 뱀의 신원을 확인하기 위해 '뱀으로 환생했다'고 의심되는 사람의 이름을 부른다. 뱀이 자주 그러는 것처럼 머리를 좌우로 흔들면, 이것은 긍정하는 몸짓으로 간주된다. 신원이 확인된 뱀은 고인이 살았던 집으로 정성껏 호송되어 꿀과 우유를 선물받는다. 때때로 닭이 그 앞에서 희생되는데, 뱀은 날름거리는 혀로 따뜻한 피를 핥는다. 그런 다음 촌장은 '영혼이 집에 돌아온 것을 환영한다'는 내용의 연설을 하고, 뱀에게는 '사람들이 고인의 방문을 기뻐한다'고 설명한다.

어떤 마을에서는 관계가 있는 가족이 자신의 부모나 조부모로 간주되

데이비드 애튼버러의 주 퀘스트

는 뱀이 거주할 특별한 케이지를 만든다. 다른 지역에서는 뱀이 숲으로 돌아가도록 풀어준다.

보아뱀을 잡으려는 우리에게 이러한 미신은 심각한 장애물이 될 수 있었다. 우리가 그런 신성한 동물을 인정사정없이 자루에 집어넣고 가져가 겠다고 한다면 사람들에게 큰 불쾌감을 줄 수 있었기 때문이다. 그러나 페리네에서는 이러한 믿음이 지켜지지 않는다는 사실을 알고 우리는 안 도의 한숨을 내쉬었다. 하지만 마을 사람들은 비록 보아뱀을 조상의 화신 으로 생각하지는 않았지만, 우로플라투스와 거의 마찬가지로 사악한 동 물로 간주했다. 그러므로 그들에게 우리를 위해 뱀을 잡아 달라고 부탁하 는 것은 고사하고 뱀과 관련된 어떤 것도 부탁할 수조차 없었다.

다행히도 우리는 그들의 도움이 필요하지 않았다. 그도 그럴 것이, 보 아뱀은 흔했고 쉽게 찾을 수 있고 쉽게 잡을 수 있었기 때문이다. 우리는 금세 3마리의 보아뱀을 발견했는데, 그중 1마리는 미셸이 관리하는 연못 근처의 통나무 더미 아래에서 발견되었다. 다른 2마리는 숲속의 습지대 에서 소용돌이 모양의 똬리를 튼 채 발견됐는데, 그들의 널따란 옆구리는 숨을 쉴 때마다 천천히 부풀어올랐다. 그들은 너무 느렸으므로 우리가 할 일이라고는 목 뒤를 잡고 자루에 넣는 것밖에 없었다.

보아뱀은 독이 없지만 먹이를 졸라서 죽이므로, 혹자는 아프리카에 분 포하는 전형적이고 유사한 조르는 뱀인 비단뱀python의 친척이라고 생각 할 수도 있다. 그러나 기대와는 달리 모든 마다가스카르산 동물이 그렇 듯, 그들의 친척은 아프리카산 뱀이 아니라 남아메리카산 보아뱀이다. 사 실 보아뱀과 비단뱀의 해부학적 차이는 크지 않다. 두 무리 모두 뱀류에 속하는 원시적 구성원들로, 고도로 발달한 독아毒牙가 없으며 한때 골반이 존재했던 부위에 뒷다리의 흔적을 여전히 가지고 있다. 사실 보아뱀과 비 단뱀의 골격을 동시에 보여준다면, 자연사학자라도 쉽게 구별하지 못할 것이다. 이 둘의 주된 차이점은 비단뱀의 두개골에 있는 작은 뼈 하나가 보아뱀에는 없다는 것이다. 그럼에도 불구하고 커다란 차이점이 하나 있으니, 바로 모든 비단뱀은 알을 낳는 데 반해 모든 보아뱀은 새끼를 낳는다는 것이다. 이 점을 증명이라도 하려는 듯, 우리가 연못가에서 잡은 암컷은 런던에 도착하자마자 살아 움직이는 황토색 새끼 4마리를 낳았다.

이제 내 호텔방은 구색이 잘 갖춰졌다. 카멜레온들은 커튼 레일에서 서로를 향해 눈알을 굴리며 앉아있었고, 우로플라투스는 탄드라카 옆에 자리잡은 높다란 케이지 속의 나무껍질 조각에 거꾸로 매달려있었으며, 노래기는—낮에는—한쪽 구석에 놓인 큰 상자에서 잠을 잤고, 보아뱀은 다른 쪽 구석에서 서서히 움직이는 자루를 차지하고 있었다.

우리는 1마리도 잡지 못했지만 여러 종류의 여우원숭이를 보았다. 그 중에는 마중가 근처 앙카라판치카의 숲에 있는 망고나무에서 보았던 것들과 같은 갈색여우원숭이, 이곳에서 심포나^{simpona}라고 불리는 시파카, 그리고 대나무여우원숭이 1마리가 있었다. 이 마지막 원숭이는 색다르고 매우 매혹적이었는데, 어느 날 아침 혼자서 걷다가 우연히 마주쳤다. 그는 땅에서 겨우 60센티미터 떨어진 비스듬한 리아나 위에 두 손으로 몸을 지탱한 채 앉아있었는데, 작은 원숭이만 한 크기의 회색 털북숭이 동물로 납작한 얼굴과 갈색 머리 그리고 긴 꼬리를 가지고 있었다. 눈을 동그랗게 뜨고 깜짝 놀라 나를 쳐다보는 모습을 보니, 마치 '맙소사'라고 계속 중얼거리는 것 같았다. 그는 꼬박 30초 동안 그 자리에 머물다가 도망치려 했다. 그러나 대나무여우원숭이는 절대 빠른 속도로 움직이지 못하기 때문에 허둥대며 땅위에서 느릿느릿 걷는 것이 최선이었다. 그는 가끔씩 어깨 너머로 나를 돌아보았고, 나는 그가 사라질 때까지 가만히 서있었다.

그 숲은 우리가 마다가스카르에서 방문한 곳 중에서 개체군 밀도가 가장 높은 지역이었고, 우리는 매일 나방들, 딱정벌레들, 뱀들, 작은 도마뱀

데이비드 애튼버러의 주 퀘스트

숲에서 뱀을 잡는 장면

보아뱀을 들어 올리는 장면

들, 검은앵무들, 딱새들, 낯선 개구리들과 같이 우리를 매혹시키는 새로운 생물들을 발견했다. 그러나 한 동물이 우리를 피하고 있었으니, 바로 인드리였다. 우리는 여전히 인드리를 찾지 못하고 있었다.

17. 바바코토

우리는 한 조류학자 친구로부터 마다가스카르까치울새Madagascan magpie robin의 노랫소리를 녹음해 달라는 부탁을 받았다. 그의 예측에 따르면, 그 새의 노래는 매우 달콤하고 다방면으로 아름다워서 모든 새 중에서 단연 최고라고 해도 지나침이 없을 터였다. 까치울새는 까만 벨벳을 두른 듯한 작은 새로 날개에 흰눈 같은 하얀 얼룩이 있고 바깥쪽 꽁지깃이 하얗게 빛나는데, 수줍음이 많고 조심성이 있으며 숲의 낮은 덤불이라는 피난처를 거의 벗어나지 않기 때문에 쉽게 볼 수 있는 새가 아니었다. 감미롭고 가늘게 떨리는 그의 선율은 참으로 아름다운 노래였는데, 우리는 그것을 알아듣게 된 후 비로소 이들이 얼마나 많은지 알게 되었다. 눈으로 볼 수는 없더라도 숲의 여러 곳에서 그들의 지저귐을 자주 들었기 때문이다.

어느 날 아침 동튼 직후, 우리는 전용 파라볼라 반사기parabolic reflector—지름이 60센티미터가 넘는 알루미늄 접시—를 가지고 처음으로 녹음을 시도했다. 반사기는 일종의 음향 탐조등으로, 한복판에 장착된 마이크의 감도를 좁은 각도의 범위에 집중시킴으로써, 상당히 먼 거리에서 소리를 녹음함과 동시에 주변 숲의 다른 소음을 대부분 차단하는 것을 가능케 했다. 우리는 녹음을 위해 대부분의 새들보다 대담하고 유별난 수컷을 선택했는데, 그는 으레 우리가 평소에 다니는 길에서 멀지 않은 덤불의 잎 사이에서 노래했다.

우리가 도착했을 때, 그는 이미 정력적으로 노래하고 있었다. 나는 재빨리 마이크 케이블을 녹음기에 꽂고 파라볼라 반사기를 조심스럽게 덤불로 향하도록 했다. 작은 까치울새는 동요하지 않고 긴 은빛 선율을 끊임없이 쏟아냈다. 파라볼라 반사기를 그와 일직선이 되도록 놓자 그의 노랫소리에 맞추어 녹음기 눈금판의 바늘이 떨리기 시작했다. 몇 분 동안 릴^{reel}이 회전하고, 테이프가 녹음기 헤드를 가로질러 꾸준히 움직였다. 그런데 갑자기 저 너머의 나무들 사이에서 귀청을 터뜨릴 듯한 섬뜩한 울부짖음이 울려 퍼졌고, 그 충격으로 녹음기의 바늘이 멈춤핀에 세게 부딪치더니 그곳에 달라붙은 채 바르르 떨었다. 그것은 인드리의 울음소리로, 우리가 처음 들었을 때보다 더 크고 가까운 것 같았다. 제프는 자신의 카메라를 움켜쥐었고, 나는 녹음이 왜곡되지 않도록 볼륨을 재빨리 낮춘 후 쌍안경으로 앞쪽에 있는 녹색 덤불을 미친 듯이 뒤졌다. 여러 마리가 있었기 때문에 모습을 보이지 않는 가수들의 울부짖음은 수그러들지 않고 계속되었다. 하지만 아무리 열심히 살펴봐도 그들의 모습은 보이지 않았다. 이런 식으로 두번째 기회를 놓치게 된다면 갑절로 화나는 일이었다. 나는 흥분한 상태에서도 가능한 한 천천히 오솔길을 따라 걸으며 그들을 볼 수 있는 좋은 지점을 찾으려고 노력했다. 그러나 눈을 부릅떴지만 아무런 징후도 찾을 수 없었다.

울부짖음이 멈춤과 동시에 약 30미터 떨어진 곳에서 키 크고 가느다란 나무가 마구 흔들렸고, 나는 순간적으로 허공을 가로지르는 물체를 보았다. 그것은 바로 인드리였다. 우리는 또다시 허탕을 쳤다.

"음," 아침을 먹기 위해 쓸쓸하게 발걸음을 돌리는 동안 제프가 말했

데이비드 애튼버러의 주 퀘스트

다. "적어도 우리는 '그 동물이 실제로 존재한다'는 것과 '옛날 옛적에 우리가 그로부터 몇 미터 이내의 거리에 있었다'는 것을 증명할 수 있는 녹음을 가지고 있어요."

바로 그때 나는 '조류학자들이 연구하고자 하는 새를 찾기 위해 자주 사용하는 속임수'를 생각해 냈다. 수컷 새는 짝을 유인하고 자신이 거주하는 영역에 대한 텃세권을 선포하기 위해 노래한다. 따라서 녹음된 수컷 새의 노랫소리를 재생하면 암컷 새가 그것에 이끌릴 수 있고, 수컷 주인장이 자신의 영토를 침범한 새로운 수컷과 불같이 싸우기 위해 모습을 드러낼 수도 있다. 그런데 이 방법은 새 이외의 다른 동물에게도 효과가 있다. 일례로, 나는 몇 년 전 어느 날 밤 그 방법을 이용하여 개골개골하던 커다란 두꺼비를 내 카메라의 사정거리로 유인하는 데 성공했다. 우리는 방금 인드리의 목소리를 녹음했는데, 아마 그들 역시 녹음된 목소리에 반응할 것 같았다.

나는 그 아이디어를 아주 확신하지는 않았다. 우선, 배터리로 구동되는 녹음기의 스피커에서 재생되는 소리의 크기는 원래의 소리에 비해 너무 미약하므로, 기껏해야 멀리서 들려오는 인드리들의 소리와 비슷할 수밖에 없었다. 그러나 다른 모든 방법이 실패했으므로, 우리는 밑져야 본전이라는 생각으로 이 방법을 시도해보기로 했다.

그 후 며칠 동안 우리는 숲의 여러 곳에서 인내심을 가지고 녹음을 재생했지만 결과는 신통치 않았다. 그러던 어느 날 아침 동튼 직후 나는 우리가 습관적으로 다니던 길 옆의 특별히 적당해 보이는 지점에 녹음기를 내려놓았다. 그곳은 길에서 풀이 무성한 계곡으로 내려가는 경사가 가파른 곳으로, 넓은 창 모양의 잎을 가진 식물이 융단처럼 뒤덮었고 그 위에는 나무 몇 그루가 듬성듬성 서있었다. 먼발치에서는 작은 개울이 곡선을 그리며 휘돌아 숲을 가로질러서, 길가에 서면 비교적 훤히 트인 '녹색 원형극장'을 내려다볼 수 있었다.

제프는 카메라를 설치하고 가장 배율이 높은 망원렌즈를 장착했다. 그가 준비를 마치자마자 나는 녹음기를 켰다. 그 후 1~2분 동안 양철통을 두드리는 것 같은 소리가 나는 재생음이 '응답 없는 나무들' 사이로 희미하게 울려 퍼졌다. 내가 거의 포기하고 이제 막 다른 곳에서 시도하기로 결정했을 때, 녹음기의 재생음이 커다랗게 울부짖는 소리들에 완전히 묻혀 버렸다. 그 소리들은 우리가 이전에 들었던 인드리의 울음소리와 전혀 달랐고, 어떤 동물이 그런 소리를 내는지도 도저히 생각해낼 수 없었다.

그러던 중 나는 골짜기 가운데 있는 어느 나무에서 노래하는 동물 중 하나를 발견했다. 검은색과 흰색이 뒤섞인 커다란 털북숭이 여우원숭이가 땅에서 9미터 높이의 나뭇가지에 앉아있었다. 그의 가슴, 앞팔, 무릎 아래 다리는 흰색이었는데, 어깨에는 검은 망토, 머리에는 새하얀 모자, 손발에는 까만 양말과 장갑을 착용하고 있는 것처럼 보였다.

나는 낙담했다. 이 동물은 인드리일 리 만무했기 때문이다. 우리가 타나나리브의 과학연구소에서 봤던 그의 털가죽은 양쪽 엉덩이에서 척추로 올라가는 등 쪽의 작은 삼각형 흰색 반점을 제외하고 거의 완전히 검은색이었다. 게다가 울부짖는 소리는 미셸이 우리에게 인드리의 것이라고 알려준 울음소리와 전혀 달랐다. "그냥 흔한 목도리여우원숭이ruffed lemur일 뿐이에요." 나는 제프에게 진절머리가 난다는 듯 속삭였다. "타나나리브 동물원에 가면 쟤네들의 클로즈업 사진을 쉽게 찍을 수 있어요."

그럼에도 불구하고 우리는 촬영을 시작했다. 그는 가장 아름다운 동물이었고, 어쨌든 야생에서 촬영한 '갇히지 않은 개체'의 좋은 영상은 동물원에서 찍은 '갇힌 개체'의 사진보다 훨씬 더 가치 있기 때문이었다. 더군다나 우리의 위치는 매우 이상적이었다. 그는 비탈을 따라 20미터쯤 내려간 곳에 있는 나무에서 9미터 높이에 앉아있었는데, 땅의 경사가 매우 가

데이비드 애튼버러의 주 퀘스트

목도리여우원숭이

팔라 우리와 거의 같은 높이에 있었기 때문이다. 녹음기는 계속 인드리가 울부짖는 소리를 토해냈고, 그 동물은 분이 나서 밝은 노란색 눈으로 우리를 노려보았다.

그가 다시 한 번 짜증스럽게 울부짖고 있는데 왼쪽의 나무에서 또 다른 울음소리가 났다. 그쪽을 바라보니, 2마리의 동물이 목을 앞으로 빼고 앉아 어리둥절한 눈으로 우리를 쳐다보고 있었다. 앞에 있던 동물이 손을 뻗어 위에 있는 나뭇가지를 잡아당기며 일어섰다. 나는 그의 움직임이 알락꼬리여우원숭이ring-tail lemur나 갈색여우원숭이 같은 여우원숭이속屬의 다른 종류들―이들은 모두 기본적으로 사족보행을 한다―과 다르다는 점을 주목했다. 목도리여우원숭이가 그들과 매우 가까운 관계라는 점을 감안할 때 이것은 놀라운 일이었다. "어랍쇼," 나는 중얼거렸다. "이 동물이 시파카처럼 움직이네." 잠시 후 그 동물이 다시 한 번 자리에 앉자 나는 깜짝 놀라 눈을 깜박였다.

"꼬리는 어디에 뒀을까요?" 나는 제프에게 중얼거렸다. "쟤가 흔해 빠진 여우원숭이라면 매우 긴 까만색 꼬리를 갖고 있어야 하거든요."

"아마도 다리 사이에 동그랗게 말려있을 거예요." 제프가 대답했다.

나는 쌍안경으로 그 동물을 계속 살펴보았다. 그 동물은 우리를 빤히 쳐다보더니 머리를 뒤로 젖히고 다시 한 번 분노를 담은 야유를 퍼부으며 선홍색 입안을 드러냈다. 그런 다음 긴 뒷다리 하나를 들어올려 거의 가슴 높이에 있는 정면의 나무줄기를 움켜쥐었다. 그 순간 다리 사이를 살펴보니 꼬리가 없었다. 나는 분명히 확신하게 되었는데, 어리석게도 단 하나의 가능한 결론에 도달하는 데 적잖은 시간이 걸렸다.

"제프," 나는 조용히 말했다. "쟤는 인드리예요."

의심의 여지가 없었다. 여우원숭이 중에서 꼬리가 없는 것은 단 하나뿐이기 때문이었다. 그때 나는 "인드리는 주로 검은색이지만 그 색상은 '가변적'이다"라고 기술한 책이 떠올랐다. 이 동물의 색깔과 '내가 봐왔던 털가죽 색깔'이 다른 것은 바로 이 때문이었다. 그의 울음소리가 내가 아는 울음소리와 다른 이유도 납득할 수 있었다. 그들은 울음소리를 듣고 비슷한 후렴으로 화답한 게 아니라 그 소리에 너무 놀란 나머지 경고음으로 대응한 것이었다. 그러니 상황이 내 각본대로 전개되지 않았을 수밖에! 만약 내가 바그너의 서곡을 틀었어도 그들은 똑같은 경고의 울음을 토해냈을 것이다. 그럼에도 불구하고 우리는 너무 기뻐서 그런 사소한 세부사항에 신경 쓸 겨를이 없었다. 우리는 인드리를 찾아냈고, 제프는 이미 120미터짜리 필름을 모조리 사용한 터였다.

그는 재빠르게 필름통을 교체한 후 동물의 머리와 어깨만 촬영하던 장초점 망원렌즈를 단초점 렌즈로 바꿔 달고 동물의 전신을 촬영했다. 나는

인드리

녹음 재생을 멈추고 마이크를 꽂은 후 우리의 존재에 격분한 듯한 인드리들이 반복적으로 토해내는 분노의 울부짖음을 녹음했다. 제프는 다른 각도에서 영상을 찍으려고 조심스레 오솔길을 벗어나 비탈길로 내려갔지만 욕심이 지나쳤다. 앞에 있던 인드리가 엄청난 도약으로 이 나무에서 저 나무로 이동했는데, 속도가 너무 빨라 총알이 나무에 튀며 나는 것 같았다. 다른 2마리도 그를 따라 개울 너머 울창한 숲으로 들어갔다. 몇 초 만에 그들은 우리의 시야에서 사라졌다.

미셸은 바바코토가 매일 똑같은 경로를 통해 숲을 가로지른다고 강조해왔다. 만약 그가 옳다면, 그들은 다음날 아침에도 같은 장소에 나타나야 했다. 우리는 정말 그런지 확인하기 위해 다음날 꼭두새벽에 일어났다. 그들은 과연 그곳에 있었는데, 이제 그들을 찾으려고 녹음기를 틀 필요가 없다 보니 방해받을 일이 없어서 우리의 존재가 안중에 없는 것 같았다. 우리가 맨 처음 봤던 덩치 큰 수컷은 마치 시소 타는 아이처럼 나뭇가지에 걸터앉아 까만 양말을 신은 듯한 커다란 다리를 흔들며 먹이를 먹고 있었다. 그는 머리 위로 손을 뻗어 골라 딴 어린 잎을 아무렇지 않게 입에 쑤셔 넣었다. 다른 2마리는 인근에 앉아있었는데, 보아하니 짝인 것이 분명했다. 첫번째 인드리보다 몸집이 조금 작은 걸로 보아 필시 젊은 부부일 거라고 나는 생각했다. 그렇다면 나이 든 수컷의 짝은 어디에 있을까? 우리는 은밀히 살폈고, 나는 마침내 조금 떨어진 나무에 가려진 그녀를 발견했다. 그녀에게 접근하면 다른 동물들을 놀라게 할 것 같아 우리는 있는 자리에서 촬영하는 데 만족하기로 했다.

우리는 일주일이 넘도록 매일매일 이 가족을 지켜보면서 서서히 그들의 일상을 훤히 알게 되었다. 미셸이 전적으로 옳았다. 그들은 정말로 '습관의 동물'이었다. 그들은 매일 밤 똑같은 나무에서 수면을 취했고, 동튼 직후 출발하여 나뭇가지들을 지나 느긋하게 기어올라 우리가 처음 발견한 곳에 도착했다. 거기서 그들은 아침을 먹었다. 그들은 매일 거의 정확히 같은 시간에—해 뜬 직후인 오전 5시경과 아침나절인 오전 10시부터 11시 사이—노래를 불렀다. 정오가 되자 그들은 개울을 건너 이동한 후 행방이 묘연해졌다. 그러나 오후 4시경 계곡 반대편에서 다시 노랫소리가 들렸고, 우리는 숲을 가로지르는 다른 길을 지나서야 저녁을 먹는 그들을 다시 발견할 수 있었다. 저녁이 다가오자 그들은 잠자는 나무로 돌아가기 위해 다시 길을 떠났다.

우리는 가족 구성원들을 개별적으로 알아보는 경지에 도달했다. 나이 든 수컷은 침착한 기질이었고 다소 진지했다. 그는 종종 나무줄기에 등을 기댄 채 가지에 걸터앉아 긴 다리를 재미있게도 인간 같은 자세로 뻗었다. 그는 놀랄 경우 먼 거리를 뛸뛸 수 있었지만, 웬만하면 한 가지에서 다른 가지로 기어올라 위기를 모면했다. 그러나 그는 결코 유인원식—팔을 바꿔가며 한 가지에서 다른 가지로 갈아타기—으로 팔을 사용하지 않았고, 공중그네 예술가인 긴팔원숭이gibbon와는 비교조차 할 수 없었다.

젊은 인드리 2마리는 매우 다정한 부부로, 매일 몇 시간씩 서로 애무하고 핥으며 보냈다. 그들이 옆으로 뻗은 가느다란 나뭇가지에 쪼그리고 앉아 애정행각을 하는 자리는 매우 위태로워 보였다. 그들을 보니, 한 쌍의 능숙한 서커스 곡예사가 높은 외줄 위에서 일상생활의 에피소드를 태연한 척 연기하는 장면이 떠올랐다. 그러나 인드리에게 평형막대나 안전망 따위는 필요하지 않았다. 그들은 발이 매우 커서 가운뎃발가락과 엄지발가락으로 자신들이 앉은 나뭇가지를 든든하고 안정적으로 움켜쥘 수 있었으므로 굳이 손으로 무엇인가를 붙잡을 필요가 없었기 때문이다. 하지만 그들은 다소 잘 놀라고 신경이 예민한 것 같았다. 우리에 의해서든 다른 숲속 동물에 의해서든, 갑작스러운 소음은 그들을 놀라게 했다. 머리 위로 날아가는 검은앵무 한 쌍이 요란하게 꽥꽥거리기만 해도 걱정스럽게 고개를 들곤 했다. 한번은 둘이 서로 마주 앉은 상태에서 수컷이 암컷의 목털을 부드럽게 핥고 있을 때, 커다란 파랑코아blue coua—마다가스카르 뻐꾸기Madagascan cuckoo—1마리가 시끄럽고 거친 스타카토 소리를 내며 리아나 위로 깡충 뛰어올랐다. 암컷은 즉시 편안한 자세를 버리고 똑바로 앉아, 이 심상치 않은 소리를 낸 동물을 확인하기 위해 고개를 비틀었다. 수컷도 적이 놀란 표정으로 아래를 내려다보다가 주저하며 다시 애정어린 핥기를 시작했다. 그러나 암컷이 계속 긴장하고 불안해하자 수컷은 이내 머리 옆의 나뭇가지를 손으로 잡고 몸을 살며시 돌려 그녀의 뒤에 앉았다. 그런 다음 그녀를 안심시키려는 듯 긴 다리로 그녀의 옆구리를 문질렀다. 그녀는 긴 목을 뒤로 젖혀 턱을 한 번 핥는 것으로 그에게 화답했다.

가족의 네번째 구성원인 나이 든 암컷은 좀처럼 보기 힘들었다. 그녀는

인드리 새끼와 어미

나뭇잎이 가장 무성한 곳에만 머무는 것처럼 보였다. 그녀가 몸을 사리는 데에는 그럴만한 이유가 있었을 텐데, 그녀에게 주의를 집중한 지 며칠 후에야 그 이유를 알 수 있었다. 그녀의 등에는 조그만 물체가 달라붙어 있었는데, 자세히 살펴보니 앙증맞은 털북숭이 귀, 초롱초롱한 눈, 까만 얼굴을 가진 새끼였다. 새끼의 길이는 겨우 30센티미터였다. 그는 가끔씩 어미의 등에 올라탔고, 가끔씩 젖꼭지에서 젖을 빨기 위해 가슴 쪽으로 기어갔다. 그녀는 사랑스럽고 다정하게 행동하며 때때로 그를 부드럽게 핥았다.

가족의 일상에 대한 자세한 지식 덕분에 인드리들을 촬영하는 작업이 훨씬 수월해졌다. 우리는 그들이 먹고 졸고 애무하는 영상을 찍었지만 딱 한 컷이 부족했다. 우리는 아직까지 인드리들이 뛰어오르는 괜찮은 장면

데이비드 애튼버러의 주 퀘스트

을 촬영하지 못했는데, 그 이유는 그들이 마침내 물러날 때는 항상 우리에게서 먼 쪽으로 뛰어올랐기 때문이다. 만약 원하는 장면을 포착하려면 새로운 접근방식을 고안해 내야 했다. 우리는 그들의 '점심 먹는 나무'와 '늦은 오후에 노래하는 장소'를 알고 있었다. 그런데 그들이 한 곳에서 다른 곳으로 이동하려면 물고기 양식장으로 이용하는 연못에서 시작된 널따란 길을 건너야 한다는 사실을 깨달았다. 그 길에서, 이쪽에서 저쪽으로 수월하게 뛰어넘을 수 있을 만큼 좁은 곳은 한 군데밖에 없었다.

그들이 오후 3시에서 4시 사이에 횡단하리라는 것을 추정하는 것은 간단한 계산만으로 충분했다. 따라서 2시 30분, 역광을 피하기 위해 제프와 나는 그들이 뛸 것으로 예상되는 나무의 서쪽에 카메라를 설치했다. 그리고 그들이 나타나기를 기다렸다.

3시 30분이 되자 나이 든 수컷이 '뛰어오를 나무'에 나타났다. 몇 분 후 젊은 부부가 그와 합류했고, 마지막으로 어미와 새끼가 숲에서 나와 길에 드리운 나뭇가지 중 하나에 앉았다. 가족이 모두 모이자마자 나이 든 수컷은 가장 길게 뻗은 나뭇가지로 느긋하게 기어올라 갔다. 제프는 촬영을 시작했다. 수컷은 자세를 취한 다음, 단 한 번의 높은 도약으로 길 건너편의 나무에 안착했다. 나머지 가족 구성원들도 하나씩 그를 따라 사라졌다. 제프는 카메라를 끄며 환하게 웃었다. 인드리의 사생활을 다룬 다큐멘터리 영상은 마침내 우리가 바랐던 만큼 완벽해졌다.

우리가 그토록 오랜 시간 동안 즐겁게 촬영하고 지켜본 동물들이 정말 '개의 머리를 가진 인간' 전설의 기원이었을까? 그들은 부인할 수 없을 정도로 개와 비슷한 머리를 가지고 있었고, 특히 나뭇가지 사이로 기어오르는 자세가 사람과 매우 비슷해 보였으며, 몸통과 다리의 신체비율도 사람에 매우 가까웠다. 게다가 그 전설은 아랍인들에게서 유래한 것으로 보인다. 그들의 다우선은 수 세기 동안 모잠비크 해협을 가로질러 아프리카

북동부 해안까지 오가며 그 중간 지점인 코모로 제도에 기항했다. 그들은 그 과정에서 인드리 이야기를 아프리카에 전했을 것이다. 또한 알드로반두스가 인용한 '공격자가 던진 창을 되튕기는 시노세팔루스의 갑옷'과 '사냥꾼의 창을 공중에서 잡아 그에게 되던지는 인드리'라는 이야기는 암시하는 것이 유사하다. 물론 그렇게 널리 퍼진 전설과 이 특정한 동물 사이에 연관성이 있다는 확실한 증거는 없지만, 그럼에도 불구하고 나는 왠지 연관성이 있었다고 생각하고 싶다. 그러나 한 가지 사실만은 분명하다. 우리가 마다가스카르에서 촬영한 모든 색다른 생물 중에서 인드리는 가장 희귀하고 과학적으로 가장 덜 알려져 있으며 가장 사랑스러운 생물이었다.

———

타나나리브로 돌아와 보니, 섬의 다른 지역에서 여행하는 동안 수집한 모든 동물들이 연구소가 관리하는 멋진 소규모 동물원의 케이지와 울타리에서 우리를 기다리고 있었다. 이제 해야 할 일이 많았다. 왜냐하면 일주일 안에 소형 전세기가 수집한 동물들과 우리를 나이로비로 데려다줄 예정이었기 때문이다. 그곳에서 우리는 런던행 화물기로 갈아탈 수 있었다. 동물을 위한 여행용 케이지를 만들고, 그들을 위한 건강 증명서와 반입 승인서의 양식을 작성하여 서명날인하고, 우리에게 도움과 조언을 제공한 모든 사람들에게 작별을 고해야 했다. 엠 파울리안은 유럽에서 열리는 과학 세미나에 참석하기 위해 출국했지만, 자리를 비웠음에도 그가 우리에게 베푼 마지막 친절이 고스란히 드러났다. '작은 쥐여우원숭이를 제외하고 어떤 여우원숭이도 해외 반출용 생포를 불허한다'는 법규로 인한 우리의 실망감을 잘 알고 있었으므로, 그는 연구소에서 사육되는 알락꼬리여우원숭이 2마리와 암컷 목도리여우원숭이 1마리를 우리에게 선물하라는 지시를 내렸다.

목도리여우원숭이는 동물원의 모든 동물 중에서 단연코 가장 아름다웠고, 시파카, 인드리와 함께 '가장 아름다운 여우원숭이' 부문에서 선두를 다투고 있었다. 촘촘하고 비단결 같은 털가죽에는 하얀색과 광택 나는 칠흑색 무늬가 있고, 이 색들은 대왕판다giant panda를 연상시키는 방식으로 분포되어 있었다. 동물원에서는 이 멋진 동물 3마리를 하나의 케이지에 수용하고 있었다. 그중 하나는 동부 숲의 제한된 서식지에서 온 것으로, 검은색이 아니라 화려한 오렌지빛 갈색 무늬를 가지고 있었다. 그런 눈에 띄는 패턴의 기능을 확실히 아는 사람은 아무도 없다. 역겨운 분비샘으로 중무장한 스컹크의 경우, 다른 동물들에게 '길을 비켜라'라고 경고하는 뚜렷한 신호로 작용할 가능성이 매우 높다. 그러나 온순한 채식주의자인 목도리여우원숭이의 반점은 이런 기능과 무관해 보인다. 하지만 그들이 주로 야행성이며, 오소리를 비롯한 많은 야행성 동물들이 뚜렷한 흑백 반점을 가지고 있다는 점은 중요하다. 아마도 어둠 속을 배회하는 동안 서로 보고 인식하는 데 도움이 되는 것 같다.

모든 목도리여우원숭이들은 매력적으로 길들여져 있었으므로, 우리는 동물원을 방문할 때마다 특별히 그들의 케이지를 방문하여 자벌레와 바나나를 먹이고 땅바닥에 누워서 기뻐 몸부림치는 그들의 배를 간질였다. 엠 파울리안은 그들 중 하나를 선사함으로써 우리를 크게 감동시킴과 동시에 우리의 채집동물 가운데 가장 볼만한 동물을 제공했다.

엠 파울리안의 두번째 선물인 알락꼬리여우원숭이는 아마도 전 세계 동물원에서 가장 유명하고 가장 자주 볼 수 있는 여우원숭이일 텐데, 그 이유는 사육 상태에서도 잘 자라고 쉽게 번식하기 때문이다. 그들의 짧은 털은 가장 우아한 연회색 색조를 띠는데, 배와 얼굴 부분은 순백색으로 바뀌고 휙 소리를 내며 휘두르는 긴 꼬리에는 까만색 고리무늬가 새겨져 있다. 그들의 학명은 *Lemur catta*—문자 그대로 해석하면 고양이여우원숭이cat lemur—인데, 많은 저자들로부터 '가장 부적절한 명명'이라는 지적을 받아왔다. 그러나 그들은 '고양이만 한 크기'와 '다소 고양이 같은 얼굴'을 가지고 있다. 더욱 적절하게도, 2마리를 런던에 있는 내 집에 한 달 정도 두었을 때 고양이 소리를 내는 것을 발견하게 되었다. 그들은 '야옹'하고 울 뿐만 아니라, 내가 자두 같은 아주 맛있는 먹이를 주거나 자기들의 귓등을 어루만질 때 대부분의 고양이과 동물들이 내는 갸르릉 소리를 냄으로써 쾌감을 표현했다. 오랫동안 지속되는 경우가 거의 없고 빈도가 잦지도 않았지만, 그들이 고양이 소리를 낸다는 사실은 의심할 여지가 없었다. 고양이과 이외의 동물이 갸르릉 소리를 낼 수 있는지는 모르겠지만, '고양이여우원숭이'들은 내 앞에서 분명히 그런 소리를 냄으로써 자신들의 이름을 정당화했다.

그들은 '가장 먹이기 쉬운 동물'이었다. 왜냐하면 온갖 '가장 있을 법하지 않은 먹이'를 기쁘게 받아들이는 것처럼 보였고, 우리가 제공하기로 결정한 채소는 뭐든 가리지 않고 맛볼 준비가 되어 있었기 때문이다. 결국 '많은 동물들이 변함없이 단조로운 식단을 좋아하지 않는다'는 믿음으로, 나는 매일 아침 알락꼬리여우원숭이들에게 여러 종류의 식물성 음식이 들어있는 요리를 제공했다. 신선한 풀, 건포도, 구운 감자, 상추, 당근, 치커리, 포도, 바나나가 모두 잘 받아들여졌지만, 그들의 특별한 취향은 날마다 달랐다. 어느 날 아침 그들은 건포도를 찾기 위해 먹이통을 샅샅이 뒤졌고 마지막 남은 한 알을 먹을 때까지 다른 것들을 깡그리 무시했다. 다음날 아침에는 상추만 조심스럽게 골라낸 후 남은 것들을 맛보았다. 애완동물로서 그들은 매혹적이고 사랑스러웠다. 활기차고, 독창성과 호기심으로 가득 찬, 눈부신 곡예사이고, 기회가 있을 때마다 그 자신과 또 다른 알락꼬리여우원숭이 그리고, 내가 기회를 줄 때마다, 나를 핥으

데이비드 애튼버러의 주 퀘스트

런던 동물원의 알락꼬리여우원숭이

려는 열정으로 가득 차있었다.

그러나 둘 중 나이가 많은 개체는 이미 초승달 모양의 칼처럼 예리한 송곳니가 자라나고 있었다. 그래서 나는 그를 매우 조심스럽게 데리고 놀았고, 속박하려고 하지 않았으며, 나를 핥음으로써 애정을 받아들일 기분임을 보여줄 때만 쓰다듬었다. 그들은 애정에 있어서도 매우 선택적이어서, 나는 둘 모두를 다룰 수 있었지만 낯선 사람들에게 '그들을 자유롭게 만져도 좋다'라고 감히 말하지 않았다. 누군가가 싫으면, 그들은 갑자기 케이지의 넓은 그물망 사이로 팔을 내밀어 반갑지 않은 방문자의 소매를 움켜잡고 홱 잡아당김으로써 자신의 감정을 드러냈다. 그런 다음 방문자의 허를 찌른 것이 자랑스러운 듯 케이지의 울타리 내부를 질주하곤 했다. 알락꼬리여우원숭이의 발톱은 길고 바늘처럼 뾰족하며, 심지어 셔츠를 뚫고 작은 핏방울을 맺히게 하는 데 여러 번 성공한 터라 이러한 공격은 결코 쉽게 웃어넘길 수 없었다.

━━━━

우리가 영국으로 데려간 동물의 수는 그리 많지 않았다. 그럼에도 불구하고 그중 상당수가 런던 동물원에서 희귀동물로 간주되었다. 현지에서는 흔한 동물이지만 마다가스카르의 동물이 영국에 도착한 사례는 거의 없었고, 여러 마리가 동물원에 산 채로 전시된 것은 그게 처음이었기 때문이다. 가시텐렉과 쥐여우원숭이는 너무 잘 정착하여 철마다 새끼를 낳았다. 목도리여우원숭이는 파리 동물원에서 온 외로운 수컷의 짝이 되었다. 그녀는 결국 쌍둥이를 순산하여 모두를 기쁘게 했고, 이렇게 시작된 목도리여우원숭이 가문은 20년이 지난 지금까지도 리젠트 공원Regent's Park에서 명맥을 이어가고 있다.

3부

남회귀선 지역 탐사

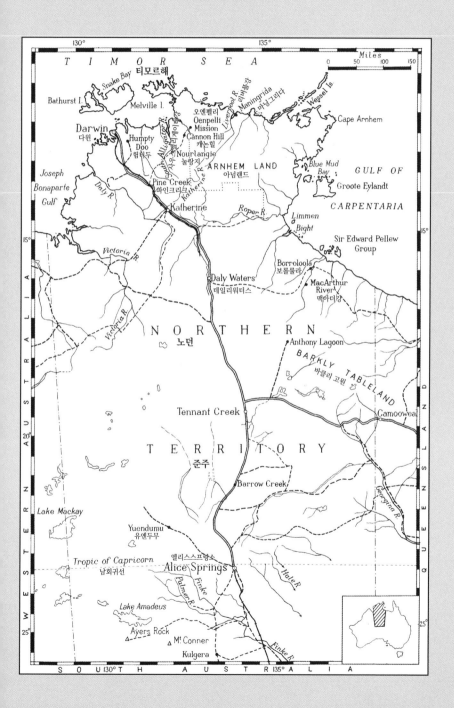

TIMOR SEA 티모르해

Snake Bay

Bathurst I.

Melville I.

Darwin
다윈

Humpty
Doo
험티두

Joseph
Bonaparte
Gulf

Daly R.

Oenpelli
Mission
오엔펠리

Cannon Hill
캐논힐

Nourlangie
눌랑지

Pine Creek
파인크리크

Liverpool R.
리버풀강

Maningrida
마닝그리다

Wessel Is

Cape Arnhem

ARNHEM LAND
아넘랜드

Blue Mud
Bay

GULF OF

Groote Eylandt

Katherine

Roper R.

Limmen
Bight

CARPENTARIA

Sir Edward Pellew
Group

Victoria R.

Borroloola
보롤룰라

Daly Waters
데일리워터스

MacArthur
River
맥아더강

Victoria R.

NORTHERN
노던

Anthony Lagoon

BARKLY TABLELAND
바클리 고원

Tennant Creek

Camooweal

TERRITORY
준주

Barrow Creek

Georgina R.

Lake Mackay

Yuendumu
유엔두무

Tropic of Capricorn
남회귀선

Alice Springs
엘리스스프링스

Palmer R.

Finke

Hale R.

Lake Amadeus

Ayers Rock

Mt Conner

Kulgera

Finke R.

SOUTH 130°   AUSTRALIA 135°

QUEENSLAND

WESTERN AUSTRALIA

Miles
0   50   100   150

130°   135°

18. 다윈에서 동쪽으로

통계 수치는 우리를 주눅들게 한다. 오스트레일리아의 노던준주 Northern Territory[1]는 북쪽에서 남쪽으로 1,600킬로미터, 동쪽에서 서쪽으로 거의 1,000킬로미터에 걸쳐 펼쳐져 있으며 면적은 130만 제곱킬로미터가 넘는다. 오스트레일리아 대륙의 일부인 이 광대한 직사각형 땅에 겨우 20,000명의 백인과 16,000명의 원주민이 살고 있었다. 쉽게 말해서, 영국 제도 British Isles의 6배나 되는 땅에 도버 Dover나 폰티풀 Pontypool 같은 작은 도시의 주민들이 거주하는 것과 같다. 또는 메이든헤드 Maidenhead의 시장이 시청 집무실에 앉아 동쪽으로는 베를린까지, 남쪽으로는 탕헤르 Tangier[2]까지 뻗어있는 지역을 책임지고, 시민들은 그 지역에 건설된 불과 10여 개의 작은 정착촌에 흩어져 있는 것과 같다. 인구밀도로 말하면, 애쉬비들라주크 Ashby-de-la-Zouch나 다트머스 Dartmouth의 사람들이 영국 전역 —란즈엔드 Land's End[3]에서 존오그로츠 John o' Groats[4]에 이르기까지—에 퍼져

---

1 준주準州란 주州의 자격을 얻지 못한 행정구역을 말한다. - 옮긴이주
2 모로코 북단의 도시로, 지브롤터 해협에 접해 있다. - 옮긴이주
3 잉글랜드 최서단의 땅끝마을. - 옮긴이주
4 스코틀랜드의 최북단 도시. - 옮긴이주

거주하는 것과 같다.

준주^{準州}의 남쪽 경계에 가까운 부분에서 남회귀선^{Tropic of Capricorn}이 영토를 가로지른다. 북부 해안은 피지나 자메이카, 아덴^{Aden}이나 마드라스^{Madras}보다 적도에 더 가깝다. 이 북쪽 지역은 정글로 뒤덮여있는데, 정글은 몬순 기간 동안 물이 뚝뚝 떨어질 정도로 습하며 광범위한 지역이 물에 잠기므로 지나갈 수조차 없다. 남서쪽으로 내려가면 세계에서 가장 건조한 사막 중 하나이자 아직 완전히 탐험이 되지 않은 사막이 시작된다. 이 거대한 땅의 행정수도는 북서쪽 모서리에 위치한 다윈^{Darwin}이다.

━━━

우리를 오스트레일리아로 실어 나르는 비행기에서 다윈에 머물 예정인 사람은 우리밖에 없었다. 그들에게 다윈은 항공사가 제멋대로 '취침 시간'이라고 이름 붙인 시간의 한가운데에 있는 짜증나게 잠을 깨우는 훼방꾼에 불과했다. 우리 모두가 비틀거리며 비행기에서 내렸을 때, 다윈은 새벽 4시였고 우리로서는 전혀 확인할 수 없는 시간이었다. 그도 그럴 것이, 지난 36시간 동안 우리의 손목시계가 쉬지 않고 돌아갔기 때문이다. 우리는 게슴츠레한 눈으로 세관원의 이상한 질문 공세에 응했는데, 썰렁한 공항에서 이런 황당한 대화를 한다는 것은 평소보다 훨씬 더 터무니없어 보이는 일이었다: "어떤 발달 단계인지 관계없이 곤충을 가지고 있나요?" "오스트레일리아에 온 이유가 뭔가요?" "총기나 말 깔개를 수입하고 있나요?" "카메라에 장착할 모든 렌즈의 번호가 적힌 목록을 가지고 있나요?" 함께 탄 승객들 대부분은 양식을 작성한 후, 국제적으로 끔찍한 환승 라운지로 알려진 대합실로 직행했다. 그들에게 다윈은 오스트레일리아 대륙의 뒷문에 불과했고, 대도시에 가려면 3,200킬로미터를 더 날아가야 했다. 우리에게 그곳은 우리가 오스트레일리아에 머무는 동안 보게 될 가장 큰 도시였다. 적어도 이번 여행에서는 말이다.

하를레스 라구스가 다시 한 번 나와 함께했다. 우리는 5년 전 극락조를 촬영하러 뉴기니로 가는 길에 다윈에서 함께 머무른 적이 있었다. 이번에는 목적이 조금 달랐다. 물론 노던준주에서 새와 다른 많은 동물들을 촬영하기를 희망했지만, 우리의 목표는 그보다 더 광범위했다. 우리는 준주에 대한 전체적인 그림—현지의 동물은 물론, 사람과 풍경—을 제공하는 일련의 영상을 촬영하고 싶었다. 이번 여행에는 처음으로 동반자가 추가되었다. 밥 손더스Bob Saunders는 음향 녹음을 전담하기 위해 우리와 합류했는데, 그가 유럽을 벗어나 여행한 것은 이번이 처음이었다. 그는 암울하고 텅 빈 공항을 휘 둘러보았다.

"드디어 도착했네요." 그는 우리의 침체된 분위기에 걸맞지 않은 열정으로 말했다. "이제 슬슬 시작해 볼까요?"

———————

오스트레일리아 북쪽의 가장자리에 자리잡은 다윈은 인적이 드문 도시다. 1836년에 그런 이름을 얻은 이후 수많은 존재의 이유—진주 채취자를 위한 항구, 1880~1890년대 골드러시 기간 동안의 금 교환소, 유조선을 위한 터미널, 1872년 이곳에 도달한 육상 전신선의 말단과 런던에 메시지를 전달하는 해저케이블 사이의 연결고리—가 제시되었지만, 어느 것 하나 대도시는커녕 소도시를 지탱하기에도 충분한 설득력을 지니지 못했다.

다윈에는 세계 각지에서 사람들이 몰려왔다. 금광에서 일하기 위해 이곳에 왔던 중국인의 후손들이 현재 많은 상점을 운영하고 있다. 새로 이주한 이탈리아인과 오스트리아인들은 시드니를 경유하여 이곳에 도착해

식당을 열었다. 그들은 각각 라비올리ravioli[5]와 슈니첼schnizel[6]을 제공했는데, 이것들은 댐퍼damper[7]와 왈라비[8] 스튜를 먹고 자란 부시맨[9]에게는 뜻밖의 새로운 경험이었다. 우체국에 가면 런던 토박이, 뉴질랜드인, 버밍엄에서 온 사람, 브리즈번에서 온 사람을 만날 수 있다. 도시를 가로지르는 대로가 끝나는 지점에서 시작되는 혹독한 황무지에는 단지 몇몇 사람들만 관련된 것으로 보인다. 술집에 가면 어쩌다 금광 발견이나 외떨어진 우라늄 광산에 대해 이야기하는 남자의 말을 들을 수 있다. 영화관 밖에서는 선명한 색상의 추리닝 상의를 입은 원주민 몇 명이 빨대로 청량음료를 마시고 있다. 그리고 때때로 키 큰 소몰이꾼이 카우보이 모자를 쓰고 신발 뒤축에 박차를 부착한 채 말쑥한 은행원들 사이에서 거리를 활보한다.

우리는 다윈에서 가장 깔끔한 호텔 바에서 아웃백 문화의 첨단을 걷는 사람을 만났다. 그는 발그레한 얼굴의 남자로, 사치스러운 부시맨 스타일의 복장—체크 셔츠의 목에 빨간 손수건 매기, 꽉 끼는 허름한 바지에 승마용 부츠 신기—을 하고 있었다. 우리와 이미 알고 지내던 현지 비행기 전세업자인 더그 뮤어Doug Muir가 우리 셋을 그에게 소개했다.

"이 사람은 앨런 스튜어트Alan Stewart예요." 그가 말했다. "만약 당신네들이 숲에서 야생동물을 찾고 싶다면, 이 녀석의 도움을 받아야 해요."

우리는 그와 악수했는데, 햇볕에 그을린 내 동료들에 비해 얼굴이 창백하고 열이 너무 많은 걸로 보아 왠지 건강이 좋지 않은 것 같다는 인상을

---

5 이탈리아 만두로, 저며서 양념한 고기를 얇은 가루 반죽에 싼 요리. - 옮긴이주

6 망치로 두들겨 연하게 만든 송아지 고기에 밀가루, 달걀, 빵가루를 묻혀 튀긴 커틀릿의 일종으로, 오스트리아를 대표하는 요리. - 옮긴이주

7 오스트레일리아의 유목민들이 먹던 소다빵의 다른 이름. - 옮긴이주

8 작은 캥거루같이 생긴 오스트레일리아산 포유동물로 유대목 캥거루과 왈라비속의 총칭. - 옮긴이주

9 흔히 아프리카 남부 칼라하리 사막에 사는 수렵 종족을 일컫지만, 여기서는 오스트레일리아의 오지 주민을 말한다. - 옮긴이주

받았다. 나는 무엇보다도 동물을 촬영하기를 희망한다고 이야기했다.

"당신은 우리 동네에 반할 거예요." 앨런이 말했다. "오리, 기러기, 캥거루, 당신의 팔 길이만 한 큰입선농어barramundi fish, 악어, 그밖에도 원하는 것을 뭐든 발견할 테니 말이에요."

그는 맥주잔을 비우고 입맛을 다셨다. "하지만 날로 먹을 수는 없어요." 그는 뭔가를 바라는 눈치였다.

더그는 낌새를 알아챈 것 같았다. "이제 내가 낼 차례예요." 그가 말했다. "내 생각인데, 당신네들은 따로 치러야 할 게 있어요." 그러고는 빈 잔을 모아 카운터로 갔다.

"명심해요." 앨런이 말을 이었다. "사진을 찍을 때 들소를 조심해야 해요. 그놈들이 약간 짜증을 낼 수 있거든요. 더그에게 물어보세요, 그의 아버지가 무슨 일을 당했는지."

더그는 맥주 5잔을 들고 돌아왔다. "맞아," 그가 말했다. "노인네가 덤불 속을 이리저리 뒤지고 있었는데, 커다란 수컷 들소가 어디선가 튀어나와 그를 들이받고 짓밟기 시작했대요. 그는 강인한 노인이니까 들소의 뿔을 붙잡고 목을 비틀기 시작했어요. 결국 들소는 따끔한 맛을 보여줬다고 생각하고 자리를 떴어요. 하지만 노인네는 상태가 심각했어요. 갈비뼈 네 개가 부러지고, 여기저기에 심한 타박상을 입었거든요. 그래서 부상을 치료하기 위해 병원에 입원해야 했어요. 3주 전에 일어난 일인데, 오늘에야 퇴원했네요."

"이 동네 들소들은 성질이 좀 고약한 것 같군요." 나는 태연한 소리로 들리길 바랐다. "문제를 피하려면 어떻게 해야 하죠?"

"쏴버려요." 앨런이 잔을 비우며 말했다. "당신들은 총을 가지고 다니잖아요."

"음, 아니에요." 나는 솔직히 인정하며, 내가 그 어느 때보다도 무기력

데이비드 애튼버러의 주 퀘스트

한 영국인임을 느꼈다. "사실, 설사 총이 있더라도 돌진하는 들소를 맞힐 수 있을지 의문이에요."

"그럼 가지고 다니지 말아요." 앨런이 심각하게 말했다. "2미터 거리에서 한 바구니의 밀로도 황소의 등을 맞히지 못하면서 총을 들고 돌아다니는 자들이 수두룩해요."

"그런데 만약 들소가 험악하게 돌변하면 어떻게 대처해야 하죠?" 밥이 말을 이었다.

"나무 위로 올라가요," 더그가 말했다. "재빨리."

"들소에게 들이받혀 넘어진 소녀가 있었는데, 그녀는 무릎을 꿇고 들소의 코를 쓰다듬으며 '저리 가요, 저리 가요'라고 말했어요." 앨런이 도움이 되는 말을 했다. "결국 그녀는 타박상만 입고 도망쳤어요. 당신도 시도해 볼 수 있어요."

"물론, 당신이 차 안에 있다면 그렇게 나쁘지는 않아요"라고 더그가 말했다. "작년에 한 녀석은 길에서 들소와 정면으로 마주쳤어요. 그는 전속력으로 3킬로미터나 후진했는데, 들소는 그제서야 속도를 늦추며 그에 대한 관심을 접었어요."

"그래도 이 지역에는 들소들이 꽤 드문 것 같아요." 하를레스가 밝은 면을 보려고 애쓰며 말했다.

"드물다고요?" 앨런이 분개한 어조로 말했다. "내 주변에는 들소 떼가 200마리나 있어요. 분명히 말하지만, 이 지역은 준주 전체에서 야생동물이 살기에 가장 좋은 곳이에요."

오스트레일리아의 들소는 한때 북아메리카 평원에서 떼 지어 살았던 혹등을 가진 텁수룩한 동물이 아니라, 그와 전혀 다른 계통인 아시아물소 Asian water buffalo—소같이 생긴 동물—였다. 큰 수컷 들소는 무게가 750킬로그램에 달할 수 있고 이마에서 어깨 너머로 뒤로 휘어진 뿔로 무장하고 있는데, 뿔의 양끝 사이 간격이 3미터나 된다. 그들은 원산지에서는 오해의 소지가 있을 정도로 얌전하게 행동한다. 즉, 아무런 불평 없이 거대한 수레를 끌고 마부의 가혹한 채찍질에 순종한다. 수로에 뒹굴며, 어린 소년들이 등 위로 기어올라가 가죽을 문질러 닦아도 가만있는다. 그러나 그런 그들에게도 흉포한 순간이 있으니, 예컨대 유럽인의 낯선 냄새가 그들을 너무 자극하면 갑자기 미친 듯이 날뛰며 수레를 뒤집고 가까이 오는 사람들을 가리지 않고 공격할 수 있다.

그들은 100여 년 전 티모르Timor에서 오스트레일리아로 수입되어, 북쪽 해안의 래플스베이Raffles Bay와 포트에싱턴Port Essington에 새로 들어선 군 주둔지에 고기와 우유를 공급하고 무거운 짐을 끄는 동물로 사용되었다. 그러나 1849년에 주둔지가 버려지자 들소들은 자유의 몸이 되었다. 지역의 제반 조건이 생존과 번식에 적합했으므로 그들은 그 이후로 번성했다. 이제 대부분의 지역—단, 앨런의 캠프인 눌랑지Nourlangie 같은 곳은 예외다—에서 그들은 아무런 거리낌 없이 평원을 가로지르며 이리저리 거닌다.

눌랑지는 원래 벌목 허가지였으나, 앨런은 나무를 모두 벤 후 토지를 인수하여 오두막집 등의 편의시설을 추가한 후 그곳을 사파리 캠프라고 불렀다. 들소는 대형 사냥감으로 변모하여, 악어, 캥거루, 야생 조류와 함께 말로 설명할 수 없는 도살의 스릴을 만끽하고자 하는 남부 도시의 사냥꾼들을 위한 명물로 손꼽히게 되었다.

그러나 준주를 대형 동물 사냥꾼들로 가득 메우려던 앨런의 캠페인은 신통치 않아 보였다. 눌랑지는 거의 텅 비어있었다. 만약 우리가 그곳에 간다면 거주용 오두막집, 부시 라디오Bush radio, 활주로를 독차지할 수 있었다. 그곳은 베이스캠프로 사용하기에 안성맞춤인 것 같았다. 거기에는 들소들이 우글거렸고, 우리가 촬영하고 싶어하는 그 밖의 동물들이 차고 넘칠 게 분명했다. 우리는 앨런의 초대를 수락하기로 결정했다. 그는 그

스튜어트 국도

날 오후 비행기를 타고 그곳으로 돌아갈 예정이었다. 우리는 랜드로버를 빌리는 즉시 모든 장비를 챙겨 육로로 이동하기로 했다.

육로로 다윈을 빠져나가는 방법은 스튜어트 국도Stuart Highway를 경유하는 것뿐이었다. 이 도로는 그 자신의 고유한 특징을 나타내는 이름인 '아스팔트 길'이라는 애칭으로 알려져 있었는데, 이는 퀸즐랜드Queen's Land로 이어지는 동쪽 구간을 제외하고 준주 전체에서 유일한 포장도로—그러므로 우기에 사용할 수 있는 유일한 도로—였기 때문이다.

'아스팔트 길'은 일본의 뉴기니 침공으로 다윈이 최전선에 내몰리게 되자 이곳에 군수품을 공급하기 위해 1940~1943년에 건설되었다. 그것은 폭이 20미터이고 길이가 거의 1,600킬로미터에 달하며, 거의 정남쪽으로 유칼립투스 덤불을 통과한 후 바위투성이 사막을 가로질러 앨리스스프링스Alice Springs까지 달렸다. 그곳에서는 포트홀투성이 돌길이 바통을 이어받아 애들레이드Adelaide까지 1,600킬로미터를 더 달렸다.

얼마 지나지 않아 우리는 다윈의 어수선한 교외를 뒤로하고 파인크리크Pine Creek로 가는 긴 여정에 올랐다. 우리는 그곳에서 밤을 보낸 후, '아스팔트 길'을 벗어나 동쪽으로 방향을 틀어 눌랑지로 향할 예정이었다. 유칼립투스 덤불을 통과하는 도로는 종종 검게 그을려있었는데, 그 범위가 상당히 넓었고 원인은 자연발화로 인한 들불인 듯했다. 흰개미집은 지지벽과 뾰족한 봉우리로 구성되어, 노랗게 마른 풀밭 위에 마치 거석처럼 3미터 높이로 서있었다. 때때로 왈라비 1마리가 꼬리에 등을 기댄 채 호기롭게 앉아 듬성듬성한 유칼립투스 사이로 우리를 훔쳐보다 쏜살같이 튀어올라 어디론가 사라졌다. 이 동물은 '아스팔트 길'을 위협하는 위험요소다. 그들은 야간에 도로에 앉아 타맥tarmac[10]에 남아있는 대낮의 열기를 즐기다 어둠 속을 시속 110~130킬로미터로 달리는 자동차와 종종 충돌한다. 때로는 자동차가 심하게 손상되어 도로를 벗어나 숲속에 처박힌다. 왈라비는 거의 항상 목숨을 잃는다. 전날 밤 희생된 왈라비들의 시신이 길가에 널브러져 있었는데, 이미 부패로 인해 많이 팽창하여 가죽이 와인스킨wineskin[11]처럼 부풀어 오르고 다리는 어색하게 허공을 가리키고 있었다.

우리는 5채가 넘는 집이 있는 정착지를 하나도 거르지 않고 160킬로미터 이상 차를 몰아, 마침내 파인크리크에 도착했다. 이곳에서도 건물은 10여 채를 넘지 않았다. 가장 큰 것은 '레지던스 호텔Residential Hotel'[12]이라

---

10 아스팔트 포장재. - 옮긴이주
11 포도주 담는 가죽 부대. - 옮긴이주
12 주로 장기체류객을 대상으로 하는 주택형 호텔. - 옮긴이주

데이비드 애튼버러의 주 퀘스트

매력적인 흰개미집

는 휘황찬란한 글자로 멋지게 장식되어 있었다. 우리는 기꺼이 차를 세우고 안으로 들어갔다.

토요일 밤이어서 그런지, 서로의 귀에 대고 고함치는 긴 소매 셔츠 차림의 남자들이 바를 가득 메우고 있었다. 바텐더는 '로비'라는 글자가 새겨진 유리문으로 우리를 안내했고, 우리는 '와틀wattle, [13] 난초, 부겐빌레아 bougainvillaea[14]의 나라'에서 '하얀 플라스틱 튤립으로 장식된 크롬강관 테이블의 황무지'에 있는 자신을 발견했다. 저 너머 주방에서 우람한 여자가 나타나 우리를 환영했다.

그녀는 식사를 준비한 후 우리와 함께 앉아 이야기를 나누었다. 우리가

13 오스트레일리아의 국화로, 아카시아의 일종. - 옮긴이주
14 남아메리카 원산 덩굴성 관목. - 옮긴이주

식사를 하는 동안 바에 있는 남자들의 함성이 점점 더 커졌다.

"혹시 기도[15]를 고용하셨나요?" 나는 대화를 트려고 물었다.

"내가 직접 해요." 우리의 여주인은 알통을 보여주며 말했다. "맹세코, 내가 해요."

나는 그녀의 말을 100퍼센트 믿을 준비가 되어 있었다.

"그러나 요즘은 조용해요." 그녀가 말을 이었다. "이곳은 더 이상 아웃백이 아니지만, 남쪽 사람들은 여전히 우리를 거친 폭도쯤으로 생각하는 것 같아요."

"혹시 아세요?" 그녀는 격분한 어조로 덧붙였다. "몇 달 전에 내 딸이 이곳에서 결혼했을 때, 어느 신문에 기고하는 작가가 시드니에서 전화를 걸어 이렇게 물었어요. '결혼식 하객 중 낙타를 타고 온 사람이 몇 명이에요?'"

우리는 공감하며 고개를 절레절레 흔들었다. 저 너머 바에서 유리 깨지는 소리가 계속 들려왔고 뒤이어 성난 고함소리가 들렸다.

"잠깐 실례할게요." 그녀는 의미심장하게 말하며 소매를 걷어붙이고 성큼성큼 걸어갔다.

———

이튿날 아침 우리는 눌랑지까지 남은 130킬로미터를 달리기 위해 일찍 출발했다. 전원 풍경은 파인크리크로 오는 길에 본 것과 거의 같았지만, 아스팔트를 벗어난 비포장도로는 이윽고 구불구불한 길로 접어들었다. 아스팔트 위에서는 가끔 다른 차들이 보이곤 했고, 도로 표지판도 있었으며, 외딴 길이었음에도 사람의 손길이 많이 느껴졌다. 그러나 비포장도로에서는 도로 자체를 제외하고 아무런 표시도 찾아볼 수 없었다. 건물

---

15 사교 모임 등에서 초대받지 않은 사람이나 난동을 피우는 사람을 쫓아내는 일을 하는 사람. - 옮긴이주

데이비드 애튼버러의 주 퀘스트

도 전신주도 없이 땅은 완전히 텅 빈 것처럼 보였다. 한번은 엔진을 식히기 위해 잠깐 멈췄다가 놀랍게도 말발굽 소리를 들었다. 덤불 속에서 키큰 목장주가 말을 타고 나타났는데 맨가슴에 맨발이었다. 그의 안장에는 맥주 1캔이 매달려있었다.

"만약 두 명의 소몰이꾼을 발견하면 굿팔라 지프Goodparla jeep가 고장났다고 전해줘요"라고 그는 말했다. 그리고는 이 수수께끼 같은 요청에 대한 대답을 기다리지 않고 말 머리를 돌려 총총 사라졌다. 그는 파인크리크와 눌랑지 사이에서 우리가 본 유일한 사람이었다.

우리는 점심시간에 맞춰 앨런의 캠프에 도착했다. 허름한 오두막집에 앉아 갈증을 풀고 있을 때, 그곳에 머물고 있던 유일한 손님이 문 앞에 나타났다. 방금 샤워를 마치고 나와 팬티와 길고 볼품없는 조끼만 걸치고 있었는데, 그런 복장으로 거대하고 축 처진 배를 덮는 것은 역부족이었다. 그는 며칠 동안 사냥을 즐길 요량으로 멜버른에서 올라온 정육점 주인이었다. 그의 목에 새겨진 '벌겋게 곪은 진홍색 역삼각형'은 햇볕에 그을렸고, 팔뚝 피부는 벗겨져 있었다. 그것은 '용감무쌍한 백인 사냥꾼'에 대한 나의 생각과 거리가 멀었다.

"안녕하세요G'day," 우리는 엉겁결에 그 지역 방언으로 말했다. "기분이 어때요Yer right?"

"내 근육 좀 볼래요?" 그는 온몸이 블랑망주blancmange[16]처럼 파르르 떨릴 정도로 가슴 옆구리를 주먹으로 두드리며 씩씩하게 대답했다. "이보다 더 좋을 수는 없을 거예요."

나중에 안 사실이지만, 그가 그렇게 흥분한 데는 그럴 만한 이유가 있었다. 불과 몇 시간 전, 그는 덤불 속에서 그를 바라보는 커다란 수컷 들

---

16 젤리 타입의 아몬드 크림으로, 가장 오래된 디저트 중의 하나. - 옮긴이주

요키 빌리

소의 뇌에 총알을 박아 넣은 사람이었다.

"정말이에요." 그는 열정적으로 말하며 놀라운 소감을 피력했다. "그동안 여기서 멋진 여행을 했어요. 진짜 부시맨 같은 휴일을 보냈다니까요." 그는 껄껄 웃었다.

정육점 주인은 원주민 가이드를 대동하고 덤불을 가로질러 운전하며 4일을 보낸 데 힘입어 들소의 습성—그들을 어디서 찾아야 하고, 얼마나 가까이 접근할 수 있는지—에 대해 모든 것을 알려주려고 안달했지만, 우리는 요키 빌리Yorky Billy라는 이름의 노련한 들소 사냥꾼으로부터 더욱 신뢰할 만한 정보를 얻을 수 있을 거라고 느꼈다.

요키는 눌랑지에서 1.6킬로미터 떨어진 곳에서 아내, 5명의 자녀, 여러 마리의 말과 함께 살고 있었다. 그의 집은 기둥 위에 펼쳐진 커다란

데이비드 애튼버러의 주 퀘스트

'짜깁기된 방수포'에 불과했다. 집을 버티는 밧줄에는 햇볕에 말리는 고 깃조각들이 매달려있고, 집 앞에서는 작은 장작불이 타고 있었다. 요키는 70대 노인이었다. 머리는 회색이고 다리는 평생 동안 안장 위에서 보낸 탓에 구부러져 있었다. 그의 피부는 원주민처럼 검었지만 이목구비는 전형적인 유럽인이었다. 이곳에서 태어났으므로, 오스트레일리아와 그 동물에 대해 그보다 더 잘 아는 유럽인은 거의 없었다.

"내 아버지는 금을 찾으러 여기까지 왔어요." 그가 말했다. "요크셔에서 왔기 때문에, 사람들은 아버지를 요키 믹^{Yorky Mick}이라고 불렀어요."

"요크셔라고요?" 나는 깜짝 놀랐다.

"그곳은 대영제국의 일부예요." 요키가 참을성 있게 설명했다. "내 아버지는 런던 북쪽의 어딘가에서 감자와 양파를 재배하곤 했어요. 그러나 나는 그곳이 대단한 장소라고 생각하지 않아요. 연중 대부분 눈으로 덮여 있었거든요. 아버지는 여기가 훨씬 더 나은 고장이라고 생각했어요."

그는 자신의 팔자 콧수염을 쓰다듬었다.

"그러나 아버지는 금을 발견하지 못했어요."

그의 아버지처럼 요키는 원주민과 결혼했다. 그녀는 내가 본 것 중 가장 가느다란 다리를 가진 어린 소녀였다. 우리가 대화를 나누는 동안, 그녀는 수줍어하며 텐트 안에서 아이들과 함께 머물렀다.

"그녀는 내 두번째 아내예요." 요키가 말했다. "나는 덤불 속에서 방황하는 소녀를 발견하여 첫번째 아내로 삼았어요. 그녀는 세상을 떠났어요. 지금의 아내는 부족의 약속으로 나에게 주어졌어요. 그녀의 부모는 그녀가 태어나기 전에 나에게 약속했어요. 그건 깨지지 않는 약속이었지만, 가능성이 반반이었어요. 우선, 그들이 딸을 낳지 않을 수도 있어요. 그래서 나는 그녀와 결혼하기 전에 약간의 시간을 기다려야 했어요. 하지만 그녀는 나에게 좋은 아내예요."

요키는 눌랑지 옆에서 자신의 말들과 함께 야영을 하며, 사냥꾼들이 말을 빌리기를 기다렸다. 그러나 대부분의 사냥꾼들은 지프에서 사격하는 것을 선호했기 때문에 요키는 어려운 시간을 보내고 있었다. 그 자신이 평원에서 들소 사냥꾼으로 일하던 시절이 더 좋았다.

"예전에는 큰 수컷 들소 가죽으로 20파운드를 벌었지만, 지금은 사려는 사람이 없어요"라고 그가 말했다. "그래서 나는 푼돈이라도 벌 요량으로 뭐라도 잡아서 팔고 있어요. 딩고dingo[17]의 꼬리를 팔면 1파운드를 받고요, 악어 가죽은 구하기만 하면 여전히 제값을 받아요. 그리고 나는 여전히 내 아버지가 찾지 못한 금을 주시하고 있어요."

"그런데 들소가 정말 그렇게 위험한가요?" 내가 물었다.

"내 말 잘 들어요. 당신은 가끔 등에 총알이 박힌 늙은 수컷을 만날 텐데, 자칫하면 그놈이 당신을 해칠 거예요. 그리고 천성적으로 약간 고약한 놈이 있는데, 그놈도 당신을 해칠 수 있어요. 나도 종종 황급히 나무 위로 기어올라 가야 했어요."

"그 문제를 피하려면 어떻게 해야 하죠?"

"까칠한 놈에게 반경 50미터 이내로 접근하지 마세요. 당신은 그놈을 구별할 수 있어요. 왜냐하면 까칠한 놈은 얼굴에 그렇게 쓰여있기 때문이에요."

나는 "우리가 들소의 표정에 익숙하지 않아 까칠한 표정과 친근한 표정을 구별할 수 없다"고 설명했다. 특히 50미터 거리에서는 그랬다.

"음, 그놈이 당신을 해치려 하는데, 당신은 총도 없고 기어올라 갈 나무도 없다면," 그는 말했다. "그놈이 몇 미터 안으로 다가올 때까지 기다렸다가 땅바닥에 납작 엎드리세요. 그러면 그놈은 당신을 뛰어넘어 그대로 달려갈 거예요."

17　오스트레일리아산 들개를 말한다. 3,500~4,000년 전 인도나 동남아시아로부터 유입된 개가 야생화한 것으로 보고 있다. - 옮긴이주

데이비드 애튼버러의 주 퀘스트

19. 기러기와 고아나

사우스앨리게이터강$^{South\ Alligator\ River}$은 눌랑지에서 남쪽으로 160킬로미터 떨어진 아무도 살지 않는 황무지 언덕에서 발원한다. 강은 북쪽으로 굽이굽이 흐르면서, 아넘랜드$^{Arnhem\ Land}$의 광대한 암석 고원에서 서쪽 가장자리로 흘러내리는 작은 개울들과 합류한다. 물이 불어난 강은 해안을 향해 미끄러지듯 흐르다 건기에는 뜨거운 백사장 아래로 사라지고, 때로는 앵무새와 악어가 출몰하는 깊은 호박색 수역으로 들어간다. 그리고 종착역인 티모르해$^{Timor\ Sea}$에 가까워지면서 길을 잃는다. 강물은 눌랑지 근처의 넓은 저지대로 흘러나와 갈대와 뒤엉키고 맹그로브의 아치형 뿌리에 갇힌 채 반짝이는 늪의 미로에 머문다.

우리는 늦은 저녁에 이 습지에 처음 도착했다. 습지에 도달하기 위해 우리는 우울한 대지의 넓은 평원—거친 풀의 고립된 군락을 제외하면 황무지였다—을 가로질러 차를 몰아야 했다. 불과 한 달 전만 해도 이 모든 땅은 물에 잠겨있었다. 그러나 구름 한 점 없는 하늘에서 작열하는 태양은 얕고 미지근한 연못을 처음에는 늪지로, 그 다음에는 수천 평의 진흙 땅으로 변모시켰다. 이 수렁에 들소 떼가 몰려와 껑충껑충 뛰고 뒹굴며 부드러움을 탐닉했다. 그러나 그들은 질벅거리는 늪지대를 오랫동안 즐길 수 없었다. 마지막 한 방울의 수분이 증발하면서, 태양은 도공의 가마에서 타오르는 불처럼 신속하고 맹렬하게 진흙을 돌처럼 단단하게 구웠다. 우리가 차를 몰고 평원—한때는 점성이 너무 강해서 들소의 다리를 빨아들였을 것이다—을 가로지르는 동안 고리 모양의 깊은 발굽 자국이 딱딱해진 가장자리가 트럭의 바퀴를 흔들어, 마치 화강암 바위 들판을 가로질러 운전하는 듯한 착각이 들 정도였다.

우리는 천천히 저지대를 가로질러 물이 마르지 않는 습지가 시작되는 곳을 표시하는 '나무의 띠'를 향해 덜컹거리며 다가갔다. 100미터쯤 떨어진 곳에서 멈춰 서자 엔진의 덜컹거림이 사라지며 숲 너머에서 고동치는 합창이 거대한 벌 떼의 웅웅거림처럼 허공을 가득 채우며 들려왔다. 의심할 여지없이 그것은 어마어마한 야생 조류 떼가 내는 울음소리와 으르렁거리는 소리가 뒤섞인 만족스러운 속삭임이었다.

우리는 조심스럽게 나무들을 향해 걸어가 그 사이로 길을 고르며, 발밑에서 부러지는 나뭇가지가 우리의 존재를 알리는 신호가 되지 않도록 최대한 조심스럽게 걸었다. 그리고는 덤불의 끝자락에 이르러 우리를 늪으로부터 가려주는 '나뭇잎 베일'의 틈새를 들여다보았다.

거대한 물새 무리를 아무리 자주 보았더라도 이런 순간에는 어김없이 스릴이 넘친다. 연못은 광활해서, 우리가 웅크리고 있던 곳을 기준으로 몇 미터 이내에서 시작하여 최소한 1.6킬로미터 앞까지 뻗어있었다. 멀리 왼쪽에서 태양이 덤불로 덮인 작은 섬 뒤로 넘어가며 오팔빛 회색의 광대한 수면을 핑크색으로 물들이고 있었다. 그리고 어디에나 새들이 있었다. 붉게 얼룩진 하늘을 가로질러 날아가는 따오기의 행렬, 각각 별도의 무리를 형성한 태평양검둥오리black duck와 꼬마기러기pygmy geese, 고니오리whistling duck, 회색쇠오리teal 그리고 호주혹부리오리shelduck, 호숫가에 밀

데이비드 애튼버러의 주 퀘스트

까치기러기를 잡는 장면

집대형으로 서있는 흰목흑로pied heron, 작은 갈색 섭금류wading bird[1]로 곤충을 찾기 위해 얕은 물에서 뛰어다니며 꽁지를 신나게 좌우로 흔드는 제비물떼새pratincole, 가장 많은 개체수를 자랑하며 울음소리로 허공을 가득 채운 채 연못을 장악한 까치기러기magpie goose.

우리의 관심을 끈 것은 까치기러기였다. 우리 앞에 있는 새들 대부분은 오스트레일리아의 다른 곳에서도 발견되며, 우리가 종전에 본 적이 없는 종은 거의 없었다. 그러나 까치기러기는 열대 오스트레일리아와 뉴기니에서만 볼 수 있으며 눌랑지 주변의 늪에서 가장 큰 무리를 이룬다.

그들은 기묘하게 생긴 동물로 다른 기러기 종들에 비해 다소 흐느적거

---

1 습지에 서식하면서 다양한 부리 형태와 긴 다리로 걸어 다니는 습성을 지니는 조류 집단. - 옮긴이주

렸다. 그들의 다리는 비정상적으로 길고 몸은 다소 무거웠다. 그리고 머리 위에는 광대 모자처럼 특이한 원뿔 모양의 혹이 달려있었다. 색깔은 검은색이고, 흰색의 넓은 띠가 가슴과 등을 둘러싸고 있었다. 그들 중 대부분은 물에서 첨벙거리다 긴 목을 갑자기 아래로 내려 수초의 구근을 찾았다. 일부는 이미 식사를 마치고 움직이지 않고 서있었다. 얼마나 많은지 가늠할 수 없었지만, 들리는 이야기로는 사우스앨리게이터의 늪지대 한 곳에만 십만 마리 이상의 기러기가 있었다. 너무 많아서 준주의 일부 사람들은 그들을 해로운 조류로 여기게 되었다.

몇 년 전, 다윈에서 남쪽으로 65킬로미터 떨어진 험티두Humpty Doo에서 벼를 재배하려는 시도가 있었다. 엄청난 면적의 땅이 개간되어 모심기가 이루어졌다. 야생벼는 언제나 까치기러기가 가장 좋아하는 먹이 중 하나였으므로, 그들은 이 새롭고 풍부한 먹이를 발견했을 때 거대한 무리를 지어 들판으로 내려왔다. 농부들은 밝은 불빛, 딸랑이, 허수아비, 사이렌 등으로 그들을 겁주어 쫓아내려고 했다. 그러나 실제로 효과를 본 것은 아무것도 없었다. 독이 든 미끼가 살포되었지만, 많은 새들이 죽임을 당했음에도 개체군의 크기에는 거의 영향이 없었다. 왜냐하면 새들이 준주 전역에서 계속 날아왔기 때문이다. 결국 군대가 동원되었다. 기관총 사수들은 들판을 감시하며 싹이 튼 작물 위로 정기적인 연속사격을 실시했다. 그러나 관련된 면적이 너무 넓었으므로, 총에 쫓겨 달아난 기러기들은 사정거리를 벗어난 곳에 다시 내려앉았다. 마침내 프로젝트가 전면 중단되고 기러기가 승리했다.

그러나 그것은 잇따른 패배 후에 얻은 단 한 번의 승리였을 뿐, 패배의 후유증을 극복하기에 역부족이었다. 한때 까치기러기는 오스트레일리아 전역에 살았다. 그러나 그들은 사냥꾼들이 탐내는 전리품이었으므로 많이 사냥을 당했고, 그들이 건기에 먹이터로 삼는 늪 중 상당수가 물이 마르는 바람에 금세기 중반 대륙의 대부분 지역에서 번식종으로서의 지위를 상실했다. 오늘날에도 그들은 우기 동안 오스트레일리아 전역에 널리 분포하지만, 건기가 도래하면서 빌라봉billabong[2]과 습지가 사라지면 다시 이곳 북부 해안으로 후퇴한다. 이곳은 현재 그들의 마지막 피난처다.

우리는 한동안 맹그로브 숲 사이에 웅크리고 앉아 새를 관찰했지만, 제대로 된 촬영을 하려면 은신처가 필요하고 그것을 만들려면 우리를 드러내야 했다. 나는 나뭇잎을 헤치고 진흙투성이 호숫가로 걸어갔다. 그러자 천둥 같은 날갯짓과 함께 무리 전체가 수면에서 벗어나 원을 그리며 늪의 먼 곳으로 날아갔다. 우리 앞의 물은 텅 비었고 그들이 일으킨 잔물결만이 남아있었다.

나는 호숫가에 손가락처럼 튀어나온 마른 땅을 발견했는데, 그곳은 이상적인 관찰장소로 보였다. 그곳이라면 늪지대를 넓게 조망할 수 있었고, 그 뒤에 있는 덤불은 우리가 들키지 않고 새들에게 접근할 수 있을 만큼 무성했다. 그리고 맨 앞에는 종이껍질나무paperbark tree[3]가 자라고 있었는데 나뭇가지 하나가 땅바닥 가까이에 드리워져 있었다. 우리는 그 가지에 잎이 달린 잔가지를 더해 쉽게 차폐물로 바꿀 수 있었다.

우리는 그날 밤 은신처를 만들었다. 그리고 다음날 아침 동트기 전에 그 안에 들어앉아 기러기를 관찰하고 촬영하기 시작했다.

은신처라는 것이 좀처럼 편안한 곳은 아니지만, 이곳은 이상적인 위치에 있음에도 불구하고 대부분의 은신처보다 불편했다. 그것이 세워진 땅은 겉보기에는 꽤 단단했지만 우리의 발에 체중이 실리자 밑에서 곧 부드러워졌으므로, 우리와 카메라 삼각대는 서서히 점점 더 깊은 진흙 속으로

---

2 오스트레일리아에서 강의 범람으로 형성된 호수. - 옮긴이주

3 도금양과Myrtaceae 멜라레우카속Melaleuca의 나무로, 나무껍질이 흰색 종이처럼 벗겨진다. - 옮긴이주

빠져들었다. 게다가 새들로부터 우리를 매우 효과적으로 숨겨줬던 잎사귀들은 이따금씩 연못 위로 불어오는 약간의 시원한 바람을 차단하는 역할을 했으므로, 은신처 내부는 터키탕처럼 답답하고 숨이 막힐 지경이었다. 아침저녁으로 모기들이 늪지에서 날아들어 우리를 무자비하게 괴롭혔지만, 우리는 새들을 놀라게 할까 봐 감히 손을 흔들거나 몸을 힘껏 때릴 수 없었기 때문에 더욱 미칠 것 같은 고문에 시달렸다. 그러나 기러기가 모든 것을 보상했다.

까치기러기들은 우리와 지근거리에서 풀을 뜯고 있었기 때문에 부리 기저부의 연분홍색 피부와 다리의 선명한 노란색을 분명히 볼 수 있었다. 그들 중 상당수는 이곳에서 너무 많은 시간을 보냈기 때문에 하얀 가슴에 그들이 튀긴 진흙이 잔뜩 묻어 지저분한 밤색으로 얼룩져 있었다. 이제 우리는 그들의 발이 반쯤만 물갈퀴화되었음을 분명히 알 수 있었는데, 이는 그들을 다른 모든 물새와 구별 짓는 특징 중 하나다.

은신처 안에서 우리는 과장되게 느릿느릿 움직이며 속삭이듯 이야기를 나눴다. 우리의 행동은 성스러운 장소에 있는 사람들과 다를 바 없었고, 몸의 자세가 종종 그에 어울리는 감정을 유발하듯이 눈앞의 장면에 대한 경외심을 느꼈다. 우리는 계시를 드러내는 시종侍從으로 다른 세계를 바라보고 있었다. 인류가 지구상에 나타나기 전에도 이랬을 것이다. 여기에는 인간의 논리나 선호, 도덕이나 규칙은 어디에도 없었다. 이 세계는 자연적인 것들—태양의 열기, 물의 증발, 갈대의 번성, 기러기의 알 수 없는 충동—에 의해서만 지배되었다.

2~3시간 후 한줄기 바람이 카메라의 윙윙거리는 소리를 붙잡아 늪 너머로 돌려놓았다. 길을 잃고 몇 미터 이내로 접근했던 기러기 1마리가 겁에 질려 목을 움츠리고 날아갔다. 이내 경고 신호가 울려 퍼지고 곧 모든 기러기가 날아오르자, 만족스러운 울음소리는 미친 듯한 날갯짓 소리로

늪지에서 날아오르는 까치기러기 떼

바뀌었다. 우리는 중요한 장면을 촬영하지 못했기에 분통을 터뜨리며 앉
았다. 그러나 더욱 슬픈 것은 마법의 주문이 깨졌다는 것이었다. 우리가
몰래 침범하여 엿듣던 세계의 균형과 조화는 순식간에 산산조각 났다.

이 늪지는 기러기들의 본부였다. 이곳은 수심이 적당했고 그들이 좋아
하는 먹이인 바늘골spike rush⁴이 풍부했다. 늪의 다른 부분은 다른 종의 영
토였다. 잔잔한 빌라봉 한 곳에서는 펠리컨 함대가 정기적으로 작전을 수
행했다. 모든 펠리컨들이 '모든 행동이 일사불란해야 한다'는 강박관념에
사로잡힌 것 같았다. 펠리컨은 늘 기괴한 머리를 동일한 각도로 엄숙하게
가슴에 파묻은 채 나란히 대형을 유지하며 항해했다. 물고기를 사냥할 때

4 · 외떡잎식물 벼목 사초과의 여러해살이풀. - 옮긴이주

는 잘 훈련된 코러스걸들처럼 정확하게 자루 모양의 부리를 동시에 물에 담갔다. 불행하게도 그들이 다니는 물길 옆 둑에는 덤불이 거의 없었으므로 눈에 띄지 않고 접근하는 것은 거의 불가능했다. 그들은 우리를 알아차리자마자 일시적으로 해군으로서의 기강을 포기하고 미친 듯이 물을 가로지르며 허우적거리다 공중으로 솟아올랐다. 그러나 일단 비행이 시작되면 모든 것을 함께하려는 본능이 되살아났다. 그들은 하나의 편대를 형성하여 느린 날갯짓으로 날아갔고, 무리 전체의 날갯짓은 완벽하게 동기화되었다. 때로는 활공을 하며 모두가 동시에 날갯짓을 멈췄다. 방향을 전환할 때도 그들 각각은 동시에 방향을 바꿨다. 각각의 새들이 어떻게 이러한 재주를 발휘하는지 이해하는 사람은 아무도 없다. 그들은 필시 어떤 형태로든 의사소통을 할 텐데, 그 방식은 우리에게 전혀 알려지지 않았다.

운이 좋으면 우리는 다른 곳에서 브롤가[brolga]—오스트레일리아두루미Australian crane—를 발견했다. 회색 옷을 단정하게 입고 작은 주홍색 모자를 쓴 채, 그들은 2마리씩 짝지어 마치 깊고 진지한 대화를 나누는 것처럼 호숫가를 따라 위엄 있게 걸었다. 두루미과의 종들은 모두 춤을 좋아하지만, 모든 설명을 종합해 볼 때 브롤가와 같은 규모로 춤을 추는 두루미는 없다. 보통은 2마리씩 짝지어 공연하지만 때때로 무리 전체가 카드리유를 추며 목을 낮게 뻗어 부리를 부딪치기도 한다. 심지어 들리는 이야기에 따르면, 1마리가 스텝을 잊어버리면 격분한 다른 새들이 사납게 부리로 쪼아 다시 줄을 세운다고 한다. 그러나 아직 때가 이른 듯 우리가 찾은 몇 되지 않는 브롤가는 우리를 위해 춤을 추지 않았다. 오히려 우리가 다가가자 날개를 펄럭이며 도저히 따라갈 수 없는 늪의 한복판으로 날아가 그곳에서 진지한 대화를 이어갔다.

백로도 기러기만큼 흔했다. 떼를 이뤄 늪의 일부를 뒤덮은 개체수가 끝없이 쌓인 눈 더미처럼 많았고, 뭔가가 그들을 방해할 때면 소용돌이치는 하얀 연기구름처럼 공중으로 솟아올랐다.

▭▭▭▭▭

눌랑지 주변에서 새를 촬영하는 것은 기술적인 측면에서 비교적 간단했다. 은신처를 만들거나 차를 타고 카메라를 무릎에 올려놓은 채 저지대를 가로질러 천천히 돌아다니거나 판다누스 숲속에서 천천히 그리고 조용히 접근함으로써 우리는 곧 까치기러기를 촬영한 긴 장면은 물론 꼬마기러기, 따오기 3종, 오리 4종, 백로 4종, 왜가리, 가마우지, 장다리물떼새, 독수리와 그밖의 많은 새들을 촬영했다.

소리를 녹음하는 것도 거의 문제를 일으키지 않았으므로, 밥은 우리가 촬영한 모든 종의 울음소리를 테이프에 꾸준히 축적했다. 그는 종종 카메라의 소음에서 벗어나 혼자 작업하는 것이 더 수월했는데, 영상과 녹음 모두에 같은 종류의 새가 있는 한, 소리와 그림이 서로 일치할 것이므로 나중에 이 둘을 결합하는 데 어려움이 없을 거라 생각되었다.

그러나 하나의 동물을 촬영하는 경우, '개별적인 울음소리'와 '모든 움직임이 만들어내는 바스락 소리'를 정확히 포착하려면 촬영과 녹음이 동시에 이루어져야 한다. 이것은 훨씬 더 어려운 기술적 문제였다. 하를레스는 속을 채운 캔버스를 방음 덮개로 삼아 카메라를 덮어 카메라의 소음을 줄여야 했다. 그러나 이것은 너무 부피가 크고 번거로워서 삼각대를 필수적으로 사용해야 했고, 여러 층의 발포 고무와 충전재가 렌즈와 얽혔기 때문에 초점과 조리개를 조정하는 것이 큰 일거리로 자리잡았다. 밥의 작업도 복잡하기는 마찬가지였을 것이다. 그는 카메라에 잡히지 않는 위치에 마이크를 설치해야 했고, 마이크와 녹음기 사이에 케이블을 연결할 뿐만 아니라 녹음기와 카메라를 연결하는 또 다른 케이블을 설치해야 했다. 이렇게 해서 테이프가 카메라의 모터에서 펄스를 수신해야 나중에 소리와 사진을 정확하게 동기화할 수 있었다. 이 모든 것은 해당 동물이 겁을 먹고 사라지기 전에 이루어져야 했다.

이러한 기술을 시도할 첫번째 기회는 어느 날 저녁에 찾아왔는데, 그즈음 우리는 펠리컨을 촬영하는 데 성공하지 못한 채 몇 시간을 허비하고 있었다. 밥과 하를레스가 낙담하면서 장비를 해체하여 상자에 넣고 있는 동안, 나는 근처에 있는 유칼립투스 숲으로 산책을 나갔다. 200미터쯤 걷다가 문득 내가 멀리서 통나무인 줄 알았던 것이 사실은 놀랄 만큼 커다란 도마뱀이라는 것을 깨달았다. 그것은 우리가 그토록 촬영하고 싶어했던 동물인 고아나goanna였다. 그는 나를 향해 모로 누워있었는데 머리를 꼿꼿이 세운 채 조각상처럼 꼼짝도 하지 않았다. 고아나는 1.2미터쯤 되는 길이에 칙칙한 잿빛이었고 목에는 노란 빛이 감돌았다. 마치 격분하여 할 말을 잃은 선임하사처럼 그는 시종일관 나를 뚫어지게 쳐다보았다. 나는 조용히 뒷걸음질쳤다. 몇 미터 물러선 후 나는 속도를 높였다. 그러고는 돌아서서 전속력으로 달렸다.

내가 차에 다시 도착했을 때, 밥과 하를레스는 장비 상자에 마지막 걸쇠를 걸고 있었다.

"고아나," 나는 소리쳤다. "싱크로 촬영. 빨리."

그런 다음 나는 도마뱀이 있는 곳으로 다시 달려갔다. 다행히 그는 아직 움직이지 않고 있었다. 나는 나무에 기대어 헐떡이며 하를레스와 밥이 도착하기를 기다렸다. 하를레스가 마침내 재조립된 삼각대, 카메라, 방음 덮개를 짊어지고 비틀거리며 나타날 때까지—나에게는 몇 시간처럼 느껴졌다—고아나와 나는 서로 멀뚱멀뚱 쳐다보고만 있었다. 하를레스에게 도마뱀을 지켜보게 한 후, 나는 밥에게 다시 달려가 내가 그를 도울 수 있는지 알아보았다. 그는 차 뒷자리에 앉아 마이크 선 상자를 조심스럽게

고아나

분류하고 있었다. "귀신이 곡할 노릇이군," 그가 기억을 더듬으며 중얼거렸다. "싱크로 선이 분명히 여기 어디에 있었던 것 같은데."

　내가 조바심을 내며 이를 악물고 기다리는 동안, 밥은 나를 미치게 할 만큼 느린 속도로 장비를 조립했다. 내가 할 수 있는 일이 없었으므로 나는 하를레스와 합류하기 위해 고아나가 있는 곳으로 다시 달려갔다. 고아나는 여전히 처음 봤을 때와 똑같은 자세로 엎드려있었다.

　마침내 밥이 도착했다. "음," 그는 해맑게 말했다. "결국 다 해결됐어요." 그는 마이크를 설치하고 조심스럽게 선을 배치한 후 녹음기를 카메라에 연결했다. "사운드 준비 완료." 그가 큰 소리로 말했다.

　그 소리에 도마뱀은 우리가 나타난 이후 처음으로 움직였다. 그리고 달렸다. 그러더니 놀라운 속도로 낙엽 더미를 뚫고 들어가 나무 밑동에 엉켜있는 뿌리의 구멍으로 사라졌다. 그놈이 뿌리를 파헤칠 가능성은 매우 희박했는데도 말이다.

우리는 말없이 차로 돌아갔다. 다시 장비를 정리하면서 우리 중 누구도 입을 열지 않았고, 눌랑지로 돌아올 때까지 어느 누구도 그날 일어난 일을 자신있게 말할 수 없었다.

우리가 촬영에 실패한 동물의 이름은 과학 용어로 굴드왕도마뱀Gould's monitor이었다. 열대 지방 전역에서 다양한 왕도마뱀 종들이 관찰된다. 오스트레일리아에는 12종의 왕도마뱀이 있는데, 그 중에서 크기가 가장 작은 종으로 길이가 20~25센티미터에 불과한 매력적인 소형종이 대륙 서쪽에 살고 있다. 굴드왕도마뱀은 가장 큰 왕도마뱀은 물론 아니다. 중앙 사막에서 발견되는 프렌티왕도마뱀prentie monitor과 레이스왕도마뱀lace monitor은 길이가 1.8미터 이상으로 자란다. 서쪽으로 1,600킬로미터 떨어진 인도네시아에는 가장 큰 왕도마뱀인 코모도왕도마뱀Komodo Dragon이 살고 있다. 그것은 길이가 3미터에 이르며 오늘날 세계에서 가장 큰 도마뱀이다. 그러나 오스트레일리아에는 한때 그놈을 능가하는 동물이 있었다. 메갈라니아Megalania라는 왕도마뱀의 화석이 발견되었는데 믿기 어렵게도 길이가 6미터에 달했다.

모든 오스트레일리아산 왕도마뱀에 적용되는 '고아나goanna'라는 이름은 약간 오해의 소지가 있다. 그것은 '이구아나iguana'라는 단어가 변질된 말인데, 이것은 엄밀히 말해서 '비늘 모양의 돌기'가 등뼈를 따라 줄지어 있는 남미의 풍채 좋은 도마뱀에게만 적용되어야 한다. 왕도마뱀은 이구아나와 상당히 다르다. 그들은 모든 도마뱀 중에서 뱀과 가장 가까운 친척으로, 뱀처럼 끊임없이 날름대는 '길고 깊게 갈라진 혀'를 가지고 있다. 사실, 그들의 혀는 뱀의 그것보다 훨씬 더 볼만하다. 왜냐하면 뱀보다 훨씬 더 길기 때문이다. 두 동물은 동일한 목적으로 혀를 사용한다. 즉, 그것은 일종의 감지 장치로 공기 표본을 입천장 뒤쪽에 있는 한 쌍의 구멍으로 보내 음미하게 한다.

다행히도 왕도마뱀이 뱀과 공유하지 않는 몇 가지 특징 중 하나는 독이다. 코모도 종을 제외하고 이 도마뱀 중 어느 것도 독을 가지고 있지 않다. 그들은 썩은 고기와 '작고 쉽게 잡을 수 있는 동물'—이를테면 개구리나 어린 새—을 먹는다. 하지만 그렇다고 해서 '그들에게 아무런 주의를 기울일 필요가 없다'고 생각하면 큰 오산이다. 그들은 사람에게 치명상을 입힐 수 있는 긴 발톱을 가지고 있다. 그에 더하여, 만약 당신이 그들을 성가시게 한다면, 그들은 크게 화를 내며 살벌하게 쉿쉿 소리를 낸 다음 상당히 강력한 힘으로 꼬리를 휘두른다. 나는 왕도마뱀에게 치도곤을 당한다는 생각만 해도 등골이 오싹해진다.

그럼에도 불구하고 우리는 펠리컨라군Pelican Lagoon 옆에서 왕도마뱀을 촬영하지 못한 것에 크게 상심했다. 그래서 우리 셋은 다시 시도하기로 결정했다. 우리는 촬영 장비 상자를 차 뒤쪽에 특별히 배치하여 언제든지 사용할 수 있을 뿐만 아니라 다른 장비 더미에 묻히지 않도록 했다. 밥은 장비를 재구성하여 케이스에서 꺼낸 지 몇 초 안에 조립할 수 있도록 했다. 다음 번에는 로열 토너먼트Royal Tournament[5]에 출전한 총잡이의 속도와 효율성으로 행동할 수 있을 거라고 확신했다.

고아나를 다시 찾기를 바라는 것은 무리인 것 같았지만, '그놈이 아직 거기에 있을지도 모른다'고 막연히 생각하며 펠리컨라군으로 내려갔다.

그놈은 정말 거기에 있었다. 이번에는 연못과 접해 있는 탁 트인 평지 한가운데에 앉아있었다. 우리는 그로부터 얼마 떨어지지 않은 곳에 멈춰 섰다. 밥은 몇 초 만에 마이크와 녹음기를 연결했다. 하를레스는 방음 덮

---

5 영국군에 의해 1880~1999년 사이에 군인들을 대상으로 매년 개최된 세계에서 가장 큰 규모의 군악행진과 장기자랑 대회. - 옮긴이주

개를 카메라 위에 덮어씌웠다. 우리는 단단한 흙처럼 보였지만 발을 디딜 때마다 먼지가 구름처럼 피어오르는 거대한 푸석푸석한 먼지 더미 위를 조심스럽게 걸어 도마뱀을 향해 나아갔다. 고아나는 참을성 있게 우리를 기다려줬다. 그놈으로부터 10미터쯤 떨어진 곳에 도달했을 때 하를레스는 카메라를 삼각대 위에 올려놓고 초점을 맞췄다.

"준비 완료." 그가 속삭였다.

"준비 완료." 밥이 속삭였다.

"촬영 시작." 내가 말했다.

카메라가 몇 초 동안 윙윙거리다 멈췄다. 하를레스는 방음 덮개를 벗기고 카메라를 열었다. 필름이 게이트에 끼었는데 짜부라진 셀룰로이드가 꽉 짓눌려 내부를 채우고 있었다. 하를레스는 최대한 신속하게 필름을 잡아 뜯고 주머니에서 새 롤을 꺼냈다. 나는 마이크를 더 나은 위치로 옮기기 위해 고아나에게 조금 더 가까이 다가갔다. 고아나가 쉿쉿 소리를 내더니 갑자기 나에게 달려들었다. 깜짝 놀란 나는 그를 피하기 위해 뒤로 물러나다 삼각대의 다리 중 하나를 건드려 카메라를 넘어뜨렸다. 카메라는 열린 쪽을 아래로 한 채 두꺼운 먼지 속으로 처박혔다. 고아나는 빙글 돌아 연못으로 달려 내려가더니 물속에 첨벙 뛰어든 후 헤엄쳐 달아났다. 하를레스가 카메라를 집어든 후 입으로 훅 불자 내부에서 거대한 먼지구름이 뿜어져 나왔다.

"카메라를 청소하는 데 2시간 이상 걸리지는 않을 것 같아요." 그가 씁쓸하게 말했다. "그리고, 누가 알아요? 여전히 작동할 수도 있어요."

다음날 아침, 우리는 세번째 시도를 하기 위해 출발했다. 앨런의 캠프에 도착했을 때 만난 멜버른의 정육점 주인은 우리와 동행하고 싶다는 의견을 강력히 피력했다. 우리는 체면을 구길까 봐 전전긍긍했다. 그의 면전에서 또다시 실패하는 것은 참을 수 없는 굴욕이었으므로, 우리의 전문

　　　　　　　　　　　데이비드 애튼버러의 주 퀘스트

기술이 시험대에 오르지 않고 넘어가기 위해 '이번에는 고아나가 발견되지 않았으면 좋겠다'는 은밀한 희망을 품었다.

그러나 고아나는 그곳에 있었고 심지어 물가에서 약 1미터쯤 떨어진 곳에서 햇볕을 쬐며 잠들어있었다. 이것은 우리의 관점에서 볼 때 최악의 위치였다. 그도 그럴 것이, 그가 원한다면 몇 초 안에 물속으로 사라질 수 있었기 때문이다.

우리는 20미터쯤 떨어진 곳에 차를 세우고 속삭이듯 의논했다. 뒷자리에 앉아 경치를 감상하던 정육점 주인이 갑자기 우리의 어깨에 몸을 기댔다. "그녀가 저기에 있어요." 그가 소리쳤다. "미인인데요."

그 즈음 우리는 일상적 절차를 완료한 상태였다. 즉, 우리는 각자 채비를 재빨리 끝내고 30초 이내에 모든 준비를 마쳤다. 정육점 주인에게는 차 안에 머물라고 주의를 준 후, 우리는 고아나를 향해 천천히 걸어갔다. 좋은 영상을 찍을 수 있을 만큼 가까이 다가가기 전에 동물이 겁을 먹고 물속으로 도망치는 일이 없도록, 우리는 한 발 한 발 내디딜 때마다 걸음을 멈추었다.

"서둘러요." 정육점 주인이 소리쳤다. "그녀는 당신을 해치지 않을 거예요."

하를레스는 다시 카메라를 내려놓고 초점을 맞췄다. 밥은 녹음기 옆에 쪼그리고 앉아 '끝에 마이크가 달린 막대기'를 내게 건네주었고, 나는 조심스럽게 그 막대기를 고아나 쪽으로 내렸다. 그러자 잠자던 그가 깨어났다. 그는 고개를 들어 2갈래인 자주색 혀를 족히 30센티미터는 내밀고 노란 목구멍을 부풀리며 마이크에 대고 쉿쉿 소리를 냈다. 그것은 완벽했다.

"총알로 그녀를 흥분시켜 드릴까요?" 정육점 주인이 도움이 되고 싶다는 듯 말했다.

"당신네 영상에서 약간의 드라마를 원하지 않나요?"

고아나가 물속에서 첨벙거리는 소리를 녹음하는 장면

고아나는 벌떡 일어서더니 나를 향해 위협적으로 걸음을 세 발 내디뎠다. 그러고는 마치 정육점 주인의 부탁을 들어주기라도 하듯 꼬리를 맹렬하게 내리쳤다. 하를레스는 시종일관 초점을 유지할 수 있었다. 밥은 이어폰을 낀 채 녹음기를 바라보며 행복한 미소를 짓고 있었다. 고아나는 몸을 돌려 오만하게 물가를 거닐었다. 그런 다음 마치 모든 재능을 한 장면에서 보여주려는 듯, 연못 속으로 기어 들어가더니 몸을 옆으로 우아하게 흔들며 멀리 헤엄쳐 갔다.

마침내 그가 잠수하여 사라질 때까지 우리는 계속 촬영했다. 그리고 한껏 우쭐대며 차로 돌아갔다.

"식은 죽 먹기예요." 정육점 주인이 말했다.

"네," 내가 말했다. "아무것도 아니에요, 정말."

데이비드 애튼버러의 주 퀘스트

20. 동굴벽화와 들소

눌랑지 주변 지역에서 굶어 죽을 사람은 아무도 없다. 드문드문한 먼 지투성이 덤불 그리고 햇볕에 달궈진 바위 능선은 황량하고 척박해 보일지 모르지만 이 지역을 아는 사람들에게는 먹을 것이 지천이다. 웅크린 부라웡burrawong나무는 소철의 일종으로 깃털 모양의 수관에 구과毬果를 감추고 있다. 늪 표면을 별처럼 장식하는 분홍색 연꽃의 줄기는 바닥의 진흙 속에 파묻힌 다육성 뿌리줄기인 연근으로 이어진다. 심지어 맹그로브와 판다누스도 요리할 줄만 안다면 먹을 만한 제철 열매를 제공한다.

고기를 얻으려면 유칼립투스 숲에서 왈라비 떼를 사냥할 수 있다. 그리고 개울의 맑은 물에서 느릿느릿 헤엄치는 커다란 큰입선농어를 잡을 수도 있다. 또는 가장 풍부한 식품 저장고인 거대한 물새 떼에서 새를 잡을 수도 있다. 그럼에도 그 지역에는 아무도 살지 않았다. 몇몇 원주민들은 눌랑지 캠프에서 일했는데, 남자들은 사냥 가이드로 활동했고 여자들은 부엌에서 일하거나 빨래를 했다. 그러나 숲에 사는 원주민은 한 명도 볼 수 없었다.

하지만 항상 그랬던 것은 아니었다. 불과 50년 전만 해도 이 땅은 카카두Kakadu족의 고향이었다. 그들은 유목민이었는데, 가족 단위로 숲을 떠돌다 이따금씩 복잡한 의식을 거행하기 위해 더 많은 사람들이 모였지만 한 장소에 오래 머무르는 경우는 거의 없었다. 세기가 바뀔 때 노던준주의 위대한 백인 개척자 중 한 명인 패디 케이힐Paddy Cahill은 눌랑지에서 100킬로미터 떨어진 이스트앨리게이터강East Alligator River 너머의 오엔펠리Oenpelli에 정착했다. 그는 교역용 가죽을 얻기 위해 들소를 사냥하러 왔지만, 얼마 지나지 않아 채소밭, 목화 농장, 젖소 떼를 보유하게 되었다.

카카두족은 오엔펠리에서 일자리를 얻어 들소를 사냥하고 농작물 재배를 도왔다. 그들은 봉급으로 칼과 설탕, 차 그리고 담배를 구입했다. 임금 노동은 유목생활보다 수월했으므로 카카두족 가족들은 하나둘씩 유랑을 그만두고 농장 근처에 머물렀다. 1925년, 오엔펠리는 교회 선교회에 인수되었다. 새로운 농장 소유주들은 케이힐이 시작한 변화를 촉진하기 위해 최선을 다했으며, 주변 지역의 모든 원주민들에게 "자녀들이 지속적인 교육을 받고 병자와 노인들이 의료 서비스를 받도록 해 줄 테니 농장에 들어와 영구적으로 거주하라"고 장려했다.

'보다 현대적인 삶에 대한 열망'을 매개로 선교회와 인연을 맺은 후 카카두족의 삶은 근본적으로 바뀌었다. 많은 부족원들은 유목생활에 필수적인 유구한 전통과 기술을 잊었다. 선교를 위해 오엔펠리에 온 사람들 사이에서 그들은 부족의 정체성을 상실했다. 오늘날 카카두족은 더 이상 존재하지 않으며, 사우스앨리게이터 주변의 오래된 사냥터는 버려져 있다. 하지만 밭을 경작하지도 않았고 영구적인 집을 짓지 않았음에도 카카두족은 그 지역에 흔적을 남겼다. 그들은 대부분의 북부 부족과 마찬가지로 예술가였으며, 그들의 그림은 한때 그들이 야영했던 절벽과 거주지를 여전히 장식하고 있기 때문이다. 오엔펠리 주변의 언덕은 아름다운 그림이 많은 것으로 유명하지만, 앨런 스튜어트는 가까우면서도 많은 암각화들이 그려져 있는 곳을 알고 있었다. 암각화들은 유럽인들에 의해 최근에 발견됐으며 외부인은 거의 본 적이 없는 것이었다.

우리는 그곳에 가기 위해 오엔펠리로 이어지는 길을 따라 1.6킬로미터 정도 차를 몰고 가다가 남쪽으로 방향을 틀었다. 그리고 돌로 된 거대한 요새처럼 덤불 위 180미터 상공에 우뚝 솟은 바위산을 향해 좌충우돌 우당탕탕 달려갔다. 그렇게 30분 동안 나무들 사이를 누비며 산기슭을 맴돌았고, 때로는 길을 내기 위해 범퍼로 작은 묘목들을 쓰러뜨리기도 했다. 남서쪽 끝자락에는 집채만 한 크기의 거대한 바위들이 산기슭에 어지럽게 널려있었다. 어떤 바위들은 절벽에서 몇 미터 떨어져 있었고, 다른 바위들은 절벽에 기대어 동굴을 형성하고 있었다. 중심이 되는 암벽은 일련의 탑과 성벽을 이루며 우리 위로 솟아올랐고 여기저기가 깊은 균열에 의해 쪼개져 있었다.

눌랑지 암각화

앨런은 절벽이 바깥쪽으로 기울어지며 앞이 트인 얕은 은신처를 형성한 절묘한 곳에 차를 세웠다. 바위는 회색이었고 물이 흘러내린 면에 갈색과 검은색 줄무늬가 있었지만, 은신처의 안쪽 벽은 완전히 달랐다. 지상 2~3미터의 높이에 흰색, 노란색, 적갈색으로 된 도안들이 반짝이고 있었기 때문이다.

얽히고설킨 선과 모양을 보고 이해하는 데는 시간이 조금 걸렸다. 그리고 마침내 '은신처 한가운데의 가장 눈에 띄는 곳에 거의 실물 크기의 사람 형체들이 줄지어 서있는데, 붉은 황토색으로 깔끔하게 윤곽이 잡혀있고 흰색으로 칠해져 있다'는 것을 깨달았다. 그들은 머리에 머리 장식을 쓰고 있거나 공들여 헤어스타일을 다듬은 것으로 보였다. 왜냐하면 그들의 작고 하얀 특징 없는 얼굴이 방사상으로 뻗는 몇 개의 노란 선무늬를 넣은 커다란 붉은 원반으로 둘러싸여있었기 때문이다. 그림 속 인물 대부분은 손목과 위팔에 팔찌나 띠를 차고 있었는데, 양쪽 겨드랑이에 옆으로 부풀어 오른 '크고 양식화된 젖가슴'을 감안하면 여자들이었다. 가늘고 홀쭉한 신체의 아랫부분은 마모되고 퇴색했지만 몇몇 사람들의 발은 발바닥을 수평이 아니라 아래로 축 늘어뜨려 그려져 있었는데, 마치 그들이 땅 위에 서있는 게 아니라 비잔틴 교회의 벽을 둘러싼 성인들처럼 공중에 떠있는 것 같았다.

그들 사이에서 색다른 존재가 활보하고 있었다. 무릎을 약간 구부린 채 움직이는 모습이 묘사되었는데, 젖가슴이 없음에도 남성의 생식기는 없었다. 팔은 여자들처럼 옆에서 늘어지지 않고 몸통 앞에서 교차되어 있었고, 머리에는 머리 장식이 없었으며, 얼굴은 그저 커다란 흰색 타원형이었다. 그들의 넓적다리에는 마치 코로보리corroboree[1]를 위해 장식한 것처럼

---

1 오스트레일리아 원주민이 성인식 또는 전투 전날 밤에 치르던 신성하고 신비로운 의식. - 옮긴이주

데이비드 애튼버러의 주 퀘스트

눌랑지 암각화의 여자들 모습

흰 선이 교차하며 그어져 있었다. 그리고 바래긴 했지만 일부 여자들의 다리도 그들과 비슷하게 장식되어 있음을 알 수 있었다.

이러한 그림들 위에서는 커다란 큰입선농어가 헤엄치고 있었는데, 매우 자세하게 그려져 있었다. 화가는 물고기의 겉모습뿐만 아니라 자신이 알고 있던 그 동물의 실체 그대로를 보여주었다. 즉, 물고기 몸통의 하얀 실루엣 위에 목구멍과 위 그리고 내장을 빨간색으로 그렸다. 그것은 일종의 엑스레이 사진이었다.

우리는 여자들 그림 위쪽에서 구식으로 보이는 권총을 그린 투박한 그림을 발견했다. 그리고 다른 곳에서는 장총과 군도(軍刀), 범선, 그리고 2개의 굴뚝에서 연기를 뿜어내는 증기선의 그림을 발견했다. 화가들은 모종의 의례적 이유로 이런 것들을 그렸을까? 아니면 단지 그들 자신을 즐겁게 하고 동료들에게 자신들이 보았던—아마도 80킬로미터 떨어진 해안에서의 유랑 생활 중에—가장 최근의 경이로움을 보여주기 위해 그렇게 했을까?

그러나 모든 이미지 중에서 나에게 가장 생생한 것은 영혼의 기괴한 초상화나 동물의 자연사학적 스케치가 아니라 권총에 부분적으로 뒤덮인 2개의 단순한 손자국이었다. 여기에 왔던 사람들 중 한 명이 오른손을 붉은 황토에 담근 후 바위에 손바닥을 찍었을 것이다. 또 한 명의 사람도 그 옆에 비슷하게 손바닥을 찍고 그에 더해 손목과 팔뚝의 흔적을 남겼을 것이다. 그들이 디자인했을 것으로 보이는 기묘한 초자연적 존재들 사이에서 위쪽으로 뻗어있는 이 2개의 손은 우리가 그저 추측할 수밖에 없는 동기를 가지고 자신들의 수수께끼 같은 그림을 그릴 생각으로 이곳에 온 이 화가들의 존재를 절절하게 떠올리게 했다.

우리는 바위 사이를 비집고 들어가, 횃불에 의지해 동굴을 탐험하고, 절벽을 기어올라 외딴 구석에 그려진 몇몇 작은 그림들을 살펴보았다. 그리고는 고아나와 악어, 거북이, 캥거루 그리고 커다랗고 우아한 돌고래 그림들을 발견했다. 그중 일부는, 설사 원주민의 민첩성을 감안하더라도, 도달하기가 거의 불가능해 보이는 절벽 부분에 그려져 있었다. 아마도 그림이 완성된 이후 레지^{ledge2}가 떨어져 나갔을 텐데, 이는 그림의 장구한 역사를 암시하는 증거로 여겨질 수 있다. 또는 화가들이 창작 활동과 그림의 위치를 너무나 중요하게 생각한 나머지 사다리나 비계를 만드느라 노심초사했을 수도 있다.

나는 더 많은 그림을 찾다가 문득 좁은 바위 틈새를 내려다보았다. 그곳에는 암벽 사이에 끼인 채 텅 빈 눈구멍으로 나를 응시하는 백화^{白化}된

---

2 암벽의 일부가 선반처럼 튀어나온 것. - 옮긴이주

　　　　　　　　　　　　　데이비드 애튼버러의 주 퀘스트

눌랑지 바위의 캥거루 그림

인간 두개골이 놓여있었다. 그 아래에는 다리뼈와 갈비뼈가 흩어져 있었다. 근처에서, 나는 기다란 나무 꼬챙이에 꿰인 채 절벽면에 기대어있는 빛바랜 보따리를 발견했다. 그 안에는 반질반질한 조약돌 몇 개, 황토색 선들이 엇갈리게 그어진 사각형 나뭇조각, 너무 오래된 탓에 썩어 내 손에서 바스라진 직조된 태슬, 그리고 뚜껑에 화려한 빅토리아 시대 상표—오래 전 폐업한 게 틀림없는 회사의 상표—가 인쇄된 낡은 담배 깡통이 들어있었다. 이것은 필시 죽은 사람의 유품—고인이 생전에 가장 아끼던 물건—으로 장례식이 끝난 후 유골과 가까운 곳에 남겨진 것으로 추정되었다. 태슬은 음부 덮개로, 카카두족 사람들이 착용한 유일한 의복이었다.

의심할 여지없이 깡통은 희귀하고 매우 가치 있는 보물이었다. 자갈과 색칠된 나뭇조각은 지극히 신성한 의식용 물건으로 원주민의 소유물 중에서 가장 중요하고 은밀했으므로 특별히 허가된 몇몇 사람들만 소유자 살아생전에 볼 수 있었을 것이다. 나는 그것들을 너덜너덜한 천에 다시 싸서 처음 발견됐던 상태로 되돌려놓았다.

우리는 눌랑지 주변의 모든 동물 중에서 들소가 가장 촬영하기 쉬울 거라고 예상했었다. 그러나 예상은 보기 좋게 빗나갔다. 물론 들소는 개체 수도 많고 찾기도 쉬웠다. 종종 먼발치에서 덤불 속에 반쯤 숨어있는 그들을 발견했고, 만약 사냥을 했다면 소총으로 쏘기가 어렵지 않았을 것이다. 그러나 우리가 가까이 다가가 촬영하려고 하면, 그들은 곧 냄새를 맡거나 소리를 듣고 덤불 속으로 더 깊숙이 들어갔다. 우리는 가장 긴 망원렌즈를 사용하여 호숫가에서 800미터 떨어진 습지 중앙에서 백로 떼가 열심히 망을 보는 가운데 뒹굴고 있는 들소들을 그럭저럭 촬영할 수 있었다. 그러나 영상이 영 좋지 않았다. 왜냐하면 늪의 표면에서 반사된 열로 인해 그 위의 공기가 너무 아른거려, 물소의 모습이 물결치는 수면에 반사된 것처럼 흔들렸기 때문이다. 우리가 원했던 상세한 영상을 얻으려면 나뭇가지와 덤불이 중간에 가리지 않아야 하고 동물과 매우 가까운 거리에 있어야 했다. 그러나 들소도 우리도 그런 상황에 이르는 것을 크게 바라지 않았다.

이 무렵 우리는 캔버라에서 온 3명의 동물학자 팀과 합류했는데, 그들은 아넘랜드에서 선정된 지역에서 동물들을 조사하고 있었다. 그들 중 한 명인 해리 프리스Harry Frith는 여러 해 전 눌랑지의 이곳에서 까치기러기에 대한 선도적 연구를 수행한 적이 있었다. 그는 그 지역을 훤히 알았을 뿐만 아니라 들소를 잘 알고 있었다. "차를 타고 나갑시다." 그가 제안했다. "들소 떼를 발견하면, 당신과 하를레스는 카메라를 가지고 차에서 내려 숨을 수 있어요. 그런 다음 밥과 나는 계속 차를 몰고 들소 떼의 주위를 빙 돌아 반대편에서 접근할 거예요. 우리가 당신들 쪽으로 들소를 쫓을 것이므로, 딴 짓만 하지 않는다면 원하는 영상을 모두 얻을 수 있을 거예요." 좋은 아이디어인 것 같았다.

캠프에서 8킬로미터 떨어진 곳에서 우리는 지금까지 본 것 중 가장 큰 들소 떼를 발견했다. 상당히 먼 거리였기 때문에 나무들 사이에서 천천히 움직이는 한 무리의 갈색 형체들만을 알아볼 수 있었고 그 수를 추정하기는 어려웠다. 우리는 아마 100마리쯤 될 거라고 추측했다. 우리 왼쪽은 늪지대였고 오른쪽은 바위 능선이 솟아오른 곳이었다. 그 사이로 뻗어 있는 평평한 회랑 지대 가운데에는 속 빈 유칼립투스 고사목이 서있었다. 우리는 그 나무 옆에 차를 세웠다. 하를레스와 나는 들소 떼에서 먼 쪽 문으로 재빨리 빠져나와 나무 뒤에 숨었다. 해리는 불과 몇 초 만에 다시 차를 몰았다. 들소들은 아마도 우리가 차에서 내리는 것을 눈치채지 못했을 것이다. 바람이 그들에게서 우리 쪽으로 불어오고 있어서 우리 냄새를 맡을 가능성도 거의 없었다. 모든 것이 완벽하게 돌아가고 있었다.

속 빈 나무줄기는 우리 중 한 명이 들어갈 수 있을 만큼 충분히 넓은 데다 땅 근처에 작은 구멍이 있어서 앞을 관찰할 수 있었다. 내가 나무줄기 속에 들어가 구멍을 통해 내다보는 동안, 하를레스는 밖에서 카메라를 든 채 쪼그리고 앉아있었다. 차는 우리 오른쪽 어딘가에서 덜컹거리고 있었다. 멀리 있는 들소들 사이에서 지금까지 동요의 기색은 보이지 않았다. 자동차 소음이 희미해지자 우리 주변의 덤불이 다시 활기를 띠었다. 작은 도마뱀 1마리가 나무껍질 밑에서 살금살금 기어나와 파리 사냥을 재개했다. 밝은 색깔의 핀치 떼가 휘젓고 다니다 근처 덤불 위에 자리를 잡고 앉아, 우리를 의식하지 않은 채 지저귀기 시작했다. 우리는 그루터기에 꼼짝 않고 앉아있었다.

멀리서 희미한 자동차 경적 소리가 들렸다. 해리와 밥은 무리의 저편에 도달하는 데 성공하여, 이미 그들을 우리 쪽으로 몰기 시작한 게 틀림없어 보였다. 나는 나무 안에 웅크리고 앉아 들소를 지켜보았다. 하를레스는 카메라를 점검했다. 모든 준비가 완료되었다. 나는 구멍을 통해 무리의 선두에 선 들소들이 우리를 향해 천천히 걸어오는 것을 보았는데, 우리가 기대했던 대로 분명히 회랑을 따라 내려오고 있었다. 그들은 아직까지 차를 심각하게 경계하지 않고 조심스럽게 회피하는 행동을 취할 뿐이었다. 만약 차가 바로 뒤에 나타나 실제로 자신들을 추격한다는 사실을 알아차린다면 들소 떼 전체가 전속력으로 질주하여 우리 쪽으로 곧장 달려올 게 불 보듯 뻔했다. 나무의 보호를 받는다면 우리는 마치 러시아워 동안 번잡한 도시 거리의 교통 안전지대에 서있는 것처럼 안전할 것이고, 우리가 얻을 영상은 가장 역동적인 장면일 터였다. '소용돌이치는 먼지에 휩싸인 발굽'과 '이리저리 굴리는 눈알' 그리고 '거품을 문 주둥이'의 클로즈업 사진, 또한 렌즈 몇 발자국 앞을 휩쓸고 지나가는 '흉포한 뿔들의 숲'.

하를레스는 나무에 몸을 기댔다. 들소들이 더욱 가까이 다가왔다. 선두에 선 들소들은 이제 신경을 곤두세우고 머리를 높이 든 채 빠르게 걷고 있었다. 이때 왼쪽에서 한 무리의 흰유황앵무white cockatoo가 우리를 향해 날아왔다. 그들은 우리를 눈치채지 못했는데, 그 이유는 우리가 은신한 나무에서 우리의 머리 바로 위 나뭇가지에 자리잡았기 때문이다. 이제 우리는 들소들의 발굽이 땅을 울리는 소리와 그 뒤에서 자동차가 굉음을 내며 경적을 울리는 소리를 들을 수 있었다. 무리의 우두머리들은 불과 50미터 떨어진 곳에 있었고 천천히 달리며 우리를 향해 곧장 다가오고 있었다. 하를레스는 감히 나무 주위를 둘러볼 엄두를 내지 못했다. 왜냐하면 지금 이 순간 자신을 드러냈다가는 자칫 모든 것을 망칠 수 있기 때문이었다. 그는 나무줄기에 기대어 카메라를 눈에 갖다 댔다. 그때 갑자기

데이비드 애튼버러의 주 퀘스트

위의 나뭇가지에 있던 앵무새 1마리가 아래를 내려다보다 우리를 발견했다. 그리고는 자신의 눈을 믿을 수 없다는 듯 목을 길게 빼더니 날카로운 비명을 질렀다. 그의 동료들도 아래를 내려다보며 기존의 분노한 꽥꽥 소리에 거친 목소리를 더했다. 나는 관찰용 구멍을 통해 선두에서 달리던 들소들이 놀라 잠시 멈칫하더니 왼쪽으로 몸을 돌리는 것을 보았다. 바로 뒤에 있던 무리가 그들의 뒤를 따랐고, 이윽고 무리 전체가 늪으로 뛰어들어 판다누스 사이로 사라졌다. 우리는 그들을 한 장면도 찍을 수 없었다. 그것은 '숲에서 가장 호기심 많고 눈이 날카로우며 목소리 큰 파수꾼'인 앵무새가 우리의 존재를 누설하고 촬영 계획을 망친 여러 건의 사례 중 처음이었다.

───

요키 빌리는 우리가 원하는 들소의 영상을 캠프 근처 어디에서도 결코 촬영하지 못할 거라고 확신했다. "그들은 이 부근을 무서워해요." 그는 말했다. "너무 많은 사람들이 그들에게 총을 쏘아대기 때문이에요." 그는 오엔펠리에서 서쪽으로 불과 몇 킬로미터 떨어진 캐논힐Cannon Hill 주변의 평원을 추천했다. "거기에는 커다란 들소 떼가 있는데, 사방이 탁 트인 곳이어서 그놈들을 잘 볼 수 있어요."

캐논힐에는 또 다른 매력이 있었는데, 그것은 이 지역과 오비리Obiri라고 불리는 인근 노두[3]에 오스트레일리아에서 가장 아름다운 동굴벽화가 있다는 것이었다.

캐논힐은 110킬로미터 떨어져 있었고, 벽화와 들소를 모두 촬영하려면 틀림없이 며칠이 걸릴 터였다. 우리는 어려움에 처할 경우를 대비하여

---

3 암석이나 지층이 지표에 직접 드러난 곳. - 옮긴이주

일주일 동안 버틸 수 있는 충분한 물품을 가져가기로 결정했다. 그러나 제한요인은 식량이 아니라 물이 될 것으로 보였다. 앨런 스튜어트는 한때 변성알코올[4]을 담았던 30리터 들이 드럼통 2개를 우리에게 빌려주었다. 우리는 그것들을 씻어낸 후 물을 가득 채웠고 추가로 차 앞에 2개의 캔버스 물주머니를 매달았다. 물을 실을 공간은 그게 전부였다. 차의 냉각장치에 너무 많이 사용하거나 몸을 씻는 데 낭비하지만 않는다면 우리 셋은 얼마 동안 버틸 수 있었다.

오엔펠리로 향하는 길은 대체로 건기 동안 몇 주마다 한 번씩 물품을 운반하는 트럭 운전기사들의 창조물이었다. 종종 그것은 3갈래로 나뉘었는데, 우리는 '직진하는 것은 어리석은 일이며, 옆길 중 하나를 선택하는 것이 훨씬 더 안전하다'는 사실을 곧 알게 되었다. 앞쪽에는 심하게 파인 진흙땅, 길을 가로막은 채 쓰러진 나무, 그밖의 다양한 장애물들이 널려 있었기 때문이다. 트럭 운전기사들은 우격다짐으로 밀어붙임으로써 뜻밖의 장애물을 간단히 우회하곤 했지만, 그러고 나면 또 하나의 반전이 기다리고 있기 마련이었다.

우리는 1년 중 이맘때면 '일련의 갈색 웅덩이들을 연결하는 물줄기'에 지나지 않는 실개천들을 여럿 건넜다. 그리고 오른쪽으로 멀리 하얀 요새 같은 눌랑지 암반 지대를 지났다. 앞에서는 구불구불한 길이 끝없이 계속되었고, 뒤에서는 소용돌이치는 먼지 기둥이 끈질기게 따라왔다. 마침내 3시간 후 숲은 갑자기 끝났고, 우리는 광활한 평원의 가장자리에 서있었다.

눌랑지의 늪과 접한 저지대와 마찬가지로 이곳은 몇 달 전에만 해도 얕은 호수로 뒤덮여있었다. 이제 그곳은 들소들이 짓밟아 만든 깊고 단단한 마맛자국과 흠집이 빼곡히 새겨진 카펫이었다. 은빛 푸른 물이 저 멀리

---

4 공업용 에탄올을 음료로 쓰는 것을 막기 위하여 소량의 메탄올을 섞은 알코올. - 옮긴이주

수평선까지 길게 뻗으며 일렁거리고, 수면에는 숲이 반사되어 있었다. 만약 우리가 갈증에 시달리는 여행자였다면 그 광경을 보자마자 천우신조로 만난 이 호수에서 물병을 다시 채우기 위해 타는 듯한 평원을 가로질러 달려갔을 것이다. 그러나 호수는 존재하지 않았고 사실은 신기루일 뿐이었다. 어떤 바람에도 흔들리지 않는 고요한 공기는 지면 가까이에서 매우 뜨거운 층을 형성하고, 그것이 거울로 작용함으로써 구름 한 점 없는 푸른 하늘을 반사하고 굴절에 의해 평원 저편에 있는 나무들의 이미지를 비틀어 실체가 없는 호숫가에 있는 것처럼 보이게 만들었던 것이다.

신기루의 오른쪽에 펼쳐진 평원의 먼 쪽은 눌랑지 암반 지대와 같은 절벽들로 둘러싸였지만, 절벽의 기슭에는 초목이 없었다. 그런데 한 절벽면에는, 마치 병사의 옆구리에 튀어나온 총처럼 수평으로 길게 돌출한 손가락 모양의 바위가 있었다. 우리는 이것이 캐논힐임에 틀림없다고 판단했는데, 만약 그렇다면 오비리는 오른쪽 아래에 돌출한 더 작은 노두 중 하나일 가능성이 높았다. 그러나 우리는 평원 한가운데에서 더 직접적으로 흥미진진한 것을 발견했다. 그것은 평원의 갈색 반점 주위에 모여있는 검은 점들의 집합체였다. 우리는 색깔만 보고 남아있는 진흙 덩어리라고 판단했다. 그러나 내가 쌍안경으로 살펴보니 그것들은 들소 떼였다.

드디어 우리가 간절히 원했던 클로즈업 장면을 안전하게 얻을 수 있는 기회가 왔다. 운이 좋다면 차에서 내리지 않고도 들소 떼를 향해 차를 몰며 영상을 찍을 수도 있었다. 우리가 이미 경험한 바에 의하면, 그들은 걸어가는 사람의 모습만 봐도 겁을 먹는 반면 차에 탄 사람들은 종종 무시하는 경향이 있기 때문이었다. 하를레스는 카메라를 꺼냈다.

우리는 천천히 물결 모양으로 주름진 평원을 덜컹거리며 나아갔다. 거의 1.6킬로미터 가까이 떨어져 있었는데, 들소 떼에게 아직 발각되지 않은 상태였다. 그들을 향해 차를 모는 동안 여기저기서 길고 굽은 움푹한 곳에 직면했는데, 그것들은 한때 평원을 가로질러 구불구불 흐르다가 햇볕에 말라 버린 시냇물의 바닥이었다. 우리는 아무 어려움 없이 그중 2개를 건넜다. 들소 떼로부터 불과 800미터 떨어진 곳에서, 우리는 세번째 움푹한 곳에 이르렀다. 우리는 거침없이 그 속으로 내려가 건너편으로 올라가기 위해 가속페달을 밟았다. 엔진은 굉음을 냈지만 차는 멈췄다. 뒷바퀴가 딱딱한 지각을 뚫고 들어가 부드러운 청니[5] 속에서 헛돌고 있었다.

들소들은 여전히 우리를 의식하지 않고 있었다. 차를 빼내기 위해서는 한참동안 땅을 파헤치고 밀어야 할 것이고, 또한 무게를 줄이기 위해 모든 짐을 내려놓아야 할 상황이었다. 그러다 보면 들소들의 눈에 띌 게 분명했고, 이 모든 일에 놀란 그들은 조심스럽게 숲으로 걸어 들어가 우리의 시야에서 사라질 가능성이 높았다. 결과적으로 우리는 기막히게 좋은 기회를 놓칠 지도 모른다. 반면에 좋은 영상을 찍기에는 아직 그들과 거리가 있었다. 차에서 내려 무거운 삼각대와 카메라를 들고 그들에게 걸어가는 것은 현명하지 못한 것 같았다. 만약 그들이 달려든다면, 우리는 '카메라를 포기하여 그들에게 짓밟히고 내동댕이쳐지도록 내버려 둘 것인지'와 '카메라를 들고 차로 돌아가다 걸리적거린 나머지 그들에게 봉변을 당할 것인지' 사이에서 선택해야 할 것이기 때문이었다.

우리는 진퇴양난의 갈림길에 섰지만 절충안이 있었다. 내가 맨손으로 들소 떼를 향해 걸어가 얼마나 가까이 다가갔을 때 그들이 나의 존재에 화를 내는지 알아낼 수 있었다. 만약 카메라로 들소 떼를 찍을 수 있는 거리까지 들어가기 전에 그들이 달려든다면, 나는 장비로 인한 지연 없이 차로 도망쳐 안전을 도모할 수 있었다. 비록 차가 처박혀 움직일 수는 없었지만, 적어도 그 뒤에 숨어서 들소의 공격을 피할 수는 있었다. 하지만

---

5 유기물과 황화철 때문에 청색을 띤 퇴적물. - 옮긴이주

데이비드 애튼버러의 주 퀘스트

내가 바라는 대로 그들을 자극하지 않고 충분히 가까이 갈 수 있다면, 하를레스가 카메라를 들고 차에서 내려 나와 함께할 수 있었다.

"요키가 한 말을 잊지 말아요." 밥이 웃으며 조언했다. "그놈들이 당신을 해치러 오면 얼굴을 앞으로 한 채 납작 엎드려요."

들소가 고개를 들기도 전에 나는 150미터 이내에 접근해 있었다. 나는 천천히 전진했다. 그들 모두가 이제 나를 쳐다보고 있었지만, 조금이라도 공격적인 개체는 하나도 없는 것 같았다. 아지랑이를 피하려던 하를레스의 불안을 기억하며 나는 조금 더 가까이 다가갔다. 60미터까지 접근했을 때, 유난히 큰 수컷 1마리가 나를 향해 몇 걸음 다가와 머리를 위아래로 흔들었다. 그리고 뿔을 흔들었다. 나는 뒤를 돌아보지 않고 가만히 서서 수컷에게서 눈을 떼지 않은 채 '내가 차에서 얼마나 멀리 떨어져 있는지' 기억하려고 애썼다. 내가 얼마나 빨리 달릴 수 있고 들소가 나를 추월하는 데 얼마나 걸릴지 계산하는 것은 매우 복잡한 수학처럼 보였다. 나는 자신감을 잃기 시작했다. 요키가 알려준 탈출 방법은 그 어느 때보다 덜 매력적으로 보이기 시작했다.

덩치 큰 수컷은 나를 향해 위협적인 걸음을 몇 번 더 내딛고는 다시 뿔을 흔들었다. 이 짐승들은 우리가 이 위치에서 촬영하는 것을 허용하지 않을 게 분명했다. 나는 문득 너무 가까이 왔다는 생각이 들었다. 잠시 후 불명예스럽게도 성공을 장담할 수 없는 줄행랑을 치느니 허세를 부림으로써 달려드는 것을 미연에 방지하는 것이 더 나을 것 같았다. 나는 공중으로 뛰어올라 팔을 흔들며 소리쳤다. 수컷은 움찔하며 뒤로 물러서더니 빙글 뒤돌아 천천히 달려갔다. 나는 갑자기 용기를 내 승리를 굳건히 하기 위해 그 뒤를 쫓으며 크게 소리 질렀다. 들소 떼 전체가 먼지 구름을 일으키며 질주했다. 나는 달리기를 멈추고 돌아서서, 차로 돌아가 하를레스에게 촬영 기회를 망친 것에 대해 사과하려고 했다. 그런데 놀랍게도 그는 차에 있는 것이 아니라 나와 차 사이에 서있었다. 그는 약 20미터 뒤에서 나를 따라오며 전체적인 진행 상황을 촬영하고 있었던 것이다.

———————

랜드로버를 빼내는 데 거의 2시간이나 걸렸다. 바퀴가 너무 깊이 가라앉아, 뒤축이 땅에 닿고 스프링이 땅속에 파묻혀있었다. 우리는 차 밑으로 기어들어가 엎드려 누운 채 손으로 진흙을 긁어냈다. 바퀴에게 접지력을 되찾아 줄 무언가를 찾기 위해, 우리는 600미터쯤 걸어 평원 가장자리의 숲으로 되돌아갔다. 그리고는 몇 그루의 묘목을 벤 후 차로 끌고 와 타이어 아래에 밀어 넣었다. 밥은 엔진에 시동을 걸었다. 하를레스와 나는 막대기를 뒤축 아래에 끼우고 필사적으로 지렛대질을 했다. 바퀴가 회전하고 뜨거워진 고무가 불쾌한 냄새를 풍기더니 바퀴가 나뭇가지를 움켜쥐었다. 트럭은 씩씩하게 자신이 직접 판 구덩이에서 빠져나왔다. 우리는 해방되었다.

"오비리에 매우 인상적인 그림이 있다"는 앨런의 말만 믿고 우리는 곧장 그리로 차를 몰았다. 그 말은 허풍이 아니었다. 바위는 수평으로 층을 이루었고, 서쪽에서는 거대한 돌판 하나가 허공으로 9미터 정도 튀어나와 약 15미터 높이에 거대한 천장을 형성했다.

이렇게 자연적으로 형성된 공개홀 뒤쪽의 벽은 붉게 칠한 큰입선농어의 웅장한 프리즈frieze[6]로 덮여있었다. 이 괴물들은 하나같이 머리가 아래로 기울어졌고, 길이는 1.2~1.5미터나 되었다. 우리가 눌랑지에서 본 것과 마찬가지로 엑스레이 스타일로 그려져 있었지만 세부 양식은 훨씬 더 정교했다. 등뼈, 꼬리지느러미의 빗살, 간엽肝葉 등의 근육 다발들, 식도,

---

6 방이나 건물의 윗부분에 그림이나 조각으로 띠 모양의 장식을 한 것. - 옮긴이주

데이비드 애튼버러의 주 퀘스트

내장이 모두 그려져 있었다. 이 웅장한 물고기들 사이에는 뱀목거북snake-necked turtle, 캥거루, 고아나, 에뮤 그리고 기하학적 패턴들이 그려져 있었다. 그림 전체의 높이는 1.8미터, 너비는 15미터였고, 너무 빽빽하고 여러 번 그려졌기 때문에 이전 그림의 머리와 꼬리가 나중 그림의 아래로 튀어나와 있었다. 우리는 동굴을 탐험하며 흥분을 감추지 못했고, 새로운 변형, 다른 종류의 동물, 특별히 훌륭한 사례를 발견할 때마다 서로를 불렀다.

그러나 너무 늦은 시간이어서 촬영을 시작할 수는 없었다. 1시간 안에 어두워질 텐데 아직 텐트도 치지 않았기 때문이다. 이곳에는 물이 없었지만 우리는 동굴 옆에서 하룻밤을 보내기로 했다. 그곳은 목가적이고 인상적인 야영장이었다. 우리 뒤에는 거대한 바위가, 한쪽에는 평야가, 다른 쪽에는 숲이 펼쳐져 있었다. 물이 부족하다는 것 외에 단점이 딱 하나 있었는데, 그것은 파리가 득실거린다는 것이었다. 그놈들은 도처—우리의 이마, 손, 입술, 눈—에 자리잡고 시커멓게 떼 지어 기어 다녔다. 우리에게 해를 끼치지는 않았지만, 그놈들의 발이 우리의 피부에 닿을 때마다 마치 쏘는 것 같은 자극이 느껴졌다. 그날 밤 나는 오믈렛을 요리했고, 우리는 모닥불 주위에 둘러앉아 식사를 했다. 식사 도중에 파리들이 접시에 내려앉았는데, 어찌나 끈질기게 달라붙는지 손을 흔드는 것만으로는 떨어지지 않았다. 한 입 먹을 때마다 10마리 정도 삼키는 것을 피하는 유일한 방법은, 음식 한 숟갈을 우리 입술에 갖다 댈 때까지 계속 세게 분 다음, 혐오스러운 곤충이 더 많이 내려앉기 전에 재빨리 입 안으로 밀어 넣는 것이었다.

우리는 낮은 야전 침대를 조립하고 각 침대 위에 모기장 천막을 세웠다. 그리고 크게 안도하면서 침대로 기어들어가 마침내 파리들의 위협에서 해방되었다. 나는 손전등 아래서 한동안 책을 읽었다. 침대에 누워있는 동안 전등빛이 모기장을 비춰 꽉 막힌 것처럼 보이게 만들었기 때문에 바깥세상을 전혀 볼 수 없었다. 마치 작고 하얀 방에 누워있는 것 같은 느낌이 들었다. 잠시 후 전등을 끄자마자 흰 벽이 사라지고, 나는 끝없는 은하수의 장관을 올려다보게 되었다. 내 앞에는 별이 빛나는 하늘을 배경으로 오비리 바위가 어렴풋이 보였다. 아직까지 너무 더웠으므로 나는 침낭에 알몸으로 누웠다.

나는 자정이 조금 지나 잠에서 깼다. 어둠은 소음으로 가득 차있었다. 이따금씩 날카로운 비명이 들렸다. 그게 새 소리라고 막연히 추측했지만 어떤 새인지 분간할 수는 없었다. 그때 우리의 물품을 놓아둔 곳에서 바스락거리는 소리가 났다. 쥐일 수도 있는 어떤 작은 동물이 우리의 창고를 샅샅이 뒤지고 있었다. 조금 더 멀리 판다누스 몇 그루가 모여있는 곳에서 더 큰 바스락거리는 소리가 들렸고, 뒤이어 큰 소리가 났다.

"어랍쇼?" 밥이었다. "저쪽에서 나는 게 무슨 소리죠?"

"과일박쥐fruit bat인 것 같아요." 나는 그를 안심시키기 위해 속삭였지만 솔직히 자신이 없었다.

"과일박쥐 치고는 좀 시끄럽지 않나요?"

계속해서 바스락거리는 소리가 나고 뒤이어 쿵 소리가 났다.

"과일박쥐가 어떻게 쿵 소리를 낼까요?"

"저건 열매가 떨어진 거예요. 다시 잠이나 자요."

그러나 밥의 질문은 내 마음속에 의심을 불러일으켰다. '우리가 자는 곳에서 15미터 떨어진 판다누스 군락지에서 소리를 낸 범인이 과일박쥐가 아니라면 도대체 무엇이었을까?' 나는 궁금증을 해결하기 전에는 잠을 이룰 수 없었다. 나는 모기장에서 기어나와 알몸으로 손전등을 들고 맨발로 판다누스를 향해 걸어갔다. 내가 도착하자마자 꿍음이 울리며 덤불에서 거대한 형체가 튀어나와 어둠 속으로 사라져 버렸다. 들소였다.

이튿날 아침 우리는 그림을 찾기 위해 절벽의 둘레를 따라 차를 몰았다. 굴러떨어진 바위처럼 복잡한 노두가 너무 많아, 처음에는 어디를 뒤져야 할지 판단하기 어려웠다. 그러나 서서히 원주민들이 작업을 위해 선호하는 장소의 종류—돌출부, 비를 막아주는 구석진 바위, 동굴, 아치나 거대한 돌기둥과 같은 특이한 특정 암석 형태—를 인식하기 시작했다. 이러한 장소들은 항상 조사할 가치가 있었으며, 으레 장식되어 있는 것으로 밝혀졌다. 가장 확실한 징후는 돌판이나 평평한 바위의 윗면에 있는 원형 구덩이였다. 이런 곳은 화가들이 물감을 준비하고 광물성 황토를 조약돌로 빻아 가루로 만든 곳이었다. 단단한 규암에 그것이 만들어지는 데 수년이 걸렸음에 틀림없는 구덩이가 존재한다는 것 자체가, 이곳이 일시적인 기분으로 선정된 것이 아니라 해마다 찾아온 화가들에게 매우 중요한 의미를 지닌 곳이었다는 증거였다. 그들은 이곳에서 그림을 다시 그리거나 새로운 그림을 추가했을 것이다.

탐사를 하는 동안 우리는 때때로 깜짝 놀랄 만한 민첩성으로 깎아지른 암석면을 뛰어오르며 우리를 피하는 작고 까만 바위왈라비rock wallaby—테리어 크기의 작은 캥거루—를 목격했다.

우리는 오비리에 설치한 캠프에서 멀리까지 돌아다녔지만, 가장 큰 동굴 맞은편에 있는 작은 바위 주거지에서 가장 흥미롭고 미학적으로 만족스러운 그림들을 발견했다. 그것은 한 무리의 사냥꾼들을 묘사한 그림이었다. 각 인물은 하나 이상의 창으로 무장하고 있었다. 또한 몇몇 사람들은 투창기와 거위 깃털로 만든 부채를 들고 어깨에 바구니를 메거나 목에 끈가방을 걸고 있었다. 그들이 보여지는 방식에는 정형화된 형식이 없어서, 모든 등장인물의 자세와 휴대하는 무기와 장신구가 각각 서로 달랐다. 그들은 커다란 엑스레이 큰입선농어와는 사뭇 다른 양식으로 그려져 있었다. 사냥꾼들의 몸은 자세히 묘사되지 않고 붉게 물든 바위 표면에 하얗게 긁힌 한 줄의 선으로 표시될 뿐이었다. 물고기의 경우 외견상 아무렇게나 배치되어 물고기들이 서로 겹친 반면, 사냥꾼들은 균형 잡힌 직사각형 구도를 형성했다. 물고기와 다른 동물들은 정적이고 실물보다 컸지만, 사냥꾼들은 생명으로 가득 차 펄쩍펄쩍 뛰었다. 그들은 모두 함께 흥분과 활력이 넘치는 사냥 장면을 연출했다.

어떤 부족이 이 그림을 그렸는지는 아무도 모른다. 오늘날 이 지역에 살고 있는 원주민들은 자기들이나 아버지들이 한 일이 아니라고 강조한다. 그들은 '영적인 인물들—미미^{mimi}—이 그림을 그렸다'고 말하며, 이 그림이 그 인물들의 자화상이라고 설명한다. 그림에서 보는 바와 같이, 미미는 몸이 갈대처럼 가늘고 연약하며 휘고 구부러지는 것을 두려워하므로 강한 바람을 맞을 수 없다. 그들은 원주민처럼 사냥하고, 먹고, 불에

눌랑지 근처의 바위 주거지에 그려진 영적 인물들

데이비드 애튼버러의 주 퀘스트

오비리 바위 옆에 설치된 우리의 텐트

요리하고, 코로보리를 거행한다. 그들의 집은 바위 절벽 사이에 있지만, 수줍음이 많고 청각이 예민하기 때문에 아무도 그들을 본 적이 없다. 사람이 접근하는 것을 감지하면 그들은 바위 표면에 바람을 불어넣는다. 바위 표면은 그들의 명령에 따라 갈라지며, 그들은 바위가 닫히는 동안 안으로 미끄러져 들어갈 수 있다.

전하는 이야기에 의하면 그들은 '해를 끼치지 않는 행복한 영혼'이지만, 이 사냥 장면에는 사악한 마녀인 나마라카인namarakain 여자 2명이 등장했다. 이들은 미미처럼 막대기 같은 몸을 가지고 있지만 붉은색으로 칠해져 있고 삼각형 모양의 얼굴을 가지고 있었다. 원주민들에 의하면, 그들은 사람의 간을 훔쳐서 구워 먹는다고 한다. 그들은 고리 모양의 끈을 들고 있었는데, 이것은 야간에 놀라울 정도로 먼 거리를 이동할 수 있는 마법의 장치였다. 우리는 소형 배터리 램프로 비추며 많은 그림들을 촬영했다. 거대한 큰입선농어 프리즈는 인공 조명을 하기에는 너무 컸지만, 오비리 서쪽에 그려졌기 때문에 매일 저녁 10분이라는 짧은 시간 동안 거의 수평에 가까운 석양이 동굴 내벽을 환하게 비추었다. 이 시간이 바로 촬영할 시간이었다. 벽의 여러 구간에 걸쳐 그림이 빽빽이 그려져 있어 혼란스러웠기 때문에, 우리는 긴 그림을 따라 걸으면서 상이한 도안들을 가리키며 내레이션을 하기로 결정했다. 이를 위해서는 다시 한 번 싱크로 녹음이 필요했다.

캠프에서의 마지막 날 저녁, 우리는 이 장면을 다루기 위한 준비작업에 여념이 없었다. 밥은 장비를 테스트했고 하를레스는 카메라를 미리 잘 설정했다. 나는 암석면을 따라 걸을 때 취해야 할 동작들을 리허설했다. 눌랑지로 복귀하는 것을 더 이상 미룰 수 없었으므로 실수를 하지 않는 것이 절대적으로 중요했다. 비축된 물이 거의 바닥났기 때문에, 그날 저녁 만족스럽게 촬영을 마치지 못한다면 우리는 큰입선농어 그림이 장관을 이루는 영상이 담긴 필름 하나 없이 캠프를 떠나야 했다. 우리는 모든 준비를 마치고, 해가 점점 낮아짐에 따라 동굴 내벽에 햇빛이 서서히 스며들기를 기다렸다. 석양의 붉은 빛이 황토색 물고기의 다채로운 색상을 돋보이게 할 터였다.

마침내 프리즈 전체가 환하게 밝혀진 순간이 왔다. 이제 촬영할 시간은 10분밖에 남지 않았다. 그런데 우리가 촬영을 시작하자마자 밥은 짜증을 내며 소리쳤다. 녹음기가 원인불명의 커다란 하울링 소리로 녹음을 망치고 있었기 때문이다. 그는 재빨리 녹음기를 분해하여 부품들을 바위 위에 죽 늘어놓았다. 연결이 끊어진 것 같지는 않았지만 명백한 결함을 찾을 수 없었다. 밥은 부품들을 케이스에 넣지 않고 다시 조립했는데, 그 과정에서 녹음기가 햇볕에 놓여있는 바람에 상당히 뜨겁게 가열되어 있음

데이비드 애튼버러의 주 퀘스트

바위 주거지 내부의 그림을 촬영하는 하를레스

을 알아차렸다. 아마도 이것이 원인인 것 같았다. 그 당시에 막 일반화되기 시작한 트랜지스터 중 일부는 특정 온도 이상에서는 작동하지 않는 것으로 알려져 있었기 때문이다. 밥은 녹음기를 바위 그늘에 놓고 모자로 부채질했다. 그러자 그의 이어폰에서 하울링 소리가 서서히 사라졌다. 촬영이 진행되는 동안, 하를레스는 영상을 찍고 밥은 여전히 미친 듯이 부채질하는 진풍경이 연출되었다. 어쨌든 촬영은 완료되었다. 카메라가 작동을 멈춘 지 약 1분 후, 태양은 숲 너머로 떨어지고 동굴은 어두워졌다.

아넘랜드의 그림들이 얼마나 오래된 것인지는 아무도 모른다. 일부 그림은 적어도 상당히 오래됐다는 징후가 있다. 예컨대 우리는 석순 비슷한 퇴적물의 얇고 투명한 층으로 코팅된 그림을 몇 점 발견했는데, 그 퇴적물은 물이 장구한 세월 동안 암석의 표면을 따라 흘러내리면서 형성된 것이다. 우리가 눌랑지에서 보았던 권총은 그 지역에서 오랜 기간 동안 볼 수 없었던 종류의 권총이었다. 현지 부족들이 미미 그림을 그리지 않았다고 주장한다는 것은, 그것이 꽤 오래 전에 이곳에 살다가 이주했거나 사라진 사람들의 작품임을 시사한다. 어떤 그림은 어쨌든 한 세기 반이 넘은 게 분명하다. 왜냐하면 매튜 플린더스Matthew Flinders가 1803년에 대대적인 탐험을 하는 동안 카펜타리아Carpentaria만의 캐즘Chasm섬에서 거북이와 물고기 그림을 발견했다고 보고했기 때문이다. 그 그림들이 오랜 시간 동안 잘 살아남을 수 있었던 것은 두 가지 이유 때문이라고 할 수 있다. 첫째로 황토에 색을 입히는 산화철은 퇴색하지 않으며, 둘째로 동굴이라는 보호된 위치가 최악의 바람과 비로부터 그림을 보호한다.

따라서 이러한 방식의 그림 그리기가 오랫동안 원주민의 전통적 기술 중 하나였다는 것은 의심의 여지가 없다. 일부 그림이 비교적 최근에 그려졌다는 것도 그와 마찬가지로 확실하며, 이 작품들이 유구한 전통만큼이나 매혹적이고 중요한 것은 인간이 그린 최초의 그림—2만 년 전 석기 시대에 유럽의 동굴에 그린 장엄한 벽화—과 여러 면에서 유사하기 때문이다.

주제에 있어서 유럽의 벽화는 야생 소, 들소, 사슴, 매머드, 코뿔소를 다루기 때문에 이곳의 벽화와 다소 다른 것처럼 보인다. 그러나 유럽의 벽화에 등장한 동물들은 한 가지 중요한 점, 즉 식용으로 사냥된 동물이라는 점에서 큰입선농어, 거북이, 캥거루와 비슷하다. 스페인 동굴에는 미미와 놀랄 만큼 유사한 막대기 모양의 남자 그림이 있다. 프랑스와 스페인 두 지역 동굴 모두 손자국이 있다. 프랑스에서 가장 오래된 동굴인 라스코와 다른 곳에서도 오스트레일리아와 마찬가지로 불가사의한 기하학적 디자인이 발견된다. 또한 두 지역의 그림들 모두 하나의 그림 위에 다른 그림들이 되는대로 겹쳐 그려진다.

데이비드 애튼버러의 주 퀘스트

유럽과 오스트레일리아의 그림은 기법도 비슷하다. 둘 다 광물성 황토로 그려졌고 같은 종류의 상황—즉 암석 동굴과 바위 거주지—에서 발견된다. 프랑스에서는 그림 속에 나오는 투창기와 장식된 의례용품이 발견되었는데, 눌랑지와 오비리에서도 그와 비슷한 것들을 발견했다.

선사시대의 동굴에 대한 글들이 수두룩하고, 석기시대 사람들이 왜 놀라운 예술품들을 만들었는지를 놓고 온갖 추측이 난무하지만 확실히 아는 사람은 아무도 없다. 그럼에도 불구하고 우리는 오스트레일리아 원주민들이 그림을 그린 이유를 알아낼 수 있다. 왜냐하면 그들은 오늘날에도 여전히 그렇게 하고 있기 때문이다. 동굴 벽화는 대부분 중단되었지만, 비슷한 도안의 그림이 나무껍질에 계속 그려지고 있다. 만약 이 화가들이 작업하는 모습을 볼 수 있다면 그들이 그림을 그리는 이유에 대한 단서를 얻을 수 있고, 유추를 통해 '역사가 시작되기 전에 인류가 바위에 물감으로 그림을 새김으로써 최초의 예술작품을 탄생시킨 동기'에 대한 통찰을 얻을 수 있을 터였다.

21. 아넘랜드의 화가들

눌랑지와 캐논힐 주변의 암석에 새겨진 것과 비슷한 도안을 여전히 그리고 있는 원주민을 찾기 위해 우리는 이스트앨리게이터강 저편에 위치한 광대한 지역—남쪽은 로퍼Roper강, 북쪽과 동쪽은 바다로 둘러싸여있고 스코틀랜드 전체와 맞먹는 크기다—인 아넘랜드로 가야 했다. 이 지역을 가로지르는 길은 하나도 없었고, 횡단한 사람들도 소수의 탐험가들뿐이었다. 세부지도가 그려진 유일한 유일한 지역은 해안을 따라 늘어선 6개의 선교시설과 정부기관 인접지역뿐이었다. 요컨대, 아넘랜드는 오스트레일리아 북부 전체에서 가장 황량하고 덜 탐험된 지역이었다.

대규모 정착은 한 번도 시도되지 않았으며, 대륙의 온화한 남쪽에서는 대도시가 성장하고 소와 양을 기르기 위해 원주민들이 구릉성 초원에서 쫓겨난 데 반해, 아넘랜드와 그 주민들은 대체로 방치되었다. 그 결과 오스트레일리아의 다른 어느 곳보다도 많은 원주민들이 살아남았고, 백인들이 강요한 삶의 조건에 따라 삶의 방식을 바꾸고 순응하려는 충동이나 기회가 가장 적었다. 1931년에는 대륙에 최초로 정착한 원주민들이 겪은 비극적인 역사에 대한 오스트레일리아인들의 양심이 일깨워진 후 아넘랜드 전체가 원주민 보호구역으로 선포되었다. 까다로운 조건의 특별 허가를 받은 경우에 한해, 상인과 탐광자들은 아넘랜드의 골짜기를 여행할 수 있었고 악어 사냥꾼들은 그 강에서 항해할 수 있었다.

우리는 다윈에 머물고 있을 때 허가를 신청하여 마닝그리다Maningrida를 방문해도 좋다는 허가를 받았다. 모든 정착지 중에서, 이곳은 부족사회에서 본연의 기능을 수행하는 그림을 찾을 수 있는 가장 좋은 기회를 제공했다. 가장 최근에 설치된 마닝그리다 정착지는 불과 2년 전 오스트레일리아 복지부에 의해 공식적으로 문을 열었으므로, 원주민들은 아직까지도 유럽의 방식에 거의 물들지 않은 상태였다. 게다가 선교사가 없는 유일한 정착지였다. 그림이 모종의 의례적인 기능을 수행한다면, 원주민들을 부족 고유의 종교에서 멀어지게 하는 데 몰두하는 남녀의 존재는 필연적으로 그들 미술의 본질을 왜곡시킨다.

육로로 마닝그리다에 도착한 사람은 아직 아무도 없었다. 소형 선박이 몇 주에 한 번씩 해로로 물품을 공급했지만, 그곳에 가는 가장 편리한 방법은 항공편이었다. 따라서 우리는 다윈에서 출발하는 소형 단발기를 전세 내서 그리로 날아갔다. 눌랑지에서 이륙할 때 조종사는 우리가 지난 몇 주 동안 촬영한 지역을 마지막으로 볼 수 있도록 기수를 돌려 늪 위로 낮게 날았다. 우리가 접근하자 '반짝이는 커피색 호수에 찍힌 점'들이 검고 하얀 날개를 펼치고 '질주하는 자신들의 검은 그림자'에서 분리됨에 따라 갑자기 숫자가 2배로 늘어난 것 같았다. 우리는 기러기를 안심시키기 위해 다시 기수를 돌려 아넘랜드를 향해 동쪽으로 날아갔다.

이제야 이 잔인하고 햇볕에 그을린 지역이 왜 그토록 오랫동안 정착민들을 거부했는지 쉽게 알 수 있었다. 협곡에 의해 깊이 해부되고 길고 곧은 단층으로 금 그어진 헐벗은 사암 고원이 끝없이 앞으로 뻗어있었다. 우리가 그 위를 웅웅거리며 지나가는 동안 나는 한 무리의 말이나 트럭이 통과할 수 있는 경로를 고안하는 데 재미를 붙였다. 외견상 '명백히 동쪽으로 향하는 계곡'—그 경로는 웬만큼 간단했다—을 추적할 때마다, 그것은 갑자기 무지막지한 급경사로 끝나거나 내가 생각하는 방향과 직각으로 비틀어졌다. 그건 마치 인쇄된 어린이용 퍼즐과 같았다. 연필로 미로를 따라가다 보면 한복판에 있는 보물에 도달하는 퍼즐 말이다. 그러나 여기에는 두 가지 다른 점이 있었는데, 모든 경로에 장애물이 버티고 있고 보물을 암시하는 징후가 전혀 보이지 않는다는 것이었다. 퍼즐에서 자주 그러는 것처럼, 육지에 있는 여행자가 마닝그리다에 도달하는 '가장 덜 어려운 방법'은 명백히 '가장 긴 경로', 즉 배를 타고 해안을 일주하는 것이었다.

조종사는 자신의 어깨 너머로 나에게 소리쳤다.

"지금 엔진이 고장나면 우리는 어떻게 해야 할 것 같아요?"

나는 그 생각에 간담이 서늘하여 풍경을 바라보았다.

"추락?"

"저쪽에 있는 작은 땅으로 가는 거예요." 그는 이렇게 외치며 전방에 있는 탁 트인 직사각형 땅—비교적 숲이 없지만 바위로 둘러싸인 땅—을 가리켰다. "우리는 충분히 높은 고도를 유지하고 있으므로 엔진 없이도 저곳까지 갈 수 있어요. 내 생각에는 이 비행기가 착륙할 만큼 넓은 것 같아요. 하지만 구조대가 우리를 어떻게 구조할지는 모르겠어요. 육로 여행에서는 항상 저런 장소를 기억하려고 노력해야 해요. 그러면 마음이 놓일 거예요."

우리를 태운 비행기는 계속 웅웅거리며 나아갔다. 아래의 풍경은 이제 기암절벽 일색이었다. 나는 조종사의 어깨를 두드렸다.

"비행기가 지금 작동을 멈추면 어떻게 할 거예요?"

그는 사색에 잠긴 표정으로 양쪽을 바라보았다.

"기도할 거예요." 그가 소리쳤다.

1시간이 조금 넘는 비행 끝에 우리는 해안을 발견했다. 조종사는 강어

데이비드 애튼버러의 주 퀘스트

귀를 향해 꼬불꼬불 흐르는 강을 가리켰다. 주변의 황무지로 인해 왜소해진 저편 강둑에서 우리는 애처로울 정도로 작은 '장난감 같은 건물군'을 발견했다. 마닝그리다였다.

5년 전 복지부에서 보낸 배들이 리버풀Liverpool강 어귀의 모래사장에 상륙했을 때, 그 앞에는 맹그로브 외에 아무것도 없었다. 그 이후로 500킬로미터 떨어진 다윈에서 건설기계, 시멘트, 트랙터, 식량이 몇 주에 한 번씩 해안을 따라 페리로 운송되었다. 목수와 벽돌공들이 수도사들처럼 고립되어 일하기 시작했다. 그들은 먼저 학교, 병원, 공동 주방, 창고, 관계자용 숙소를 완공했다. 뒤이어 광장, 연병장, 축구장이 건설되고 높은 깃대에서 오스트레일리아 국기가 휘날렸다.

이 모든 공사의 수혜자들은 정착지 외곽에 진을 쳤다. 어떤 사람들은 길게 휘어진 해변의 가장자리를 따라 나무껍질로 된 단순한 거주지를 건설했다. 이들은 바다에서 좀처럼 멀리 벗어나지 않는 부족인 구나비지족Gunavidji이었다. 남자들은 통나무를 파내어 항해용 카누를 만드는 법을 알았으므로, 그것을 만들어 거북이와 큰입선농어를 잡는 데 사용했다. 여자들은 매일 썰물 때 조개와 게를 잡기 위해 암초의 가장자리를 뒤졌다. 정착지 건너편 무성한 유칼립투스 숲에는 다른 부족인 부라다족Burada이 살고 있었다. 구나비지족과 달리 그들은 바다에 대해 거의 알지 못했고, 보통은 내륙에 살면서 뿌리를 채취하고 뜨거운 바위투성이 덤불 속에서 반디쿠트bandicoot[1]와 왈라비를 사냥했다.

이 사람들 중 일부는 오래된 유럽식 옷을 입고 있었지만, 대부분의 남자들은 단순한 정사각형 천으로 다리 사이를 가로질러 양쪽 엉덩이에서 끝이 매듭지어진 로인클로스를 제외하면 벌거벗은 상태였다. 얼굴색으로 볼 때,

---

1 쥐를 닮은 유대류로 주둥이가 길고 뾰족하며, 몸무게가 1킬로그램이 안된다. 오스트레일리아, 태즈메이니아, 파푸아뉴기니와 그 인근의 섬들에서 서식한다. - 옮긴이주

그들은 내가 본 다른 어떤 사람들과도 비교할 수 없을 정도로 강렬하게 빛나는 흑단 같은 검은색이었다. 그들의 팔다리는 너무 앙상해서 영양실조처럼 보였지만, 사실 이 깡마른 체형은 일부 오스트레일리아 원주민의 전형이다. 그들의 머리카락은 뉴기니와 서태평양의 다른 사람들처럼 곱슬거린 게 아니라 실크처럼 부드러우며 종종 물결 모양으로 동그랗게 말렸다.

그날 오후, 감독관인 믹 아이보리Mick Ivory가 우리를 안내했다. 그는 '오스트레일리아 정부가 마닝그리다의 운영비를 많이 부담하지만 자선기관과는 거리가 멀다'는 점을 강조했다. 일단 정착지에 합류한 원주민은 일을 해야 했는데, 여기에는 모든 사람에게 적합한 다양한 작업들이 구비되어 있었다. 제재소에서 사이프러스소나무cypress pine의 통나무를 자르는 일, 아직도 새 건물을 짓고 있는 유럽의 도급업자들을 위해 시멘트를 섞는 일, 아치형 물보라 아래에서 자라는 파파야와 바나나, 토마토, 양배추, 멜론 밭을 가꾸는 일, 땅을 개간하고 풀을 빽빽이 심어―아이보리가 바라는 대로―조만간 소 떼를 사육하는 것이었다. 원주민 소녀들은 병원에서, 여자들은 부엌에서 힘을 보태고, 노인들은 떨어진 나뭇가지를 잘라 장작을 공급할 수 있었다. 그 대가로 모든 남자와 그의 가족들은 정기적인 식사와 급여를 제공받았다.

원주민은 그 돈으로 정착지의 매점에서 차와 담배, 밀가루 그리고 칼을 구입할 수 있었다. 그들의 자녀들은 학교에 다닐 수 있었고, 건축 공사가 진행됨에 따라 곧 많은 사람들을 위한 작은 목조주택이 생길 예정이었다. 또한 모두를 위한 의료 서비스가 제공되었다. 2명의 유럽인 간호사 자매가 2주에 한 번씩 다윈에서 날아온 의사의 감독하에 병원을 운영했는데, 그 의사는 응급상황에 대처하기 위해 몇 시간이면 불러올 수 있었다. 치료하기 어려운 환자의 경우, 의사가 비행기를 이용해 다윈 병원으로 이송할 수 있었다.

　　　　　　　　　데이비드 애튼버러의 주 퀘스트

이곳의 원주민들 중 상당수는 정착지가 건설되기 전부터 백인의 방식에 대해 어느 정도 알고 있었다. 그들은 진주 운반선에서 일하거나, 다윈을 방문하거나, 해안가의 다른 곳에 있는 선교시설 중 한 곳에서 시간을 보냈다. 그러나 일부는 주변 지역에서 우연히 오게 된 후 이곳에 머물기로 결정했다. 이따금씩 어떤 종류의 정착지에도 거주하지 않는 전통생활을 하는 원주민 마이올myall의 새로운 가족이 정착지 근처에 와서 야영을 했다. 그들은 숲속의 은신처에서 동족들이 정착지에서 하고 있는 이상한 일들을 곰곰이 바라보았다. 믹 아이보리는 그들에게 사람을 보내서 정착지에 합류하도록 독려하곤 했다. 때때로 그의 초대는 욕설 섞인 야유에 부딪혔고, 마이올은 떠나버렸다. 그러나 이따금 그들은 초청을 수락하고 정착지에 들어왔다. 그들은 2주 동안 다른 사람들과 함께 무료 음식을 제공받겠지만—사냥감이 부족할 때는 적잖은 유혹이 된다—이 기간이 지나면 일을 시작하거나 떠나야 했다.

"하지만 그런 일은 거의 일어나지 않아요." 믹이 말했다. "결국에는 그들을 돌려보내고, 모든 일이 수포로 돌아가고 말아요. 일단 머물기만 하면, 우리는 어떻게든 그들을 설득하여 제대로 일하게 할 수 있어요. 문제는, 그들 중 상당수가 어떤 상황에서도 정착지에서 살기를 원하지 않으며, 숲으로 돌아가려는 의지가 너무나 확고하다는 거예요."

우리가 도착한 직후, 믹은 우리를 부라다족의 집단 거주지 데려갔다. 그는 우리를 몇 조각의 나무껍질과 천으로 보강된 나뭇가지로 지은 집으로 안내했는데, 그 집은 숲 가장자리의 다른 집들과 어느 정도 떨어져 있었다. 그 그늘에는 지저분한 로인클로스만 걸친—사실상 벌거벗은—노인이 무릎을 땅에 댄 채 다리를 앞에서 꼬고 앉아있었는데, 이것은 평생 동안 이런 식으로 쪼그리고 앉은 사람만이 취할 수 있는 자세였다. 그의 가슴과 위팔에는 청년기에 입은 상처가 긴 흉터로 남아있었다. 그는 우리가

마가니

도착하자 하얀 이를 드러내며 씩 웃었는데, 평생 동안 거친 음식만 먹은 탓에 치아는 밑동만 남아있었다.

"안녕하세요, 나리."

"안녕하세요, 마가니Magani. 이 사람들이," 아이보리가 우리를 가리키며 말했다. "블랙펠라blackfella[2]의 그림을 보고 싶어해요. 나는 당신이 마닝그리다 최고의 화가라고 말했어요. 괜찮죠?"

마가니는 고개를 끄덕였다. "좋아요, 나리." 그는 아이보리의 발언을 칭찬이나 개인적 의견이 아니라 논쟁의 여지가 없는 인정된 사실로 간주하는 듯했다.

---

2 오스트레일리아 원주민을 지칭하는 비공식 용어. - 옮긴이주

데이비드 애튼버러의 주 퀘스트

"당신이 그림 그리는 과정을 이들에게 보여줄래요?"

마가니는 몇 초 동안 검은 눈망울로 우리를 바라보았다.

"좋아요."

우리는 첫번째 방문에서 마가니와 함께 오래 머물지 않았으며, 그 후 며칠 동안 매일 아침과 오후 그의 집을 방문하여 앉아서 담배를 피우며 정담을 나누었지만 카메라는 가져가지 않았다. 그는 얇은 직사각형 나무 껍질에 한 무리의 캥거루들을 그리는 일에 몰두하고 있었지만, 완성해야 한다는 절박함이 없는 것 같았고 작업 도중에도 항상 이야기할 준비가 되어 있었다.

그는 피진어로 말했지만 말의 리듬, 개별 단어의 발음, 음절의 독특한 강세가 당황스러울 정도로 낯설어서 처음에는 이해하기 어려웠다. 그의 말에 익숙해지면서 나도 같은 방식으로 말하려고 애썼고 때로는 뉴기니에서 배운 피진어에 기대기도 했다. 두 피진어는 상당히 달랐으므로, 내 딴에는 나를 잘 이해시키려고 사용한 피진어가 '간단하고 직설적인 영어'보다 마가니를 더 혼란스럽게 만들었을지도 모른다. 아마도 비이성적이겠지만, 그가 '가장 쉬운 의사소통법'이라고 여기는 방식에 맞도록 내 말을 수정하려 하지 않는 것은 무례한 것처럼 보였다. 비록 우리의 대화는 유치하고 불충분했지만, 나는 곧 마가니가 상당한 유머감각을 가지고 있음을 깨달았다.

어느 날 오후, 밥과 하를레스와 나는 마가니의 집에 앉아 그가 그림 그리는 장면을 지켜보고 있었다. 다른 두 남자가 우리와 합류하여 그의 집 뒤에 쪼그리고 앉아있었다. 갑자기 그들 중 하나가 비명을 지르며 벌떡 일어났다. "뱀이다, 뱀이다!" 그는 소리를 지르며, 나무껍질 더미에서 땅바닥으로 미끄러져 내려오는 작은 에메랄드빛 초록뱀을 가리켰다. 마가니를 제외하고 우리 모두는 펄쩍 뛰었다. 다른 모든 사람들이 파충류에게 막대기를 던지는 동안, 그는 꼼짝하지 않고 앉은 채 붓에 황토를 가득 묻혀 나무껍질을 겨냥했다. 마침내 뱀은 죽임을 당하여 집 밖으로 버려졌다. 마가니는 소동이 시작된 이후 처음으로 움직였다. 그는 나를 향해 돌아서서 마음이 흡족한 듯 웃으며, '흠잡을 데 없는 오스트레일리아 억양'과 '타고난 코미디언의 타이밍'으로 소름 끼치도록 외설적인 2개의 짧은 단어를 발음했다.

"마가니," 나는 짐짓 놀란 척 말했다. "그건 나쁜 말이에요."

"아, 미안해요." 그는 눈을 위로 치켜뜨며 하늘을 가리켰다.

"미안해요." 그는 하늘에 사죄하듯 더 큰 목소리로 되뇌었다. 그런 다음 그는 나를 돌아보았다. "아니, 괜찮아요." 그는 과장된 안도감으로 밝게 말했다. "오늘은 일요일이 아니거든요." 그리고 그는 새된 소리로 웃었다.

"마가니, 그런 나쁜 말은 어디서 배웠나요?" 내가 물었다.

"패니베이^{Fannie Bay}." 패니베이는 다윈에 있는 감옥이다.

"패니베이에는 무슨 일로 갔나요?"

"오래 전에 내가 한 사람—나쁜 놈—을 죽였어요."

"어떻게 죽였는데요?"

마가니는 몸을 기울이며 내 갈비뼈 아래를 손가락으로 찔렀다.

"바로 거기예요." 그는 사실적으로 설명했다. ''나쁜 놈은 죽어야 해요."

마가니에게는 자라빌리^{Jarabili}라는 특별한 동반자가 있었는데, 그는 그림을 그리도록 도와주며 마가니의 집에서 많은 시간을 보냈다. 자라빌리는 마가니보다 젊고 키 큰 남자로 홀쭉하고 긴 턱과 타오르는 눈을 가지고 있었다. 그는 침울한 성격의 소유자로 마가니와 달리 농담을 전혀 좋아하지 않았다. 그는 우리의 말을 모두 진지하게 받아들이고 곰곰이 생각했으며 건성으로 듣는 법이 없었다. 한번은 내가 그에게 그의 언어로 동물의 이름을 물었다. 그는 이 관심을 '부라다어를 유창하게 말하고 싶은 열망이 있다'는 뜻으로 해석했고, 그 후 오랫동안 매일 저녁 나를 찾아와 어휘력 향상을 위한 받아쓰기를 하자고 졸랐다. 그런 다음 그는 나에게 노트를 치우게 하고 전날 저녁에 가르쳐준 단어를 대상으로 나를 테스트 하곤 했다. 나는 형편없는 학생이었지만 자라빌리는 끈질기고 인내심 강한 선생님이었다. 비록 가장 간단한 대화를 계속할 만큼 충분히 배운 적은 없었지만 나는 때때로 내 피진어에 부라다어 단어를 삽입할 수 있었는데, 이것만으로도 자라빌리로 하여금 보기 드문 미소를 짓도록 하기에 충분했다.

우리 모두가 많은 시간을 보낸 집은 마가니가 소유한 유일한 집은 아니었다. 그것은 단지 그의 작업실일 뿐이었다. 그의 아내와 아이들은 정착지에서 더 가까운 다른 집에 살았지만, 마가니는 잠을 자고 식사를 할 때만 거기에 들렀다. 그는 멀리 떨어진 숲에 또 1채의 집을 가지고 있었는데 그곳에서 개를 키웠다. 그는 우리에게 좋아하는 암캐 중 하나가 방금 새끼를 낳았다고 말했다. "개네들을 작업실로 데려오면 안 돼요." 그가 말했다. "어쩌면 믹-이보리Mik-ibori가 총으로 쏠지도 몰라요." 그 즈음 정착지에 배고픈 개들이 들끓었으므로 믹 아이보리는 강력한 조치를 취할 수밖에 없었다. 우리가 아이보리와 같은 태도를 취할지도 모른다는 의심이 떠나지 않았으므로, 그가 강아지를 자랑하고 싶음에도 불구하고 우리에게 보여주려 하지 않는 것은 당연했다. 우리는 그에게 강아지를 보여 달라고 떼쓰지 않았다. 가끔 우리가 그를 찾으러 왔을 때 그는 작업실에 없었고 가족과 함께 있지도 않았다. 이러한 경우 중 한번은 자라빌리와 마주쳤다. 우리가 마가니의 행방을 묻자 그는 불편한 기색을 보였다. "그는 숲에서 비지네스business를 하고 있어요." '비지네스'란 그가 종교와 관련된 모든 문제에 사용하는 단어였다. 우리는 더 이상 캐묻지 않았다.

부라다족 구성원 중 어느 누구도 많은 물질적 재산을 가지고 있지 않았다. 그들이 최근까지 영위해온 유목생활이 우리 중 많은 사람들을 괴롭히는 물질적 소유에 대한 집착을 억제했기 때문이다. 마가니의 작업실 뒤쪽에는 망태기—긴 태슬로 장식된 길쭉한 직물 주머니—가 걸려있었다. 그는 또한 몇 개의 창과 투창기인 우메라wommera—한쪽 끝은 손잡이 모양이고 다른 쪽 끝에는 스파이크가 박힌 긴 널빤지—하나를 소유했다. 우메라의 스파이크가 창의 한쪽 끝에 파인 홈에 들어가면 사용자의 팔 길이가 사실상 거의 2배로 늘어나므로, 창에 대한 지레 작용이 증가하여 투척력이 대폭 향상된다. 마가니는 담뱃대도 가지고 있었는데, 이는 수 세기 전 인도네시아 무역상들이 원주민들에게 소개한 마카사르 파이프Macassar pipe로, 한쪽 끝에 담배를 넣는 작은 금속 컵이 달린 가느다란 나무대롱이었다. 담뱃대의 설대stem[3]에는 언제나 해진 더러운 천 조각이 감겨있었는데, 그 이유는 우리에게 한동안 미스터리였다.

자라빌리는 디제리도didgerido를 가지고 있었다. 디제리도란 흰개미가 파먹어 속이 텅 빈 나뭇가지를 말하는데, 그는 그것을 다듬어 간단한 나팔을 만들었다. 때때로 그는 우리를 위해 그것을 연주했는데, 고동치는 저음을 구사하며 상당한 리듬 변화와 함께 거친 크레센도를 곁들일 수 있었다. 음音을 내는 것은 매우 어려웠지만 자라빌리는 몇 분 동안 소리를 지속할 수 있었다. 그리고 전문 바순 연주자처럼 코로 숨을 들이쉬어 폐를 다시 채우고 뺨을 부풀리고 오므림으로써 계속 불 수 있었다.

———

마침내 우리는 '마가니와 자라빌리가 우리를 잘 알고 있다'고 느꼈으므로 촬영을 시작해도 되냐고 묻기로 했다. 마가니가 우리를 위해 특별히

---

3 담배통과 물부리 사이에 끼워 맞추는 가느다란 대. - 옮긴이주

캔버스로 사용할 나무껍질을 벗기는 마가니

새로운 그림을 시작하는 데 동의했으므로, 우리는 모든 단계를 처음부터 끝까지 하나도 놓치지 않고 촬영할 수 있었다. 그가 캔버스로 사용하는 나무껍질은 유칼립투스의 일종인 스트링이바크stringybark에서만 나왔다. '적당히 큰 나무껍질을 가져오면 정말 멋진 그림을 그려 보이겠다'는 마가니의 약속에 따라 우리는 그런 나무껍질을 수집하기 위해 함께 출발했다. 우리는 그의 이웃 중 한 명에게서 도끼를 빌려 숲으로 갔다.

숲에 도착하니 스트링이바크가 무성했다. 그러나 마가니는 지나치게 까다로웠고, 열에 아홉은 단번에 퇴짜를 맞았다. 때때로 그가 도끼를 휘둘러 나무줄기를 시험삼아 잘랐지만, "껍질이 너무 얇다"라거나 "껍질이 나무에서 제대로 분리되지 않았다"라고 지적했다. 어떤 껍질에는 금이 가고, 어떤 껍질에는 옹이구멍이 너무 많았다. 많은 나무들이 집을 짓거나 그림을 그리기 위해 이미 나무껍질이 벗겨졌다. 마침내 내가 "적합한 나무를 결코 찾을 수 없을 것 같다"라고 걱정하며 "훌륭한 그림을 그려야 한다는 압박감에 마가니가 기준을 너무 높게 설정했다"라고 투덜대기 시작했을 때, 그는 자신의 모든 요구사항을 충족하는 것처럼 보이는 나무를 발견했다. 그는 땅에서 1미터쯤 떨어진 나무줄기에 고리 모양으로 도끼 자국을 냈다. 이어서 떨어진 나뭇가지를 나무에 받치고 그것을 타고 위로 올라가 발가락으로 나뭇가지를 움켜잡아 균형을 잡은 다음, 능숙한 솜씨로 첫번째 자국보다 1.5미터 높은 곳에 또 하나의 고리 모양의 자국을 냈다. 그런 다음 2개의 자국을 잇는 세로띠 모양의 나무껍질을 잘라내고 거대한 나무껍질 시트를 천천히 벗겨냈다. 이제 나무줄기는 하얗게 벌거벗은 채 수액으로 뒤덮여있었다.

그는 작업실로 돌아와 나무껍질의 바깥쪽 섬유층을 조심스럽게 다듬었다. 그리고 거기서 나온 부스러기에 불을 붙인 다음 동그랗게 말린 시트를 안쪽이 아래로 향하게 하여 불에 갖다 댔다. 불은 나무껍질을 태울 만큼 뜨겁지 않았지만 수액의 일부를 증기로 바꾸어 시트 전체를 유연하게 만들기에는 충분했다. 몇 분 후에 그는 그것을 땅에 내려놓고 바위를 올려놓아 완전히 평평하게 굳혔다. 이것이 바로 그의 캔버스였다.

그는 네 가지 색소를 사용한다며 각각의 색소를 채취하는 장소를 우리에게 보여주었다. 먼저, 그는 개울의 건조한 암석층에서 수화된 산화철인 갈철석limonite 자갈을 수집했다. 품질을 평가하기 위해 바위에 긁어 노란색 자국이 나는 것과 빨간색 자국이 나는 것만을 보관했다. 다음으로 해안의 맹그로브 사이에 있는 구덩이에서 백색 고령토를 얻었다. 마지막으로, 그는 숯을 갈아서 까만색 가루를 얻었다. 이것들이 그의 팔레트에 있는 네 가지 기본 색상이었다. 그러나 빨간 갈철석 자갈 외에, 그는 더욱 풍부하고 짙은 빨간색 색소인 황토색 자갈을 가지고 있었다.

데이비드 애튼버러의 주 퀘스트

황토색 자갈은 마닝그리다가 아니라 남쪽 어딘가에서 나며 원산지에 사는 부족과의 거래를 통해 도입되었다. 따라서 그것은 매우 귀중했고, 마가니는 그것을 종이껍질로 조심스럽게 싸서 망태기에 보관했다.

재료가 하나 더 필요했는데, 그것은 유칼립투스 나무의 높은 가지에서 자라는 석곡속*Dendrobium* 난초의 다육질 줄기였다. 마가니는 "너무 늙어서 나무에 올라갈 수 없다"라고 말했고, 그것을 수집하기 위해 나무 위로 기어올라 간 사람은 자라빌리였다. 난초 줄기의 즙은 고정액으로, 물감이 벗겨지는 것을 방지하는 역할을 했다.

이제 나무껍질 시트가 건조되었으므로 그림을 시작할 수 있었다. 마가니는 나무껍질을 땅바닥에 평평하게 놓고 그 앞에 다리를 꼬고 앉았다. 그의 옆에는 새조개 껍데기와 몇 개의 담배깡통이 놓였는데 모두 물로 가

황토색 자갈의 품질을 평가하는 마가니

득 차있었다. 그는 빨간색 자갈을 작은 사암 조각에 갈아 황토를 만들고, 그것을 조개껍데기에 넣은 다음 손가락에 묻혀 나무껍질 위에 칠했다. 이로써 그의 도안을 위한 빈틈없는 붉은색 밑바탕이 마련되었다. 그리고 난초 줄기의 끝을 씹어 즙이 나오도록 만든 다음 그것으로 각 형상들의 대략적인 윤곽을 그렸다. 세밀한 그림을 위해 그는 세 가지 다른 붓을 사용했다. 첫번째 붓은 '끝이 씹혀 벌려진 잔가지'로 넓은 선을 그리는 데 사용했다. 두번째 붓은 '끝이 뾰족한 잔가지'로 점을 찍는 데 사용했다. 세번째 붓은 '끝 부분에 기다란 섬유가 달린 잔가지'로 나무껍질을 능숙하고 꾸준하게 가로지르며 가늘고 섬세한 선을 긋는 데 사용했다.

천천히 그리고 조심스럽게 그는 캥거루와 사람, 물고기 그리고 거북이를 그렸다. 디자인은 일정한 양식에 따랐고 단순했다. 어느 그림에서도 그는 동물의 정확한 모습을 표현하려고 애쓰지 않았다. 사실 그건 불필요했다. 왜냐하면 모든 사람이 캥거루나 사람의 생김새를 알고 있었기 때문이다. 자신의 상상력을 이용하여 이미지에 현실의 모습을 입히는 것은 관람객의 몫이었다. 그의 목적은 단지 이미지의 본질을 명확히 하는 것이었는데, 그는 사람과 동물의 본질을 잘 보여주는 특정한 특징을 선택하고 강조함으로써 이를 확실하게 했다.

우리같이 훈련받지 않은 사람의 눈으로도 그의 그림을 알아볼 수 있었다. 그는 정확한 상징을 구사했다. 예컨대 그의 도마뱀은 단순히 '도마뱀 같은 동물'이 아니라 도마뱀붙이 또는 고아나였으며 악어와는 상당히 달랐다. 그의 물고기는 누가 보더라도 큰입선농어거나 가오리 또는 상어였다. 그러나 일부 디자인은 너무 정형화되어, 익숙하지 못한 사람은 그 의미를 알아챌 수 없었다. 예컨대 혹 달린 원들이 교차 해칭cross-hatching된 바탕에 흩어져 있는 것은 민물 호수를 나타냈다. 왜냐하면 혹 달린 원은 백합 구근의 상징이고 교차 해칭은 물의 패턴이었기 때문이다. 따라서 긴

데이비드 애튼버러의 주 퀘스트

그림을 시작하는 마가니

함께 작업하는 마가니와 자라빌리

막대기—여자의 뒤지개digging stick[4]를 나타낸다—의 이미지가 추가되었을 때, 그 장면은 사람들이 빌라봉에서 구근을 찾아 헤매는 장면 중 하나가 되었다.

그의 작품 구성 중 많은 부분은 바다와 모래, 구름과 비의 기하학적 상징들이 얽힌 형상들의 모자이크로, 매우 상세했다. 원근법은 없었다. 촘촘히 짜인 구성은 여러 방향에서 바라볼 수 있었으며, 사람의 형상이 포함된 구성에서는 모두 같은 방향으로 서있는 경우가 매우 드물었다.

그러나 그의 그림은 단순하고 간단했음에도 불구하고 끝없이 흥미로웠다. 제한된 팔레트는 색상의 미묘한 조화를 이끌어 냈으며, 냉혹하리만큼 절제된 상징은 위엄과 힘을 부여했다. 우리의 눈에 그 그림들은 독특한 아름다움을 지닌 것처럼 보였다.

우리와 인터뷰한 사람들은 모두 자신이 화가라는 데 흔쾌히 동의했다. 그들은 '사람이 화가가 아닐 수도 있음을 고려해야 한다'는 사실에 놀란 것 같았다. 다른 한편으로, 만약 그들이 그림에서 즐거움을 얻는다면 그것은 감상이 아니라 활동에서 비롯된 것이었다. 왜냐하면 남의 작품을 보고 큰 즐거움을 얻는 사람은 거의 없는 것 같았기 때문이다. 우리가 그림에 관심이 있다는 소문이 나자 많은 사람들이 나무껍질을 가지고 우리를 방문했다. 그러나 마가니의 그림과 비교될 수 있는 것은 거의 없었다. 그와 맞먹는 기술, 상상력, 응용력으로 그림을 그리는 사람은 아무도 없었다.

나는 마가니에게 그림을 그리는 이유가 뭐냐고 물었다. 그는 그 질문에 어리둥절해했다. 그의 첫번째 대답은 단순히 우리에게서 그림을 그려 달라는 요청을 받았기 때문이라는 것이었다. 하지만 그는 우리가 마닝그리다에 오기 전에도 그림을 그렸다. 왜 그랬을까? 믹-이보리가 그림이 그려

4　식량을 채집할 때 땅속을 뒤져 식물 뿌리나 열매를 캐는 데 쓰는 도구. - 옮긴이주

마가니와 반쯤 완성된 그림

진 나무껍질을 사면서 돈을 줬고, 그는 그 돈으로 가게에서 담배를 살 수 있었기 때문이라고 했다. 한동안 내가 그에게서 얻어낼 수 있는 답변은 이것밖에 없었다. 그러나 그게 유일한 답변이 될 수는 없었다. 암벽화와 초기 탐험가의 기록에서 알 수 있듯이, 마가니와 그의 동족들은 백인들이 이곳에 와 그림을 사기 훨씬 전부터 그림을 그렸다. 마가니의 궁극적인 대답은 "우리는 항상 그림을 그려왔어요."였다.

우리가 단계별로 촬영한 큰 나무껍질 그림이 완성되었을 때, 우리는 함께 앉아 그에게 형상들을 하나씩 확인해 달라고 요청했다. 나무껍질의 중앙에는 2개의 긴 모양이 아래쪽으로 배치되어 있는데, 측면이나 끝 부분에 작고 뭉툭한 팔들이 돌출해 있었다. 그것들은 내부가 직사각형 구획으로 세분화되고 하얀색, 노란색, 빨간색으로 교차 해칭되어 있었다.

"그건 달콤한 설탕 주머니예요." 마가니가 말했다. '긴 모양'은 야생 꿀이 가득 찬 빈 나무줄기였다. '작고 뭉툭한 팔'은 나뭇가지인데 주된 착상과 관련이 없으므로 크기가 대폭 축소되었다. 이 나무의 한쪽 편에는 3명의 작은 조연들이 있었다. "이 사람은 망태기를 멘 채 도끼로 설탕주머니를 잘랐어요." "이 남자는 창으로 딩고 개를 죽였어요." "한 남자는 두 여자와 모닥불을 피우고 누워 잠들었어요." 그 위에는 고아나, 도마뱀붙이 그리고 또 하나의 도마뱀이 있는데, 세번째 도마뱀의 목에서는 붉은 피부판이 돌출해 있었다. "이놈은 큰 귓구멍을 갖고 있어요." 마가니가 그것을 가리키며 말했다. 그것은 목도리도마뱀frilled lizard이었는데, 우리가 눌랑지 주변에서 본 멋진 동물로, 목에 감긴 커다란 피부판을 엘리자베스 여왕 시대의 주름 옷깃처럼 세울 수 있었다.

야생 꿀 나무의 다른 쪽에는 나를 어리둥절하게 하는 상징물이 도사리고 있었다. 그것은 긴 직사각형이었는데, 한복판에 교차 해칭이 되어 있고 양쪽 끝에 빨간색, 노란색, 하얀색의 널따란 줄무늬가 그려져 있었다. 한쪽 끝에 한 남자가 몸을 기댔는데, 그의 얼굴이 직사각형에 닿아있었다. 그 아래에는 2명의 다른 인물이 그려져 있는데, 1명은 춤을 추고 다른 1명은 마치 타악기로 리듬을 맞추며 노래하는 가수처럼 2개의 막대기를 서로 부딪치는 것처럼 보였다. 나는 그 직사각형을 가리켰다.

"이게 뭐죠?"

지금까지 마가니는 거침없이 큰 소리로 대답해 왔다. 그랬던 그가 이제는 몸을 기울이며 내 귀에 대고 알아들을 수 없는 이름을 속삭였다.

"왜 그렇게 조그맣게 말하는 거예요?" 나는 맞대응하여 속삭였다.

"큰 소리로 말하면 어린아이와 여자들이 들을지도 몰라요."

"그들이 들으면 안 되는 이유가 뭐죠?"

"그건 비밀이에요. 그건 비지네스의 영역에 있어요. 신이 그것을 만들

데이비드 애튼버러의 주 퀘스트

었거든요."

　나는 그가 하는 말을 거의 알아듣지 못했다. 그것은 분명히 의식과 관련 있었고 풋내기 소년이나 아녀자 앞에서 논의되지 말아야 할 주제였다. 그러나 그것이 물질적인 것인지, 영적인 것인지, 아니면 둘 다인지 나는 알 수 없었다.

　"이게 어디서 왔는데요?"

　"먼 숲이요."

　"마가니, 나는 여자도 아니고 어린아이도 아니에요. 내가 그걸 알아도 아무런 문제가 없어요."

　마가니는 나를 빤히 쳐다보며 코를 긁었다.

　"맞아요." 그가 말했다.

　마가니의 예술에 동기를 부여한 가장 강력한 충동을 우리에게 드러낸 것은 나무껍질에 그려진 이 하나의 이미지였다. 그로 하여금 그림을 그리며 나날을 보내게 만든 가장 큰 추동력은 바로 그것이었다.

22. 으르렁거리는 뱀

마가니는 숲속을 일부러 성큼성큼 걸어갔다. 그는 허리를 약간 뒤로 젖히고 팔을 늘어뜨린 채, 맨발로 잔가지와 가시덤불을 무심하게 밟으며 똑바로 걸었다. 부라다족 집단 거주지 근처의 숲에는 오솔길이 교차하며 나있었지만, 가까이 다가갈수록 길은 점점 더 좁아졌고 마침내 인적이 드문 숲에 이르렀다. 우리는 800미터쯤 더 걸어 커다란 나뭇가지 아래의 거처에 도착했다. 그 앞에는 자라빌리가 앉아있었다. 그는 아무것도 하지 않고 다리를 꼬고 앉은 채 허공만 바라보고 있었다. 우리가 가까이 다가가자 그는 눈에 띄게 놀라며 타는 듯한 시선을 우리에게 돌렸다. 마가니는 그에게 부라다어로 빠르게 말했고, 두 사람은 곧 안으로 들어갔다. 그들은 의식에 사용될 그림으로 덮인 신성한 물건을 가지고 나왔다.

의식의 본질과 기원신화를 알아내는 것은 길고 느린 과정이었다. 우리는 매일 그것들에 대해 이야기했고, 나는 마가니가 하는 말을 받아 적었다. 내가 알기로, 그 신화는 오스트레일리아의 이 지역 전체에서 다양한 형태로 나타난다. 이미 많은 버전이 녹음되었지만, 나는 마가니의 말을 들을 때는 다른 사람들의 이야기는 모두 잊어버리고 그의 이야기만 들으려고 애썼다. 나는 유도성 질문을 하거나 깔끔한 줄거리를 강요하지 않으

데이비드 애튼버러의 주 퀘스트

려고 노력했다. 사건들의 인과관계를 요구하지도, 우리 자신이 꾸며낸 이야기가 요구하는 '행동과 결말의 논리적 순서'로 사건을 연결하도록 요구하지도 않았다. 우리 자신의 신화도 마찬가지여서, 원형을 살펴보면 명백히 논리적인 경우는 거의 없다. 우리는 신화를 처음 배울 때, 그것을 '순차적으로 일어난 일련의 사실들'로 의심하지 않고 받아들인다. '뱀이 태초의 여자에게 사과를 먹도록 설득하는 바람에 남자가 영생의 선물을 박탈당하고 죽게 되었다'는 이야기는 마가니의 이야기와 마찬가지로 논리와 동떨어져 있다.

나는 또한 '마가니가 들려주는 사건들을 기록할 수는 있지만, 그 이야기가 그에게 의미하는 바를 제대로 이해하는 것은 불가능하다'는 것을 알고 있었다. 내가 속한 문화 공동체가 가진 창조신화조차도 이상한 우화에 불과하다고 여기는 내가, 자기 부족의 기원과 자기가 발 딛고 사는 땅에 대한 이야기—의미 있고 경외로운 사실로 가득 차있어서, 그것을 알 자격이 없는 아녀자들 앞에서는 몇몇 주인공의 이름조차도 함부로 언급할 수 없는 이야기—를 문자 그대로 받아들이는 마가니의 태도를 어떻게 이해할 수 있겠는가?

우리가 어렵사리 해독한 그의 이야기는 다음과 같았다:

지구가 평평하고 형체가 없었던 꿈의 시대Dreamtime[1]에 동물은 거의 인간에 가까웠고 사람은 거의 신에 가까웠다. 그 무렵 와윌락Wawilak이라는 지역에서 2명의 여자가 남쪽으로 왔다. 그들의 이름은 미실고에Misilgoé와 볼레레Boaleré였는데, 오는 길에 그때까지 이름이 없었던 동식물에 보는 대로 이름을 붙였다. 미실고에는 아기를 잉태하고 있었는데, 마닝그리다 동쪽의 고이더Goyder강 근처에 있는 미라미나Mirramina라는 물웅덩이에 이르

---

1 오스트레일리아의 일부 원주민이 생각하는 '인류가 창조된 시기'로, 앨처링거alcheringa라고도 한다. – 옮긴이주

렀을 때 자신의 뱃속에서 아기가 움직이는 것을 느꼈다. 그래서 그들은 물웅덩이 옆에서 야영을 했는데, 미실고에가 쉬는 동안 볼레레는 식량을 모았다. 그녀는 참마와 백합 구근을 캐고 고아나와 반디쿠트를 잡았다.

자매는 모르고 있었지만, 그 웅덩이는 검은 물 아래 밑바닥에 잠들어 있는 거대한 뱀의 집이었다. 얼마 지나지 않아 미실고에의 아이가 태어났다. 아이는 아들이었고, 그들은 그에게 장갈랑^{Djanggalang}이라는 이름을 붙였다. 볼레레가 죽은 동물들을 요리하기 시작했을 때 동물이 갑자기 되살아나 물웅덩이에 뛰어들었다. 그제서야 자매들은 진상을 알아챘다. "이건 필시 물 아래에 뱀이 있기 때문일 거야." 그들은 말했다. "해가 질 때까지 기다리면 다시 잡을 수 있을지도 몰라."

그런데 미실고에가 장갈랑을 낳을 때 흘린 피가 웅덩이 속으로 흘러 들어가 물을 더럽혔다. 뱀은 물맛을 보고 웅덩이 옆에 자매가 머물고 있다는 사실을 알게 되었다. 미실고에는 얇은 나무껍질을 모아 아기를 위한 요람을 만들었다. 그런 다음 그들 모두가 밤을 보낼 수 있는 오두막을 지었다. 그러나 뱀은 더러워진 물에 분노하여 그리로 피신한 고아나를 데리고 물에서 나왔다. 그는 쉿쉿 소리를 내며 입김으로 구름을 하늘로 날려 보냈다. 그러자 세상은 매우 어두워졌다. 그때 미실고에는 자고 있었지만, 볼레레는 리듬 막대를 들고 맞부딪치면서 노래하고 춤추며 뱀을 달랬다. 춤추다 지친 그녀는 오두막으로 들어갔다. 그녀는 리듬 막대를 땅에 세우고 빌고 난 후 잠들었다.

웅덩이로 들어갔던 뱀이 다시 밖으로 나왔다. 그는 장갈랑의 엉덩이를 문 후 그대로 집어삼켰다. 그런 다음 두 자매를 잡아먹었다. 그리고는 아치 모양을 그리며 하늘로 올라갔다. 그의 몸은 무지개, 혀는 번개, 음성은 천둥이었다. 그는 구름 위에서 다른 지역의 뱀들에게 물웅덩이에서 일어난 일들을 낱낱이 말했다. 다른 뱀들은 그를 조롱하며 어리석다고 여겼

데이비드 애튼버러의 주 퀘스트

다. 여자들과 그들의 아이를 잡아먹은 것은 잘못이라는 비난이 거세게 일었다. 결국 뱀은 잘못을 깨닫고 웅덩이로 돌아왔다. 그는 아직 살아있는 여자들과 아이를 웅덩이 옆에 뱉어 내고 다시 물속으로 들어갔다.

이것은 두 와윌락 자매와 뱀이 뱉어 낸 후 그들을 찾으러 온 웡가르Wongar 남자들의 이야기를 연대기적으로 기록한 긴 전설에 나오는 사건 중 하나였다. 신화가 전개되는 과정에서 세상의 모든 동물들이 창조되고 명명되었고, 할례와 피부를 절개하는 의식이 제정되었으며, 춤의 리듬과 기념 의식의 양식이 확립되었다. 또한 숭배물, 씨족, 반족moiety[2]과 같은 부라다 사회의 구조도 결정되었다. 왜냐하면 각 사람이 이야기의 주인공들과 혈연적으로 결합되었으므로, 다른 사람들과 비교하여 자신의 사회적 지위를 확인할 수 있었기 때문이다.

그것은 '니벨룽의 반지'만큼이나 길고 구약성서의 창세기만큼이나 의미 있는 이야기였다. 자세한 내용을 여자는 알 수 없고, 남자만 평생 동안 서서히 알게 될 뿐이었다. 그가 태어나기 전에 그의 영혼은 조상의 영혼이 처음 나타난 물웅덩이 토템을 떠나 어머니의 자궁으로 들어갔다. 그는 8살이나 9살 때 할례를 받고 이야기의 덜 신성한 부분 중 일부를 접하게 되었다. 그가 자라면서 점점 더 많은 이야기들이 그에게 알려지고 더 많은 신성한 상징들이 그에게 보여졌으며, 마침내 마가니와 같은 노인이 되었을 때 삶의 모든 의미를 알게 되었다. 그가 죽으면 그의 영혼은 몸에서 해방되어 본원적 고향인 신성한 장소로 돌아갔다.

적절한 나이에 도달한 젊은이들이 신성한 상징을 보고 노래와 춤을 배움으로써 우주에 대한 이해의 또 다른 단계에 이를 수 있도록, 마가니와 자라빌리는 신화의 작은 에피소드를 공연할 준비를 하고 있었다. 그들은

2　부족사회가 2개 또는 2그룹의 단계적 친족집단으로 이루어질 때 그 각각을 가리키는 말. - 옮긴이주

자라빌리와 그의 아들

매일 그 노래를 연습했다.

　언젠가 노래가 끝났을 때 자라빌리는 깊은 감동을 받은 것 같았다. 그는 리듬 막대를 손에 쥔 채 꼼짝 않고 앉아있었는데, 눈물이 뺨을 타고 흘러내리는 동안 얼굴이 돌처럼 굳어있었다. 그는 이렇게 설명했다. "아버지가 생각나서 그래요."

━━━

　마가니와 자라빌리가 의식을 준비하는 동안, 다른 많은 의식들이 숲의 외딴 구석에서 은밀하게 거행되고 있었다. 왜냐하면 부라다와 구나비지 두 부족은 각각 여러 개의 씨족으로 나뉘고 이 씨족들은 다시 숭배 대상에 따른 토템 집단으로 세분되어, 각 공동체들이 제각기 자신들만의 의

데이비드 애튼버러의 주 퀘스트

식을 책임져야 했기 때문이다. 더욱이 사람들은 각자 신성시하는 물건을 소유하고 한적한 곳에서 그것을 소중히 여기며 교감했는데, 같은 토템에 속한 가까운 친척에게만 그 물건을 보도록 허용했다. 따라서 숲속을 걸을 때는 낯선 사람들의 사생활을 침해하지 않기 위해 신중하고 섬세한 몸가짐이 요구되었다.

때때로 우리는 카메라 장비를 운반할 젊은이를 모집했는데, 처음에 함께 숲을 지나던 중 나는 아카시아나무에 앉아있는 로리^{lory}──붉은 머리와 가슴을 가진 아름다운 새로, 앵무새처럼 생겼다──를 발견했다. 새가 날아가 버리자, 나는 기를 쓰고 새를 쫓으며 장비를 든 소년에게 나를 따르라고 소리쳤다. 그리고는 시선을 새에게 고정한 채 몇 그루의 덤불을 헤치고 살금살금 앞으로 나아갔다. 그러다 문득 몸을 돌려 그 소년이 땅에 뿌리박은 것처럼 서있는 것을 보았다. 그 새는 다시 날아올랐고, 나는 그 뒤를 쫓으면서 더욱 거친 어조로 다시 한 번 그 소년을 불렀다. 그제서야 나는 약 20미터 떨어진 통나무 위에 한 노인이 앉아있는 것을 알아차렸다. 그의 무릎 위에는 신성한 물건이 놓여있었다. 소년은 약간의 거리를 두고 내 뒤에 멈춰 섰지만 그 노인을 볼 수 있을 만큼 가까이 다가와있었다. 우리가 거기에 서있는 동안, 노인은 무릎 위의 물건을 통나무 아래로 밀어넣은 다음 나무껍질 조각으로 덮었다. 그런 다음 우리에게 다가와 소년에게 말했다. 두 사람은 소년이 지불해야 할 벌금으로 담배 2통에 합의했다. 당연히 벌금을 부담할 사람은 나였다. 장담하건대, 그들은 내가 벌금을 낼 거라고 예상하고 금액을 일부러 높게 책정했다. 그럼에도 불구하고 사적 의식을 침해한 사람은 항상 어떤 식으로든 속죄해야 했으며, 부족 의식에서 유사한 죄를 저지른 사람은 훨씬 더 가혹한 처벌을 받아야 한다는 데는 의문의 여지가 없었다.

드디어 의식을 치를 시간이 되었다. 마가니는 신성한 물건을 들고 "내일 춤을 출 거예요"라고 말했다. 우리는 그제서야 두 사람이 의식에서 맡은 역할을 알게 되었다. 자라빌리는 고아나 씨족의 구성원이므로 토템 조상 역할을 연기할 예정이었다. 반면에 마가니는 밀접하게 연관되어 있지만 다른 토템―그는 이것을 '꿈'이라고 불렀다―을 숭배하고 있었다. 자신의 꿈이 무엇인지 보여주기 위해 그는 우리를 작업실로 데려갔다. 그는 담뱃대를 꺼내어 주위에 여자나 어린아이가 없는지 확인한 후 설대를 감싸고 있던 '지저분한 천'을 조심스럽게 풀었다. 설대를 따라 삼각형들이 한 줄로 새겨져 있는데 하나 걸러 하나씩 깔끔하게 교차 해칭되어 있었다. 그건 바로 비구름의 상징이었다. "내 꿈은 바로 이거예요." 그가 말했다.

그 다음날은 토요일이었다. 정오가 지나자마자 남자들이 하나둘씩 작업실로 오기 시작했다. 그중에는 정착지의 밭을 담당하는 사람과 건설업자들을 위해 콘크리트를 섞는 사람도 있었다. 몇 명은 처음 보는 노인이었다. 여러 명이 바지를 입고 도착했지만 바지를 벗고 로인클로스로 갈아입었다. 자라빌리는 다른 남자와 함께 작업실 앞의 넓은 공간에서 덤불과 묘목들을 베어 냈다. 한 남자가 등을 대고 누웠고, 다른 남자는 황토를 만들어 동료의 가슴에 고아나를 그리기 시작했다. 얼마 지나지 않아 둘씩 짝을 지어 서로에게 번갈아 가며 그림을 그리고 있었다. 그들은 마가니가 나무껍질 그림을 제작할 때 사용한 것과 똑같은 기술을 사용했다. 먼저 난초 줄기의 즙 많은 끝부분으로 도안의 외곽선을 개략적으로 그리고, 같은 종류의 잔가지 붓으로 하얀색, 빨간색, 노란색 그림을 그렸다. 자신의 몸이 장식되고 있는 동안, 남자들은 눈을 감고 마치 거의 넋을 잃은 듯 꼼짝도 하지 않고 무표정하게 누워있었다. 디자인은 비슷했지만 배치하는

데이비드 애튼버러의 주 퀘스트

방법은 다양했다.

어떤 사람들은 고아나의 머리를 가슴 위쪽으로 향하게 하고 다른 사람들은 아래쪽으로 향하게 했다. 자라빌리의 고아나는 대부분의 것보다 훨씬 커서, 혀는 엉덩이에 닿았고 꼬리는 어깨 위로 뻗어있었다. 그러나 모든 고아나들은 정확히 같은 양식으로 그려졌다. 즉, 위에서 보았을 때 다리가 벌어지고 몸에 교차 해칭이 되었으며, 심장과 내장은 마가니의 나무 껍질에서 본 것처럼 표현되었다. 넓은 흰색 줄무늬가 모든 남자들의 이마를 가로질렀고, 또 하나의 붉은색 줄무늬가 눈 아래와 콧대를 가로질렀다. 모든 남자들은 망태기를 휴대했다.

마가니는 누구보다도 화려하게 장식한 채 등장했는데, 이는 그의 장난스럽고 대담한 성격을 감안할 때 능히 예상할 수 있는 일이었다. 그는 이마에 로리 깃털로 짠 긴 밧줄을 둘렀고, 얼굴에는 더 넓고 화려한 빨간색과 흰색 줄무늬를 그었다. 그러나 그의 가슴에는 고아나가 그려져 있지 않았다. 그도 그럴 것이, 고아나는 그의 토템이 아니었기 때문이다.

늦은 오후가 되어서야 모든 그림이 완성되었다. 먼저 장식한 사람들은 주변 숲 그늘에 앉아있었다. 이제 그들은 모두 작업실에 모였다. 한 무리의 젊은이들이 연장자의 인솔하에 작업실 앞에 모여 시선을 딴 데로 돌린 채 한쪽에 섰다. 이 의식은 바로 그들을 위해 거행되고 있었다. 그들은 지금까지 외경스러운 비밀이었던 신성한 신비를 목격할 예정이었다. 나 역시 이 신성한 신비를 목격할 예정이었다. 그 자리에서 무슨 일이 일어났는지 설명하고 싶은 마음이 간절하지만, 그건 내가 말할 수 있는 비밀이 아니다.

우리는 오스트레일리아 원주민들이 그림을 그리는 이유를 더 잘 이해하기 위해 마닝그리다에 갔다. 마가니가 분명히 보여준 바와 같이, 그에게 있어서 그림의 가장 중요한 목적은 의식에 봉사하는 것이었다. 그가 사용한 도안은 의식의 필요를 충족하기 위해 조상들이 창조한 것이었다. 이토록 성스러운 것으로 엄청난 의미가 부여되었기에 여자는 그의 도안을 제대로 감상할 수 없었고 남자들조차도 평생 동안 일련의 의식을 거쳐야 비로소 그 의미를 온전히 이해할 수 있었다. 그림을 그리는 행위는 그 자체로 숭배 행위가 되었고 한때 세상을 만들었고 여전히 세상을 지배하고 있는 영혼들과 교감하는 수단이 되었다. 도안들을 응시함으로써 젊은 이들은 그들의 기원과 우주의 원형을 알게 되었다.

그림과 초자연적 현상 간의 이러한 연결은 그림이 다른 방식으로 자연의 과정에 영향을 미치는 것을 가능케 한다. 인류학자들은 그림이 때때로 주술에 사용된다는 것을 발견했다. 예컨대 다른 사람에게 질병이나 죽음을 초래하려는 사람은 나무껍질이나 바위에 몰래 그 형상을 그려서 악령을 부를 수 있다. 자신의 아내가 아이를 낳기를 바라는 사람은 배가 남산만 하게 나온 그녀의 그림을 그릴 수 있다. 또한 때때로 사람들은 식량이 되는 동물의 존속과 증가를 확실히 하기 위해 그림을 그리기도 한다. 일례로, 캥거루의 토템적 비밀을 담당한 노인은 '창조의 시대'에 최초의 조상 캥거루가 나타난 동굴에서 수 세대 동안 그려져 왔던 캥거루 그림을 새롭게 그릴 책임이 있다. 왜냐하면 그 그림이 바위에서 바래면 주변 사막의 캥거루가 줄어들거나 사라질 수 있기 때문이다.

그럼에도 불구하고 마가니는 그림이 항상 신성한 것만은 아님을 보여주었다. 의식에서 그려진 고아나의 도안은 그가 우리에게 보여주기 위해 나무껍질에 그린 것과 모든 세부사항에서 동일했다. 우리에게 그려준 것들은 명시적인 종교적 의미가 없었고 여자와 어린아이들이 봐도 무방했다. 정황에서 벗어난, 즉 의식에 의해 성별聖別되지 않은 그림은 더 이상 권력을 부여받지 않았다. 이와 같은 예술의 세속적 변형은 어떻게 생겨났으며 사람들의 삶에서 어떤 역할을 수행했을까? 한 권위자는 "오스트레일리아 북부에는 긴 우기가 있어서, 가족들이 폭우로 인해 피난처에 갇힌 채 며칠 내지 몇 주를 보내야 할 수 있다"라고 지적했다. 어쩌면 비가 유칼립투스나무를 적시고 한때 사냥터였던 평원을 흠뻑 젖은 늪으로 만드는 동안, 그들은 피난처에 앉아 단순히 그 시간을 보내거나 다른 은밀한 경우에 신성한 목적으로 사용해야 하는 도안을 연습하기 위해 그들을 둘러싼 바위와 나무껍질에 그림을 그렸을지도 모른다. 그들은 아마도 그들 자신과 서로를 즐겁게 하기 위해 그들의 이야기에 삽화로 쓰이는 것 말고는 의미가 없는 새로운 이미지를 만들어내고 우리가 눌랑지에서 본 배와 권총 같은 그림을 그렸을 것이다.

그러나 원주민들이 그린 그림의 주요 동기는 확실히 종교적이었다. 가장 단순한 모양조차도 풋내기가 추측할 수 없는 신성한 의미를 지니고 있었기 때문이다. 만약 우리가 고고학자로서 마가니의 마카사르 담뱃대를 발견했다면, 설대를 따라 한 줄로 새겨진 줄무늬 삼각형들이 단순한 장식, 즉 담뱃대 소유자가 개인 소유물 중 하나를 장식하기 위해 새긴 기하학적 패턴에 불과하다고 생각했을 것이다. 그게 한 남자의 너무나 비밀스러운 개인적 토템의 상징이어서 여자들과 어린아이들의 눈에 띄지 않도록 천으로 가려졌다는 사실은 알 수 없었을 것이다.

선사시대의 인류가 유럽의 동굴에서 사상 최초로 예술의 꽃을 피운 동기를 밝히는 데 이 모든 것이 무슨 단서를 제공하는 것일까? 이런 선사시대 그림들, 특히 라스코의 웅장한 갤러리에 있는 그림들은 오스트레일리아 원주민들이 제작한 어떤 그림보다도 미학적으로 훨씬 뛰어나다. 그럼에도 불구하고, 원주민의 그림은—우리가 눌랑지에서 보았듯이—암석에 배치된 방식, 주제, 기법 면에서 선사시대의 그림과 매우 흡사하다. 그렇다면 두 부족 사이에 일말의 타당한 비교가 가능할까?

오스트레일리아 원주민은 아시아와 인도네시아 섬들을 거쳐 오스트레

왈라비 새끼를 안고 있는 오스트레일리아 원주민 소년

일리아로 이주한 것으로 보이는데, 그 당시에 이 땅덩어리들은 오늘날처럼 멀리 바다에 의해 격리되지는 않았다. 그들이 항상 오스트레일리아에 살았던 건 아니지만, 지금으로부터 4~5만 년 전 오스트레일리아 대륙에 도착한 건 분명해 보인다. 사하라 사막의 바위와 스페인 남부의 동굴에는 사라진 종족이 만든 프리즈가 여전히 남아있는데, 그 위에서 뛰어다니는 막대기 모양의 인물들은 아넘랜드의 미미와 놀라울 정도로 유사하다. 만약 오스트레일리아 원주민이 유럽에서 유래했다면, 이것은 지구의 반을 가로지른 수 세기 동안의 여정을 나타내는 단서일 것이다.

의심의 여지가 거의 없는 한 가지 사실은, '유럽의 석기시대인'과 '오스트레일리아의 초기 원주민'이 한때 비슷한 수준의 기술적 성취를 공유했다는 점이다. 즉, 둘 다 떠돌던 사냥꾼으로, 하나는 캥거루와 거북이를,

데이비드 애튼버러의 주 퀘스트

다른 하나는 야생 황소와 매머드를 쫓았다. 둘 중 누구도 한 곳에서의 정착 생활을 가능케 하는 동물 사육이나 농작물 재배의 비밀을 아직 배우지 못했다. 삶의 방식에 나타난 이러한 유사성은 비슷한 종교적 신념을 낳았고, 두 부족이 제작한 그림들 사이의 유사점을 설명한다. 그러나 이것은 어디까지나 추측에 불과하다.

설사 그렇더라도, 원주민의 그림을 둘러싼 정교하고 복잡하게 연계된 의미들은 '하나의 단순한 설명으로 선사시대 그림을 완전히 설명하는 것은 불가능하다'는 점을 시사하기에 충분하다. 한 가지 분명한 것은 '라스코의 남자들이 사냥주술의 일환으로 그림을 그렸다'는 것으로, 그들은 '옆구리에 화살이 박힌 황소'와 '부상당해 내장이 흘러나온 들소'를 묘사함으로써 성공적인 사냥의 기회를 증가시키기를 희망했다는 것이다. 그러나 혹시 이 화려한 동굴벽화의 기저에는 토테미즘 말고 보다 미묘한 철학적 의미가 깔려있는 게 아닐까?

오스트레일리아 원주민의 기원이 무엇이든 간에, 그들은 더 이상 선사시대인이 아니므로 선사시대인과의 유사점을 지나치게 강조해서는 안 된다. 어떤 사회도 그 문화의 모든 세부사항이 영원히 화석화된 채 정적인 상태로 남아있지 않다. 원주민의 삶은 자신들의 공동체 내에서 발달한 새로운 아이디어와 신념에 자극받아 계속 진화해 왔으며, 비록 인적 교류의 주류에서 오랫동안 소외돼 있었음에도 불구하고 다른 사람들—서쪽으로 인도네시아인, 북쪽으로 뉴기니의 멜라네시아인—의 영향을 받아왔다.

오늘날에는 유럽인들이 영향력을 더해가고 있다. 아넘랜드에 필연적으로 도달하게 될 새로운 재료들의 홍수에 마가니와 그의 동료 화가들이 어떻게 반응할 것인지는 아직 알 수 없다. 탁월한 재능과 학습능력을 발휘하여, 단돈 몇 펜스로 구입할 수 있는 엄청나게 다양한 색상을 능수능란하게 다룰 수도 있다. 아니면 오래된 팔레트의 네 가지 색상만을 다루도록 가르친 전통이 너무 완고해서, 갑작스럽고 엄청나게 추가되는 재료들을 거부할 수도 있다. 그들이 그것들을 흡수할 수도 있지만, 오래된 그림이 자취를 감추고 '양식과 목적이 완전히 다른 그림'이 그 자리를 차지할 가능성이 더욱 크다.

무슨 일이 일어나든 기독교 선교 활동에 의해 침식될 그들의 의례적 삶은 불가피하게 쇠퇴할 것이고, 이는 새로 입수될 기술과 결합하여 그들의 예술 전체를 근본적으로 변화시킬 것이다. 만약 그렇게 된다면, 우리가 마닝그리다에서 정성과 경외심을 가득 담아 만들어지는 것을 지켜봤던 나무껍질 그림은 선사시대의 동굴벽화와 같은 골동품이 될 것이다.

23. 보롤룰라의 은둔자

우리는 비행기를 타고 마닝그리다에서 다윈으로 돌아왔다. 오스트레일리아 북부에서의 일은 거의 끝난 상태였다. 다음으로는 남쪽의 앨리스스프링스로 가서 오스트레일리아 중부의 아주 다른 사막지역을 살펴볼 계획이었다. 다윈을 떠나기 전에, 우리는 물품을 더 구입하고 차를 점검하고 그 동안 사귄 많은 친구들에게 작별을 고해야 했다.

다윈의 날씨는 너무 더워서 중심가를 따라 걷는 것만으로도 셔츠가 땀에 젖어 등에 달라붙을 정도였다. 우리는 술을 마시고 싶었다. 다윈 시민들은 세계의 어떤 시민들보다도 맥주를 더 많이 마신다고 자랑하기 일쑤였으므로, 이런 만만치 않은 기록을 보유한 도시가 으레 그렇듯 술집을 찾는 데는 어려움이 없었다. 괜찮은 호텔에 있는 격식을 갖춘 라운지에서 까만 넥타이와 커머번드를 착용한 웨이터들과 플라스틱 조화 사이의 안락의자에 앉아 맥주를 마실 수도 있지만, 정말 심각한 갈증을 해소하는 데는 바가 안성맞춤이다. 바의 분위기는 호텔보다 훨씬 더 실용적이기 때문이다. 우리가 선택한 바는 전체적으로 타일이 깔리고 크롬 도금이 되었으며, 장소의 본래 목적에 직접적으로 도움이 되지 않는 겉치레나 장식이 전혀 없었다. 유리문이 달린 거대한 냉장고 1대가 한쪽 벽 전체를 차지하고 있었다. 그리고 야하고 정열적인 여자 바텐더가 엄청나게 빠른 속도로 냉장고에서 차가운 맥주를 내주고 있었다. 그녀는 냉동된 잔에 맥주를 따라 제공함으로써, 맥주가 고객의 간절한 입술에 도달할 때까지 '절대적으로 필요한 온도'를 유지하도록 했다. 까다롭기로 유명한 다윈의 술꾼들에게, 잔을 얼리는 것은 영국에서 찻주전자를 데우는 것만큼이나 필수적인 의식이다.

우리는 바에서 더그 록우드Doug Lockwood를 만났다. 더그는 작가 겸 기자였다. 준주에 대해 그보다 해박한 지식을 가진 사람이 있다는 것은 상상하기 어려웠다. 그리고 정보에 있어서도 그보다 관대하거나 친절한 사람이 있다는 것은 믿을 수 없었다. 우리는 준주의 몇몇 인물들에 대해 이야기하다가 화제를 노호퍼no-hoper로 바꿨다. 노호퍼란 문명의 안락함을 포기하고 사회를 외면하고 고독한 삶을 살기 위해 떠난 사람으로, 오스트레일리아 북부 오지의 광활함은 그들로 하여금 세계 어느 곳에서보다 쉽고 성공적으로 목표를 달성할 수 있도록 해준다. 그러나 그러한 사람들은 결코 노던준주에 국한되지 않는다. 하를레스와 나는 약 5년 전 퀸즐랜드에서 한 노호퍼를 만났다.

그때 우리는 뉴기니로 가는 길이었고, 케언즈Cairns를 떠나 그레이트배리어리프Great Barrier Reef를 항해하고 있었다. 케언즈에서 북쪽으로 약 160킬로미터 떨어진 지점에서 모터보트 전체를 뒤흔드는 충돌로 인해 엔진이 멈췄다. 연결봉이 부러지고 피스톤 헤드가 부서지고 주축이 구부러졌다. 잔해를 말끔히 제거함으로써 엔진을 다시 돌릴 수 있었지만 우리가 낼 수 있는 최고 속도는 겨우 2노트(시속 3.7킬로미터)였다. 우리가 손에 묻은 기름을 닦는 동안 무선통신기에 허리케인이 다가오고 있다는 경고 메시지가 수신되었다. 만약 우리가 심각한 손상을 입은 상태에서 폭풍우에 휘말린다면 심각한 곤경에 처할 수밖에 없었다. 우리는 가능한 최고

속도로 피난처를 찾아 해안을 향해 느릿느릿 이동했다. 가장 적합한 피난처는 지도상에 포틀랜드로즈Portland Roads라고 표시된 지점인 것 같았다. 그곳은 그 외딴 해안에서도 가장 외지고 고립되어 있었지만, 전쟁 중이었던 미국인들이 내륙으로 몇 킬로미터 들어간 잡목지에 건설된 군용 비행장에 물자를 공급하기 위해 그곳에 부두를 건설했다. 우리가 아는 한 그 부두는 버려져 있었지만, 허리케인이 닥칠 경우 최소한 어느 정도의 피난처를 제공할 수 있었다.

우리는 짜증날 정도로 천천히 서쪽으로 이동했다. 마침내 수평선 위에 언덕이 나타났다. 좀 더 가까이 다가갔을 때, 우리는 놀랍게도 부두 끝에 앉아있는 작은 형체를 보았다. 그는 우리를 등지고 낚시를 하고 있었다. 그와 나란히 섰을 때, 나는 뱃머리에서 그를 향해 우리 밧줄을 잡아 달라고 소리쳤다. 그는 움직이지 않았다. 나는 몇 번이고 그를 불렀지만, 그는 여전히 내 말을 들을 기미를 보이지 않았다. 급기야 우리의 뱃머리가 부두의 말뚝에 살짝 스쳤다. 나는 배에서 뛰어내려 말뚝 위로 기어올라 갔다. 따개비와 굴로 뒤덮여있었기 때문에 고통스러운 과정이었다. 하를레스가 나에게 밧줄을 던졌고, 우리는 재빨리 배를 부두에 접안했다. 우리는 꼼짝 않고 낚시를 하고 있던 남자에게로 갔다. 이렇게 인적이 드문 곳에 있는 사람이 새로운 얼굴을 보거나 다른 사람과 이야기하는 것을 달가워하지 않다니 믿어지지 않았다. 그는 찢어진 반바지와 낡아 빠진 밀짚모자를 제외하면 벌거벗은, 약간 주름진 남자였다.

"안녕하세요." 내가 말했다.

"안녕하세요." 그가 대답했다.

대화는 그게 전부였다. 나는 왠지 대화를 계속하기가 부담스럽게 느껴졌다. 그럼에도 일방적으로 우리가 누구이고 어디에서 왔으며 왜 그곳에 도착했는지 설명했다. 그 노인은 철테 안경을 통해 나를 쳐다보며 무표정하게 듣고 있었다. 마침내 내 말이 끝나자, 그는 낚싯줄을 거둬들인 후 뻣뻣하게 일어나서 나를 골똘히 바라보더니 이렇게 말했다. "내 이름은 맥Mac이에요."

그 말과 함께 그는 몸을 돌려 긴 부두를 천천히 걸어 내려갔다. 굳은살 박인 맨발이 햇빛에 바랜 뜨거운 널빤지에 털버덕거렸다.

우리는 며칠 동안 포틀랜드로즈에 발이 묶였다. 그리고 사실 맥에게 일자리가 있다는 것을 알게 되었다. 그는 어떤 공공기관으로부터 약간의 급여를 받고 부두에 들어올지도 모르는 모든 선박의 밧줄을 잡기 위해 상주하고 있었다. 장담하건대 우리는 지난 몇 달 동안 그의 유일한 고객이었을 것이다.

내륙에 있는 미국인들의 활주로도 비상 착륙장 역할을 하도록 잡목을 제거해야 했다. 그리고 맥의 또 다른 임무는 6개월 정도마다 한 번씩 부두에 배달된 무거운 항공기용 연료통을 활주로의 임시 창고로 운반하는 것이었다. 그러기 위해 그는 트럭을 사용했는데, 정말 놀라운 기계였다. 맥은 최고 등급의 항공유를 연료로 삼아 몇 년 동안 트럭을 운행해왔다. 그의 말에 의하면 트럭의 엔진은 거의 완벽했다. 사실, 그것의 유일한 결함은 이따금씩 새는 냉각 장치였다. 그는 억울하다는 듯이, 모든 합리적인 해결책을 강구했다고 설명했다. 그는 라디에이터의 앞뒤에 시멘트를 바르고 오트밀을 주전자째 여러 번 쏟아부었지만, 여전히 냉각수가 누출되었다. 그는 냉각 장치가 일부러 고집을 부린다고 생각했다. 다른 한편으로, 그는 이제 차량이 약간 노후화되고 있음을 인정했다. 흙받이는 납작하게 편 등유 깡통으로 교체되었고, 짐칸의 판재—남아있는 게 거의 없었다—는 끈으로 고정되어 있었다. 더욱 심각한 것은 차량의 본체에 금이 갔고 앞쪽 절반이 뒤쪽과 매우 약하게 연결된 것으로 보인다는 점이었다. 따라서 트럭의 조수석에 앉은 것은 다소 불안한 경험이었다. 앞바퀴가 둔

데이비드 애튼버러의 주 퀘스트

덕에 부딪힐 때는 무릎이 가슴팍으로 밀려 올라왔고, 구덩이에 빠질 때는 차 바닥이 갑자기 발 아래에서 떨어져 나가는 것처럼 느껴졌기 때문이다.

예비 부품을 실은 모터보트를 요청하는 무선 메시지를 케언즈에 보낸 후, 우리는 기다리는 것 말고는 딱히 할 일이 없어서 부두의 말뚝에서 굴을 따는 데 몰두했다. 날것이든 튀긴 것이든 내가 먹어본 것 중 가장 맛있었다.

맥은 해안 위쪽의 언덕에서 녹슨 골함석으로 만든 오두막에 살았는데, 빈 맥주 깡통과 깨진 병이 너무 많아서 그 쓰레기에 거의 파묻힐 지경이었다. 낚싯줄을 손에 들고 부두에 앉아있지 않을 때, 그는 대부분의 시간을 이 오두막 밖에 그냥 앉아서 보냈다. 어느 날 저녁 나는 언덕으로 올라가 그와 합류했다. 그는 평소와 달리 수다를 떨며 무슨 일 때문에 여기에 처음 오게 되었는지 털어놓았다. 그는 금을 찾으러 왔다. 많은 다른 사람들이 그 무렵에 같은 지역에서 금광을 찾고 있었다. 그들 중 몇몇은 노다지를 캤다. 하지만 맥은 아니었다.

"괜찮은 것을 몇 개 찾았어요." 그는 무미건조한 어조로 말했다. "그러나 수지가 맞지 않았어요."

그는 한 손으로 담배를 말았다. "몇 년 동안 허탕을 친 후 마음을 고쳐먹었어요. 관심을 잃지 않는다면 기회는 얼마든지 있다고 말이에요." 그는 덧붙였다. "하지만 내가 알기로 금 매장량은 아직 충분해요. 내 말이 맞아요."

"여기에 온 지는 얼마나 됐죠?" 내가 물었다.

"35년요." 그가 대답했다.

"음, 맥." 나는 장난스럽게 말했다. "나는 당신이 여기에 머무는 이유를 알 것 같아요. 부두에 있는 굴이 세상에서 제일 맛있기 때문 아닌가요?"

맥은 담배에 불을 붙였다. 종이에 불이 붙자, 담배에 불이 제대로 붙을 때까지 세게 뻐끔거렸다.

"맞아요." 그가 말했다. "나는 맛있는 굴을 좋아해서 종종 그것들이 어떤 맛일지 궁금해하곤 했어요."

그는 오두막집의 벽에 몸을 기댔다.

"몇 개 따려고 시간을 내려 했지만 뜻을 이루지 못했어요. 단지 시간이 없어서 그랬던 것 같아요."

━━━━━

더그 록우드는 내 이야기를 듣고 웃으며 맥주 1잔을 더 주문했다. "그래요," 그는 말했다. "맥은 전형적인 노호퍼일 수도 있겠네요. 그러나 준주를 돌아다니다 보면 똑같은 사람들을 많이 발견할 수 있어요. 셋을 한꺼번에 보고 싶다면 보롤룰라로 가보세요. 그곳은 유령도시인데, 허물어져 가는 판잣집 몇 채와 폐허 사이에 노호퍼 삼총사가 있을 거예요."

"흥미롭네요," 내가 말했다. "어디에 있죠?"

"아스팔트 도로를 따라 직진하다가 데일리워터스Daly Waters에 도착하면 좌회전하세요. 그 다음부터는 계속 직진이에요."

다음날 아침 동트기 전, 우리는 다윈의 어둡고 을씨년스러운 거리를 지나 남쪽으로 향했다. 그날은 아무 일도 없었다. 도로는 폭이 20미터고 길이가 1,600킬로미터에 이르는 아스팔트 길로, 단조롭게 앞으로 쭉 뻗어 있었다. 교통량이 거의 없었고, 심지어 정착촌들도 80킬로미터나 떨어져 있었다. 해가 지기 훨씬 전에 우리는 데일리워터스에 도착했다.

다음날, 우리는 두번째 구간을 달리기 시작하여 '보롤룰라까지 380킬로미터'라고 적힌 표지판에서 좌회전했다.

우리는 시속 80킬로미터의 일정한 속도로 평탄한 길을 따라 달렸다. 거의 완벽한 직선코스여서, 30~40킬로미터를 달리는 동안 핸들을 몇 센티미터 이상 움직일 필요도 없었다. 건조한 먼지투성이 나무들이 낮은 흰

데이비드 애튼버러의 주 퀘스트

개미집과 뒤섞인 채 자갈투성이 건조한 땅 위에서 듬성듬성 자라고 있었다. 변함없이 일직선으로 뻗은 도로와 초목의 균일성이 지루할 정도로 단조로워, 운전하지 않을 때 우리는 스르르 눈을 감곤 했다. 그리고 다시 눈을 떴을 때는 풍경이 너무 비슷해서 조금도 움직이지 않은 듯한 착각이 들었다.

160킬로미터, 180킬로미터, 200킬로미터. 우리는 덜컹거리며 달렸다. 1시간 30분마다 멈춰 운전자를 바꾸고 엔진을 식히고 물, 윤활유, 휘발유를 보충했다. 비록 지루할지언정 적어도 우리의 진행상황은 만족스러웠다.

그때 우리는 흙먼지를 마주쳤다. 준주에서는 누구나 그것을 '황소 먼지bull dust'라고 부른다. 아무도 그 이유를 모르지만 대부분의 사람들은 대략적인 기원을 제시할 수 있었다. 어디에서 유래했던 간에, 그 단어는 이제 공식 문헌에 수록되어 있으므로 단순히 '흙먼지'라고 부르는 것은 약간 부적절할 것이다. 나는 세상에 그것과 꼭 같은 흙먼지가 또 있다고는 믿지 않는다. 그것은 매우 특이해서 과학자들로부터 특별한 지질학적 고유성을 인정받았다. 들리는 말로는 앨리스스프링스에서 사람들이 그것을 병에 담아서 남쪽의 관광객들에게 큰돈을 받고 판다고 했는데 그 이유가 걸작이었다. '준주에서의 여행이 혹독하다'는 소문을 입증하기 위해서라나? 그것은 점도가 매우 높아 끈적끈적한 특성을 보유하고 있다. 또한 대규모로 날리면 도로를 완전히 뒤덮어, 고속으로 충돌한 자동차의 차축을 부러뜨릴 만큼 커다란 포트홀과 바위들을 감쪽같이 숨겼다. 때로 너무 깊은 흙먼지 지역을 지날 때는 물에 띄운 구명정 위의 물결같이 차 바로 위에서 부서졌다. 그것은 때로 공포영화에 나오는 엑토플라즘 괴물(일명 젤리 괴물)처럼 섬뜩한 성격을 띠기도 했다. 우리가 속도를 늦추면 바퀴에서 일어나 우리를 따라잡은 먼지구름이 차창 옆으로 살며시 다가와 위협적이고 더러운 하얀 벽을 이루었기 때문이다. 우리는 그럴 때마다 쫓기고 있다는 느낌이 들어 빠르게 가속하곤 했다.

우리는 주행계를 면밀히 관찰했다. 속도는 이제 거의 절반으로 떨어졌고, 주행계는 미친 듯이 느려지면서 350킬로미터를 넘어 370킬로미터를 가리켰다. 주행계가 380킬로미터를 가리켰을 때도 우리는 여전히 탁 트인 텅 빈 평원을 가로질러 운전하고 있었다. 데일리워터스에 있던 표지판에 따르면 우리는 보롤룰라에 도착해 있어야 했다. 그러나 이곳에는 사람이 살고 있다는 흔적이 전혀 없었다. 어쩌면 우리의 주행계가 틀릴 수도 있고, 표지판이 틀릴 수도 있었다. 어쩌면 우리가 도로의 직진성에 현혹된 나머지 보롤룰라 방향 분기점을 간과했고, 이제 500킬로미터나 떨어진 퀸즐랜드를 향해 텅빈 도로를 질주하고 있는지도 몰랐다. 그런데 주행계가 400킬로미터를 가리킬 때 우리는 길가의 풀밭에 누워있는 표지판을 발견했다. 표지판에 그려진 손가락은 수직으로 하늘을 가리키며 "보롤룰라 상점까지 5킬로미터, 휘발유와 윤활유 있음"이라고 선포했다.

'저놈의 표지판 때문에 한때 여행자들이 긴가민가하며 반대 방향으로 차를 몬 게 틀림없다'고 우리는 짐작했다. 우리는 확신을 품고 올바른 방향으로 차를 몰았고, 10분도 채 지나지 않아 망고나무 아래에 버려진 골함석 건물이 눈앞에 보였다. 그 너머에는 파릇파릇한 나무들이 줄지어 선 채 맥아더MacArthur강의 수로를 나타내고 있었다. 드디어 보롤룰라에 도착했다.

우리는 그날 밤 맥아더강 강둑에서 야영을 했다. 그곳은 완벽한 장소였다. 우리는 카수아리나 숲 그늘의 넓고 평평한 모래밭에 텐트를 쳤다. 잔물결을 일으키며 흐르는 넓은 강 건너편에는 몇 개의 원주민 오두막이 남아있었다. 해가 지자 우리는 커다란 장작불을 피웠다. 나는 그 옆에 침낭을 펼쳐놓고 넘실거리는 불빛 아래서 책을 읽었다. 어두운 강에서 어슬렁

데이비드 애튼버러의 주 퀘스트

거리는 악어들의 기고만장한 끼루룩 소리와 뛰어오르는 물고기의 찰싹대는 소리가 들려왔다. 차가운 공기가 청량감을 선사했고, 침낭 덮개가 나를 포근하게 감싸 안았다. 카수아리나의 깃털 같은 잎 사이에서 별들이 수정 같은 광채를 뿜어냈다. 숨이 턱턱 막히는 더위, 황소 먼지, 오랜 동안의 자동차 굉음을 겪은 후였기에 그곳은 지상 낙원처럼 보였다. 사람들이 마을을 건설하기 위해 이곳을 선택한 이유를 쉽게 이해할 수 있었다.

다음날 아침, 우리는 정착촌의 유적을 둘러보았다. 3채의 건물만이 서로 널찍한 간격을 유지한 채 명맥을 유지하고 있었다. 오래된 경찰서 건물은 이제 강 건너편 숲에서 사는 원주민들의 복지를 담당하는 공무원의 거주지였다. 그 너머로 1.6킬로미터쯤 떨어져, 우기에 맥아더강으로 흘러드는 급류의 하천 바닥이 있는 산골짜기를 지난 곳에, 쓰러진 표지판이 우리에게 알려준 작은 상점이 서있었다. 그곳에서는 휘발유와 윤활유, 맥주, 과일 통조림, 소고기 통조림, 혼응지papier-mâché[1]로 만든 카우보이 모자, 설탕과자[2]를 구입할 수 있었다. 상점의 고객은 원주민, 이따금 퀸즐랜드를 오가는 여행자, 또는 목장에서 온 소몰이꾼들이었다. 소몰이꾼들은 방목을 하느라 장거리를 이동하던 중 보롤룰라에서 몇 시간 거리인 것을 알고는, 이곳에 들러 맥주를 마시며 다른 사람과 이야기를 나누는 것도 괜찮겠다 싶어 말을 타고 달려와 가게를 방문했을 것이다.

세번째 건물이자 세 건물 중에서 가장 큰 건물은 강가에 있는 우리 캠프 근처의 버려진 호텔이었다. 반쯤 벗겨진 골함석 지붕이 약간의 바람에도 쨍그랑 소리를 내며 불길하게 삐걱거렸다. 베란다는 구부러지고 축 처져있었다. 방파제 주위에 쌓인 표류물처럼, 호텔 주위에는 온갖 쓰레기—

---

1 펄프에 아교를 섞어 만든 종이. - 옮긴이주
2 설탕과 포도당 시럽에 향미료와 그 밖의 재료를 넣고 끓여 만든 사탕으로, 식으면 유리질 같은 덩어리가 된다. - 옮긴이주

보롤룰라의 버려진 호텔

깨진 럼주 병, 들쭉날쭉한 녹슨 맥주 캔, 기름통, 반토막 난 자동차 차대, 시든 덩굴식물로 뒤엉킨 자동차 핸들, 우리가 추측조차 할 수 없는 기능을 가진 어떤 기계의 일부를 이뤘던 것이 분명한 이상한 주철 바퀴와 레버—가 널려있었다.

호텔 안으로 들어가니 마룻장이 우리의 발 아래에서 무너져 내렸다. 그도 그럴 것이, 흰개미들이 심재heart wood[3]를 갉아먹는 바람에 두껍고 튼튼했던 마룻바닥이 종잇장처럼 얇은 조개껍데기와 다름없게 되었기 때문이다. 나무 벽에는 곰팡이 슨 거울이 비스듬히 걸려있고, 한쪽 구석에서는 철제 침대틀이 구부러진 채 녹슬어가고 있었다. 나는 쓰레기 더미 사이에

---

3 목재 안쪽의 빛깔이 짙은 부분. - 옮긴이주

데이비드 애튼버러의 주 퀘스트

서 1권의 책을 발견했는데, 표지를 들여다보니 토마스 아 켐피스Thomas à Kempis의 『그리스도를 본받아』였다. 누가 그런 박식하고 영적인 저서를 여기까지 가져올 수 있었을까? 나는 두근거리는 마음으로 그 책의 첫 장을 넘겼다. 흰개미들이 성자의 말씀을 거의 다 먹어 치웠는데 주변의 여백은 그대로 둔 걸로 보아 잉크 맛을 좋아하는 것 같았다. 책 근처에서 지도를 하나 발견했는데, 둘둘 말리고 풍화된 탓에 손안에서 부서질 지경이었다. 날짜는 1888년이었고, 뚜렷하게 '보롤룰라 시가지'라는 제목이 붙어있었다.

19세기 말, 퀸즐랜드에 잉글랜드의 주州만 한 크기의 목장을 건설한 소 사육자들은 만의 남쪽 해안을 따라 서쪽으로 이동하여 노던준주의 미탐험 오지로 들어가고 있었다. 맥아더강은 감조 하천[4]이어서 염분이 있음에도 물맛이 마실 만큼 좋았으므로, 목축업자들은 이곳에서 1,000마리가 넘는 소 떼에게 물을 먹이며 앞으로 건설할 목장이 소 떼로 가득 차기를 바랐다. 또한 이곳에서는 물품을 조달할 수도 있었다. 왜냐하면 여기까지는 배가 쉽게 올라올 수 있고, 다윈에서의 뱃길이 1,600킬로미터이고 6개월이 소요될 수 있음에도 불구하고 앨리스스프링스에서 육로로 운반하는 것보다 저렴하고 빨랐기 때문이다. 그래서 맥아더강 강둑은 사람과 가축들이 휴식을 취할 수 있는 고정적인 야영지가 되었고, 원기를 회복한 그들은 준주의 흙먼지투성이 불모지를 향해 다시 출발했다.

서쪽으로 멀리 떨어진 킴벌리Kimberly에서 금이 발견되었을 때도, 탐광자들은 돈을 벌기 위해 오스트레일리아 전역에서 서둘러 건너오기 시작

---

4 조수 간만의 차가 큰 바다에서 조석 현상으로 밀물이 강의 하구를 통해 역류함으로써 바닷물의 영향을 받는 하천. - 옮긴이주

했다. 많은 사람들이 '소의 길'을 따라 퀸즐랜드에서 보롤룰라를 거쳐 준주로 들어왔다. 고난과 역경의 시기였다. 원주민 부족과 그들의 영토를 가로질러 행진하는 백인 사이에 싸움이 일어났다. 동행이 없는 탐광자는 끊임없는 위험에 처해 있었다. 더군다나 건기의 보롤룰라는 너무 건조해서 여차하면 목말라 죽기 십상이었다. 실제로 많은 사람들이 그랬다. 현명한 사람들은 알려진 물웅덩이에서 다른 물웅덩이로 조심스럽게 이동했다. 보롤룰라의 한 유명한 인물은 원주민 여자와 결혼했기 때문에 대부분의 사람들보다 더 성공적이었다. 그는 그녀를 가이드 삼아 유럽인이 혼자서는 갈 수 없는 지역을 탐사할 수 있었다. 그도 그럴 것이, 그녀는 평생동안 이 지역을 떠돌아다닌 유목민 출신으로 '어느 바위 골짜기가 물을 가장 오래 머금고 있는지'와 '손으로 어디에 구멍을 파면 지하수가 거품이 이는 갈색 액체로 스며 나오는지'를 정확히 알고 있었기 때문이다. 두 사람은 함께 보롤룰라를 떠나 준주의 내륙지역을 탐험했다. 매일 밤 그들은 모닥불을 피웠고, 아내가 그 옆에 누워 잠이 들면 나이 든 개척자는 담요를 몸의 형태로 둘둘 말아서 불의 반대편에 마네킹처럼 내려놓았다. 그런 다음 그는 나무에 올라가 무릎에 총을 올려놓은 채 나뭇가지 사이에서 잠을 자며 밤을 보냈다. 아침에 그의 담요에서 깊은 상처의 흔적이 너무 자주 발견되었는데, 이는 밤새 마네킹이 은밀히 창에 찔렸음을 의미한다.

그 즈음 보롤룰라는 작은 개척 정착촌의 크기로 성장해 있었고 어엿한 도시로 발돋움할 운명인 것처럼 보였다. 우리가 호텔에서 발견한 지도에는 가상의 도로와 광장의 위치가 표시되어 있었고, 라이하르트가Leichardt Street, 버트가Burt Street, 맥아더 거리MacArthur Terrace라는 멋져 보이는 이름들이 적혀있었다. 주도로인 리독 거리Riddock Terrace는 지도의 여백으로 확장되어, '파머스톤Palmerston 방향'이라고 적힌 화살표로 끝났다. 이것은 측량사들의 다소 섬뜩한 농담이었을 수도 있고, 남부에서 온 부동산 투기꾼들

　　　　　　　　　　　　데이비드 애튼버러의 주 퀘스트

의 토지 매입을 부추기려는 장치였을 수도 있다. 파머스톤은 다윈의 당시 이름으로, 초창기 읍내였던 보롤룰라와는 길 없는 사막에 의해 870킬로미터나 떨어져 있었기 때문이다.

그럼에도 불구하고 보롤룰라는 도시의 특징을 가지고 있었다. 감옥을 갖춘 경찰서에 경찰 1명이 주둔하며, 맥아더강 강둑에 구름처럼 모여든 사나운 목축업자와 무모한 탐광자들에게 일종의 사법권을 행사했다. 그는 문학적 취향을 가진 사람으로, 도서관을 세우기 위해 멜버른에 도서를 신청했다. 그러자 놀랍게도 거의 즉시 1,000권의 책이 발송되었다. 그 책들은 목적지에 도착하기까지 6개월의 여정을 거쳐야 했다. 추가 배송으로 장서량은 3,000권으로 증가했다. 한편 공용 부두 옆에는 말과 마차들이 기다리고 있다가 보급선에서 하역된 화물을 넘겨받아 준주와 이제 막 목장이 자리잡은 비옥한 바클리 고원Barkly Tablelands으로 실어 날랐다.

1913년경, 첫번째 자동차가 준주 중앙에 있는 남북 간선도로를 벗어나 보롤룰라로 향했다. 타이어를 보호하기 위해 들소 가죽으로 감싸고, 과거에 마차를 타고 1년 중 가장 좋은 시기에 다녔던 경로를 택했다. 금, 석탄, 구리, 은납이 주변 언덕에서 발견되었다. 경찰서 외에 2개의 호텔, 5개의 상점, 50명의 백인 상주 인구가 생겨났다. 보롤룰라는 마침내 25년 전 사막에 거리를 그려 넣은 측량사들의 희망을 성취할 것처럼 보였다.

그러나 오스트레일리아의 도시들은 다른 곳에서보다 훨씬 더 취약한 것 같다. 붐비는 유럽에서는 정착지가 좀처럼 쇠퇴하지 않는다. 일단 도시가 자리를 잡으면, 도시 건설을 위한 초기 자극이 타당성을 잃은 후에도 대개는 자체적인 추진력을 얻어 거주민들을 위한 새로운 활동과 직업을 계속 창출하는 것이 보통이다. 그러나 준주에 자리 잡은 정착지는 광활하고 인적이 없는 공간에서 단지 잠깐씩 깜박일 뿐이었다. 여기에서 꺼지면 다른 곳에서 피어나지만 계속해서 타오르는 곳은 많지 않다. 타오르던 불이 꺼지고 나면 사람들은 빈 건물을 뒤로하고 떠나버린다. 빈 집을 인수하고 싶어 안달하는 사람들이 넘쳐나는 일은 없다. 도시를 정비하거나 '땅에 굶주린 사람들'을 위해 썩어가는 판잣집을 허물려고 애쓰는 사람은 아무도 없다. 버림받은 장소를 들여다보는 사람은 아무도 없다. 방치된 집들은 썩고 손상되고 망각된다.

시간이 지남에 따라 내륙에서는 점점 더 많은 자분정artesian well[5]이 뚫렸고, 보롤룰라는 급수장으로서의 중요성을 상실했다. 킴벌리로 가는 골드러시는 시들해졌다. 그리고 퀸즐랜드발 소와 사람의 대규모 이주도 막을 내렸다. 준주에 새로 건설된 도로 덕분에 물품들은 육로를 통해 목장에 더 쉽게 도달할 수 있었다.

바퀴의 철제 타이어 외에는 아무것도 남지 않을 때까지, 마차들은 서있던 자리에서 하나둘씩 썩어갔다. 우리가 호텔에서 발견한 1권의 책을 제외하고 흰개미들은 도서관 전체를 먹어 치웠다. 1913년의 선구적인 운전자를 계승한 자동차는 거의 없었고, 몇몇 자동차는 굉음을 내고 연기를 토해 내며 보롤룰라로 갔지만 더 이상 나아가지 못했다. 오스트레일리아 개척자들이 기계를 다루는 솜씨는 훌륭하지만, 험난한 지형 때문에 자동차가 파손될 경우 부품 교체 외에는 대안이 없었는데 보롤룰라에는 예비 부품이 없었기 때문이다. 뜨거운 언덕 위에서, 마지막 전업 탐광자는 자신의 채굴권을 깔고 앉아 스스로 방아쇠를 당겼다. 보롤룰라는 서서히 쪼그라들다가 흔적도 없이 사라졌다.

그러나 어떤 사람들, 이를테면 우리가 만나러 온 삼총사에게 폐허가 되어 버린 '죽은 도시'는 '성장하여 번창했을 도시'보다 훨씬 더 매력적이었다. 그들에게 이곳은 지상 최고의 장소였다.

---

5 지하수가 지표상으로 분출하는 우물. - 옮긴이주

잭 멀홀랜드Jack Mulholland는 보롤룰라 호텔의 마지막 소유주였다. 우리는 한때 우체국으로 사용됐던 작고 허물어져 가는 별채의 문턱에 앉아 있는 그를 발견했다. 그는 받침대 위의 동상처럼 변함없이 같은 곳에 자리를 잡고 있었다. 우리가 그를 방문할 때마다, 멀은 정확히 같은 자세로 그곳에 앉아있었다. 해질녘에 차를 몰고 지나가면 항상 열린 문을 액자로 한 그의 희미한 윤곽을 볼 수 있었다. 우리가 동트자마자 도착했을 때도 멀은 그의 자리에 앉아있곤 했다. 나는 그가 잠도 이 자세로 자는지 알아보기 위해 한밤중에 횃불을 들고 살금살금 다가가고 싶다는 충동을 느꼈다. 그곳에서 그를 보는 데 너무 익숙해져서, 우리의 체류가 끝날 무렵

잭 멀홀랜드

의 어느 날 오후 도착하여 문간이 빈 것을 알았을 때 나는 무슨 불행한 일이 일어났을까 봐 걱정했다. 그건 마치 넬슨 제독의 동상이 높이 55미터의 기단에서 사라진 것과 같았다. 깜짝 놀란 나는 문 안을 들여다보았다. 그랬더니 마룻바닥에 어지러이 널린 담요, 낡은 자동차 배터리, 너덜너덜한 잡지 사이에 멀이 온몸을 뻗고 누워있었다. 나는 불안한 마음에 한 발짝 안으로 들어섰다. 그의 가슴이 들썩거렸고, 다행스럽게도 그의 코 고는 소리가 메아리쳤다.

멀은 키 작고 땅딸막한 50대 후반의 아일랜드인이었다. 인생의 상당 부분을 오스트레일리아에서 보냈지만 목소리는 여전히 아일랜드인의 억양을 유지하고 있었다. 또한 천천히 그리고 부드럽게 말했다. 그의 눈은 강렬한 태양으로 인해 영구적으로 찌푸려져 있었다. 머리카락은 아직 희어지지 않았고 숱도 풍성했다. 그가 맨 처음 여기에 온 것은 보롤룰라가 좋은 곳이라는 말을 들었기 때문이라고 이야기했다. 그는 오스트레일리아의 이 지역을 구경한 적이 없었으므로 직접 둘러보기로 결정했다. 둘러보니 역시 명불허전이었다.

"그래서 그냥 눌러앉았어요." 그는 말했다. "그리고 4~5개월 동안 도서관에서 책만 읽었어요. 그러던 중 호텔 소유자가 누군가에게 운영권을 넘기기를 원했어요. 그래서 내가 인수했고 그 이후로 줄곧 여기에 있었어요."

그는 무너져가는 거대한 건물을 바라보며 생각에 잠겼다.

"별로 힘든 일은 아니었어요." 그는 겸손하게 덧붙였다. "나에게 잘 맞았거든요."

"한 번에 몇 명까지 손님을 받았죠?"

"오, 한 명을 넘긴 적이 없어요." 멀은 기억을 더듬다 충격에 빠졌다. "생각해보니, 지금까지 기억나는 손님이 세 명밖에 없어요."

"그래서 문을 닫았군요." 내가 말했다.

데이비드 애튼버러의 주 퀘스트

"네." 멀은 면도하지 않은 턱을 반사적으로 문지른 후, 눈을 가늘게 뜨고 바람에 밀려 지붕을 스치는 시든 야자잎을 올려다보며 말했다. "사실 재정 문제는 그다지 심각하지 않았어요."

우리는 멀의 판잣집 계단에 앉았다. 주위에는 양철 깡통과 깨진 럼주병들이 많이 널려있었다.

"술 좀 마셨나요?" 내가 물었다.

"아뇨," 멀이 단호하게 말했다. "그럴 기회가 없었어요, 정말로. 저 병들은 대부분 20년 된 거예요."

"이곳을 정리할 생각을 해본 적이 있나요?"

멀은 나를 심각하게 바라보았다.

"깔끔함은," 그는 말했다. "마음의 병이에요."

멀은 물질적 필요는 거의 없었지만 여전히 상점에서 밀가루, 담배, 탄약을 구입해야 했다. 나는 그에게 어떻게 돈을 버는지 물었다.

"가죽을 얻기 위해 악어를 잡고 딩고도 사냥하지만 요즘 이 주변에는 거의 없어요. 물론 라디오 수리도 약간 해요."

그의 마지막 직업은 이처럼 외지고 인구밀도가 낮은 곳에 사는 사람에게 어울리지 않는 것처럼 보였다. 그러나 멀은 구식 라디오에 생명을 불어넣는 능력으로 이 지역 일대에서 상당한 명성을 얻은 것으로 밝혀졌다. 그는 대부분의 수리를 '지속적인 동족포식 과정'에 의존했다. 보롤룰라를 지나는 소몰이꾼들은 고장 난 라디오를 멀에게 던지며 수리가 가능한지 묻곤 했다. 시간이 될 때 멀은 결함을 찾아냈다. 이 기후대에서는 납땜된 연결부와 접속부가 너무 자주 끊어졌고 때로는 수리가 아주 쉬웠다. 그러나 진공관이 타버리거나 부품을 완전히 교체해야 하는 경우가 더 많았다. 그럴 때면 멀은 다른 수리 의뢰가 들어올 때까지 6개월쯤 기다리곤 했다. 그런 다음 첫번째 라디오에 필요한 부품을 두번째 라디오에서 조달했다. 각 라디오에서 누적된 수요들은 결국은 어떤 불행한 사람이 덤터기를 쓰고 진공관과 콘덴서가 제거된 채 멀의 판잣집 뒤에 놓인 그의 라디오가 구제불능이라는 말을 듣게 만들고 그때부터 모든 과정이 처음부터 다시 시작된다는 것을 의미했다. "내가 하는 일은 고치거나 망가뜨리거나 둘 중 하나예요." 그가 말했다.

사실 멀은 높은 지명도를 가진 오지의 정비공으로 거의 천재에 가까웠다. 적어도 보닛에 부착된 배지로 보면 그의 판잣집 옆에는 1928년형 폰티악 승용차가 버티고 서있었다. 원래의 부품이 거의 남아있지 않았으며, 오히려 지난 50년 동안 보롤룰라에 도착한 후 폐차된 차량에서 추출한 부품들의 모음집에 더 가까웠다. 거대한 나무 바퀴살이 달린 뒷바퀴의 연식은 앞바퀴와 상당히 달랐다. 타이어는 모두 바람이 빠져있었고, 초기의 단순함과 우아함을 지닌 직사각형 실린더 블록 위의 엔진 중심부에는 커다란 흰개미집이 자리잡고 있었다. 겉보기로는 인근의 풀밭에 널린 다른 차량의 잔해들과 거의 구별할 수 없었고, 최근 10년 이내에 작동했다는 것을 상상하기 어려웠다. 나는 이런 생각을 말로 옮겨 "이 차를 마지막으로 사용한 게 언제죠?"라고 물어봄으로써 멀의 기분을 상하게 할 뻔했다. 다행히 분위기를 제때 파악하고 다시 고쳐 물었다.

"얼마나 자주 차를 타고 외출하나요?" 내가 물었다.

"원한다면 언제든지 시동을 걸 수 있어요." 그는 방어적으로 대답했다. "그리고 내 차는 당신들의 형편없는 랜드로버가 가려고 하지 않는 곳에도 갈 거예요."

그는 자신의 주장을 증명하기 위해 다음날 그 차를 타고 한바탕 달리겠다고 제안했다. 그러려면 상당한 준비가 필요했지만, 멀은 상처받은 자존심을 만회하기 위해 작업을 개시했다. 먼저 냉각수 펌프를 장착해야 했다. 그는 안뜰에 놓인 오래된 노후차량에서 하나를 발견하여 오후 내내

데이비드 애튼버러의 주 퀘스트

멀과 그의 구식 자동차

홈과 요철부를 자신의 승용차에 맞도록 다듬었다. 그리고 그 차를 붙잡고 밤새도록 씨름한 끝에 다음날 아침 모든 준비를 완료했다.

멀의 폰티악은 전기식 시동장치가 등장하기 오래 전에 제작되었으며 원래 제공되었던 시동 손잡이는 잃어버린 지 오래였다. 그러나 멀은 자신만의 터무니없이 논리적인 시동 방법을 가지고 있었다. 그는 먼저 뒷바퀴가 지면에서 완전히 떨어질 때까지 잭으로 들어 올렸다. 다음으로 엔진에 기어를 넣은 다음 바퀴살을 잡고 회전시켜 뒷바퀴를 돌리기 시작했다. 그것은 고된 일이었으므로 멀은 비지땀을 흘렸다. 5분 후 엄청난 굉음과 함께 엔진이 흔들리며 시동이 걸렸다. 멀은 앞쪽으로 달려가 떨리는 엔진을 중립에 놓고 뒤축을 잭으로 내렸다. 그는 당당하게 앞쪽으로 걸어가 좌석에 올라간 다음 자랑스럽게 차를 몰고 호텔을 한 바퀴 돌았다.

나중에 알게 된 사실이지만, 멀은 보롤룰라의 경찰관이 곧 출동한다는 정보를 입수하고 숲으로 차를 몰고 들어가 오랫동안 잠적한 적이 있었다. 숨길 것도 두려울 것도 없었지만 불필요하게 법에 휘말리는 것은 무의미하다고 생각한 듯했다. 3주 동안 아무도 그를 보지 못했다. 그러던 어느 날, 평원 건너편에서 들려오는 멀고도 분명한 자동차 굉음이 그의 귀환을 알렸다. 집에서 800미터도 되지 않는 지점에 도달했을 때 엔진이 멈췄다. 멀은 현장에서 임시변통으로 차를 고칠 수도 있었고, 차를 놔두고 나머지 거리를 걸어서 돌아올 수도 있었다. 그래야만 오랫동안 자리를 비웠던 자신의 지붕 아래로 돌아와 다시 편안하게 잠을 잘 수 있었기 때문이다. 그러나 그는 제3의 길을 선택했다. 그는 밖으로 나와 모닥불을 피우고, 차를 끓이기 위해 주전자를 올려놓고, 차 아래의 그늘에 보따리를 펼치고 잠을 청했다. 그는 3일 동안 그곳에 머물며 엔진에 무슨 문제가 생겼는지 곰곰이 생각했다. 마지막으로 그는 보닛 안을 들여다보더니 플러그를 청소했다. 엔진은 즉시 시동이 걸렸고, 마음을 가라앉힌 그는 집으로 돌아오는 여정을 마쳤다.

나는 멀에게 오지를 여행하는 동안 무슨 일을 했냐고 물었다.

"오, 대부분의 시간은 탐광을 하며 보냈어요." 그가 말했다.

"뭘 좀 찾았나요?"

"음, 약간의 금, 오팔, 은납이 있었어요. 그러나 수지맞는 건 하나도 없었어요."

"좀 실망스럽지 않아요?"

"전혀 그렇지 않아요." 그는 평소와 달리 열의를 보이며 대답했다. "사람이 뭔가를 발견하고 나면 방황하기 마련이에요. 이제 또 무엇을 위해 살겠어요? 어차피 돈은 인생에 도움이 되지 않을 텐데."

"돈은 삶을 편안하고 쉽게 만들어 줄 수 있어요." 나는 넌지시 말했다.

　　　　　　　　데이비드 애튼버러의 주 퀘스트

"그래서 그걸로 뭘 하려고요?" 멀이 말했다. "호화 요트 몇 척을 구입하고, 술을 진탕 마시고, 아름다운 여자들에게 돈을 뿌리겠죠. 나는 그런 데서 아무런 의미도 찾을 수 없어요. 아니, 절대로 아니에요. 내가 살면서 한 가지 배운 게 있다면 사람의 욕심에는 끝이 없다는 거예요. 난 충분히 행복해요."

"글쎄요. 당신처럼 불편하게 살면서도 여전히 행복하다고 말할 수 있는 사람은 많지 않을 거예요."

"아," 멀이 동정적인 어조로 말했다. "그들은 어딘가 나사가 풀린 것 같아요. 분명히 나사가 풀렸을 거예요."

<hr>

멀의 가장 가까운 이웃은 보롤룰라의 가장 오래된 주민인 로저 호세 Roger Jose였다. 그는 1916년에 이곳에 도착했고 그 이후로 서너 차례에 걸쳐 짧은 기간 동안만 자리를 비웠다. 그는 대주교의 그것처럼 보이는 긴 회색 턱수염, 곱슬거리는 은발, 짙게 그을리고 주름진 피부를 가진 기품 있어 보이는 남자였다. 그가 입은 옷은 괴상망측했다. 앞챙이 이상한 모자는 프랑스 외인 부대원의 케피kepi[6]와 비슷하지만 판다누스 섬유로 직접 디자인한 것이었다. 셔츠의 팔은 일부러 어깨에서 잘라냈고, 바지는 무릎 바로 아래까지 잘라냈다. 만약 연극 '보물섬'을 상연하는 도중 그가 벤 건 Ben Gun의 역할을 맡아 무대에 올랐다면, 관객들은 의상 디자이너와 분장사들이 상상력을 너무 많이 발휘했다고 생각했을 것이다.

아무도 그가 몇 살인지 몰랐고 로저 자신의 말도 믿기 어려웠다. 그는 적어도 지난 6년 동안 자신이 69살이라고 말해왔기 때문이다.

6　위가 평평한 프랑스의 군모. - 옮긴이주

그의 집도 그의 옷만큼이나 이상해서, 골함석으로 된 원형 구조에 창문이 없고 측면에 작은 문이 하나 있었다. 원래 그것은 5,000갤런(약 22,725리터)들이 물탱크로 호텔에 빗물을 공급하고 있었다. 로저는 그것을 해체하여 1.6킬로미터 떨어진 곳에 다시 세웠는데, 얼마간은 가끔씩 평원을 휩쓰는 강풍으로 인해 무너져가는 호텔 지붕에서 골함석판이 떨어지는 위험을 피하기 위해서였고, 얼마간은 멀이 운영권을 인수하자마자 호텔이 약간 붐비고 있다고 생각했기 때문이다.

로저는 도서관의 마지막 관리인이었다. 흰개미들이 도서관을 통째로 먹어 치우기 전에 그는 거의 모든 책을 읽었고, 그렇게 함으로써 학습뿐 아니라 단어에 대한 열정도 얻었다. 단어는 참으로 그를 사로잡았다. 그는 단어를 즙이 많은 사탕처럼 음미했고 혀로 굴리며 즐겼다. 그는 단어의 정확한 의미와 어원을 곰곰이 생각했다.

내가 어떤 음식을 먹느냐고 묻자 그는 이렇게 대답했다. "음, 주인의 황소를 먹고 싶은 마음이 간절하지만 그건 불가능해요. 그래서 요리조리 도망치는 유대류나 뒤쫓을 수밖에 없어요."

이따금씩 그 지역을 순회하는 복지 담당 공무원인 타스 페스팅Tas Festing이 로저를 방문했는데, 로저는 타스가 지난 번 다녀간 이후 자신의 기억에서 새롭게 끄집어낸 더 맛깔나는 단어를 이야기할 기회를 환영했다. 그들 간의 대화는 로저가 멍하니 "나는 일전에 뭔가를 읽고 있었어요…"라고 말하는 것으로 시작되곤 했다. 로저에게 있어서 '일전에'란 10년 또는 15년 전을 의미하는 것이었다. 왜냐하면 그는 시력감퇴로 인해 그 이후 오랫동안 아무것도 읽을 수 없었기 때문이다. 그런 다음, 로저는 타스가 대답하느라 진땀을 흘리거나 잘못된 대답을 함으로써 자신이 의기양양하게 시정할 수 있기를 바라며 속이 빤히 보이는 질문을 던졌다. 타스는 짜증을 내기 시작했고 마침내 어느 날 주도권을 잡았다.

데이비드 애튼버러의 주 퀘스트

자신의 오두막집 앞에 앉아있는 로저 호세

"로저," 그가 물었다. "책에서 '레오타드leotard'를 본 적이 있나요?"

로저는 의심스러운 표정으로 타스를 바라보았다.

"그것의 가죽을 한번 본 것 같아요." 그가 머뭇거리며 말했다.

"그럴 리가 없어요." 타스가 말했다. "레오타드는 가죽이 없거든요."

잠시 침묵이 흘렀다.

"레오타드가 뭐죠?" 로저가 물었다.

그러나 타스는 대답하지 않았다. 3일 후, 로저는 타스의 캠프를 방문했다. 생각지 못한 지식의 공백이 너무 걱정되어 잠을 이룰 수 없었다. 그는 기필코 답을 알아내야만 했다. 그제서야 타스는 레오타드가 발레 댄서의 공연 의상이라고 말해줬다.

"난 내가 정말 멍청하다고 느꼈어요." 로저는 우리에게 이 에피소드를

물탱크로 만든 집 옆에 앉아있는 로저

전하며 말했다. "그것도 모르다니."

그러나 로저는 모든 독서에서 단순한 단어 이상의 것을 수집했다. 그는 시에 취미가 있었고 그레이Gray의 『엘레지Elegy』, 셰익스피어, 오마르 하이얌Omar Khayyám, 성경을 즐겨 인용했다. 그도 자신이 이상한 인물임을 인식하고 있었다.

"하지만 나는 지극히 정상이에요." 그는 재빨리 덧붙였다. "괜히 지레짐작하지 말아요. 나는 한때 다른 사람들과 함께 도시에서 살았고 완벽하게 잘 지냈어요. 그러나 그건 내가 우월성 콤플렉스, 즉 나 자신보다 우월한 동반자를 찾을 수 없다는 생각을 갖기 전의 일이었어요. 나는 평화를 찾아 광야로 나왔어요. 그러다가 여기까지 오게 되었어요. 어떤 의미에서 나는 궁지에 몰린 것 같아요."

데이비드 애튼버러의 주 퀘스트

"외로움에 압도되지 않았나요?" 내가 물었다.

"내가 어찌 외로울 수 있겠어요?" 그는 조용히 대답했다. "신과 함께 있는데..." 그의 목소리가 떨리다 멈추었다. 그러더니 얼굴이 밝아졌다. "그리고 오랜 벗 오마르와 불멸의 빌[7]도 있는 걸요."

———

로저의 물탱크에서 3킬로미터 떨어진 곳, 즉 말라버린 개울 바닥을 가로질러 상점 너머에는 보롤룰라의 가장 단호한 은둔자로 '미친 바이올린 연주자'라 불리는 잭Jack이 살고 있었다. 그는 매주 자신의 오두막집에 혼자 앉아 바이올린을 연주했다. 우리는 초대받지 않고 그를 방문하는 것은 바람직하지 않다는 경고를 받았다. 잭은 때때로 예기치 않은 방문자를 산탄총으로 맞이하는가 하면, 불같이 화를 내며 "당장 내 영토에서 나가라"고 경고하는 것으로 알려져 있었다.

그러나 어느 날 아침 멀을 만나기 위해 호텔로 차를 몰고 갔을 때, 우리는 예전 우체국 옆에 서있는 낯선 트럭을 발견했다. 디딤판에는 가냘픈 몸매의 작은 남자가 걸터앉았는데, 안경을 쓰고 성냥개비처럼 가느다란 다리를 가지고 있었다.

멀은 우리에게 그를 소개했다. 잭은 의심스러운 눈초리로 우리를 쳐다보더니, 마지못해 인사를 하고 자리에서 일어나 트럭 문을 열었다. 잠시 동안 나는 그가 즉시 떠날 거라고 생각했다. 그러나 그는 단지 안으로 손을 뻗어 물이 가득 담긴 작은 병을 꺼냈다. 그는 돌려서 막는 마개를 열고 물을 몇 모금 마신 뒤, 조심스럽게 뚜껑을 닫고 보닛 위에 내려놓았다.

멀과 잭은 자유의지의 본질에 대해 깊은 대화를 나눴다. 이 대목에서,

---

7 윌리엄 셰익스피어를 지칭한다. - 옮긴이주

독자들은 두 사람이 외로움 속에서 전적으로 철학적 문제에만 관심을 쏟았다고 생각하기 쉽다. 나는 그랬다고 생각하지 않는다. 단지 이런 환경에서는 잡담을 하는 것이 거의 불가능할 뿐이었다. 즉, 잡담을 할 만한 이야깃거리가 없었다. 잭은 빠르고 신경질적으로 말했는데, 그의 오스트레일리아식 어법의 밑바탕에는 에드워드 시대 상류층 억양의 흔적이 남아 있었다. 그는 '젤gels'[8]과 '모터링motoring'[9]에 대해 이야기했다. 나는 그가 영국 귀족 가문의 작위가 있는 아들이었다고 들은 것이 기억났다.

"이 사람들은" 멀은 잭에게 우리를 가리키며 말했다. "나에게 왜 여기에 왔냐고 줄기차게 물었어요. 당신은 여기에 왜 왔다고 생각해요, 잭?"

잭은 우리를 공격적으로 바라보며 단호하게 말했다. "나는 영국의 국익을 위해 영국에서 추방됐어요."

당황스러운 침묵이 흘렀다.

"듣자 하니, 당신이 바이올린을 연주한다더군요." 나는 화제를 바꾸기를 바라며 말했다.

"네, 7년 됐어요."

"어떤 곡을 연주하나요?"

"주로 음계를 연주해요." 그는 대답했다.

"곡도 연주하나요?"

"잠깐만요," 잭이 부드럽게 대답했다. "당신도 알다시피, 바이올린은 매우 까다로운 악기예요. 프리츠 크라이슬러Fritz Kreisler 같은 대가와 나를 비교하는 것은 공정하지 않아요. 왜냐하면 그들은 아주 어렸을 때부터 레슨을 받았기 때문이에요. 나는 너무 늦게 시작했어요." 그는 물병에서 물 한 모금을 마셨다.

---

8 젤리처럼 점도가 높은 물질로, 다양한 제품에 사용된다. - 옮긴이주
9 기관을 전동기 등 다른 동력을 이용하여 공회전시키는 것을 말한다. - 옮긴이주

　　　　　　　　　　　데이비드 애튼버러의 주 퀘스트

"그래도" 그는 말했다. "난 내년에 헨델의 라르고Largo에 도전할 생각이에요. 하지만 난 절대 서두르지 않아요."

18세기의 음악을 연주하는 것이 잭의 목표였다. 그는 그 이전이나 이후의 음악을 별로 높게 평가하지 않았다.

"어쨌든," 그는 이렇게 덧붙였다. "요즘 현대적인 음악은 악보가 너무 비싸요. 하지만 바흐와 베토벤의 곡은 푼돈을 내고 통째로 가질 수 있어요."

"음," 그가 말했다. "당신들에게 횡설수설하는 건 시간낭비예요. 이만 가 봐야겠어요."

그는 자신의 차에 올라탔다.

"우리가 언제 당신을 만나러 갈 수 있는지 궁금해요, 잭."

"그러지 않는 게 좋을 것 같아요." 그가 말했다. "내가 어떤 기분인지 당신은 절대 알 수 없을 테니 말이에요."

그리고는 시동 손잡이를 돌렸다. 엔진이 천식에 걸린 것처럼 덜컹거리자, 그는 안으로 기어 들어갔다. 이어 끼익 소리를 내며 기어를 넣더니 차창 밖으로 몸을 내밀었다. "카메라와 녹음기를 가져오지 않는다면 괜찮을지도 몰라요. 나중에 봐요."

그는 클러치를 풀고 차를 몰았다.

우리는 다음날 그의 초대를 받아들였다. 우리는 펠리컨, 백로, 오리, 앵무새가 출몰하는 아름다운 초승달 모양의 빌라봉 가장자리에서 그의 오두막집을 발견했다. 우리가 차를 몰고 갔을 때 잭은 오두막집 안에서 바쁘게 움직이고 있었다. 그는 한동안 아무 말도 하지 않았고, 우리가 "안녕하세요"라고 소리쳐도 아무런 반응 없이 집안에서 모습을 드러내지 않았다. 그는 마치 호된 시련 때문에 자신을 다잡고 있는 것처럼 보였다. 마침내 모습을 드러냈을 때, 그는 우리에게 앉을 상자를 제공하며 세심하고 예의바르게 행동했다. 그러나 우리가 자리에 앉자마자 다시 집안으로 사라졌다. 유리도 없는 열린 창으로 바이올린을 손에 든 채 꼼짝 않고 서서 바라보는 그의 모습이 보였다. 2분 남짓 지난 후, 그는 신중하게 바이올린을 케이스에 집어넣고 천천히 뚜껑을 닫았다. 그가 다시 나왔을 때 나는 그에게 그의 악기를 살펴봐도 되겠냐고 물었다.

"그러지 않는 게 좋겠어요." 그가 조용히 말했다.

그가 요구한 대로 우리는 카메라나 녹음기를 가져오지 않았다. 한동안 이야기를 나눈 후, 나는 그의 바이올린을 다시 화제에 올렸다. "왜요?" 나는 농담조로 말했다. "노던준주에 신예 바이올리니스트가 있다는 사실을 세상이 알아야 해요. 혹시 알아요, 당신이 스타가 될지."

잭은 몸을 앞으로 숙이며 격정적으로 대답했다. "나는 내가 원하는 명성을 모두 얻었어요. 40년 전 나는 지금은 전 세계적으로 유명한 배우들과 함께 영국 북부의 극장에 출연하고 있었어요. 난 그런 걸 바라지 않아요."

나는 잠시 동안 그가 기분이 상했을까 봐 걱정했다. 그는 자리에서 일어나 유칼립투스로 만든 간이 테이블 위에 놓고 건조시키고 있던 에나멜 머그잔을 집어 들었다. 그리고 그것을 천으로 열심히 닦기 시작했다.

"당신들도 알다시피 사람들은 우리를 괴짜들이라고 불러요." 그가 씁쓸하게 말했다. "음, 사람들이 옳을지도 몰라요. 그런데 나이 든 멀과 로저를 봐요. 당신은 두 사람이 행복하다고 생각하지 않아요? 그게 그들이 당신들에게 말한 것이에요. 안 그래요? 음, 그들이 진실을 말하고 있지는 않아요. 그들도 나와 똑같이 괴짜들이에요. 그들은 대부분의 시간을 나처럼 별 볼일 없이 살아요. 그러나 어떤 사람은 이런 저런 이유로 잠시 여기까지 와서 머물다가, 무슨 일이 일어났는지 알기도 전에 자신의 의지와 무관하게 삶의 방식을 바꿀 수 없는 지경에 이르기도 해요."

그는 머그잔을 못에 걸었는데, 그 옆에는 에나멜 접시가 테두리에 뚫린 구멍으로 못에 걸려있었다.

데이비드 애튼버러의 주 퀘스트

"이제 갈 시간이에요." 그는 이렇게 말하고 다시 한 번 자신의 오두막 집으로 사라졌다.

24. 오스트레일리아 중부

보롤룰라에 머물던 도중, 나는 약간의 음식을 구입하기 위해 차를 몰고 마을을 가로질러 상점으로 갔다. "당신들 영국인 일행 중에 라고스Lagos나 그 비슷한 이름을 가진 사람이 있나요?" 계산대 뒤의 여자가 물었다. "다윈의 무선전신 담당자가 준주 전역에 걸쳐 그에게 메시지를 보내고 있어요. 내 무선 수신기가 제대로 작동하지 않아서 자세한 내용은 모르겠지만 긴급한 일 같아요."

그 메시지를 추적하는 데 거의 하루가 걸렸다. 마침내 수신에 성공하고 보니 그것은 나쁜 소식이었다. 하를레스의 가족 중 한 명이 중병에 걸렸다는 내용이었으므로, 그는 즉시 런던으로 돌아가야 했다. 우리는 이 지역 복지 담당 공무원인 타스 페스팅의 무선 송신기를 이용하여 비행기를 전세 냈다. 비행기는 다음날 도착했다. 우리는 차와 짐을 타스에게 맡기고 모두 다윈으로 돌아갔다. 육로를 택하는 바람에 이틀 동안 힘들고 거칠게 운전해야 했던 지역을 비행기를 타고 불과 2시간 30분 만에 날아갔다. 밥과 나는 그날 밤 제트기에 올라타는 하를레스와 작별인사를 했다. 그는 앞으로 24시간 이내에 런던에 도착할 예정이었다. 로저 호세와 우리의 눈에 '세상에서 가장 외딴 곳 중 하나'로 보이는 보롤룰라 같은 오지

데이비드 애튼버러의 주 퀘스트

가, 무선전신과 항공기를 함께 사용하면 지구 반대편에 있는 도시와 매우 빠르게 연결될 수 있다는 사실이 다행스러우면서도 놀랍게 느껴졌다.

또 하나의 전보가 다윈에서 나를 기다리고 있었다. 그 내용인즉 또 다른 카메라맨 유진 카Eugene Carr가 하를레스의 공백을 메우기 위해 이미 런던을 출발했다는 거였다. 진Gene(유진)은 인도 상공 어딘가에서 부지불식중에 하를레스와 스친 후, 다음날 밤 다윈에 착륙했다. 그 다음날 아침, 우리는 그에게 줄 운전 면허증과 반바지 1벌을 마련하기 위해 서둘러 시내를 돌아다녔다. 오후에 우리는 그를 전세 비행기에 태우고 저녁에 보롤룰라로 복귀했다.

진은 자신에게 무슨 일이 일어나고 있는지 거의 알지 못했다. 어느 날 그는 런던에서 정치인을 촬영하고 있었다. 그로부터 4일 후 그는 보롤룰라에서 잭 멀홀랜드를 촬영하고 있었다. 그는 '둘 중 어느 쪽이 더욱 분별 있게 말하는 것 같은지'에 대해 말하지 않았다.

그건 그렇고, 노던준주의 삶—오스트레일리아의 중심부를 가로지르는 준주의 남쪽에 자리잡은 인적이 없는 사막지역에서 소수의 사람들이 한때 삶을 영위했던 방식—에 대한 가장 개략적인 영상이라도 보여주고 싶다면 우리는 또 하나의 과제를 수행해야 했다. 그곳에 가면 주변의 암석으로 필요한 모든 도구와 무기를 만들고 사막의 모래를 책처럼 읽고 이방인들이 굶어 죽을 수 있는 곳에서 식량을 찾을 수 있는 많지 않은 오스트레일리아 원주민들 중 몇을 만날 수도 있었다.

그래서 우리는 진이 도착하자마자 보롤룰라를 떠나 황소 먼지로 엉망이 된 길을 따라 데일리워터스로 돌아갔다. 그곳에서 우리는 마치 자를 대고 그은 듯 끝없이 펼쳐진 직선형 아스팔트 도로를 따라 모래, 돌, 시든 잡목림으로 이루어진 광대한 황무지를 가로질러 남쪽으로 향했다. 아주 간헐적으로 암석투성이 노두나 바람에 쌓인 모래 더미가 방향을 바꾸게 만들었다. 아스팔트 도로를 따라 달리는 몇 되지 않는 자동차들은 빠른 속도로 달렸다. 그도 그럴 것이, 주변의 광야에는 운전자가 머뭇거리도록 유혹할 만한 것이 아무것도 없었다. 그들의 유일한 관심사는 앨리스 스프링스를 다윈과 갈라놓은 1,600킬로미터에 달하는 혹독한 '문명의 틈새'를 가능한 한 빨리 통과하는 것이었다. 우리는 약 50미터 길이의 대형 트레일러트럭을 한두 번 지나쳤는데, 이것은 대형 이삿짐 운반차 같은 거대한 트레일러들의 행렬로, 군용 탱크 수송차량만 한 크기의 어마어마한 디젤 트럭에 끌려가고 있었다. 그 트럭은 22단 기어와 세단 승용차의 속도를 자랑했는데, 일단 빠르게 움직이면 이 엄청난 차량의 높은 운전대에 앉아있는 운전자는 400미터 이내에서 정지나 방향전환조차 할 수 없었다. 다른 모든 차량들은 이 트레일러트럭의 경로를 벗어나는 게 당면과제

자신이 만든 나무 그늘 휴식처에 머물고 있는 수컷 바우어새

데이비드 애튼버러의 주 퀘스트

였다. 이 거대한 차량은 앨리스스프링스의 철도 종점과 '외떨어져 성장을 멈춘 짧은 철도' 사이의 연결 고리였는데, 그 철도는 다윈에서 230킬로미터쯤 뻗어 나와 앨리스에서 1,300킬로미터 정도 못 미친 오지에서 멈춰섰다.

아무리 인적이 드문 사막에도 1년 내내 흩어져 있던 주민들이 모여 소식을 교환하고 오랜 친구를 만나 회포를 풀고 잔치를 열 수 있는 만남의 장소가 있기 마련이다. 오스트레일리아 중부에는 앨리스가 있다. 최초의 유럽 탐험가가 들어오기 훨씬 전에, 원주민들은 긴 창과 부메랑을 들고 붉은 산맥을 맨발로 누비며 바위 사이의 깊은 물웅덩이 옆에서 야영을 하고 물을 마셨다. 어느 누가 아는 것보다도 오랫동안 그곳은 그들의 땅이었다. 그러다가 19세기 후반에 육상 전신선이 건설되며 남쪽에서 출발한 전봇대들이 지평선을 가로질러 북쪽의 메마른 황무지로 계속 올라갈 때, 인부들은 이곳에 나무로 된 중계소를 짓고 정착지를 만들어 자신들의 주요 거점과 보급품 적치장으로 삼았다.

얼마 안 지나 전봇대를 따라 철도가 들어왔고, 앨리스는 그에 따라 성장했다. 더 북쪽에 있는 목장에서 지저분하고 까칠한 턱수염을 가진 소몰이꾼들이 가축로를 따라 내려와, 그들이 몰고 온 소 떼를 덜컹거리는 화물열차에 실어 남쪽으로 내려보낸 후 휴식을 취하고 흥청거리기 위해 계속 머물렀다. 앨리스는 곧 술집과 경마장을 갖추고 그들의 미적거림을 부추겼다. 나중에 작고 노후한 비행기들이 대담하게 사막 위를 부산스럽게 날기 시작했을 때, 오스트레일리아 내륙 선교회의 존 플린John Flynn 목사는 이 도시를 자신이 구상하는 항공 의료 서비스Flying Doctor Service[1]의 중심지로 선정했다.

---

1 세계 최초의 항공 응급의료 서비스로, 의사가 없는 외딴 지역에서 응급 환자가 발생하면 항공기를 띄워 환자를 신속히 수송하거나 의사를 파견하는 서비스. - 옮긴이주

그리고 이제 관광객들이 찾아오고 있다. 그들에게 앨리스는 아웃백의 전형인데, 아웃백이란 오스트레일리아의 모든 도시 거주자들이 막연하게 자신들의 본향으로 알고 있는 마법의 영토로, 여전히 거칠고 인적이 드문 땅에서 강인하고 깡마른 개척자들이 말을 타고 누비는 곳으로 여겨진다. 앨리스는 관광객들을 위해 숙식을 제공하기도 한다. 방갈로가 대부분인 마을에서 우리는 새로 지은 몇 층짜리 호텔을 발견했는데, 그것은 휘황찬란한 빛을 발하며 위용을 과시하고 있었다. 안장과 채찍을 판매하는 상점들 사이에는 구석에 세워놓은 창槍 다발, 북쪽으로 1,600킬로미터 떨어진 해안의 선교회에서 원주민 소녀가 만든 조개 목걸이, 턱수염을 기른 원주민의 찡그린 얼굴이 우스꽝스럽게 그려진 부메랑 축소 모형을 판매하는 상점도 있었다.

―――――

앨리스스프링스의 서쪽은 너무나 혹독한 사막이 시작되므로, 처음 그곳에 들어가려고 했던 많은 여행자들을 잔인하게 거부하여, 피부를 태우고, 갈증으로 고문하고, 말을 불구로 만들고, 신기루로 속인 후 반쯤 눈멀고 피골이 상접한 상태로 돌려보냈다. 우리는 사막의 원주민, 즉 바위와 식물과 동물의 특성을 잘 이해했기에 다른 사람들이 살 수 없는 황무지에서 생존할 수 있었던 사람들을 찾기 위해 사막의 가장자리에 왔다. 50년 전 이 황량한 땅에 살았던 부족들 중 상당수는 이제 자신들의 오래된 영토를 버리고 백인들과 타협하여 목장과 읍내에 살고 있었다. 그중 몇 부족은 완전히 사라졌다. 그러나 왈비리Walbiri라는 부족은 그들을 변화시키려는 시도에 완강히 저항했고, 비록 건조하고 척박할망정 조상의 땅을 고수했다.

19세기 동안, 왈비리 부족원 중 일부는 그들이 가장 탐내던 백인의 물

데이비드 애튼버러의 주 퀘스트

건인 도끼, 칼, 담요를 얻고 탐광자와 목장주들을 위해 일하려고 나왔다. 그러나 그들은 '임시 고용주'에 의존하는 경우가 거의 없었고, 원하는 것을 구입할 만큼의 돈을 벌었거나 언짢은 방식으로 대우받았을 때는 미련 없이 사막으로 되돌아갔다. 사막의 상당 부분은 백인들에 의해 탐험되지 않은 사실상 원주민 고유의 영토였다. 1910년에 2명의 탐광자가 그들의 영토 깊숙한 곳을 배회하던 중 원주민들에게 창으로 공격받아 그중 한 명이 사망했다. 이 사건은 왈비리족이 공격적이고 위험하다는 평판을 확인시켜 주었다.

그런 상황은 1924년까지 계속되었다. 그해에 준주 역사상 최악의 가뭄이 시작되었다. 가장 혹독한 계절에도 녹색의 거품이 떠있는 미지근한 물을 간직했던 웅덩이는 이제 완전히 말라버렸다. 부족의 밥줄이었던 캥거루, 주머니쥐, 반디쿠트 그리고 그 밖의 동물들이 사라졌다. 2년이 지나자 왈비리족도 더 이상 버틸 수 없었다. 많은 사람들이 사막에서 죽었고, 굶주린 다른 사람들은 변경에 정착한 백인들에게 도움을 청하러 나왔다. 그리고 가뭄은 여전히 계속되었다. 4년 후, 식량을 간절히 원하는 한 무리의 부족원들이 사막의 물가에 앉아있는 늙은 탐광자를 만났다. 그들은 그를 살해하고 그의 물건들을 훔쳤다. 이에 대한 보복으로 한 경찰관이 말을 타고 왈비리족을 찾아가 17명을 사살했다. 희생자들 중에서 원래 살인에 가담한 사람은 거의 없었으며, 설사 있더라도 극소수였을 것이다. 그것은 본질을 벗어난 행동이었다. 원주민이 받았어야 한 것은 보복이 아니라 교훈이었다.

5년간의 가뭄이 끝나자 일부 부족원은 계속 광산에서 일하거나 목장에서 일꾼으로 일했지만, 대부분은 백인들의 보복이 얼마나 잔인했는지를 기억하며 광야로 돌아갔다.

그런 다음 오스트레일리아 정부는 처음에는 그들 영토 남쪽의 하스츠

블러프Haast's Bluff에, 나중에는 1946년 앨리스스프링스에서 북서쪽으로 270킬로미터 떨어진 유엔두무Yuendumu에 정착지를 건설했다. 두 정착지 모두 오랫동안 운영되어 왔지만, 그곳에 사는 왈비리족은 한때 사막에 살았던 사람들 중에서 가장 변화가 적은 축에 속했다. 우리가 방문한 곳은 유엔두무였다.

정착지에서 생활의 중심은 지하 30미터에서 물을 끌어올려 거대한 탱크에 쏟아붓는 키 큰 풍차였다. 이것은 유목민을 정착지에 묶어놓는 족쇄 중에서 가장 강력했으므로, 그들은 인근의 덤불에 나무껍질, 나뭇가지, 골함석으로 된 어설픈 거처를 마련했다. 그들은 약 400명이었는데, 강인하고 자부심 강한 사람들처럼 보였다. 많은 남자들, 특히 나이 든 남자들은 몸에 소름끼치는 흉터를 가지고 있었다. 허벅지의 일그러진 흉터는 자해의 결과로, 가족을 잃은 사람이 슬픔의 깊이와 강렬함을 보여주기 위해 자신의 몸을 칼로 벤 애도의 상흔이었다. 그러나 어깨와 등의 다른 상처들은 싸우다가 입은 것이었다. 왈비리족의 싸움 방식 중 하나는 간단하고 소름끼칠 정도로 극기적이다. 2명의 적이 다리를 꼬고 마주 앉는다. 한 명이 몸을 굽혀 저항하지 않는 상대의 등에 칼을 꽂는다. 이제 그가 칼을 받을 차례다. 그들은 패배를 인정하거나 출혈로 쓰러질 가능성이 더 높다고 인정될 때까지 계속해서 서로를 찌른다.

체격상으로 볼 때, 이 사람들은 우리가 봤던 아넘랜드인보다 육중했다. 그들은 떡 벌어진 가슴과 튼튼한 근육질 다리를 가지고 있었다. 누더기 옷을 입은 채 매일 트럭 주위에 모여 밀가루와 설탕을 배급받을 때 고상해 보일 남자는 거의 없을 것이다. 그러나 이 사람들은 순종적이거나 비굴하지 않았다. 한 남자는 우리와 이야기할 때 우리의 눈을 똑바로 쳐다보았다. 그에게는 그의 기준이 있고 우리에게는 우리의 기준이 있었다. 우리 둘은 서로 다른 세계에 살고 있었고, 우리가 만난 이곳에서 그는 불

데이비드 애튼버러의 주 퀘스트

리한 위치에 있었다. 그러나 우리는—그리고 그도—알고 있었다. 각자가 자기 집단에서 물려받은 물질적 부를 박탈당하고 사막에 홀로 버려졌을 때 그가 우리보다 유리한 위치에 서리라는 것을.

당장 친해지기가 쉽지 않았으므로 서로 눈을 마주치는 시간이 필요했다. 피부색을 내세워 권위를 행사해서도 안 되고 동그란 선물을 무분별하게 건네줌으로써 쉽게 평판을 얻으려고 해서도 안 되었다. 물론 공짜로 주는 선물을 넙죽 받아가겠지만 그들은 우리를 어리석고 방탕하다고 여길 게 불을 보듯 뻔했다. 우리가 처음으로 잘 알게 된 사람은 원로 중 한 명인 찰리 자가마라Charlie Djagamara였다. 그는 정착지 곳곳에서 자주 발견되었다. 왜냐하면 그는 너무 나이가 들어서 많은 젊은이들이 종사하는 목축 기술을 배울 수 없었기 때문이다. 그러나 그리 늙지도 않았기 때문에 여러 노인들처럼 은신처 그늘에 쪼그리고 앉아 매일 식량 배급만 기다리지도 않았다. 그는 거친 풀로 만든 특이한 가발 모양의 모자를 늘 착용했는데, 풀은 사이사이 꼬인 머리카락으로 촘촘하게 엮여있었다. 그의 두 허벅지에서는 애도의 상흔이 깊게 교차했고, 그의 가슴에는 통과의례에서 입은 부상으로 인한 긴 흉터가 새겨져 있었다. 그는 엉덩이에 두른 헝겊 이외에는 옷을 거의 걸치지 않았다. 물 없는 사막에 사는 사람들이 씻는 전통이나 취향을 가지고 있지 않다는 것은 놀라운 일이 아니며, 찰리가 우리와 함께 트럭에 올라탔을 때 강한 악취가 진동했음을 인정하지 않는다면 거짓말일 것이다.

우리는 찰리에게 그와 그의 부족이 '오래전 옛날, 왈비리족의 관습을 모두 보존하며' 사막에서 어떻게 살았는지 꼭 알고 싶다고 이야기했으며, 찰리는 몸으로 직접 보여주겠다고 했다.

불행히도 그의 말은 고작해야 드문드문 알아들을 수 있을 뿐이었다. 그의 피진어가 젊은 남자들만큼 유창하지 않았기 때문에, 우리는 그가 우리에게 무엇을 보여주기로 결정했는지 정확히 알지 못한 채 그를 따라가는 경우가 많았다.

숲으로 갈 때, 그는 으레 2~3개의 부메랑과 1개의 투창기wommera를 휴대했다. 투창기의 기능은 마닝그리다의 것과 같아서, 한쪽 끝에 박힌 스파이크가 창 꽁무니에 파인 홈으로 들어가면서 사람의 팔 길이가 인위적으로 확장되어 더욱 큰 지레 작용과 투척력으로 창을 던질 수 있었다. 그러나 이곳의 투창기는 모양 면에서 다소 달랐다. 마닝그리다 투창기는 너비 1인치 정도의 단순하고 가느다란 나뭇조각이었던 반면, 왈비리 투창기는 더 넓은 너비와 동그랗게 말린 가장자리 덕분에 길이 60센티미터의 우아하고 길쭉한 접시 모양을 이뤘고 그 안에 물건을 담을 수도 있었다.

아넘랜드 사람들은 부메랑을 만들지 않았기 때문에(숲이 비교적 울창한 북쪽에서는 부메랑이 무용지물이었을 것이다), 우리는 이전에 부메랑을 본 적이 없었다. 찰리의 부메랑은 되돌아오지 않는 종류였다. 되돌아오는 부메랑은 동쪽과 서쪽의 부족들이 만든 것으로 때로는 사냥에 사용되어 오리 떼 위에 하늘로 빙글빙글 돌게 날려 보내 오리들을 놀라게 하여 그물로 떨어뜨렸다. 하지만 대부분은 장난감이었다. 반면에 찰리의 부메랑은 길고 무거운 경목으로 만들어진 무기였으며, 끝 부분이 짧게 구부러져 균형이 잘 잡혀있었다. 왈비리 전사는 동물이나 적을 향해 부메랑을 똑바로 던진다. 그는 부메랑이 돌아오기를 기다리지 않고, 표적을 다치게 하거나 죽일 것을 기대한다.

우리의 이해를 돕기 위해, 찰리는 두 가지 무기를 각각 '부메랑'과 '우메라(투창기)'라고 불렀다. 이 이름들은 왈비리족이 붙인 게 아니라 찰리가 백인들에게서 배운 것이었다. 유럽인들이 원주민의 관습과 물건을 지칭하는 데 사용하는 '코로보리'나 '마이올' 같은 이름과 마찬가지로, 이 단어들은 보터니만Botany Bay의 식민지 개척자들과 남쪽의 다른 정착민들이

데이비드 애튼버러의 주 퀘스트

바위에서 일련의 박편들을 떼어내는 찰리

현지 부족들로부터 처음으로 채록한 것이었다. 그것들은 영어의 일부로 살아남았지만 그것을 만든 원주민들은 이제 더 이상 존재하지 않는다.

찰리는 우리를 산등성이로 안내한 후 곧장 바위의 노두로 가서 그것들을 향해 손짓함과 동시에 우리를 보고 활짝 웃으며 "특히 이 바위들은 어떤 의미에서 특별하고 쓸모가 있어요"라고 설명했다. 우리의 눈에 그것들은 이 돌투성이 광야의 도처에 널린 다른 바위들과 아주 비슷해 보였다. 그는 조약돌을 이용해 능숙하게 세 번 내려쳐서 바위에서 일련의 박편들을 떼어냈다. 그는 그중 하나를 집어 들고 그것이 매우 유용한 칼날임을 보여주었다. 하지만 그게 다가 아니었다. 찰리는 자리에서 일어나 손짓했고, 우리는 따라갔다. 그는 가축 울타리를 지나 가축을 위해 뚫은 지하수 관정 너머의 작은 계곡으로 단호하게 걸어갔다. 그곳에서 그는 가시가 많고 바싹 마른 스피니펙스spinifex[2] 풀더미를 모아 막대기로 두드리기 시작했다. 그리고는 풀을 치우고 풀에서 떨어진 가루를 조심스럽게 긁어모아 나무껍질 위에 쌓았다.

다음으로 그는 마르고 갈라진 통나무를 찾아냈다. 그리고 투창기의 단단하고 날카로운 모서리로 균열 중 하나를 가로질러 톱질을 하여 연기와 함께 만들어진 뜨거운 검은색 톱밥 더미를 틈 속에 모았다. 이어 재빨리 한 움큼의 풀 위에 톱밥을 올려놓고 입으로 불었다. 그것은 연기를 내뿜다가 탁탁 소리를 내며 타오르는 불길에 휩싸였다. 2분도 채 지나지 않아 그는 불을 피웠다. 그리고 맹렬한 불꽃이 생길 때까지 통나무를 넣어 불을 키운 후, 그 한가운데에 6개의 돌을 던졌다. 돌이 정말로 뜨거워졌을 때 그는 열기에 얼굴을 찌푸리면서 한 쌍의 막대기를 이용해 하나를 꺼내 모아둔 풀먼지 한가운데에 내려놓았다. 지글거리는 소리와 약간의 연기가 나며, 주로 스피니펙스의 줄기에서 스며나와 굳어버린 작은 수지 알갱이로 이루어진 풀먼지가 녹아 부드러운 가소성 물질이 되었다.

뒤이어 2~3개의 돌이 그런 방식으로 사용되었다. 그는 접착제로 쓰는 퍼티putty 같은 덩어리를 조심스럽게 집어 들어 두 손을 번갈아 사용하여 돌 박편 주위에 모양을 만들며 꽉 붙잡을 수 있도록 단단히 고정시켰다. 그런 다음 그것을 다시 불 옆에 놓아 부드러움과 가소성을 회복시킴으로써 모양을 완성할 수 있었다. 이처럼 바위와 풀로 아주 날카로운 칼을 만들었는데, 이것은 동물의 가죽을 벗기고 도축하거나 싸움에서 적에게 끔찍한 상처를 입힐 만큼 강하고 예리했다.

하루는 찰리가 우리를 사막의 다른 곳으로 안내했다. 한동안 일부러 앞질러 걷다가 갑자기 걸음을 늦추고 조심스럽게 땅을 살피기 시작했다. 그

---

2 벼과科 스피니펙스속屬의 다년초. - 옮긴이주

데이비드 애튼버러의 주 퀘스트

리고는 마침내 자신이 찾고 있던 것을 발견했는데, 그것은 개미였다. 찰리는 그들의 작은 몸에 찍힌 미세하고 노르스름한 반점을 가리키기 위해 엄청난 노력을 기울였다. 그리고 그 반점이 그들을 다른 모든 개미들과 다르게 만든 요인이라는 점을 분명히 했다. 이어 숲을 헤치고 나가면서 개미들을 뒤쫓았고, 개미들은 구불구불한 길을 따라 허둥지둥 달아나다가 마침내 구멍 아래로 사라졌다. 그는 개미구멍 앞에 쪼그리고 앉아 부메랑으로 붉은 흙을 파헤쳐, 90센티미터 아래에서 둥지의 '길쭉한 방'을 드러냈다. 그리고 손을 뻗어 작은 구슬 크기와 모양을 가진 반투명한 호박색 물체를 한 줌씩 조심스럽게 꺼냈다. 그리고는 그중 하나를 나에게 건네주었다. 그것은 살아있는 개미로, 엄청나게 부풀어오른 복부의 한쪽 끝에서 6개의 작은 다리가 꿈틀거리고 있었다. 찰리는 손가락으로 1마리의 머리를 잡고 입에 넣더니 나에게도 그렇게 하라고 손짓했다. 주머니처럼 생긴 부드러운 배가 이빨 사이에서 터지며 따스하고 달콤한 꿀맛이 났다. 나는 씩 웃었다. 찰리는 입술을 움직여 입맛을 다시더니 크게 웃었다.

이들은 꿀단지개미honey-pot ant들이었다. 일개미들은 덤불에서 일하며 짧은 우기 동안 사막식물이 분비하는 단물을 모아, 꿀벌처럼 벌집에 저장하는 대신, 둥지에 있는 새로 태어난 일개미에게 (너무 팽창하여 움직일 수 없을 때까지) 먹인다. 그런 다음 살아있는 단지처럼 꿀을 가득 담고 있던 일개미들은 길쭉한 방의 천장에 달라붙어 있다가, 건기가 되어 다른 곳에서 먹이를 찾을 수 없을 때 다른 일개미들에게 꿀을 넘겨준다.

사막에서 생계를 꾸리는 방식을 찰리가 모두 보여줄 수는 없었다. 그중에는 여자들만이 할 수 있는 일이 있었는데, 너무 남사스러워 그가 보여주기에는 부적절했다. 우리는 이 점을 이해했기에 그에게 여자들이 뿌리와 씨앗을 수집하는 곳으로 우리를 안내할 수 있는지 물었다. 그러나 이것도 쉽지 않았다. 마닝그리다 주변의 숲이 '보이지 않는 경계선'에 의해

꿀단지개미를 잡는 장면

서로 다른 부족들의 영토로 세분된 것처럼, 유엔두무 주변에도 그와 비슷한 지리적 경계선이 있었다. 야영지에 인접한 넓은 지역 중 일부는 철저한 남자 출입금지 구역이었다. 거기에 가는 남자라면 누구나―특히 혼자라면―흑심이 있는 것으로 의심받아 의처증 있는 남편에게 봉변을 당할 수도 있었다. 찰리는 약간의 망설임 끝에 "내 아내 세 명 중 하나와 어린 딸을 데리고 간다면 아무런 스캔들도 일어나지 않을 거예요"라며 그렇게 하기로 했다. 우리는 트럭을 몰고 갔지만, 여자들이 원하는 곳에 차를 세웠을 때 찰리는 생각을 바꿔 "나는 트럭 안에 머물고, 당신들도 트럭에서 몇 미터 이상 떨어지지 않는 게 나을 것 같아요"라고 말했다.

여자들은 무거운 나무막대기의 양쪽 끝을 뾰족하게 깎은 기다란 뒤지개로 낮은 아카시아 숲 밑의 흙을 치우기 시작했다. 그녀들은 뒤지개를

데이비드 애튼버러의 주 퀘스트

이용하여 식물 뿌리를 캐내 갈기갈기 찢었다. 많은 뿌리 속에서 통통하고 하얗게 꿈틀대는 것들을 빼냈는데, 그것은 꿀벌레큰나방witchetty과 비단벌레의 유충이었다. 여자들은 바로 거기서 그것들을 산 채로 먹었다.

찰리는 자신이 요즘 사냥하러 가기에는 너무 늙었다고 토로했다. 그러면서 자기 대신 몇 명의 젊은 남자들과 함께 가는 게 나을 거라는 의견을 내놓았다. 우리가 사냥꾼들을 차에 태워 사막으로 나간다는 소문이 퍼지자, 지원자들이 구름같이 모여들었다. 차를 탄다면 사냥꾼들의 발길이 뜸한 먼 곳으로 갈 수 있을 텐데, 그렇다면 사냥감이 부족할지도 모른다는 걱정을 하지 않아도 되기 때문이었다. 떠나기 전에, 우리와 함께할 4명의 남자들은 어느 지역으로 갈 것인지 결정하기 위해 짧은 회의를 열었다. 그리고 25킬로미터 이상 떨어진 곳을 선택했다. 그들은 그곳에 동물이 많을 거라고 확신했을 뿐만 아니라, 근처에 작은 물웅덩이와 지금쯤 꽃이 피었을 나무가 하나 있을 거라고 말했다.

그들의 예측은 맞아떨어졌다. 우리는 화강암이 드러난 낮은 언덕에 이르렀고, 그 측면의 움푹한 곳에서 물을 발견했다. 그곳에서 물을 마신 다음 노란색 꽃이 만발한 나무로 가서 즙이 많은 꽃잎을 한 움큼 따 먹으며 꿀맛을 음미했다. 그런 다음 상쾌한 기분으로 한 손에는 부메랑을 들고 어깨에는 창과 투창기를 메고 떠났다. 우리는 그들을 자기들끼리 가도록 내버려두었다. 왜냐하면 우리가 함께한다면 그들의 성공 가능성이 심각하게 줄어들 게 뻔했기 때문이다. 캥거루 사냥은 두 가지 요인에 좌우되는데, 하나는 '은밀한 접근'이고 다른 하나는 '사냥감인 캥거루가 추격자를 바라보는 동안 부동자세를 유지하는 능력'이다. 스스로 서툴고 시끄러운 사냥꾼임을 너무나 잘 알고 있었기 때문에 우리는 화강암 언덕에 남아 쌍안경으로 그들을 지켜보았다.

그들은 하나둘씩 온 땅에 흩어져 동물의 흔적을 찾았다. 도시 사람들이 볼 때 전업 사냥꾼들이 모두 기적에 가까운 관찰력과 추론능력을 보유하고 있는 것 같지만, 오스트레일리아 원주민을 능가하는 사냥꾼은 아마 없을 것이다. 그들은 훈련받지 않은 사람의 눈에는 거의 보이지도 않는 동물 발자국의 주인을 즉시 알아볼 수 있을 뿐만 아니라, 그 동물의 나이와 성별, 크기, 다쳤는지 아니면 건강한지 등도 알 수 있다. 더욱 놀라운 것은, 그들이 모든 가까운 부족원의 발자국을 알아볼 수 있으며 초대받지 않고 그들의 영토에 침입한 낯선 이방인의 흔적을 재빨리 탐지할 수 있다는 것이다.

유엔두무에 있는 한 유럽인은 숲속을 걷다가 모래 위에 난 희미한 발자국을 본 노인에 대해 말했다. 노인은 그것이 몇 년 동안 보지 못한 형제의 발자국인 것을 알아보았다. 발자국의 상태로 판단하건대 그의 형제는 며칠 전 그 길을 지나간 게 틀림없었지만, 노인은 곧바로 그 자취를 따라가기로 결정했다. 추적은 5일 동안 이어졌고, 마침내 저녁이 되어서야 물웅덩이 옆에서 야영하는 형제를 따라잡았다. 두 사람은 그곳에 앉아 이틀 밤 하루 낮 동안 이야기를 나눴다. 그런 다음 노인은 5일 동안을 걸어 유엔두무로 돌아왔다.

우리 사냥꾼들은 곧 캥거루의 자취를 발견했다. 침묵이 불가피했기 때문에 그들은 수백 미터 떨어진 캥거루를 추적하면서 틱택맨tic-tac men[3]처럼 유창한 손짓으로 서로 의사소통을 했다. 이윽고 그들은 우리의 시야에서 사라졌다. 1시간이 지나기 전에 그들 중 3명은 모두 캥거루를 어깨에 메고 돌아왔다. 그들은 1마리를 즉시 요리하기로 결정했다. 찰리가 한 것과 같은 방법으로 투창기로 불을 피우고 나뭇가지를 그 위에 쌓았다. 쓸개에 구멍이 나지 않도록 각별히 주의하면서 내장의 일부를 잘라낸 후, 캥거루

---

3 경마 물주의 조수. - 옮긴이주

데이비드 애튼버러의 주 퀘스트

를 가죽째 불길 속에 던졌다. 불이 꺼지자 그들은 시체 위에 재를 쌓고 나무 그늘에서 잠을 청했다. 30분 후 캥거루는 잘 익어 육즙이 많고 부드러웠다.

지금까지 살펴본 바와 같이, 왈비리족은 필요에 의해 개발되고 세대를 거쳐 진화한 기술과 지식을 통해 그들과 달리 그 지역을 이해하지 못한 다른 종족의 사람들이 살 수 없는 지역에서 생존할 수 있음을 증명했다. 이제 유엔두무의 정착지에서 그들은 다른 기술을 배우고 있었다. 남자들은 소몰이꾼이 되기 위해 목장에서 훈련을 받으며, 소를 돌보고 올가미를 던져서 잡고 낙인 찍고 길 잃은 소를 모으고 추적하는 방법을 배웠다. 그들은 소 떼가 길을 잃는 것을 방지하기 위해 사막을 가로질러 울타리를 세우는 데 힘썼다. 특히 숙련된 사람들은 인근의 목장에서 소몰이꾼으로 일했지만, 유엔두무의 동족들에게 정기적으로 돌아가는 관행은 사라지지 않았다. 여자들은 옷 만들기와 세탁, 요리를 배웠다. 한 침례교 선교사가 그곳에서 여러 해 동안 선교활동을 벌였다. 2명의 학교 교사가 매일 아이들을 위한 수업을 진행했고, 감독관은 일주일에 두 번씩 원로들을 소집하여 회의를 열고 정착지의 업무와 진행 상황을 논의했다. 내가 참석했을 때, 그들은 정부가 곧 그들을 위해 새로 지을 주택단지의 부지에 대해 이야기하고 있었고, 누가 첫번째 거주자가 되어야 하는지를 놓고 긴 토론을 벌였다. 감독관은 인내심을 가지고 경청했다. 그의 옆에는 통역사 역할을 하는 어린 왈비리 소년이 앉아있었는데, 아기였을 때 고아가 되어 선교사에게 양육된 덕분에 완벽한 영어를 구사했다.

그 소년은 긴장한 것처럼 보였는데 그럴 만한 이유가 있었다. 그가 어깨에 짊어진 책임, 그가 받은 부담과 압력은 실로 엄청났다. 한편으로 그의 양부모와 다른 백인 공동체 사람들은 그가 기독교적 훈육의 도덕률과 관습에 따라 행동하기를 기대했다. 그러나 그는 백인들이 모인 곳에서 진정으로 편안함을 느낄 수 없었고, 자신이 매우 다른 인종이라는 사실을 결코 모르지 않았다. 다른 한편으로 그의 혈족, 노련한 전사들, 그리고 사막에서 혹독한 견습생활을 경험한 동시대 사람들은 그가 왈비리 사람이 될 자격이 없다는 것을 알고 있었다. 왜냐하면 그는 통과의례와 의식을 거치기 않았기 때문이다. 그래서 그의 몸에는 의식으로 인한 흉터가 없었다.

위기가 찾아온 것은 최근의 일이었다. 감독관은 원로들이 자신의 계획에 반대하는 이유를 알고 싶어 그 소년에게 통역을 부탁했다. 그러나 원로들은 소년의 개입을 반대했다. 그 이유인즉, 통과의례를 거치지 않은 신출내기에게 밝힐 수 없는 문제를 논의하고 있다는 거였다. 타협이 이루어져 원로들은 그 소년을 데려다가 그의 엄지손톱에 의식의 상징을 새겼다. 그러나 그것은 완전한 통과의례가 아니었으므로 그것이 정말로 문제를 해결할 수 있을지 의심스러워 보였다. 어느 쪽에도 온전히 속하지 못한 그의 처지가 딱해 보였다.

어느 날, 우리는 집단 야영지에서 약간 떨어진 곳에 앉아있는 한 무리의 남자들을 발견했다. 나는 그들을 향해 걸어가다 몇 백 미터 떨어진 곳에 멈춰 섰다. 대부분의 사람들은 긴 바지와 챙 넓은 모자 차림의 소몰이꾼이었는데, 그중에서 나는 찰리 자가마라를 알아보았다. 그는 손짓으로 나를 불렀다. 그들은 나무방패에 토템 도안을 그리고 있었다.

"저 그림을 그리는 이유가 뭐예요?" 나는 찰리에게 물었다.

"곧 어린 소년들의 몸에 저 무늬를 새길 거예요." 찰리가 말했다.

"언제요?"

"몰라요," 그가 대답했다. "이건 내 꿈—토템—이 아니에요. 나는 그들의 우두머리가 아니거든요. 나의 토템 의식은 내일 열려요. 함께 가겠다면 보여줄게요."

우리는 찰리의 말을 믿고 다음 날 그를 따라 숲의 다른 지역으로 갔다.

데이비드 애튼버러의 주 퀘스트

그곳에는 10여 명의 남자가 나무 그늘에 앉아있었는데 대부분 노인들이었고 몇몇은 음부를 가린 작은 태슬을 제외하면 알몸이었다. 아주 익살스러운 분위기 속에서 웃음과 농담이 만발했다.

잠시 후 한 남자가 노래를 부르기 시작했고, 다른 한 명이 2개의 부메랑을 부딪치며 박자를 맞추었다. 그들은 캥거루의 지방이 섞인 붉은 황토를 자신의 몸에 바르기 시작했다. 그런 다음 또 다른 남자를 꾸미기 시작했는데, 그는 의식에서 주연배우 노릇을 할 예정이었다. 그의 머리 주위에서 한 조력자가 풀잎으로 버섯 모양의 모자를 만들어, 몇 미터 길이의 사람 머리카락을 꼰 끈으로 묶고 있었다. 그는 이 작업을 하는 동안 손가락을 뻗은 채 손을 떨며 입 앞에 대고는 날카로운 소리를 내 그의 소리를 고음의 오싹한 진동음으로 만들었다. 다른 조력자들은 녹슨 깡통에서 솜털처럼 보송보송한 하얀색과 적갈색의 씨앗 한 움큼을 집어 들어 배우의 몸에 붙였다. 흰 들판에 빙빙 도는 적갈색 토템 그림은 배우의 등에서 서서히 모양을 갖추었다. 그는 뱀이 되어가고 있었다. 장식을 받는 동안, '뱀 남자'는 온몸에 전율이 흐르는 것처럼 어깨를 흔들며 경련을 일으켰다. 솜털은 가슴과 등, 머리 장식 그리고 마침내 얼굴 전체에 달라붙어, 그의 모습은 확실한 형태가 없는 가면에 가려져 보이지 않게 되었다. 그것은 그의 코에서부터 붙여지기 시작해 눈을 덮고 입을 가려 이끼처럼 되었다.

여러 면에서 이 의식의 근간이 되는 믿음은 아넘랜드에서 마가니와 그의 부족원들이 가지고 있던 믿음과 두드러지게 유사했다. 왈비리족에 의하면, 세계와 그 안에 있는 모든 것이 '꿈의 시대' 동안 땅을 가로질러 이동하며 바위와 물웅덩이를 만들고 의식을 거행한 생물과 사물에 의해 창조되었다고 한다. 이 의식을 거행하는 동안 '꿈의 시대'의 존재들은 그들의 몸을 흔들었고 뱀 댄서들이 그랬던 것처럼 몸을 감싸고 있던 솜털을 벗어던져 주변에 스며들게 했다. 이 입자인 구루와리guruwari는 모든 생명체에 생명을 불어넣는다. 조상 캥거루의 구루와리는 오늘날의 캥거루에게 생명을 불어넣으므로, 어떤 의미에서 '꿈의 시대'가 그들 안에도 존재한다. 이와 마찬가지로 여자의 자궁 속으로 들어가는 것도 구루와리다. '꿈의 시대'의 모든 존재들이 세상을 누빌 때 그들이 이동하는 정확한 경로가 잘 알려져 있으므로, 여자는 자신이 임신했을 때 어디에 있었는지 회상함으로써 아기가 속한 토템이 무엇인지 알 수 있다. 결과적으로 형제라고 해서 항상 같은 토템에 속하는 것은 아니며, 전혀 다른 씨족의 사람들일지라도 동일한 조상 영혼이 이동한 경로에 있는 지역에서 잉태되었다면 친족 관계일 수 있다.

이처럼 '꿈의 시대'는 과거였음에도 불구하고 현재와 공존하므로, 인간은 의식을 거행함으로써 자신의 '꿈'과 하나가 되어 영원을 경험할 수 있다. 사람들은 의식을 통해 이러한 신비적 합일을 추구하지만, 의식은 또 다른 목표에 기여한다. 즉, 사람들은 의식을 통해 구루와리를 소중히 여기며 이를 통해 토템 동물의 지속적인 풍요를 보장받는다. 때때로 통과의례를 통해 새로 입문한 사람들은 의식을 지켜보면서 노래를 배우고 신비를 목격하게 된다. 때로는 우리가 본 경우처럼, 신출내기를 참석시키지 않은 상태에서 토템과 씨족의 단결을 재확인하고 형제애를 서로 증명하기 위해 의식이 거행된다. 그들은 이러한 신비를 함께 경험하고 준비와 공연에 함께하고 협력함으로써 그들을 하나로 묶는 동료적 유대감을 강화한다.

우리가 팀Tim을 만난 것은 뱀 의식에서였다. 그는 참석자 중에서 가장 젊은 남자 중 한 명이었다. 공연이 끝난 뒤 우리는 그와 함께 이야기를 나누었다. 팀은 사막 너머의 세계에 대해 많이 알고 있었다. 전쟁 기간 동안 그는 군대에서 트럭을 운전하는 일을 했는데, 이런 임무를 맡은 몇 안 되

데이비드 애튼버러의 주 퀘스트

는 왈비리족 부족민 중 하나로 아스팔트 도로를 여러 번 왕복했다. 그는 앨리스스프링스를 알고 있었고 다윈을 방문한 적도 있었다. 심지어 그는 비행기를 타본 적도 있었다. 이제 그는 정착지의 트럭 운전기사였다. 그는 백인의 방식을 잘 알고 있었지만, 그가 본 어떤 것도 오래된 신들에 대한 그의 믿음을 약화시키지 못했다. 그는 의식에 대해 열정적으로 이야기하며 그 중요성과 효력을 우리에게 납득시키기를 간절히 바랐다. 자기와 함께 가서 뱀이 처음으로 땅에 나타난 신성한 바위를 보자고 재촉한 사람은 바로 그였다.

우리는 트럭을 몰고 신성한 바위가 있는 곳으로 갔다. 의식에 참여했던 찰리와 다른 노인 2명이 우리와 동행했다. 우리는 팀이 가리키는 대로 외딴 계곡으로 차를 몰았다. 계곡의 한쪽은 동물, 상징, 사람이 도처에 그려진 돌출된 긴 절벽면으로 형성되어 있었다. 팀은 그것을 가리켰다. "이곳이 바로 꿈의 장소예요."

팀은 우리와 함께 절벽을 둘러보고 다양한 그림을 가리키며 그것이 자신의 부족에게 의미하는 바를 알려주었다. 우리가 이야기하는 동안 찰리와 다른 노인들은 바위 반대편으로 갔다. 찰리는 바위 뒤에서 흰색 황토가 든 깡통을 가져와 절벽에 또 다른 그림을 그리고 있었다.

우리의 여행은 막을 내렸고 런던으로의 복귀는 늦어졌다. 앨리스스프링스로 돌아갔을 때 우리 차는 더 이상 갈 수 없었다. 사막에서 시달리고 부딪혀 대대적인 정비와 대규모 수리 없이 다윈까지 1,600킬로미터를 더 달리는 것은 어림도 없었다. 우리는 대형 트레일러트럭에 실어 다윈에 보낼 요량으로 그것을 차고에 보관했다.

우리는 다윈으로 돌아가기 위해 비행기에 올랐다. 우리 아래에는 사연 많은 노턴준주와 그 표면에 가느다란 자국으로 남은 스튜어트 국도가 펼쳐져 있었다. 사람들은 이 지역을 탐험하기 위해 목숨을 바쳤다. 경작자와 목축업자들은 그곳을 정복하려 했으나 실패했다. 탐광자들은 그곳에서 광물을 찾다 목숨을 잃었다. 보롤룰라에서 만난 잭 멀홀랜드와 다른 남자들은 그곳의 적막 속에 몸을 숨기러 왔다. 그러나 아무런 도움 없이 그곳에서 생존할 수 있는 사람은 전통적인 방식으로 생활하는 원주민들밖에 없다. 백인과 달리 그들은 그곳을 지배하려고 시도하지 않는다. 그들은 동물을 길들이거나 모래땅을 경작하려고 하지 않지만, 대지는 그들의 영혼이 신체에 깃들기에 충분한 양식을 제공한다. 그 대가로 원주민들은 대지를 숭배한다. 바위와 물웅덩이는 그들의 신이 만든 것이므로 그곳을 지나는 떠돌이 생활은 순례가 된다. 그곳을 그들처럼 잘 알고 그곳의 아름다움과 무자비함을 함께 흔쾌히 받아들일 사람은 아무도 없을 것이다.

이윽고 스튜어트 국도마저 우리 시야에서 사라졌다. 이제 덤불이 주근깨처럼 박힌 채 지평선까지 단조롭게 뻗은 인적 없는 메마른 사막 외에는 아무것도 보이지 않았다.

데이비드 애튼버러의 주 퀘스트

동·식물명 찾아보기

지명 찾아보기

데이비드 애튼버러의 주 퀘스트

데이비드 애튼버러의
주 퀘스트
ZOO QUEST
젊은 자연사학자의 지구 반대편 원정기

Journeys to the Other Side of the World:
Further Adventures of a Young Naturalist

초판 1쇄 인쇄   2024년 4월 30일
초판 1쇄 발행   2024년 5월 20일

지은이   데이비드 애튼버러
옮긴이   양병찬

펴낸곳   지오북(**GEO**BOOK)
펴낸이   황영심
편집   전슬기
교정   노환춘
디자인   장영숙

주소   서울특별시 종로구 새문안로5가길 28, 1015호
(적선동, 광화문플래티넘)
Tel_02-732-0337   Fax_02-732-9337
eMail_geobookpub@naver.com
www.geobook.co.kr
cafe.naver.com/geobookpub

출판등록번호   제300-2003-211
출판등록일   2003년 11월 27일

ISBN 978-89-94242-90-3 03470